架构师前沿实践丛书

计算之道

卷 II：Linux 内核源码与 Redis 源码

黄 俊 秦 羽 主 编

U0228499

清华大学出版社

北京

内 容 简 介

本书是一本深入探讨计算机科学与技术的图书，旨在帮助读者更好地理解计算机内部的工作原理，并探索从内存到线程等核心知识。本书适用于对计算机科学和底层技术感兴趣的读者，无论是学习计算机基础知识还是进一步扩展技术视野，都能从本书中获益良多。在这本书中，作者以清晰、易懂的语言详细介绍计算机内存的结构和工作原理。读者将了解内存的层次结构、存储器管理、缓存和内存映射等关键概念，从而更好地理解计算机是如何存储和访问数据的。此外，本书还深入讨论了线程和并发编程。读者将学习多线程编程的基本概念和技术，并了解线程同步、互斥锁、信号量等并发控制机制。通过实例和案例研究，读者将能够编写高效、可靠的多线程应用程序。无论您是学生、工程师还是对计算机科学与技术感兴趣的读者，本书都将成为您不可或缺的参考资料。

图书在版编目（CIP）数据

计算之道. 卷Ⅱ, Linux 内核源码与 Redis 源码 / 黄俊, 秦羽主编.
北京 ：清华大学出版社, 2024. 11. -- (架构师前沿实践丛书). -- ISBN
978-7-302-67574-7

Ⅰ. TP3

中国国家版本馆 CIP 数据核字第 2024KA2095 号

责任编辑：贾旭龙
封面设计：秦　丽
版式设计：文森时代
责任校对：范文芳
责任印制：杨　艳

出版发行：清华大学出版社
　　　　　网　　址：https://www.tup.com.cn, https://www.wqxuetang.com
　　　　　地　　址：北京清华大学学研大厦 A 座　　　　　　邮　　编：100084
　　　　　社 总 机：010-83470000　　　　　　　　　　　邮　　购：010-62786544
　　　　　投稿与读者服务：010-62776969, c-service@tup.tsinghua.edu.cn
　　　　　质量反馈：010-62772015, zhiliang@tup.tsinghua.edu.cn
印 装 者：定州启航印刷有限公司
经　　销：全国新华书店
开　　本：185mm×230mm　　　　**印　　张：**29.5　　　　**字　　数：**609 千字
版　　次：2024 年 12 月第 1 版　　　　　　　　　　**印　　次：**2024 年 12 月第 1 次印刷
定　　价：139.00 元

产品编号：103229-01

丛 书 序

Series Preface

本丛书是我讲授《混沌学堂 7 期》课程的总结，其中以"混沌学习法"和"混沌树"为核心构建内容。"混沌学习法"是我从毕业至今所领悟的学习方法，"混沌树"是使用"混沌学习法"后在脑海中形成的知识树，可以将多个领域的知识，通过知识树的主干和枝干进行关联，形成不易遗忘的庞大知识体系。

我在实际工作和讲授课程的过程中发现存在两个知识死亡螺旋。其一，开发者不关注底层基础知识，通过强行记忆背诵上层框架和语言特性，如八股文等。框架多元化，不断有新的框架和语言涌出，脑力有限，不能全部记忆，然后逐步遗忘，最后又不得不随波逐流继续记忆，随着年龄增长，脑力跟不上知识的迭代，从而不得不放弃技术生涯。其二，为了找工作而强行记忆背诵八股文找到工作，工作后不学习底层基础知识（由于忽视或者没有时间），继续浮于业务本身，随着时间推移，公司的业务不可能长期存在，业务线垮掉或个人原因退出公司后，就很难再找到其他业务的工作，然后逐步焦虑，仍然不沉下心学习底层基础知识，继续强行背诵八股文和上层框架，然后艰难找到工作后，不断重复，最后也随着年龄增长，精力不足而不得不放弃技术生涯。

存在两个死亡螺旋的根本原因在于没有使用正确的学习方法将吸收的知识形成长期记忆，两者最后都因为精力有限不得不放弃技术工作。那么如何打破死亡螺旋呢？我们只需要找到一种学习方法，指导知识的吸收和关联记忆。这样的学习方法非常多，这里介绍的"混沌学习法"便是其中一种。笔者在讲授《混沌学堂 7 期》课程后，联合三位学生张仲文、秦羽、赖志环，对课程中讲授的内容进行编写，这三位同学的技术精湛，同时对"混沌学习法"有着独特的感悟，于是他们分别编写了这三本书籍，以"混沌学习法"为核心，对课程中讲授到的知识点进行详细阐述。本书首先介绍"混沌学习法"，其次才是内容本身。

本丛书分为三卷。

《计算之道 卷 I：计算机组成与高级语言》（以下简称卷 I）首先介绍了计算机组成，涉及进制、逻辑门设计、CPU 设计、网络设计等，帮助读者建立计算机硬件基础知识的主干。随后，介绍了 Intel 手册、汇编、编译器原理，帮助读者建立计算机语言基础知识的主干。最后，介绍了 C 语言与 ELF，帮助读者理解计算机程序与进程之间的构建关系。ELF程序格式相当重要，将贯穿 Linux 内核和 JVM 源码的学习过程。

  《计算之道 卷 II：Linux 内核源码与 Redis 源码》（以下简称卷 II）首先介绍了操作系统的基础组成，然后介绍了 Linus 编写的 Linux 0.11 的基本原理。因为其中的编码是完全按照 Intel 开发手册上对于 Gate 门、分段、分页的机制构建的，所以需要读者具备卷 I 有关 Intel 手册、C 语言、ELF 的基础再进行阅读。随后，按操作系统模块详细分析了 Linux 0.11 的进程管理、内存管理、IO 管理等模块，然后以高版本 Linux 2.6 作为基础详细分析了内核数据同步机制，最后分析了 Linux 内核网络基本操作函数的源码，以 Redis 源码作为结尾。

  《计算之道 卷 III：C++语言与 JVM 源码》（以下简称卷 III）以卷 I 对于 C 语言和汇编的知识推理为基础，首先介绍了 C++语言的基本原理。随后，以卷 II 的计算机网络基本函数为基础，详细分析了 Linux 2.6 内核对于网络包的处理过程，包括 E100 网卡、硬中断与软中断的处理、TCP 层的处理过程。读者务必掌握卷 II 相关内容后再学习卷 III。最后，以 C++语言为基础，详细推理了 JVM 的初始化过程与核心函数。由于篇幅有限，卷 III 并没有完全对 JVM 源码的所有源码进行分析，而只是分析了启动过程与关键函数，目的在于帮助读者构建 JVM 知识树。编者将会在后续书籍中详细分析 JVM 源的枝干部分，但相信读者在掌握了本丛书的"混沌学习法"基础上，自行学习并不困难。

  在阅读完这三卷书后，编者在这三位同学的字里行间中看出了刻苦认证、坚持不懈的精神，他们对于"混沌学习法"的掌握已经炉火纯青，可以进行新知识的推理和关联，不再依赖强制记忆，对于新鲜出炉的上层多变框架与中间件也能轻易掌握并阅读源码。书中的内容也包含了他们对于源码的理解，令人赞叹，相信读者在阅读完这三本书后，会深刻理解并掌握"混沌学习法"的精髓，在脑海中构建出自己的知识树，摆脱对新技术的恐惧，轻松掌握新技术。

混沌学习法
——《计算之道》丛书学习指南

在以前的教学过程中，曾经得到如下结论。

☑ Java SE 的每个知识点就如同一颗星。所有知识点汇集就是一片繁星，会让人感觉到心旷神怡吧。我们需要将这些知识点（如基础变量、面向对象、线程、集合、IO）连接起来。

☑ J2EE 的框架基于 Jave SE 的内容进行构建，如 Tomcat、WebLogic、ActiveMQ 等，所有基于 Java 语言开发的框架皆是如此。我们将基于 SE 知识点开发中间件的过程称为点连成了线。

☑ 基于 Java SE 的其他技术，如 Spring 技术栈、Netty NIO 框架等，极大地提高了开发者编写代码的效率，并减少了错误的发生。我们将这些技术与 J2EE 的技术（包括上述中间件）进行组合，就得到了面，即线组成了面。

☑ 架构师需要全面掌握整个业务线和技术，因此应该是项目组中比产品经理更熟悉业务的人，同时对于技术也需要有过硬的基础。这时，架构师需要将上述技术栈与团队进行整合，然后把控好风险点，指导开发，控制进度，尽力确保项目不出现重大问题。在这一过程中，面组成了体。

上述结论仅从 Java 开发者的角度进行描述，即 Java 架构师。架构师不应区分语言。对于真正的架构师而言，编程语言只是工具，架构师的任务是依据当前场景选择合适的语言和框架。如果以整个编程为背景，再次进行总结，将会得出什么结论呢？

1．编程语言进化史

编程语言经过数十年的进化，从底层语言逐渐向高级语言演化。

计算机由硬件构成，包括 CPU（控制、计算）、内存（存放数据和代码）、硬盘（持久化存储）、IO（读入和写出数据）。CPU 负责执行指令，根据指令操作内存、硬盘、IO。因为 CPU 只能识别二进制语言，而程序员无法直接编写二进制代码，因此计算机先驱开发了中间件，即汇编器。程序员借助汇编器，可以用单词结合助记符编码。例如，寄存器指令 movl \$1,%eax，其二进制表示为 01010101010100000000。然后，由汇编器将单词和助记符转为二进制代码，由单词和助记符组成的语言称为汇编语言。

有了汇编语言，就可以面向 CPU 进行编程了。开发者可以使用单词 mov（移动）、

add（添加）、sub（减）控制 CPU。但是，这样并不便捷。面向机器编程很枯燥，同时也很耗费精力，最好能以易于人类理解的方式编写程序。于是，就如同在汇编语言和机器语言中间加入汇编器一样，出现了 C 语言。然后，在 C 语言和汇编语言中间，再添加一个编译器，移动代码只需使用简单的代码段，如 int a=1，工作量大大降低。至于代码如何变为汇编语言，仅需交给编译器完成。

程序员在使用 C 语言时，因为需要学习的内容太多，常常感到压抑。如果说汇编语言是面向 CPU 编程，那么 C 语言就是面向操作系统编程，需要了解操作系统的内存管理机制（虚拟地址、线性地址、物理地址），就出现了指针的概念，并且需要手动分配和释放内存。如果程序员忘记释放内存，就可能导致内存泄漏等问题。那么，能否设计一门语言，去除不易理解的指针，自动管理内存分配和释放呢？这时，众多基于虚拟机的语言就出现了，如 Java 语言等。

总结编程语言进化史，其中的点、线、面、体分别如下。

- ☑ 点：二进制的机器语言。
- ☑ 线：面向 CPU 编程的汇编语言。
- ☑ 面：面向操作系统的 C 语言。
- ☑ 体：面向 JVM 的 Java 语言。

2. 操作系统的出现

操作系统进一步提高了编程效率。虽然可以用高级语言与计算机沟通，但是不能要求所有人使用编程语言（机器语言、汇编语言、众多高级语言等）直接操作计算机。

此时，一个用于管理硬件的软件系统——OS（操作系统）被引入。用户只需面向操作系统编程即可，对于硬件管理、安全保护等均由操作系统来完成。

但操作系统的引入带来了一个问题，即操作系统需要完成哪些功能。因为基础硬件包括 IO 设备、磁盘、内存、CPU，而用户需要在计算机中执行任务，会涉及设备管理（IO 设备）、文件管理（磁盘）、内存管理（内存）、CPU 管理（CPU）、任务调度管理（任务）。

为了在计算机中执行任务，出现了 Unix、Windows 两大阵营，Linux、MacOS 等系统都衍生自 Unix。这两个阵营面向不同用户，Windows 主要面向普通用户，而 Unix 主要面向程序员。目前，开发者使用最广泛的是 Linux 系统

根据对操作系统的理解，其中的点、线、面分别如下。

- ☑ 点：计算机硬件（涉及基础物理、电路原理、数字逻辑、计算机组成原理等）。
- ☑ 线：操作系统的管理功能（涉及设备、文件、内存、CPU、任务）。
- ☑ 面：基于这些管理功能实现的上层应用（如 QQ、微信等）。

《礼记·大学》中有这样一句话："知止而后有定，定而后能静，静而后能安，安而

后能虑，虑而后能得。物有本末，事有终始。知所先后，则近道矣。"要学习计算机知识，就要做到定、静、安、虑、得这五个字，切记"学而不思则罔，思而不学则殆"。要以平常心面对学习过程，切勿急躁，且对于知识学习，理应知其先后，即掌握知识的"点、线、面"。在掌握知识点后，可以通过学习"线"将之前点的碎片化知识进行整合记忆。同理，可以通过学习"面"将"线"的碎片知识进行关联。因此，最重要的就是知识点。

3．高效学习

万事开头难，归纳知识点需要大量的时间与精力。从中医角度出发，笔者建议早起学习（6:00～8:00）效果最佳，并确保晚上有良好的睡眠。我发现很多朋友在学习中总是在欺骗自己，表面上看似努力，学习到深夜，但由于大脑相当疲惫，这时的努力只是假象。根本掌握不了任何知识点，只是欺骗自己学习过了，然后陷入恶性循环。最终，陷入学了还得忘、忘了还得学的境地。

建议读者在最清醒的时候学习并记忆知识点，并且形成习惯，不要第一天学习，第二天就松懈，这无法形成长期知识点记忆，更不用说在学习"线"的时候对"点"进行关联。要做到高效学习，需要注意以下七点。

- ☑ 充足睡眠。
- ☑ 大脑清醒。
- ☑ 心无旁骛。
- ☑ 切记勿焦虑。
- ☑ 切记勿急功近利。
- ☑ 坚持一个月。
- ☑ 多门知识融合学习，抽取共同点，形成知识的"点、线、面"。

在保证以上几点的情况下，只要读者坚持不懈地学习，就会发现当底层知识形成了庞大的知识脉络后，理解新的知识（新语言、新框架等）就会变得非常容易。如此一来，之前用于培养底层知识脉络的时间，就能加倍偿还回来。你将发现，你可以用几分钟、几小时掌握别人花费几十倍时间都掌握不了的知识和问题。

4．点、线、面再分析

当然，混沌学习法也有一些缺点如下。

- ☑ 学习周期较长，需要大量时间来积累点和线的知识。
- ☑ 需要培养对计算机的兴趣，没有兴趣，很难支撑下去。
- ☑ 对精神和肉体是一种折磨。刚开始使用这套学习方法时，将会痛苦不堪，从医学角度来说，人脑在接收新事物时将会非常抵触，因为需要产生新的突触，本身就是痛苦。

☑ 短时间内看起来好像并没有什么作用。短时间内由于没有积累太多的点，这时没法进行关联，更谈不上对面的构建。

不过掌握知识的"点、线、面"，能带来许多优势如下。

☑ 坚持学习后，将拥有旁人不具备的深厚内功（计算机底层）。

☑ 快速掌握任何新知识。

☑ 对任何线上问题，不管有多复杂，总会有解决方案和思路。

☑ 涨薪升值机会呈现指数上升。

☑ 不会因为技术的变更、年龄的增长而焦虑。

☑ 不会受他人贩卖焦虑和 PUA 的影响。因为你已经拥有了自己的学习理念和技巧，心坚如石，不受外界影响，反而能分析他们的手段来加强自身的学习。

不难看出，对于后期优势而言，前期学习的缺点是可以接受的。刚开始使用这套学习方法时，第一个月可能会感到焦虑不安，但坚持一个月后，将会习以为常。

为了证明这一点，下面以实例说明如何使用混沌学习法。这个例子非常简单，即 Hello World 程序。

```
01    // Java描述
02    public class Demo{
03        public static void main(String[] args) {
04            System.out.println("Hello World");
05        }
06    }
```

```
01    // C语言描述
02    #include<stdio.h>
03    int main(){
04        printf("%s","Hello World");
05        return 1;
06    }
```

以上分别为 Java 和 C 语言的例子，即向屏幕输出了 Hello World 字符串。很多图书和博客的 Hello World 例子仅仅只是给出代码输出字符串，草草带过，只教会了读者如何使用 javac、IDE、gcc 等编译工具，这会导致以下弊端。

☑ 无法让读者提升编程兴趣。

☑ 无法让读者对整个编程有一个宏观的认识。

☑ 浪费了学习机会。很多朋友学习编程语言时，就像一张白纸，但是由于这种例子仅展示工具和基本方法，可能给这张白纸画上了失败的一笔

接下来，我将使用混沌学习法重新讲解这个例子，分析其中的点、线、面。

分享一个很好的技巧，多问自己为什么。由于很多读者是 Java 开发者，我先以 Java 为例，提出以下问题。

第一个问题，这段程序在计算机中是如何存储的（引入编码和磁盘存储的知识点）。

第二个问题，这段程序在使用 javac 编译 demo.class 时发生了什么（引入了编译原理的知识点）。

第三个问题，Java 运行时，字节码是如何执行的（引入了 JVM、操作系统知识点）。

如果你能提出这三个问题，就已经掌握了混沌学习法的第一步，即定位知识点。这些问题涉及编码、磁盘存储、编译原理、JVM、操作系统。读者在找到这些点后，根据自己的知识脉络进行吸收转换。如果是初学者，可以把这些点作为学习目标，通过阅读书籍、搜索、实验、源码来补充知识。这些知识点会衍生更多的知识点，此时就构建完成了知识脉络。

对于 C 语言例子，可以提出以下问题。

第一个问题，#include<stdio.h>的作用是什么（引入宏定义知识点）。

第二个问题，printf("%s","Hello World");的输出原理是什么（引入函数知识点）。

第三个问题，对于 return 1;，为什么需要返回 1（引入函数知识点）。

第四个问题，gcc demo.c 自动生成了 a.out 文件，这期间发生了什么（引入了宏替换、编译、汇编知识点）。

C 语言提出的问题比 Java 多，随着问题变多，可以进行连线扩展的知识点就越多。以这些知识点为基础，进行混沌学习法的第二步，即知识点联想和对比记忆。混沌其实就是融合。读者可以将 C 语言与 Java 语言的问题进行结合，可得出以下问题。

第一个问题，C 语言需要#include<stdio.h>宏定义来引入 printf 函数，为什么 Java 不需要（可得出结论，Java 自动导入了 java.lang 的类，所以不需要手动导入）。

第二个问题，C 语言中使用 printf("%s","Hello World")格式化输出，Java 为什么不需要（可得出结论，Java 也实现了代码格式化，但例子中没有使用）。

第三个问题，C 语言中需要使用 return 1，Java 为何不使用（可得出结论，C 语言编译器的不同要求需要有返回值，同时根据规范定义，需要保留返回值。而 Java 语言由 JVM 规范定义，主函数不需要定义返回值。二者共同点是都遵循规范定义）。

第四个问题，C 语言在 gcc 需要宏替换、编译、汇编流程才能执行，Java 为何只需要 javac 就可以执行（可得出结论，Java 也进行了这些流程，只不过在 JVM 中进行）。

读者可以体会到混沌学习法的魅力。通过知识点进行脉络扩展（找到初始知识点，然后往下关联）。通过对比联想记忆，同时学习多个知识点。通过对比学习，可以抽取多门知识的共同点，找到它们的核心知识点，然后进行脉络扩张。混沌学习法的核心是多问为什么，否则无法找到核心知识点。

▌说明

本学习法仅作为参考，读者可以从中进行优化扩展，有任何建议、想法、体会，均可加作者微信（bx_java）进行讨论。这套学习法就像最初的咏春，读者可以向李小龙学习，进而感悟出截拳道。

最后，我们来看看什么是"混沌视角"。

我以前喜欢玩魔兽争霸，通常用单机与电脑竞赛，选择难度为困难，每次都被电脑击败。于是，我通过命令打开了"上帝视角"，能看到地图上任何位置，于是排兵布阵，轻松击败电脑。

自从大三接触编程语言，我一直想找到这个打开编程的"上帝视角"的命令。我也迷茫过，怀疑过。直到某一天，我把常见的语言（动态语言、静态语言）结构和内容进行融合分析，结合操作系统、计算机组成原理、计算机网络，我发现编程的"上帝视角"真的存在，而开启这个视角的钥匙就是混沌学习法。

试想一下，如果打开了编程的"上帝视角"，就意味着不用区分语言，遇到问题能快速定位，不再纠结于如何学习。对任何新技术，只要看一下架构和功能，就能马上推测出底层实现原理。抓住语言共同点学习，一次学习，多语言共用。

我称编程的"上帝视角"为混沌视角，它是使用混沌学习法的关键工具。

5. 找到核心知识点

在混沌学习法中，我们需要找到核心知识点，然后进行对比学习、分析，扩展知识脉络。我们首先基于已知的知识进行推理，具体如下。

- ☑ 计算机基础硬件：CPU、内存、硬盘。
- ☑ 用户不需要直接与硬件进行交互，而是通过命令或鼠标、键盘等外设与操作系统进行交流，由操作系统调度硬件完成操作。
- ☑ 编程语言也是通过某种方式与操作系统进行沟通。
- ☑ 如果多个机器进行通信，硬件需要支持网卡，操作系统需要支持网络协议栈。

可以得出结论，操作系统完成了一切任务。

操作系统和硬件将用户所处的环境分为用户空间和内核空间。就像在网站中编写的控制器，用户通过浏览器输入地址，然后可以通过 HTTP 协议访问控制器，从而获取返回结果。可以将操作系统提供的功能接口想象为一组控制器，用户要做的是通过编程语言调用这些接口。就像通过 HTTP 协议调用网页，用户与系统调用之间需要定义协议以完成操作，这就是系统调用。用户需要使用操作系统提供的方法将参数传递到操作系统，并从操作系统中获取结果。所以，HTTP 通过 TCP/IP 协议栈完成调用，而系统通过操作系统在单机上完成调用。

通过以上分析就找到了核心知识点，即所有编程语言都使用系统调用，以指示操作系统完成任务并获取结果。

计算机保存数据的地方是内存，内存的基础单元为字节。为了使用内存，编程语言需要提供些什么？答案很明显，需要操作这些不同大小盒子的东西，也就是基础数据类型。基础数据类型让用户可以从操作系统中获取给定规格大小的盒子。如果需要获取不属于这些规格的盒子，就需分配这些盒子的功能。如果只分配盒子而不释放，那么盒子用尽会导致系统崩溃。所以，用户需要归还盒子，此时有两种方法，程序自动归还或通过编程方式手动归还。在提供了基本操作后，我们需要在编程语言中为用户提供便捷的使用方法。

通过以上分析，可以得出以下编程语言需要提供的功能。

☑ 封装系统调用方便用户调用（线程库、IO 库、图形库、网络编程库）。

☑ 提供基础数据类型，以使用规格化的内存。

☑ 提供内存分配和释放的手段。

☑ 提供基础算法与数据结构（数组、链表、队列、栈、树）。

☑ 按照编程语言的特性，提供面向对象的支持（抽象、继承、多态）。

6. 混沌视角的妙用

掌握以上内容后，就打开了编程的"上帝视角"。接下来介绍如何运用混沌学习法和混沌视角进行学习。还是以 C 语言和 Java 进行描述，这两门语言最适合举例。大部分读者是 Java 开发者，而 C 语言则保留了底层框架的基础操作，是操作系统的主要语言。

以服务端网络编程为例进行分析。C 语言的网络编程方式如下。

```
01    /*
02
03    * server.c 服务端实现。引入宏定义，它们封装了系统调用和常用算法数据结构
04
05    */
06
07    #include <sys/types.h>
08    #include <sys/socket.h>
09    #include <stdio.h>
10    #include <netinet/in.h>
11    #include <arpa/inet.h>
12    #include <unistd.h>
13    #include <string.h>
```

```
14    #include <netdb.h>
15    #include <sys/ioctl.h>
16    #include <termios.h>
17    #include <stdlib.h>
18    #include <sys/stat.h>
19    #include <fcntl.h>
20    #include <signal.h>
21    #include <sys/time.h>
22    #include <errno.h>
23    int main(void)                        // 主函数，将从这里开始运行
24
25    {
26
27        int sk,csk;                        // 服务端sk和客户端csk fd（文件描述符）
28        char rbuf[51];                     // 接收缓冲区
29        struct sockaddr_in addr;           // socket地址
30        sk = socket(AF_INET,SOCK_STREAM,0);   // 创建socket
31        bzero(&addr,sizeof(struct sockaddr)); // 清空内存
32
33        // 设置属性
34        addr.sin_family = AF_INET;
35        addr.sin_addr.s_addr = htonl(INADDR_ANY);
36        addr.sin_port = htons(5000);   // 设置端口
37        // 绑定地址
38        if(bind(sk,(struct sockaddr *)&svraddr,
sizeof(struct sockaddr_in))== -1){
39            fprintf(stderr,"Bind error:%s\n",strerror(errno));
40            exit(1);
41        }
42        if(listen(sk,1024) == -1){        // 开始监听来自客户端连接
43            fprintf(stderr,"Listen error:%s\n",strerror(errno));
44            exit(1);
45        }
46        // 从完成TCP三次握手的队列中获取client连接
47        if((csk = accept(sk,(struct sockaddr *)NULL,NULL)) == -1){
48            fprintf(stderr,"accept error:%s\n",strerror(errno));
49            exit(1);
50        }
51        memset(rbuf,0,51);                 // 重置缓冲区
52        recv(csk,rbuf,50,0);               // 从socket中读取数据放入缓冲区
53        printf("%s\n",rbuf);               // 打印接收到的数据
54        // 关闭客户端和服务端
55        close(csk);
56        close(sk);
57    }
```

Java 的网络编程方式如下。

```
01    public class Server {
02      public static void main(String[] args) throws Exception {
03        byte[] buffer=new byte[1024];   // 接收缓冲区
04        ServerSocket serverSocket = new ServerSocket(DEFAULT_PORT,
BACK_LOG, null);                           // 绑定端口同时创建服务端socket
05        Socket socket = serverSocket.accept(); // 接收客户端请求
06                                        // 获取输入流对象
07        InputStream inputStream = socket.getInputStream();
08        inputStream.read(buffer);       // 读取数据
09        socket.close();
10        serverSocket.close();
11      }
12    }
```

接下来，进行融合分析。从源码中我们看出，两门编程语言的步骤完全一致，即创建 Socket、绑定端口、接收连接、分配缓冲区、读取数据、关闭连接。

C 语言较为复杂，而 Java 通过 JVM 将 C 语言所做的一切进行封装。读者在阅读完三册书后，打开 JVM 源码一看便知，Java 的 JDK 包中通过 JNI 调用了与 C 语言一样的操作函数。

进而，读者可以探索其他语言的 Socket 编程，会发现其实质也是相同的。这里只是以网络编程作为例子，读者可以将分析方法运用到编程语言的其他类库中，如线程、IO、集合等。你会发现都是相同的，只是写法不一样。

通过底层分析找到共同点，再通过混沌学习法融合分析，就看清了编程语言底层的设计实现，这样就开启了"上帝视角"。任何编程语言的原理，都符合共同的规律，即封装系统调用、提供功能类库。在使用编程语言时，就不再需要畏惧任何东西。因为底层相通，只需熟悉语法，找到需要的系统调用，进而找到编程语言的封装类库，按照语法调用即可。

前 言

Preface

市面上大多数的计算机书籍都是从某个技术入手，对于如何运用已经讲解得十分透彻，如果是有一定计算机基础的读者，学习起来并不困难，但如果想要进一步地了解技术出现的原因并探究其产生的过程，则需要学习更深的计算机底层知识。当读者对计算机底层有了一定的了解并形成了自己的思维体系，再来看许多上层框架就会豁然开朗，运用起来也会更加得心应手。

在整个计算机体系中，基础硬件一定是计算机运行的根本要素，为了能够控制机器的指令，汇编语言应运而生并将硬件的各种行为抽象成了语言模型，正因为汇编的存在，程序员不用再对着密密麻麻的 0 和 1 进行编程和校正。但极度简单且纯粹的汇编语言对于编程而言实在太过烦琐，同一条汇编指令需要在不同的地方反复使用，为了能够简化相同流程的调用，又诞生了 C 语言，在 C 语言的基础上衍生出了操作系统，诸如我们现在所熟知的 Linux 及其发行版、Mac OS 等都是在 UNIX 系统的基础上演变而来的，有了操作系统后，才能基于操作系统发展其他的上层语言和框架。

现在，绝大多数公司都会选择 Linux 作为服务器进行上层开发，Linux 相比于 Mac OS和 Windows 系统而言，最大的好处就是开源，能够让阅读它的人深刻了解底层到底做了什么，开发人员最担心的事情是不可控的 Linux，而可控的 Linux 给了我们足够的安全感和信心来搭建上层框架。这样一来探究底层的理由也非常明显了，任何事物知其因，才得其果，Linux 聚集了全世界计算机精英的智慧，更有其创始人 Linus 为每一次的代码审核和版本迭代把关，我们不仅可以通过学习内核来了解优秀的上层框架如何利用底层函数解决问题，还可以获取到他人对于程序设计的思想和流程的把控，学习如何在精简的代码下完成庞大的项目，实属当今时代的最大宝藏。

为了能将上层应用和底层原理融会贯通，本书将通过概念与源码结合的方式带领读者探寻内核，从最简单的 0.11 版本走向 2.6 版本，从根本上了解内核的设计思想，把握内核各个模块的主流程，梳理内核脉络，让大家对内核有整体的认知。

学习内核是为了能够更好地理解上层框架是如何编写的，本书将以 Redis 作为例子，探究其对底层的运用思路。Redis 是一个小而美的缓存数据库，几乎各家互联网公司都会用到，我们同样以 2.6 版本的 Redis 向读者展示，中间过程肯定也少不了对源码的解读，毕竟 Linus 的名言：Talk is cheap. Show me the code.（大意为废话少说，放"码"过来）。

为什么要写这本书

起初黄俊老师通过混沌学堂这门课，从计算机的发展史讲到了如今热门的各大框架，他深悟混沌之道，知道任何事物都有其发展的过程，探究原因和发掘历史是学习前辈思想的最佳路径，也是探索未来的唯一途径，他在课堂上将计算机从底层原理开始娓娓道来，细心地为我们讲解着每一个重要的知识点。

开始探索的过程是艰难的，初探内核的我们是迷茫的，对于庞大的内核，我们无从下手。直到 0.11 版本的内核讲解结束，我们从低版本的内核中看到了 Linux 的全貌，它足够简单，这让我们吸收到了很多初代设计的精华，此外，其中涉及的许多汇编代码通俗易懂，硬件设备的交互也容易理解，这为后续的学习打下了坚实的基础。

来到 2.6 版本后，我们发现内核的整体架构依然没有大的变化，模块划分也在初期就定型了（因为 Linux 的前身是 UNIX 操作系统，其诞生于 20 世纪 70 年代初，距 Linux 的诞生已有二十来年，UNIX 系统为 Linux 的诞生奠定了基础），但其难度在于扩展性有了极大的提升，由于高版本的内核是由多人协作完成的，代码风格相对初代有了巨大的变化，为了保证内核高可扩展，大量的函数指针会让初学者晕头转向。另外，高版本的内核功能也在不断迭代，虽然模块与模块、层与层之间划分明确，但每进入一层，就仿佛走入了无尽的深渊，冗长的调用链同样让初学者措手不及，往往研究了许久才发现自己只是走向了某个支线场景，背离了主干道，不得已又要从头开始探索。

在此感谢黄俊老师的悉心教导，每次碰壁后都是他的引导将我拉回主干道重新出发，在经历了无数次的"折磨"后，我对内核的兴趣越发浓郁，对于某个技术点的探究，我始终坚信自己一定能够克服，在这种心理下，终于艰难地将大部分 2.6 版本内核梳理完毕。

当 2.6 版本的内核学习完成后，我再翻阅上层源码框架时，仿佛整个人都脱胎换骨一般，很容易就能理解源码的开发者为什么要这样做，知道技术的优点和弊端是什么，什么场景下适用什么框架，原因无他，即使再优秀的开源框架也要基于内核进行开发，内核中的系统调用是上层框架实现函数的必经之路。虽然框架的目的是更加方便应用开发，但过于简单的接口调用和极为严密的高度封装，已让应用开发者在面对许多生产问题时措手不及。

既然内核是一道绕不开的坎，那么趟过去了，后面就是一条光明大道。随着框架源码的大量阅读，就会发现其中的很多思想都借鉴了内核，不管如何变化，总归还是逃离不了进程、内存、文件、设备、网络这几大模块，而其中面向上层的又是那些重要的系统调用函数，上层框架往往是针对内核里的某个特性进行了适配和拓展，达到针对某些场景简化代码编写和提升性能的目的。

至此，计算机混沌之道分别由黄俊老师的三名学生基于混沌学堂课程进行总结完成，其中包含了黄俊老师在课堂上讲解的绝大部分精华，本书是计算机混沌之道系列的第二篇，第一篇已经为读者分析了汇编相关知识，本篇将基于汇编进而分析内核的相关内容，而第三篇将为读者分析计算机网络和 JVM，愿读者能从中获益，找到属于自己的混沌之道。

背景知识

本书需要一些简单的汇编知识，但涉及的内容并不会特别复杂，如果阅读过计算机混沌之道第一篇或有一定汇编基础的读者会更加容易理解本书出现的一些系统调用实现和硬件交互过程。

本书使用大量的图片和生活中的例子来解释内核中某些重点函数设计的技巧，方便读者理解，此外，由于内核是一个很深很大的话题，作者无法全面解释所有内容，但所述之处，皆为重点，每一个知识点的出现都有其推理过程，请读者放心阅读。

如果您有一定的编程基础，但对于内核并不是特别熟悉，那么本书将为您打开内核的大门，通读完本书，您将会对内核有一定的认识和理解。

如果您的编程技术尚浅，语言基础薄弱，那么本书对于您而言，可能会显得稍有难度，您可以自行斟酌阅读。

本书适合以下读者阅读。

☑ 有一定语言的基础（如 C、C++、Java 等），想学习内核，希望有一本简单易懂的入门内核书籍。

☑ 想通过学习内核，提升源码的阅读能力和设计思维能力。

☑ 有开发的工作经验，但底层原理总是吃不透，阅读优秀的开源代码十分吃力。

☑ 有运维的工作经验，但对于 Linux 系统始终没有一个体系思维。

如何阅读这本书

设计程序的主要思想是为了在尽量少地消耗资源的情况下，提升更高的性能，因此，理解进程，可以从资源分配上进行优化；理解内存，可以从空间存储上进行优化；理解 I/O，可以从数据传输上进行优化；理解同步机制，可以从资源协调上进行优化；理解网络，可以从收发数据上进行优化。一旦对内核的每个模块都有了清晰的认知，那么读者可以很容易地根据合适的场景，选择合适的技术，做出最匹配项目的选择。此外，任何程序都不可能做到一劳永逸，一切事物都会更新迭代，这世上只有变才是唯一不变的，因此即使某种技术放在当下是最好的选择，也会因为时代的变更而被淘汰掉。读者通过学习内核，可以看到大师们对于各个模块里的难题的处理思路，如果能感同身受地代入思考问题并将难题想通后有种恍然大悟的感觉，那真是最让人兴奋的事情了。引用《桃花源记》里的一句古文："初极狭，才通人。复行数十步，豁然开朗。"刚开始学习内核当然是痛苦的，这让我们进入了一个陌生的领域，一旦能够坚持下来，相信读者也会有所明悟。

本书以 Redis 的基本结构为开篇，带入 C 语言一些重要的特性，第 1 章阅读起来并不困难，对于熟知 C 语言的开发者甚至会觉得是小菜一碟，但"开胃菜"总是要有的，这也是为了不让后续的"大菜"显得突兀且不易消化。

从第 2 章开始，将进入 Linux 操作系统的世界，本章会详细讲述 Linux 的相关背景和一些内核的基础知识，该部分内容多半来自 Intel 白皮书，毕竟操作系统的编写需要依赖硬件的指导，其中列出的许多内容都是高度关联的，有极高的参考价值，在此，作者也建议有兴趣的读者能够在网上搜索 Intel 白皮书并下载阅读。

第 3 章讲述了进程的相关知识，进程是资源调度的发起者，一切动作的执行都需要由进程来完成，了解进程的创建过程、调度过程可以在很大程度上帮助我们理解进程的执行原理，对于后续探索多进程协作和高并发也有益处。此外，程序的执行是由中断驱动的，本章概述了中断的相关概念，也展示了信号的处理过程。

第 4 章讲述了内存的相关知识，如果说进程执行的程序是资源的处理过程，那么内存就是在某个阶段所存储的结果，其中最重要的概念就是以页为单位进行数据的存取过程，分页对于整个 I/O 过程来说都是绕不开的一道坎，读者将在后续的章节中看到大量分页的存在。

第 5 章讲述了 I/O 的原理，通俗易懂的说法就是读和写的过程，这是一切 I/O 运行的本质。由于磁盘的存取速度远不及内存，为了匹配处理器的处理速度和数据的存取速度，处理器只执行内存上的数据，而不是磁盘数据。如此一来，内存的目标就被明确地划分出了两个方向：上对应用程序，下对磁盘存储。此外，磁盘读取速度相对较慢，对于经常会被修改的数据不便于在内存与磁盘间反复读写，由此高速缓冲区就随之出现了，因此，理解高速缓冲区的存在、内存与高速缓冲区之间如何读写、高速缓冲区到磁盘之间如何读写就是本章的重点内容了。

第 6 章讲述了数据的同步机制，高速缓冲区的作用是在内存与磁盘之间缓存数据，避免重复调度磁盘存取，达到优化性能、减少资源浪费的目的，但高速缓冲区带来的弊端也很明显，原本内存可以直达磁盘，现在却多了一层高速缓冲区，此外，高速缓冲区是共享的，还要为它考虑脏数据的问题。那么，什么时候刷新高速缓冲区和怎样刷新高速缓冲区就是本章探索的主要内容。

第 7 章讲述了 TCP/IP 网络编程的相关内容，网络一直以来都是计算机行业的热门话题，互联网行业能发展得如此辉煌，计算机网络功不可没。TCP 协议如何保证数据的可靠是每个开发者需要了解的基础知识，本章从 TCP 的编程流程、连接过程、三次握手、四次挥手等重点知识来解读相关源码。

相信学习完前 7 章内容的读者，已经有了一定的阅读源码的能力，此时我们再回到 2.6 版本的 Redis 中，从主流程开始分析，将 Redis 大体脉络梳理一遍，此时的你应该能够深刻地感受到，阅读优秀的开源框架是如此轻松的一件事！

勘误和支持

由于作者水平有限，且编写的时间也较为紧促，书中难免存在疏漏之处，恳请读者批评指正。读者可以通过账号 bx_java，添加作者微信，提出您宝贵的意见。此外，书中许多内容由于篇幅原因无法展开描述，仅涉及某些技术的主体内容但并非详尽内容，作者会在个人的博客中更新优质的文章为读者分析更多的技术要点。同时，如果您遇到任何问题，也可以与作者交流探讨，作者将尽量在线上为读者提供满意的解答。

致 谢

Acknowledgements

　　本书能够得以完成，首先要感谢黄俊老师。他深厚的计算机功底令人折服，他将计算机体系的理论与实践进行结合，从底层原理剖析上层应用。正是因为他的悉心教导，才支撑起了我写这本书的信心和动力，我永远牢记黄老师常说的一句名言："物有本末，事有终始。知其先后，则近道矣。"任何事物都有发展的起因和指向的结果，随着时代的变换和科技的进步，如果我们盲目地追寻新潮的技术，很容易掉进"术"的陷阱而让自己迷失，只有掌握了事物的本源，了解了事物的发展过程和变化的规律，才能轻松地应对层出不穷的新技术。

　　然后要感谢我的家人，写书是一个漫长的过程，这个过程不断地消磨着我的精神和意志力，为了把更好的内容展现给读者，我不断查阅各种文献和资料，夜以继日地思考着如何将一个个复杂的问题用最简单的图文描述出来。每当我以为已经完成某个目标，或者进度到达某个节点时，回头审视写完的内容，发现还是有许多不易理解的地方需要再做补充。在长达一年的写书时光里，对家人多有疏忽，在此想对她们说声抱歉，特别是我的爱人易曌，是她为我分担家庭的责任，让我能将全部精力投入这本书的写作中，是她的鼓励、支持、充分信任和理解，让我完成了如此浩大的一项"工程"。

　　接下来要感谢我的同事们，他们对我写作一事给予了高度的认可，在繁忙的工作之余，他们抽出时间与我交流探讨，为本书的许多内容添砖加瓦。正因为跟他们长期奋战在互联网一线，我才会对技术有新的理解和感悟，这样使我对底层原理更加执着。

　　最后感谢清华大学出版社的各位老师，是你们专业的排版和文字布局，才让这本书看起来更加规整且便于读者阅读；是你们多少个日日夜夜的辛勤审校，才让本书得以出版。感谢你们给了我这个无名之辈一个机会，能够展现自己的才华。

　　谨以此书献给众多热爱计算机的朋友们，让我们一起感受计算机底层的魅力，一起憧憬计算机的未来吧！

目 录

Contents

第 1 章
Redis 结构分析

Redis 作为当下最热门的缓存数据库,其学习的意义和价值不用多言,其中一些关于 C 语言的函数运用以及设计思想较为简单,很适合作为开篇来复习 C 语言。

本章主要介绍的是通过 Redis 的基础结构让读者能够理解地址和值的存在,以及指针的简单运用。

在后续内核的源码中,读者将会看到大量指针和函数指针的存在,因此在开篇明白什么是指针就显得尤为重要。

1.1 C 语言相关的前置知识复习

《计算之道》(卷 I)讲解了从计算机的历史到 C 语言的整个过程,并且着重分析了汇编、C 语言与 ELF 等内容,这些知识在接下来的学习中起着至关重要的作用,本章将会根据 Redis 的部分源码来分析一些 C 语言的重要函数。

C 语言是一门低级语言,计算机是无法识别的,其只能识别机器语言,想要执行机器语言,就会经过 ISA 指令集,而指令集上面又有汇编语言,所以 C 语言想要操作计算机,就要经历如下 3 个步骤。

(1)把 C 语言编译成汇编代码。

(2)将编译好的汇编代码通过汇编器,编译成一个.o 的文件。

(3)通过链接器,将多个.o 文件合并成一个可执行文件。

如果使用了静态链接库,需要在静态链接器里进行链接;如果使用了动态链接库,需要生成与地址无关的代码,通过 got 和 plt 来进行中间跳转,然后生成可执行代码。

C 语言封装了汇编的基础,那么我们可以总结一下,C 语言的基础类型如 char、short、int、long、float、double 等用于抽象内存单元的数据访问。函数抽象了汇编的 call 指令和 ret 指令来移动 ebp、esp,以达到开辟栈帧、压栈、弹出返回值的目的,而指针又封装了取地址指令"()"和 lea 指令获取内存地址。

在了解了这些内容之后，就需要站在一个全局的视角去思考 C 语言的代码。如果站在 CPU 的层面去看内存，那么 C 语言的本质就是操作内存，而汇编就是操作内存的具体动作。在 Intel 里，有线性地址、虚拟地址（逻辑地址）和物理地址，虚拟地址空间在 Intel 手册里被描述成用于映射线性地址的，而进程看到的只有虚拟地址，虚拟地址通过 GDTR 和段寄存器生成线性地址，如果开启分页，就会通过线性地址的多级分页找到物理页帧，再加上偏移量，即可得到最后的物理地址。在本书后面的描述中，我们所提到的内存皆为虚拟地址。

一般情况下，在 4GB 的内存中，高地址的 1GB 空间用于存储操作系统的代码，而另外的 3GB 空间用于存储栈、堆、数据段以及代码段。

我们知道，栈用于在 C 语言的函数里分配内存空间。如对于代码"int a = 1;"，用汇编的知识来思考这个代码的操作如下。

- ☑ 移动 ebp。
- ☑ 开辟栈帧。
- ☑ 存储变量 1。

堆用于在函数之间共享数据，开辟堆的方式有两种，第一种是通过 edata 指针将数据段地址向上推，适合小数据存储；第二种是映射，在堆里分配一个可维护列表，适合大空间存储。

在程序中，代码段用来存放程序中执行的代码，而数据段用来存放程序中已初始化的全局变量。

在学习了以上知识后，我们再来思考一下 C 语言如何操作内存。首先，glibc 函数库封装了一堆用于和 OS 交互的函数，C 语言可以通过 glibc 函数库调用操作系统的代码来操作内存。

指针可以存放在数据段里，也可以存放在栈里。假设数据段里有一个全局变量，而这个全局变量的地址指向一块内存单元，那么这块内存单元里存放的数据有可能是基本数据类型、数组、结构体或是函数的代码。这个全局变量里保存指向内存单元的地址就是指针；而指针的类型取决于内存单元里存储的数据类型。

假如内存单元里存放的是函数，而指针类型被我们定义为基本数据类型，此时将无法执行这个函数，由此我们得出结论：编译器在操作指针所指向的内存单元时，将会根据指针的类型来操作内存单元的数据。也就是说，在生成汇编代码时，编译器根据指针类型来解释内存单元。

但需要注意的是，指针的特性是它本身保存了一个数组（也就是内存单元的地址），那么指针的妙用在于何处？只要内存单元的数据类型和指针的类型保持一致，我们就可以使用指针保存任何一个地址，以达到解耦的作用。如果把指针想象成高级语言的接口，它就能在运行时决定执行哪一段代码。如定义一个函数指针，它既有出参也有入参，它具体指向的地址由运行时动态分配。就如同 got 与 plt 一样，起始时并不知道动态链接库的地址在哪里，当调用动态链接器时，动态链接器再把地址回写到.got 与.plt 中，此时即可获取动态链接库的地址，这何尝不是指针解耦的思想呢？

1.2　Redis 背景

Redis（Remote Dictionary Server）是一个开源的内存数据存储系统，它提供了 Key-Value（键值对）的数据结构，同时支持持久化存储和多种数据操作。Redis 以高性能和灵活性著称，被广泛用于构建缓存、消息队列、实时统计和分布式锁等应用场景。

1.2.1　什么是 Redis

要研究 Redis，就要进入 Redis 官网，看看官网对于 Redis 的定义，以及它提供的功能。作者认为没有什么比官网的解释更加具备权威和准确性，所以我们在研究任何一个框架和中间件时，何不直接打开官网一探究竟。这里以最新的 Redis 版本（7.0.0）作为翻译对象，但是在研究 Redis 时，作者选择了较低的 2.6 版本，麻雀虽小，但五脏俱全，我们把内部的实现原理搞懂后，后面的版本无外乎是对低版本增加部分特性，但都是基于 2.6 的框架来进行补充。同时 2.6 的版本代码量较少，我们可以将关注点放在 Redis 的核心逻辑上，而不是新增加的很多特性上，这样不容易迷失方向。详细的介绍如下所示。

Redis is an open source (BSD licensed), in-memory data structure store used as a database, cache, message broker, and streaming engine. Redis provides data structures such as strings, hashes, lists, sets, sorted sets with range queries, bitmaps, hyperloglogs, geospatial indexes, and streams. Redis has built-in replication, Lua scripting, LRU eviction, transactions, and different levels of on-disk persistence, and provides high availability via Redis Sentinel and automatic partitioning with Redis Cluster.

Redis 是一个开源（基于 BSD 许可）的项目，基于内存实现了多种数据结构，通常被用作内存数据库、缓存、消息队列和流引擎。Redis 提供多种数据结构，如字符串、散列表、列表、集合、范围查询的排序集合、位图、hyperloglogs、地理空间索引和流。Redis 内置了副本集自动复制、Lua 脚本、数据 LRU 策略、事务和不同级别的数据持久化策略，并通过两种方式提供高可用性：Redis Sentinel（哨兵模式）、Redis Cluster（Redis 集群）。

注意：

我们研究的基础版 2.6 不包含 hyperloglogs、地理空间索引和流，也不具备 Redis 集群方式。

You can run atomic operations on these types, like appending to a string; incrementing the value in a hash; pushing an element to a list; computing set intersection, union and difference; or getting the member with highest ranking in a sorted set.

所有的这些数据类型都是原子性操作，例如，向字符串追加值，增加某个哈希类型的 value 值，将元素推入列表，计算交集、并集、差集，获取排序集合中排名最高的成员。

To achieve top performance, Redis works with an in-memory dataset. Depending on your use case, Redis can persist your data either by periodically dumping the dataset to disk or by appending each command to a disk-based log. You can also disable persistence if you just need a feature-rich, networked, in-memory cache.

为了达到 Redis 的最佳性能，Redis 使用基于内存的数据集，而不是基于磁盘的数据。Redis 通过设置可以定期地将内存中的数据集持久化到磁盘或在每次执行指令后都将数据持久化到磁盘。如果您只需要一个功能丰富的网络化内存缓存，您也可以禁用该持久化特性。

注意：

使用磁盘持久化是为了保证数据不会丢失，因为内存是一个断电就丢数据的存储器，而缓存为什么能够不启用持久化特性？因为缓存就是对后端真实数据的临时存储，允许丢失，丢失后只需要重新读取后端的真实数据即可，但是这属于缓存击穿，那么，是不是考虑对后端访问进行限流呢？但作者发现：很多使用 Redis 的开发人员压根就不是把它当作缓存使用，这很危险，虽然 Redis 最初就是设计来当作缓存使用的，但是却被妖魔化出很多的功能，不是不能用，而是需要根据实际场景谨慎使用。

Redis supports asynchronous replication, with fast non-blocking synchronization and auto-reconnection with partial resynchronization on net split.

Redis 支持副本集异步复制，其具有快速的非阻塞同步和副本集自动重新连接功能，并能在网络发生阻塞时进行部分重新同步。

注意：

为了保证高可用，Redis 支持异步复制当前数据到副本集服务器上，但这里要考虑的是，如果复制途中副本集服务器发生网络或者机器异常，当重新连接时如何做？是全量重新同步还是部分同步？

Redis is written in ANSI C and works on most POSIX systems like Linux, *BSD, and Mac OS X, without external dependencies. Linux and OS X are the two operating systems where Redis is developed and tested the most, and we recommend using Linux for deployment. Redis may work in Solaris-derived systems like SmartOS, but support is best effort. There is no official support for Windows builds.

Redis 是用 ANSI C 编写的，可以在大多数 POSIX 系统上运行，如 Linux、*BSD 和 Mac OS X，没有外部依赖。Linux 和 Mac OS X 是 Redis 开发和测试最多的两个操作系统，推荐使用 Linux 进行部署。Redis 可以在 Solaris 派生的系统（如 SmartOS）中工作，但支持非常有限。Windows 版本没有官方支持。

1.2.2　ANSI C 与 GNU C

ANSI C 与 GNU C 均为 C 的标准定义，ANSI C 标准几乎被所有广泛使用的编译器所支持，多数 C 语言代码是在 ANSI C 基础上进行编写。ANSI C 是美国国家标准协会（ANSI）对 C 语言发布的标准，使用 C 的软件开发者被鼓励遵循 ANSI C 文档的要求。ANSI C 经历了以下的历史过程。

☑ C89 标准：1983 年，美国国家标准协会组成了一个委员会，目的是创建一套 C 语言的标准，经过漫长的过程，该标准于 1989 年完成。因此，这个版本的语言也经常被称为 C89 标准。

☑ C90 及后续标准：1990 年，ANSI C 标准有了一些小的改动，这个版本有时候也被称为 C90 标准。随着时代的发展，ANSI C 标准也在不断与时俱进。出现了 C99 标准、C11 标准等。

GNU C 标准起源于 GNU 计划，它由 Richard Stallman 在 1983 年 9 月 27 日公开发起，目标是创建一套完全自由的操作系统，但是他们设计了一整套编写操作系统的套件：编译器、汇编器、链接器等，唯独没有操作系统的内核。当时，Linus 正在编写 Linux，而那时正好编写系统的套件，就是这么巧：这时直接使用 GNU C 的套件，而 GNU 套件定义了 GNU C 的标准（所以 Linux 也被称为 GNU/Linux）。我们知道任何东西都不可能独立存在，因为 ANSI C 的影响甚远，GCC 也不得不支持其中的标准，否则就会成为孤家寡人，所以在使用 GCC 4.7 版本时，GCC 编译器已支持 4 种 C 语言标准：C89/C90、C94/C95、C99/C11（不完全支持）。

那么 GNU C 与 ANSI C 有何区别呢？我们可以这样认为：GNU C 对 ANSI C 进行了增强，补充了很多新特性：零长度和变量长度数组、case 语句范围、语句表达式、typeof

关键字、可变参数宏、标号元素、当前函数名、特殊属性声明、内建函数等。

关于具体扩展特性，读者可以通过此链接访问学习，本书不再展开说明：https://gcc.gnu.org/onlinedocs/gcc/C-Extensions.html#C-Extensions。

1.2.3 Redis 源码下载

读者可以通过此链接下载 Redis 源码：https://github.com/redis/redis，如图 1.1 所示。进入网址后单击分支按钮找到 2.6 版本进行下载即可。

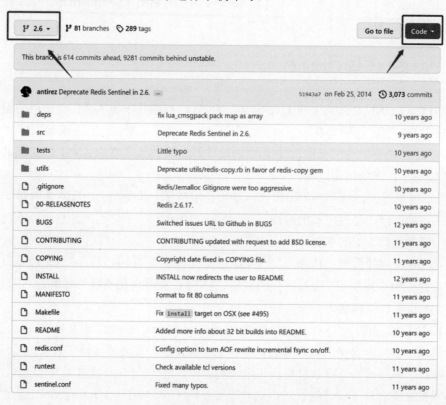

图 1.1 Redis 源码下载

Redis 源码结构较为简单，包括如下几部分。

☑ deps：依赖库函数（jemalloc 内存池管理、Lua 脚本支持）。

☑ src：主要源代码。

☑ tests：测试用例。

☑ utils：工具库。

1.3　Redis sds 函数分析

Redis 中的 sds 函数（simple dynamic strings，简单动态字符串）是一组用于处理简单动态字符串的函数。简单动态字符串是 Redis 自己实现的一种字符串类型，相比于 C 语言的传统字符串，它提供了更多的功能和性能优化。

1.3.1　sds 结构体分析

sds 结构包含 sdshdr、len、free、bug[]，如下所示。

☑　sdshdr：其结构体被定义在 sds.h 头文件中。

☑　len：用于保存 buf 字节数组中已经使用的字节数量。

☑　free：用于保存 buf 数组中还未使用的字节数量。

☑　buf[]：用于保存字符串。

```
// 代码路径: redis-2.6\deps\hiredis\sds.h
struct sdshdr {
int len;
int free;
char buf[];
};
```

如图 1.2 所示，将一个"Hello,World!"字符串存储在 sdshdr 结构体中。

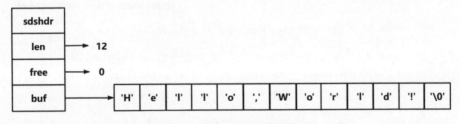

图 1.2　sdshdr 的存储形式

☑　len 的值为 12，表示 sds 中保存了一个长度为 12 字节的字符串。

☑　free 的值为 0，表示字节数组中没有未分配的空间。

☑　buf 是一个 char 类型的字节数组，这个数组中保存了'H'、'e'、'l'、'l'、'o'、','、'W'、'o'、'r'、'l'、'd'、'!'共 12 个字节，最后一个字节保存了'\0'，用于标识字符串的结尾。

接下来，让我们来分析一下这个结构体的巧妙之处。

首先，在 C 语言中使用 char 类型存储字节，那就必然会经过开辟字节数组，然后依次存放字符串中每一个字节的过程。为了表示这个字符串的结束，会在字节数组的最后一个字节处添加'\0'。当编译器识别到字节数组中'\0'字节的时候，就会认为字符串结束。在这种条件的约束下，假设想要保存的字符串里含有'\0'的字节，或者是像图片、音频、视频、压缩文件等这些二进制数据，就会变得非常不安全，如图 1.3 所示。

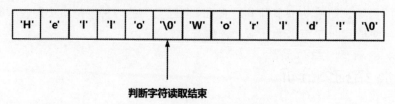

图 1.3　C 语言中判断字节读取

而在 Redis 中，为了兼容 C 语言字符串以'\0'结尾的特性，我们在后面章节的源码中会看到，在开辟一个字节数组时，也会在这个字节数组的尾部添加一个'\0'，用于标识字符串结束。那么对于 Redis 而言，是否也会存在和 C 语言相同的安全隐患呢？答案是不会，因为 Redis 使用 len 属性的值来判断字符串是否结束，如图 1.4 所示。

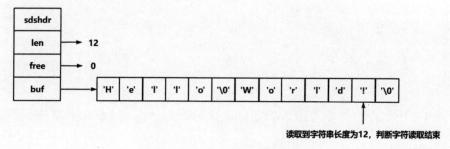

图 1.4　Redis 中判断字节读取

除此之外，对于 C 语言使用字节数组保存字符串而言，如果想要获取到这个字符串的长度，就需要在字节数组中将每一个字节遍历一遍，直到遇见'\0'为止，这个操作的复杂度为 O（N）。

但是在 Redis 中，由于自身结构体的定义里有 len 属性来保存字符串的长度，并且在开辟字节数组时就已经保存了当前字符串的长度，当需要查询字符串长度时就可以直接获取，这个操作的复杂度为 O（1）。

最后，字节数组可能存在字节删除或新增的操作。当程序员需要对字节数组里的值进行变动时，Redis 提供的 free 属性就起到重要的作用。因为数组的大小是固定的，通常来说，如果需要对数组进行扩容或者释放，就需要重新分配内存或释放内存。一旦程序员在操作字节数组时忘记了分配内存，就很容易导致数据溢出。因此，free 属性就用于在字节数组的扩容与释放过程中做安全检查，如图 1.5 所示。

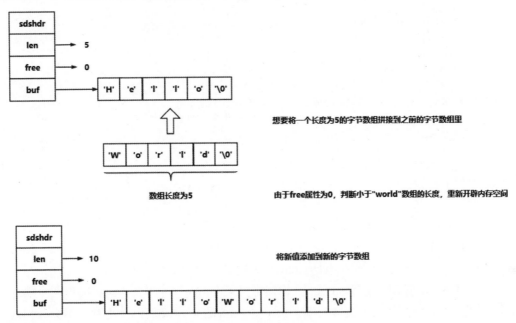

图 1.5　sds 添加字符串

1.3.2　sdsnewlen 函数分析

sdsnewlen()函数通过 init 指针和 initlen 指向指定内容，以创建一个新的 sds 字符串。如果 init 指针指向的内容为 NULL，这个字符串就会被初始化为 0 字节。

☑　init：传入的字符串内容。

☑　initlen：字符串的大小。

```c
// 代码路径: redis-2.6\src\sds.c
sds sdsnewlen(const void *init, size_t initlen) {
    struct sdshdr *sh;

    // 在 C 语言中，非 0 即真。只要 init 指向的内容不为 0 或者空，那么都代表真
    if (init) {
        // 为 sdshdr 分配一个大小为 8 + initlen + 1 字节的内存空间
        sh = zmalloc(sizeof(struct sdshdr)+initlen+1);
    } else {
        // 为 sdshdr 分配一个大小为 8 + + initlen 1 字节的内存空间
        sh = zcalloc(sizeof(struct sdshdr)+initlen+1);
```

```
    }

    // 如果开辟内存空间后返回的指针为空，返回 NULL
    if (sh == NULL) return NULL;
    // 表示在 sdshdr 结构体中 buf 字节数组的长度为传入的字符串大小
    sh->len = initlen;
    // 表示在 sdshdr 结构体的 buf 字节数组中没有空闲空间
    sh->free = 0;
    if (initlen && init)
    // 将大小为 initlen 的字符串 init 复制到 buf 地址处
        memcpy(sh->buf, init, initlen);
    // 在数组的末尾赋值'\0'
    sh->buf[initlen] = '\0';
    // 返回字节数组
    return (char*)sh->buf;
}
```

关于 zmalloc 和 zcalloc 的具体实现，我们在后面的章节中会做分析。这里我们需要做出解释的是，不管是 zmalloc 还是 zcalloc，分配的内存大小都为 sizeof(struct sdshdr)+initlen+1。那么，sizeof(struct sdshdr)+initlen+1 到底分配了多大的内存呢？

在上一小节，我们了解到 sdshdr 结构体定义了 int len、int free、char buf[]三个属性，int 类型在内存中分配的大小为 4 字节，而 char buf[]在未定义数组大小时是不会分配内存的，它只是作为语法的形式出现在结构体的定义里。

sdshdr 结构体中定义了两个 int 类型的变量，因此，在 char buf[]未定义数组大小时，我们可以计算出 sizeof(struct sdshdr)的结果就是 8。读者可以使用下列代码，尝试在 char buf[]字节数组中输入数字，观察结构体的大小变化。

initlen 取的是我们传入的字符串的大小。

最后加 1 的意思是为字节数组末尾添加的'\0'字节开辟内存空间。

因此，我们分析出 sizeof(struct sdshdr)+initlen+1 分配了 8 +initlen+1 字节的内存空间。

```
// 样例代码
#include<stdio.h>

struct sdshdr {
    int len;
    int free;
    char buf[];
};

int main(void){
struct sdshdr _sdshdr;
printf("sdshdr's size = %d\n",sizeof(_sdshdr));
```

```
return 1;
}
```

输出:

```
sdshdr's size = 8
```

还需要了解的一点是函数的入参 const void *init 。

```
sds sdsnewlen(const void *init, size_t initlen)
```

const 关键字在 C 语言中的定义: 以 const 关键字声明的对象的值不能通过赋值或递增、递减来修改。const void *init 表明 init 指向一个 void 类型的 const 值, 意味着创建的 init 指向不能被改变的值, 而 init 本身的值可以改变。例如, 可以设置该指针指向其他 const 的值。

除此之外, 这里使用的指针类型为 void, 表示当前并不知道指向的内容具体的类型, 需要通过传入的参数类型对内存空间进行动态解释, 如传入的参数类型为 int, 那么内存空间开辟的大小即为 4 字节。如果我们能站在更高层次对内存模型进行抽象, 那么数据类型只是用于对开辟内存大小的解释, 而 void 就是指针类型的抽象; 如果把它想象成接口, 那么不同的数据类型就是对于 void 接口的具体实现, 也是对内存的具体解释。可以看到后续的源码中大量使用 void* 指针来对数据类型进行抽象, 以达到解耦的目的。在具体实现中, 将 void 类型进行强制转换, 即可得到自己需要的数据类型, 如图 1.6 所示。

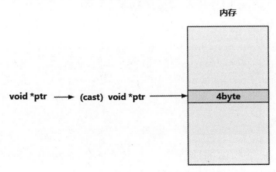

图 1.6　根据指针类型分配内存

1.3.3　sdscatlen 函数分析

sdscatlen()函数用于将 len 字节的字符串 t 添加到 sds 字符串 s 末尾。调用之后, 传递的 sds 字符串不再有效, 所有引用必须用调用返回的新指针代替。

☑　s: 用于表示 sds 的地址。

☑　t: 需要添加的字符串。

☑　len: 需要添加的字符串的大小。

```
// 代码路径：redis-2.6\src\sds.c
sds sdscatlen(sds s, const void *t, size_t len) {
    struct sdshdr *sh;
    // 获取当前可分配的内存大小
    size_t curlen = sdslen(s);
    // 开辟新的字节数组空间
    s = sdsMakeRoomFor(s,len);
    if (s == NULL) return NULL;
    sh = (void*) (s-(sizeof(struct sdshdr)));
    // 将大小为 len 的字符串 t 复制到 s+curlen 地址处
    memcpy(s+curlen, t, len);
    // 修改当前 sdshdr 结构体的 len 和 free 属性值，并在数组末尾添加'\0'
    sh->len = curlen+len;
    sh->free = sh->free-len;
    s[curlen+len] = '\0';
    return s;
}
```

1.3.4　sdslen 函数分析

sdslen()函数用于获取当前 sdshdr 结构体字节数组的剩余空间大小。

s：被定义为 char *sds，用于表示 sds 的地址。

```
// 代码路径：redis-2.6\src\sds.h
static inline size_t sdslen(const sds s) {
    // 当前结构体的内存空间减去已分配的内存空间，得到剩余未分配的内存空间
    struct sdshdr *sh = (void*)(s-(sizeof(struct sdshdr)));
    // 返回可分配的内存大小
    return sh->len;
}
```

sds 保存的是 sdshdr 结构体的地址值。用高地址值减去 sdshdr 结构体的大小，得到剩余未分配的内存空间大小，如图 1.7 所示。

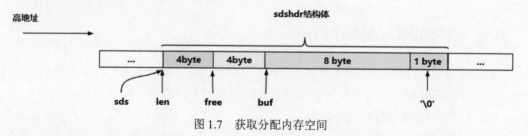

图 1.7　获取分配内存空间

注：此图为内存模型图，图中字节数仅代表开辟空间的大小，并非保存的值！

1.3.5　sdsMakeRoomFor 函数分析

sdsMakeRoomFor()函数用于扩大 sds 字符串末尾的空闲空间，以便调用者确保在调用此函数后可以覆盖字符串末尾后长度最多为addlen 的字节,再加一个字节用于表示字符串结尾。

☑　s：被定义为 char *sds，用于表示 sds 的地址。

☑　addlen：需要添加的字符串大小。

```
// 代码路径: redis-2.6\src\sds.c
sds sdsMakeRoomFor(sds s, size_t addlen) {
    struct sdshdr *sh, *newsh;
    // 原理与 sdslen 相同, 区别是这里返回的是 free 属性
    size_t free = sdsavail(s);
    size_t len, newlen;
    // 如果剩余未分配的内存空间大小大于或等于需要添加的字符串大小, 将当前 sds 返回
    if (free >= addlen) return s;
    // 获取当前可分配的内存大小
    len = sdslen(s);
    sh = (void*) (s-(sizeof(struct sdshdr)));
    // 新分配的内存空间大小=剩余未分配的内存空间大小+需要添加的字符串大小
    newlen = (len+addlen);
    // #define SDS_MAX_PREALLOC (1024*1024)
    // 如果新分配的内存空间大小未超过定义的 sds 最大分配内存空间大小, 将当前新分配的内
存空间大小扩容 2 倍
    if (newlen < SDS_MAX_PREALLOC)
        newlen *= 2;
    // 否则新分配的内存空间大小=新分配的内存空间大小+定义的 sds 最大分配内存空间大小
    else
        newlen += SDS_MAX_PREALLOC;
    // 传入 sdshdr 地址值, 开辟内存空间
    newsh = zrealloc(sh, sizeof(struct sdshdr)+newlen+1);
    if (newsh == NULL) return NULL;
    // 将新获取的 sdshdr 的 free 属性赋值, 返回 buf
    newsh->free = newlen - len;
    return newsh->buf;
}
```

1.3.6　redisObject 结构分析

在内存数据库设计中，效率和内存利用率是最为重要的两部分内容。而为了节约内存资源，可以想方设法地利用指针和位来实现内存优化。在 C 语言中，变量后面使用冒号，表示当前属性的位。比如代码 unsigned type:4;表示 4 位无符号类型。redisObject 将一个基

本数据类型拆分为多个位域来表示不同的数据（ANSI C 支持位域的写法，非常便捷），如果语言本身（也即编译器本身）不支持位域的写法，那么就需要编程人员自己编写。由于与运算为二进制运算方式，因此通过将需要的位置 1，将不需要的位置 0，相与后便可获得需要的数据。

在切割位域中用的最多的是 32 位和 64 位。以 32 位为例，一个寄存器的大小一般为 32 位，此时可以将 32 位寄存器的不同位用于表示不同的数据信息。比如 Intel 手册中的 eflags 状态寄存器，就将 32 位分成了多个不同的位，用于标识段的状态。当需要使用到 eflags 状态寄存器的 CF 标识位时，将其和 1 相与，即可得到第一位的值。在此，读者只需要对位的作用有大致印象即可，并不需要知道 eflags 的具体作用，在后续相关章节中会详细了解状态寄存器的作用。

```
// 代码路径：redis-2.6\src\redis.h
typedef struct redisObject {
    unsigned type:4;// 表示当前对象的数据类型（string、list、hash、set、zset）
    unsigned notused:2;        // 不使用（对齐位）
    unsigned encoding:4;       // 表示当前值的对象实现的数据结构
    unsigned lru:22;           // 表示最后一次使用此对象的时间
    int refcount;              // 对象的引用计数
    void *ptr;                 // 指向数据的真实结构体
} robj;
```

在创建 redisObject 对象时，通过 zmalloc 开辟内存空间，然后将 redisObject 进行初始化赋值。

```
// 代码路径：redis-2.6\src\object.c
robj *createObject(int type, void *ptr) {
    robj *o = zmalloc(sizeof(*o));
    o->type = type;
    o->encoding = REDIS_ENCODING_RAW;
    o->ptr = ptr;                // 当前对象的地址
    o->refcount = 1;             // 第一次创建，所以引用计数初始为 1
    o->lru = server.lruclock;    // 设置使用此对象的时间
    return o;
}
```

对象的数据类型定义如下：

```
// 代码路径：redis-2.6\src\redis.h
#define REDIS_STRING 0           // 字符串类型
#define REDIS_LIST 1             // list 集合类型
#define REDIS_SET 2              // set 集合类型
#define REDIS_ZSET 3             // zset 集合类型
#define REDIS_HASH 4             // hash 表类型
```

某些类型的对象，如字符串和哈希值，可以在内部以多种方式表示。对象的 encoding 字段被设置为该对象的其中一个字段。对象编码示例如下：

```
// 代码路径：redis-2.6\src\redis.h
#define REDIS_ENCODING_RAW 0            // 编码为初始状态
#define REDIS_ENCODING_INT 1            // 编码为 integer
#define REDIS_ENCODING_HT 2            // 编码为一个 hash table
#define REDIS_ENCODING_ZIPMAP 3        // 编码为 zipMap
#define REDIS_ENCODING_LINKEDLIST 4    // 编码为 linkedList
#define REDIS_ENCODING_ZIPLIST 5       // 编码为 zipList
#define REDIS_ENCODING_INTSET 6        // 编码为 intSet
#define REDIS_ENCODING_SKIPLIST 7      // 编码为 skipList
```

这里使用宏定义的方式来描述特殊数字的特定行为，在编译过程中，会将宏定义展开，解释为定义数字执行。

1.3.7　Redis 的压缩链表分析

在 CPU 访问寄存器时，无论是存取数据还是存取指令，都趋于聚集在一片连续的区域中，这被称为局部性原理。

局部性原理又分为时间局部性（temporal locality）和空间局部性 （spatial locality）。

☑　时间局部性：如果程序中的某条指令一旦执行，不久以后该指令可能再次执行；如果某数据被访问过，不久以后该数据可能再次被访问。

☑　空间局部性：如果一个存储器的位置被引用，那么将来它附近的位置也会被引用。

分析计算机体系结构可知，在 CPU 内部有缓存行，数据会经过缓存行后再与内存交互。

数组在分配内存时是空间连续的。由于空间局部性原理，在读取数组里某个数值时，会将整个数组读取到缓存行里，当下一次再使用这个数据时，就直接在缓存行里获取，而不需要再次从内存中获取，如图 1.8 所示。

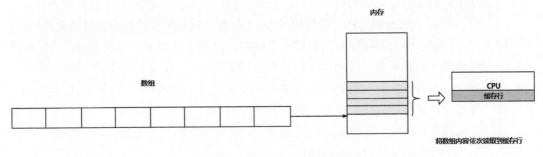

图 1.8　从内存中读取数组

链表在分配内存时空间是不连续的，需要在内部使用指针来保存下一个链表节点的地址，所以链表无法使用空间局部性原理。当 CPU 读取链表的某个值时，由于链表空间不连续的特性，CPU 无法将链表的所有信息加载到缓存行内，在下一次读取链表数据时，因为缓存行失效，所以只能再次从内存中获取值，如图 1.9 所示。

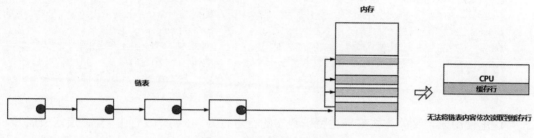

图 1.9　从内存中读取链表

那么，如果可以把链表放到数组里面，利用空间局部性原理一起加载到缓存行，就可以达到提升性能的目的。但是，在数据量过大的情况下，这种做法就会显得捉襟见肘。所以，Redis 建议使用数据量小的 key 值。

1.4　通过 Redis 数据结构引发的思考

Redis 的数据结构设计考虑了以下几个关键因素。

☑ 性能和效率：Redis 的设计目标之一是高性能和低延迟。因此，每种数据结构的实现都着重优化了读写操作的效率。例如，使用哈希表实现的字典结构可以在 O(1) 的时间复杂度内进行快速的查找和插入操作。

☑ 灵活性和多样性：Redis 提供了多种数据结构，以满足不同的应用需求。每种数据结构都有其特定的功能和操作，开发者可以根据具体场景选择最合适的数据结构。例如，列表适用于队列和栈的操作，有序集合适用于排行榜和范围查询等需求。

☑ 内存优化：由于 Redis 数据存储在内存中，内存的使用效率对于 Redis 的性能和可扩展性非常重要。因此，在设计数据结构时考虑了内存的节约和压缩。例如，使用压缩列表结构实现的列表和集合，在存储较小的数据时可以节约内存空间。

☑ 数据一致性和持久化：Redis 提供了持久化功能，可以将数据写入硬盘以实现数据的持久化存储。在数据结构的设计中，考虑了如何将数据持久化到磁盘，并在系统重启后恢复数据的一致性。

☑ 多线程安全：Redis 的数据结构的设计考虑了并发访问的安全性。在实现中，采用了各种锁和同步机制来保证多线程环境下数据的一致性和正确性。

1.4.1　地址与值的思考

在代码中，通常我们会根据语法来定义数据的类型和值。比如代码 int a;被赋予的语义就是声明有一个整型变量 a。假如我们没有事先声明这个变量 a，但是在后续代码中又突然冒出这个变量，如 a = 0;，此时，我们就会在编译代码时收到来自编译器的报错——使用了一个未声明的变量。

这就好比我们介绍一个人的时候，总会先介绍他的名字和性别。比如公司来了一位新人，HR 首先应该为大家介绍：我们公司来了一位名叫×××的男同事/女同事。假如没有 HR 的介绍，同事之间提起×××的名字岂不是会一头雾水。

当然，除了最基本的介绍名字和性别，HR 也会适当地对这位新同事添加一些描述，让大家能够加深对他的印象。

因此，C 语言中需要对这些定义的变量添加一些关键字，用于告诉编译器在使用这个变量时需要注意的一些地方。比如被 const 关键字修饰的变量，其值就不能通过赋值来修改。

除此之外，这个新同事还要明确自己的工作范围，不能谁的事儿他都要干预。

因此，C 语言中对于变量定义的位置不同，这就告诉了编译器变量的作用范围。在函数外定义的变量即为全局变量，而函数内定义的变量即为局部变量。全局和局部的含义很容易理解，全局变量的作用范围是整个文件，而局部变量的作用范围是整个函数。

上述的事情 HR 都安排好后，就需要给这位新同事指定一个工作位置。

于是，为了明确被定义的变量的工作范围，内存被划分为了几个区域。在 4GB 内存中，顶部的 1GB 被用于操作系统的工作区，相当于老板的工作地点，闲杂人等是不能随意进入的。下面的栈区就是程序中大量使用的地方了，我们定义的局部变量、指针和数组就在这里工作。由于这里存放的都是用完即释放的数据，因此称它为指令流私有数据。随后是堆区，这里常被程序员用于开辟内存来存放数据，由于存放的数据会被其他文件或进程使用，所以称之为指令流共享数据。需要注意的是，已分配的内存需要由程序员自己来释放，否则会引发安全问题。堆区下面的工作区就不一一赘述了，后面会做描述，如图 1.10 所示。

- ☑ 栈内存：指令流私有数据。存放临时变量，如函数的参数值、函数调用的返回地址、局部变量的值等。程序结束后由系统释放。
- ☑ 堆内存：指令流共享数据。一般由程序员进行分配和释放。如果运行时需要一些可变大小的小内存块，那么这些内存就是从这个区域中分配的。

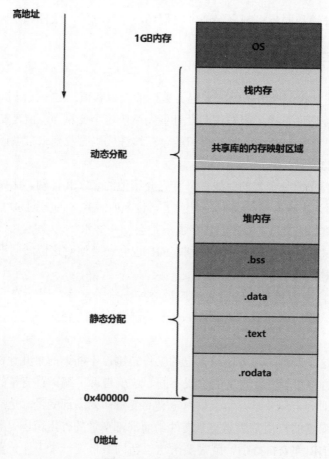

图 1.10　内存数据分配

☑　.bss：未初始化数据段，用于保存未初始化（在代码中声明，但是没有初始值）的全局变量和静态变量，以及所有被初始化为 0 的全局变量或静态变量。这些变量在程序运行之前不占用寄存器的空间。未初始化数据段只在运行的初始化阶段才会产生，因此它的大小不会影响目标文件的大小。程序结束后由系统释放。

☑　.data：数据段（也称全局区或静态区），用于保存已初始化（在代码中声明，并且具有初始值）的全局变量和静态变量。全局变量定义在函数外部，而静态变量则是使用 static 修饰的变量。这些变量需要占用寄存器的空间，在程序执行时它们位于可读写的内存区域内，并且有初始值，以供程序运行时读写。局部变量在运行时被保存在栈中，既不出现在.data 中，也不出现在.bss 中。程序结束后由系统释放。

☑　.text：代码段，用于存储程序执行代码。在程序运行前就已经确定区域大小，并且通常为只读状态。此外，在代码段中，也有可能包含一些只读的常数变量，如字符串常量等。

☑ .rodata：只读数据段（文字常量区），用于保存一些不会被更改的数据，如符号表和字符串表，符号表存放指向字符串表的索引下标。此区域保存编码表，用于字符串映射。使用 const 修饰的变量以及程序中使用的文字常量一般会存放在只读数据段中。常量需要占用内存，为只读状态，不可修改。程序中的常量字符串就是存放在这里的，除此之外，编译器将出现在 printf 函数中的所有静态字符串封装到该段。程序结束后由系统释放。

在下列代码中，定义了一些类型的变量、数组、指针，来帮助大家理解这些变量是如何在内存中分配的。

```
#include<stdio.h>
#include<malloc.h>

int  a;                  // 未初始化的全局变量保存在.bss 段
int b = 1;               // 已初始化的全局变量保存在.data 段
void main()
{
int c = 2;               // 已初始化的局部变量保存在栈上
const int d = 3; // 用 const 修饰的已初始化局部变量地址保存在栈上（这里不是字节类型）
static int e;            // 用 static 修饰的未初始化局部变量保存在.data 段
static int f = 4;        // 用 static 修饰的已初始化局部变量保存在.data 段
char sArr[] = "abc";     // 字节数组保存在栈上
char *str = "def";       // 字节类型的指针保存在.rodata 段
int *ptr = malloc(10);   // 指针在栈上，指向堆区分配 10 字节内存

printf("a'saddr= %p,  a's value = %d\n",&a,a);
printf("b's pAddr = %p,  b's value = %d\n",&b,b);
printf("c's pAddr = %p,  c's value = %d\n",&c,c);
printf("d's pAddr = %p,  d value = %d\n",&d,d);
printf("e's pAddr = %p,  e's value = %d\n",&e,e);
printf("f's pAddr = %p,  f's value = %d\n",&f,f);
printf("sArr's pAddr = %p,  sArr's value = %s\n",sArr,sArr);
printf("str's pAddr = %p,  str's value = %s\n",str,str);
printf("ptr's pAddr = %p,  ptr's size = %d\n",ptr,(int)malloc_usable_
size(ptr));

free(ptr);               // 释放已开辟的内存
}
```

输出：

```
a'saddr= 0x404068,  a's value = 0
```

```
b's pAddr = 0x404058,  b's value = 1
c's pAddr = 0x7fffb34549e8,  c's value = 2
d's pAddr = 0x7fffb34549ec,  d value = 3
e's pAddr = 0x404064,  e's value = 0
f's pAddr = 0x40405c,  f's value = 4
sArr's pAddr = 0x7fffb3454a00,  sArr's value = abc
str's pAddr = 0x402008,  str's value = def
ptr's pAddr = 0xf642a0,  ptr's size = 24
```

在上述代码中，我们将定义的数据通过打印地址和值的方式展示出来，但是仅仅从这些数字似乎看不出来什么端倪。于是将这些数字整理到了图中，与内存模型一一关联，如图 1.11 所示。

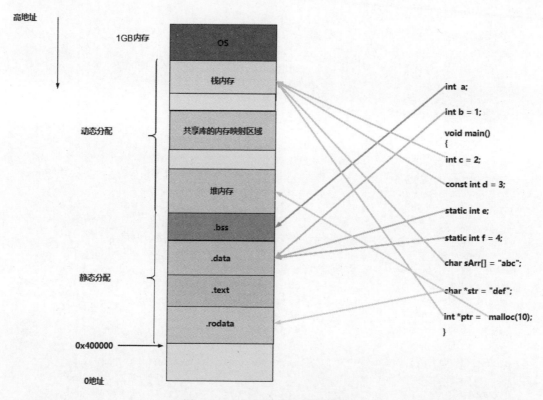

图 1.11　不同类型的内存数据分配

图 1.12 描述了指针与值是如何在栈上分配的。指针的大小由机器位数决定。比如 32 位机的指针大小就是 4byte，而 64 位机的指针大小就是 8byte。指针的功能是保存地址，而地址后面紧跟着的就是我们存入的值。对于栈、数据段和未初始化数据段而言，都是由编译器自动分配以及释放的，所以将值放在地址后面是安全的。

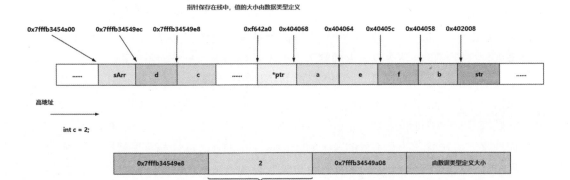

图 1.12　指针与值在栈上的分配

图 1.13 描述了指针与值在堆上的映射关系。程序员通过声明变量，在栈上由编译器分配指针。然后调用 malloc 函数在堆上开辟内存。这个过程中，栈上的指针后面紧跟着的就不再是我们存入的值了，而是指向堆内存的某个地址，再从堆内存的地址处往后分配内存并存储我们需要的内容。但是具体分配的内存大小就一定是我们定义的大小吗？这里还涉及内存管理的相关知识，篇幅庞大，不易在此解释，后面章节会做详细描述。

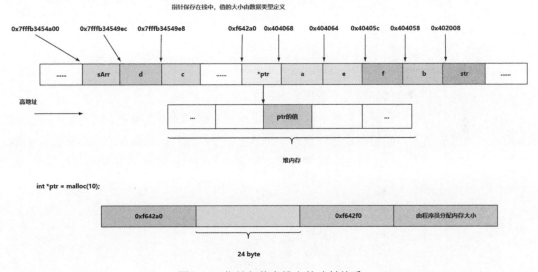

图 1.13　指针与值在堆上的映射关系

值得一提的是，为什么堆区被设置在栈区和数据段之间？既然栈和数据段都是由编译器来分配和释放的，一般情况下就不会进行人为干预。栈为了不触碰到操作系统的区域红线而向下生长。而堆区是由程序员进行分配的，因为人是不受信的，所以在人为分配内存的情况下极易产生越界问题，造成内存踩踏。那么既不能将堆区设立在操作系统下面，又不能放在 0 地址上面，就只好用栈和数据段来保护操作系统和内存边界。即使堆区越界到栈区或者数据段，也只是造成数据的篡改，但不会导致程序崩溃而不可用。

通过上面的描述与图解，相信大家已经对地址和值的存储有了一定的认识。其实对于硬件层面而言，压根就不存在指针、数组、变量、内存模型等概念，CPU 只认识 0 和 1（也就是二进制的地址和值）。

而抽象出这些概念的真正目的在于对一整片内存进行区域划分管理和规范约束。换言之，程序员不按照规范约束进行编程是否可以？答案当然是可以的。我们可以通过引用地址，修改或读取地址指向的值来达到我们的某种目的。这样的弊端也显而易见，容易造成安全隐患不说，一旦不小心将引用地址指向操作系统里的代码并做了修改，程序就可能发生崩溃。为了防止这种情况发生，内核中会有各种机制来阻止外部代码进入其中，后续章节会详细描述。但是内核外的空间由于未受到约束，所以只能依赖程序员按照规范进行编程。

其次，如果程序员都按照自己的想法来随意实现自己的代码，不遵循一个统一的规范约束的话，那么对于代码的复用和后续的维护而言简直就是噩梦，更不必提跨平台操作的情况。

于是，内存被人为地赋予了各种区和段的概念，用于规范不同的区与段的工作范围。只要程序员能够按照规范编程，程序就能按照程序员的思想正常运行。

1.4.2　NULL 的思考

另外，我们还需聊一种特殊的值——NULL。

为什么要将未初始化的指针变量指向 NULL？

指针存在即合理，在最初声明时，其实就已经告诉编译器后续会对指针进行引用。而那些还未赋值的变量总归需要将指针指向一个地方，既然我们已经知道不可以随便引用地址指向未知的区域，以免造成安全隐患，那就把这个未初始化的变量指向 NULL。

NULL 存放在哪里？

先看 glibc 中对于 NULL 的定义：

```
#ifndef NULL
# if defined __STDC__ && __STDC__
#  define NULL ((void *) 0)
# else
#  define NULL 0
# endif
#endif
```

__STDC__ 是预定义宏，当它被定义后，编译器将按照 ANSIC 标准来编译 C 程序。

如果按照 ANSIC 标准来编译 C 程序，那么 NULL 的值指向内存的 0 地址。否则定义 NULL 的值为 0。

void *表示当前未指定类型，也即可以强制转换成任何类型。所以在符合 ANSIC 标准的 C 代码中，任意类型的指针都可以指向 0 地址，用于表示 NULL。

这段代码的注释值得一提：在一些奇怪的系统上仍然找不到 NULL 的定义。

很有意思，这里也说明了我们在上一小节对于内存模型的推理是符合常理的。程序员从根本上可以不遵循规范约定进行编程，但是这样会造成后续程序员对于定义的疑惑，以及代码实现的困扰。在这种场景下，假如我们使用 ANSIC 标准的 C 语言编程并运行在未知的操作系统上，就会产生一些不可意料的问题。

1.4.3　数组与指针的思考

在前面的小节中，我们已经知道了地址与值的分配方式。对于指针而言，指针内部保存地址，指针后面跟随值，如图 1.14 所示。那么数组是否同样如此呢？如果说指针的地址与值是一对一的关系，那么数组可否理解成多对多的关系呢？

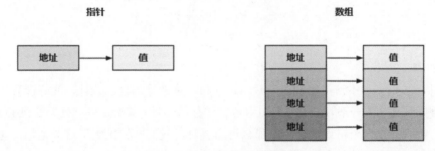

图 1.14　指针与数组基础映射

为了验证我们的猜想，作者将以下代码放入 Linux 环境下运行。得到的结果与我们所猜想的一致。数组保存地址和保存值的内存空间大小都为定义数据类型的大小，数组的空间是连续分配的，并且以空字节'\0'结尾。而指针保存地址的大小为机器位数的大小，指针保存值的空间大小为数据类型的大小。

```c
#include<stdio.h>

void main()
{
int arr[3] = {1,2,3};
int *ptr1 = 123;
int *ptr2 = *(&ptr1 + 1);
```

```
ptr2 = 456;

printf("arr[]'s size = %d\n",sizeof(arr));
printf("arr[0]'s size = %d\n",sizeof(arr[0]));
printf("arr[0]'s value = %d,  arr[0]'saddr = %p\n",arr[0],&arr[0]);
printf("arr[1]'s value = %d,  arr[1]'saddr = %p\n",arr[1],&arr[1]);
printf("arr[2]'s value = %d,  arr[2]'saddr = %p\n",arr[2],&arr[2]);
printf("arr[3]'s value = %s,  arr[3]'saddr = %p\n",&arr[3],&arr[3]);
printf("------------------------------------------------------------\n");
printf("ptr's size = %d\n",sizeof(ptr1));
printf("ptr1's value = %d, ptr1'saddr= %p\n",ptr1,&ptr1);
printf("ptr2's value = %d, ptr2'saddr= %p\n",ptr2,&ptr2);
}
```

输出如下：

```
arr[]'s size = 12
arr[0]'s size = 4
arr[0]'s value = 1,  arr[0]'saddr = 0x7fff172cc9e0
arr[1]'s value = 2,  arr[1]'saddr = 0x7fff172cc9e4
arr[2]'s value = 3,  arr[2]'saddr = 0x7fff172cc9e8
arr[3]'s value = ,  arr[3]'saddr = 0x7fff172cc9ec
---------------------------------------------------
ptr's size = 8
ptr1's value = 123, ptr1'saddr= 0x7fff172cc9d0
ptr2's value = 456, ptr2'saddr= 0x7fff172cc9d8
```

如图 1.15 所示，不管是指针还是数组，终归只是地址与值的载体。就好像我们日常生活中想要找到某个人一般，首先需要知道他家居住的地址，其次是确认他是否还住在那儿。如果我们获取的是一个错误的地址，那么毋庸置疑，我们即使找到了这个地址，里面住着的也不是我们想要找的那个人；如果我们获取的是一个正确的地址，但是主人搬家了，出来接待我们的是一副新面孔，想必我们也会大失所望。

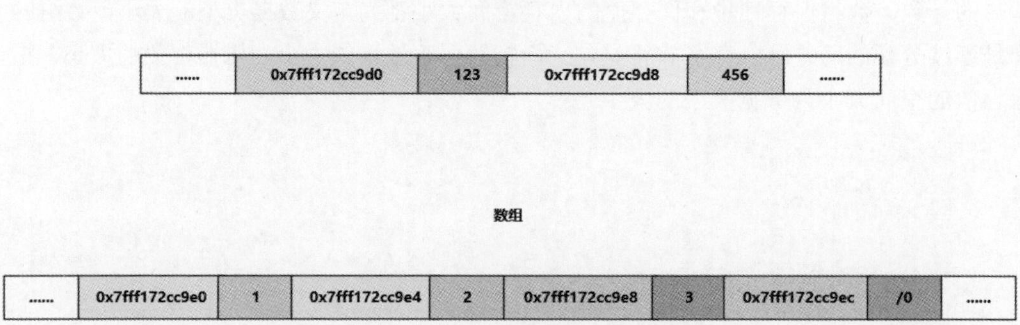

指针

......	0x7fff172cc9d0	123	0x7fff172cc9d8	456	......

数组

......	0x7fff172cc9e0	1	0x7fff172cc9e4	2	0x7fff172cc9e8	3	0x7fff172cc9ec	/0	......

图 1.15　指针与数组内存模型

所以对于程序而言，最核心的概念就是地址与值，其他的终归是在这二者上产生无穷的变化。就好比中国传统文化里的"道生一，一生二，二生三，三生万物"。对于硬件而言，它能识别的只有通电与断电，而通电与断电就组成了 0 和 1 的机器码。由机器码开始区分地址与值，再演化成上层应用的千变万化。我们无法把握无穷的术，但只要能掌握好道，即使万变也不离其宗。道即是一切事物的本源。

1.5　小　　结

本章复习了《计算之道》（卷 I）里关于 C 语言的相关知识并简单描述了 Redis 中的 sds 基本结构，相信对于读者而言难度并不大。但需要读者重点掌握的内容就是 C 语言的核心：指针。作者通过图解的方式将指针所表示的含义逐步剖析，只要读者能够理解地址与值之间的关系，那么指针也并不难学习。指针表示所指向的地址，而地址后面存放的便是数据。至于数据类型的作用，其含义便是对内存大小做出解释，读取相应内存大小里的数据。

此外，还需要了解的内容便是内存模型里的数据分配。程序员可见的只有 4GB 的虚拟内存，在虚拟内存中顶部 1GB 的空间用于保存内核相关代码和数据，这里的数据是绝对不允许踩踏的，由上往下排布的便是栈、堆、未初始化数据段、数据段、代码段和只读数据段。内核为了便于管理，将不同作用的代码对应放入不同的内存区间，而存放的位置由代码和关键字决定。

本书的所有内容都不建议读者死记硬背，凡事都有因果关系，为了让读者更好地理解，作者会由浅入深地讲解所涉知识，后文内容往往需要前文的知识铺垫，而前文内容会通过图解的方式尽量讲得通俗易懂。作者会尽最大努力帮助读者迈入内核的门槛，让阅读源码不再困难。

第 2 章
操作系统相关介绍

从本章开始，将进入 Linux 的学习之旅，了解 Linux 的相关背景对学习后续源码十分有益，我们学习 Linux 不只是为了工作的提升，其创作者 Linus 的精神也同样值得敬佩。

本章将围绕内核调用的基本层级、内存模型及地址空间、保护模式展开分析，因为是内核分析的初章，本章内容多以概念为主，理解内核与硬件的一些基础知识是作为后续学习的前置条件。

2.1 历史背景

Linux 操作系统和 Intel 在计算机领域的发展历程都非常重要。Linux 操作系统通过开源和自由的特点，吸引了全球程序员的积极参与，成为最受欢迎和广泛使用的开源操作系统之一。而 Intel 系统则通过不断创新和推出性能卓越的处理器产品，推动了个人计算机的发展，并成为计算机硬件的重要供应商之一。

2.1.1 Linux 相关背景

1970 年，AT&T 的贝尔实验室诞生了第一台 UNIX 操作系统。1972 年，Dennis Ritchie 开发出 C 语言，用来改写原来用汇编语言编写的 UNIX，由此产生了 UNIX VersionV，使得 UNIX 系统在大专院校得到了推广。1984 年，Richard Stallman 开始研究一个可以替代 UNIX 的系统，他把这个系统叫作 GNU，意为 "GNU is Not Unix"，GNU 的内核被称为 HURD，但是至今也没有完成。1985 年，Richard Stallman 又创立了自由软件基金会（Free Software Foundation）来为 GNU 计划提供技术、法律以及财政支持。到了 1990 年，GNU 计划已经开发出的软件包括一个功能强大的文字编辑器 Emacs，以及大部分 UNIX 系统的程序库和工具。GCC（GNU compiler collection，GNU 编译器集合）是一套由 GNU 开发的编程语言编译器。除此之外，他还编写了 GDB 调试工具和 GPL（通用公共许可协议）。

　　1981 年，IBM 公司推出了著名的 IBM PC 微型计算机。此后的十年时间里，MS-DOS 一直是微型计算机上的主宰。UNIX 经销商为了获得更高的利润，想要垄断软件行业，因此 UNIX 操作系统的价格居高不下。由于受到贝尔实验室的许可，在大学中用于教学的 UNIX 源码也一直被保护着不予公开。就在此时，荷兰阿姆斯特丹自由大学计算机科学系教授 Andrew S. Tanenbaum 编写出了用于教学的 Minix 操作系统，并著有一本详细介绍 Minix 工作原理的书籍《操作系统：设计与实现》（至今出到了第三版，但是第一版已无迹可寻）。如同所有的计算机爱好者一般，赫尔辛基大学计算机系二年级学生 Linus 出于对 UNIX 操作系统的强烈兴趣，在 1990 年的夏天将 Andrew S. Tanenbaum 的《操作系统：设计与实现》烂读于心。为了能够实践学习到的计算机知识，Linus 用圣诞节得到的压岁钱和贷款购买了属于自己的第一台电脑并安装了 Minix 操作系统。Linus 在学习的过程中发现了 Minix 操作系统的诸多限制，于是萌生了自己编写一个操作系统的想法（在 Linus 看来，Minix 系统不仅终端仿真程序做得很糟糕，还不能把暂时不用的程序放到后台）。在这个过程中，Linus 花费了大量的时间用于搜寻各种规范和查阅成堆的资料，终于在大半年后，Linus 将 bash 编写完成，并能在真正意义上将操作系统运行起来。1991 年 9 月，Linus 将自己的操作系统上传到了 FTP，命名为 Linux 0.01，并在 Minix 新闻组上发布消息，正式对外公开 Linux 内核系统。

　　1991 年末尾，Linus 先后发布了 Linux 的 0.02 版本和 0.03 版本，修复了一些初版的 bug。此时的 Linus 觉得他已经完成了一个可以运行使用的操作系统，失去了挑战的乐趣。故事到这里本该结束了，正当 Linus 准备放弃维护 Linux 时，他不小心损毁了 Minix 系统分区的数据，而这个分区恰巧是用来存放 Minix 系统文件的。这就意味着 Linus 再也无法进入 Minix 系统了，也代表着无法使用 Minix 系统来对 Linux 进行编译。此时的 Linus 面临着两个选择：要么重装 Minix 系统，要么使用 Linux 系统自行编译。对于 Linus 而言，挑战才是最大的乐趣，既然迎来了新的挑战，Linus 决定将原本的 Linux 0.03 版本修改为 Linux 0.10 版本，并在随后的一个月内发布了 Linux 0.11 版本。

　　在此期间，德国的一名程序员在使用 Linux 操作系统尝试编译内核时，由于电脑内存只有 2MB，而启动 GCC 至少需要占用 1MB 以上的内存，为此，他发邮件给 Linus，希望 Linux 可以使用一个比较小的编译器来进行编译，节约内存。于是，Linux 的分页功能诞生了。哪怕用户的电脑只有 2MB 的内存，也能利用磁盘增加内存的空间，而不会占用过多的内存空间。有了这个功能，即使用户的电脑内存再有限，也可以运行比内存还要大的程序。也就是说，当电脑内存不足时，就可以将电脑早前被占用的内存挪到磁盘上，记录下磁盘的地址，然后继续使用这块内存来运行需要执行的程序。

由于分页这个功能是当时所有操作系统里的新特性，Linux 对比于其他操作系统而言是最好用的，于是 Linux 的用户猛然暴增，随后大批的计算机爱好者纷纷涌入，参与到 Linux 的开发当中，Linux 的崛起势不可挡。为了维护用户，诸如 Oracle、Sun 等互联网巨头也参与开发程序兼容 Linux 操作系统。

Linus 的成功并非偶然，就如同伟大的科学家牛顿所说："我之所以能成功，是因为我站在巨人的肩膀上"，如果没有之前的学者所做的学术累积，汲取它们失败的经验，在 21 世纪也不会诞生 Linux 这样伟大的操作系统。

纵观计算机历史，1936 年，英国数学家图灵提出了抽象计算模型，使用图灵机模拟了机器代替人类的运算过程。1942 年，美国物理学家阿塔纳索夫使用真空管创建了第一台电子计算机。1944 年，美国数学家冯·诺依曼提出了冯·诺依曼架构，为 CPU 的模型奠定了基础。1955 年至 1965 年期间，设计出了使用晶体管的计算机，并且可以进行批处理作业。1965 年至 1980 年期间，IBM 公司诞生了第一台采用继承电路的电子计算机，并发布了 OS/360 操作系统。不久后，麻省理工学院基于 IBM 7094 机型开发出了 CTSS（compatible time-sharing system，分时系统）。随后，麻省理工学院联合贝尔实验室和通用电气公司创造了 MULTICS（MUL tiplexed information and computing system，多路复用信息和计算系统），为 UNIX 系统打下了基础。1970 年，贝尔实验室开发出了 UNIX 操作系统，后来的计算机起始时间定义为 1970 年 1 月 1 日。1971 年，伯克利大学诞生了第一个基于 UNIX 操作系统的发行版 BSD，1972 年，Dennis Ritchie 开发出 C 语言，用来改写原来用汇编语言编写的 UNIX。1976 年，美国企业家乔布斯成立了苹果电脑公司，并在 1977 年的计算机会展上展示了苹果 II 号样机。1983 年，AT&T 发布了基于 UNIX 操作系统的变种 System V。1987 年，由于贝尔实验室的 UNIX 版权限制，美国计算机学家 Andrew S.Tanenbaum 编写了 UNIX 的教学版 Minix 操作系统。1991 年，芬兰赫尔辛基大学计算机系学生 Linus 基于 Minix 编写了 Linux 操作系统，并将其开源。1995—1998 年，微软公司发布了 Windows 95 和 Windows 98。

可以看到，Linus 并不是第一个开发出操作系统的人。但他的精神永远值得我们学习。曾经乔布斯希望 Linus 为 mach 编写内核，比尔·盖茨希望 Linus 加入微软，红帽公司希望 Linus 为之设计系统，但 Linus 在这些巨额的利益面前都付之一笑。Linus 将 Linux 开源的目的是凝聚优秀的计算机爱好者的智慧，打造出一个最好的操作系统。Linus 对于 Linux 的意义在于为这些智慧的结晶把守住最后一道门关，在所有利益至上的公司面前，开拓出一片只属于 Linux 的净土。曾经 AT&T 想利用 UNIX 垄断软件市场，Linus 出于对计算机的热爱，在重重困难下创造出了 Linux。后来又因为参与 Linux 开发的人太多了，版本控制成为问题，CVS 和 SVN 等版本控制工具都是需要收费的，于是 Linus 又开发出了 Git。这种"别人不让用，我就自己造"的精神，不正是我们这些技术人所执着并追求的吗？

2.1.2 Intel 相关背景

1．16 位处理器和段寄存器（1978）

IA-32 体系结构家族以前有两款 16 位处理器，即 8086 处理器和 8088 处理器。8086 处理器有 16 位的寄存器和一个 16 位的外部数据总线，其 20 位寻址空间里给出了一个 1M byte 的地址空间。8088 处理器相较于 8086 处理器而言，它多了一个 8 位的外部数据总线。8086/8088 处理器在 IA-32 架构中引入了分段。通过分段的方式下，一个 16 位的段寄存器包含一个可以指向高达 64KB 的内存段的指针。每次使用 4 个段寄存器，8086/8088 处理器就能够处理多达 256KB 字节，这样就避免了在不同的段之间频繁切换。

通过使用段寄存器和额外的 16 位指针形成了 20 位地址，提供了 1MB 的总寻址范围。此时产生了实模式，直接通过指令寄存器+段寄存器可以访问真实物理地址。

2．英特尔®286 处理器（1982）

Intel®286 处理器在 IA-32 架构中引入了保护模式操作。受保护的模式使用段寄存器内容作为选择符或指向描述符表的指针。描述符提供了高达 16MB 的物理内存大小的 24 位基本地址，在段交换基础上支持虚拟内存管理，以及许多保护机制。这些机制包括如下内容。

- ☑ 段限制检查。
- ☑ 只读和只执行的段选项。
- ☑ 四个特权级别。

此时产生了保护模式，通过段寄存器（查表）+ 指令寄存器访问物理地址，需要特权级校验。

3．英特尔 386™处理器（1985）

Intel 386™处理器是 IA-32 架构家族中第一个 32 位处理器。它引入了 32 位寄存器，同时用于保持操作数和寻址。每个 32 位的 Intel 386™寄存器的下半部分保留了前几代 16 位寄存器的属性，允许向后兼容。该处理器还提供了一个虚拟的 8086 模式，它允许在执行为 8086/8088 处理器创建的程序时获得更高的效率。此外，Intel 386™处理器支持以下方面。

- ☑ 32 位地址总线，支持高达 4GB 的物理内存。
- ☑ 分段内存模型和平坦内存模型。
- ☑ 分页，固定的 4KB 页大小为虚拟内存管理。
- ☑ 支持并行阶段的方法。

此时诞生了 32 位机（32 位寄存器和 32 位地址总线），分出了分段内存模型和平坦内存模型。内存模型为后续分页奠定了基础，而分页是虚拟内存的核心。

4. 英特尔 486™处理器（1989）

英特尔 486™处理器通过将英特尔 386™处理器的指令解码和执行单元扩展到 5 个流水线阶段上，增加了更多的并行执行能力。在不同的执行阶段中，每个阶段与其他阶段最多对 5 个指令进行并行操作。此外，处理器还补充如下方面。

☑ 一个 8KB 的芯片一级缓存，可以增加以每时钟滴答一个标量速率执行的指令百分比。

☑ 集成的 x87FPU。

☑ 省电和系统管理能力。

此时有了指令流水线，分别可执行取指、译码、访存、执行、写回的指令操作，并在 CPU 中加入了一级缓存。

5. 英特尔奔腾处理器（1993）

英特尔奔腾处理器的引入增加了第二个执行管道来实现超尺度性能（两个管道，称为 u 和 v，一起可以在每个时钟执行两个指令）。芯片上的一级缓存增加了一倍，其中 8KB 用于代码中，另外 8KB 用于数据中。除了以前由 Intel 486™处理器使用的通写缓存之外，数据缓存还使用 MESI 协议来支持更高效的回写缓存。添加了具有片上分支表的分支预测，以提高循环构造的性能。

☑ 扩展，使虚拟 8086 模式更高效，并允许 4MB 和 4KB 页面。

☑ 128 位和 256 位的内部数据路径增加了内部数据传输的速度。

☑ 可突发的外部数据总线增加到 64 位。

☑ 一个可支持多处理器的系统的 APIC。

☑ 一种双处理器模式，以支持双处理器系统。

2.2 进入 Linux

在第 1 章中，我们通过 Redis 的一些数据结构，简单了解了 C 语言与操作系统对于上层应用的重要性。其实不论是 Redis 还是其他中间件，其本质都是在使用 glibc 提供的 C 函数和操作系统提供的系统调用，万变不离其宗，我们只要能了解操作系统的整体运行情况，对硬件层面有一定的概念，那么在大多情况下，对于上层框架或中间件所提供的函数，我们也能猜出它底层的运行原理，这对于我们在日常工作中解决问题起到至关重要的作用。

接下来的章节将以 Linux 0.11 版本为主，Linux 2.6 版本为辅来进行解读。其原因是

Linux 0.11 版本为 Linus 发布的较早版本,内容相对简单,里面已经有了 UNIX 系统的全貌,最重要的几大模块已具备雏形,对于我们初学内存管理、中断机制、进程调度、文件系统等是非常有帮助的,并且高版本的内核只是对低版本进行了补充和扩展,架构已经定型就不会再有大的变动。利用低版本了解了内核的设计思想的整体脉络后,后续我们会带入部分 Linux 2.6 版本的代码,让大家有一个过渡,以方便读者能更好地自主对比学习高版本的内核代码。

2.2.1　内核源码下载

1. Linux 0.11 版本下载

Linux 早先版本的代码与新版的代码被放在了不同的站点上,我们需要通过 http://www.oldlinux.org/网站获取源码。这个网站更像 Linux 的溯源版本,收集了大量关于 Linux 的历史材料,供大家学习。

读者可以在进入网站后单击 Linux Ancient Resources 按钮跳转到 Linux 的层级目录,如图 2.1 所示。

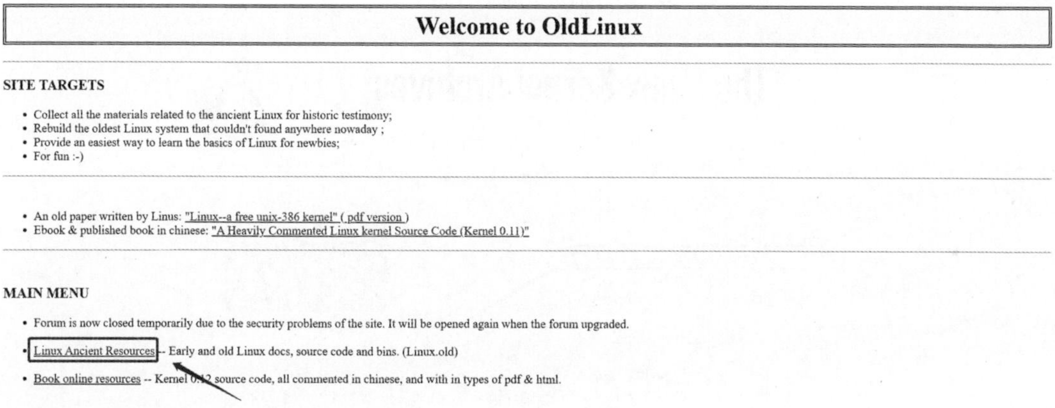

图 2.1　老版 Linux 官方页面

接下来读者请依次选择 kernel→0.1x→linux-0.11 选项下载压缩包,解压后即可获得 0.11 版本源码,如图 2.2 所示。

2. Linux 2.6 版本下载

我们可以通过 Linux 的官方网站 https://www.kernel.org/获取源码。在浏览器中输入此网址并按回车键后,会出现如图 2.3 所示页面,这只可爱的小企鹅就是 Linux 的象征性标志。此页面包括概览、联系方式、FAQ、发布信息、特性和站点新闻,有兴趣的读者可以自行单击相关按钮对 Linux 进行更多的了解。

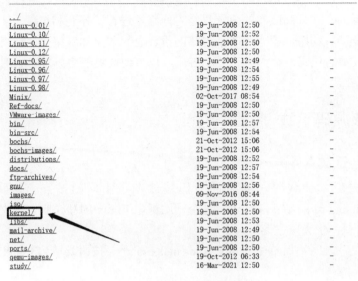

图 2.2 旧版 Linux 目录页面

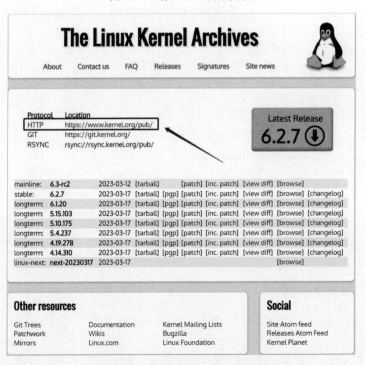

图 2.3 新版 Linux 官方页面

接下来，我们通过 HTTP 的方式访问 Linux 源码的下载地址，此时我们会获取到 Linux 的层级目录，如图 2.4 所示，接下来，请读者依次选择 linux→kernel→v2.6→linux-2.6.0.tar.gz 选项下载压缩包，此版本发布于 2003 年 12 月 8 日的凌晨 3 点 27 分，包的大小为 40MB。下载完成后，解压即可获取 2.6 版本的 Linux 源码。

```
../
dist/                                          01-Dec-2011 19:56    -
linux/                                         11-Nov-2014 21:50    -
media/                                         23-Sep-2008 23:35    -
scm/                                           24-Jul-2018 17:25    -
site/                                          13-Mar-2023 15:00    -
software/                                      27-Nov-2011 17:31    -
tools/                                         30-Apr-2008 22:31    -
```

图 2.4　Linux 下载目录

2.2.2　Linux 目录解读

Linux 0.11 版本解压后的目录如图 2.5 所示，解释如下。

📁 boot	文件夹	
📁 fs	文件夹	
📁 include	文件夹	
📁 init	文件夹	
📁 kernel	文件夹	
📁 lib	文件夹	
📁 mm	文件夹	
📁 tools	文件夹	
📄 Makefile	文件	3 KB

图 2.5　Linux 目录

- ☑　boot：存放启动 Linux 时加载的核心文件。
- ☑　fs：存放文件系统的相关源码。
- ☑　include：存放 Linux 内核引入的头文件。
- ☑　init：存放 Linux 内核初始化相关源码，其中的 main.c 包含 main 主函数。
- ☑　kernel：存放 Linux 内核的核心源码，包含块设备驱动、字节设备驱动、数学协处理器、系统调用等函数。
- ☑　lib：存放 Linux 内核公用的库函数。

- ☑ mm：存放内存管理的相关源码。
- ☑ tools：存放 Linux 内核编译时用到的工具，将内核中的磁盘引导程序块与其他内核模块进行连接。
- ☑ Makefile：Linux 内核编译的文件，用于内核的模块构建。

2.2.3　内核概览

从上一小节目录来看，我们对 Linux 内核的结构有了初步的认知，在 Linux 内核中主要有以下几大模块：进程调度模块、文件系统模块、内存管理模块、进程间通信模块、网络接口模块、设备驱动模块。

当用户空间的进程通过系统调用进入内核空间执行内核代码时，模块与模块之间更像是流水线上的工人，在一条传输带上输送着计算机的指令流，直到完成一次硬件的交互。这个过程就好像我们在日常开发中，每当客户提出需求的时候，客户只关注需求本身是否能带动经济利益，而需求的实现方案则交给产品经理；产品经理拿到需求后，只关注需求如何实现，可能会用到那些技术，但并不关注实现的细节；当开发人员拿到需求方案时，只关注需求的实现过程和中间逻辑。到了测试环节，测试人员只关注程序可能会产生哪些漏洞，进而提出修改方案；一旦测试通过，产品上线后，运维人员只关注服务器的实时变化，并提出反馈，如此形成一个完整的闭环，周而复始。

毋庸置疑，客户就是处于用户空间的进程，他通过产品经理这个纽带，将需求转化为专业的方案交给开发人员去实现。客户需要了解实现细节吗？客户并不需要了解实现细节，一切交给互联网团队即可。再言之，作为互联网岗位上的每个人需要了解别的岗位的细节吗？不需要，每个岗位上的员工只需要把本职工作做好即可。只有将工作划分为各个模块，处理起来才能做到效率最大化。

因此，内核模块的道理同样如此，每个模块下都处处充满着细节，节与节之间错综复杂，容易令人迷失。我们需要抓住程序指令流经过的一条主干来分析内核代码如何执行。模块虽然庞大，但也有迹可循，模块与模块间的交涉处就是我们需要抓住的踪迹。读者看到此处切勿心生恐惧，模块仅仅是人为划分的，对于处理器执行而言并无模块一说，每当指令流要进入下一个入口时，就会进行数据的包装与转换，而结构体就是数据的体现形式。本书关注的重点是结构体和执行代码，为大家梳理内核的执行脉络，让大家对内核有一个整体的概念，如图 2.6 所示。

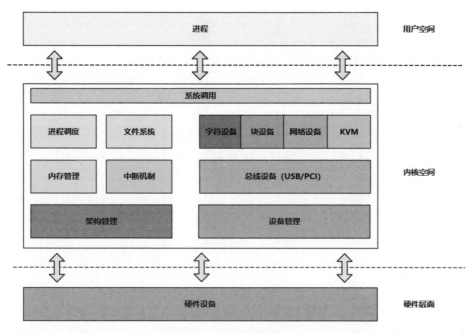

图 2.6 Linux 体系结构

2.3 操 作 系 统

"操作系统"的含义就如同其命名一般——操作了系统。那么什么是系统？计算机体系结构中描述了计算机硬件的抽象模型，而计算机硬件的整体抽象就是系统。

2.3.1 什么是操作系统

如何"操作""系统"？想要"操作""系统"，就需要一套代码用于管理硬件，由于是系统级别的代码，因此这套代码被称为内核。操作系统直接与硬件交互，向上层程序提供公共服务，并使它们同硬件特性隔离。当我们把整个系统看成层的集合的时候，操作系统也就等同于系统内核了（简称为内核 kernel），此时强调的是它与应用程序的隔离。因为应用程序并不依赖最底层的硬件，但是却极度依赖内核代码，如果应用程序对于硬件没有产生依赖的话，也就理解为可以在不同的硬件上运行不同的操作系统，应用程序只需要适配相应的操作系统即可运行。内核最为重要的作用就是提供接口屏蔽硬件层面的细节，并且管理硬件，对上层应用提供调用接口，这个接口就被称为系统调用（接口的特性之一就是屏蔽底层细节）。应用程序可以通过系统调用操作内核代码，达到与硬件交互的目的。

2.3.2 操作系统启动过程

1. 阅读 Makefile 文件

计算机从 BIOS 上电自检后跳转到内核程序引导内核启动，磁盘引导块程序在编译后保存到磁盘的第一个扇区中（引导扇区，第 0 磁道，第 0 磁头，第一个扇区），然后将内核代码加载到内存里，由内核来检测计算机硬件是否可用并初始化内核运行时所需要的参数，把检测信息和参数传递给内核函数解析，内核会在解析数据的同时进行内存管理的初始化。

内核的启动代码存放于 boot 目录下，在正式进入 boot 目录之前，我们先了解一下Makefile 文件对整个内核模块进行编译的方式。Makefile 文件的作用相信对于学习了一定开发知识的读者而言并不陌生，如果没有 Makefile 的话，我们需要将内核目录下的所有 C文件和头文件全部手动输入到终端编译一遍。Makefile 的出现使每个目录下的文件可以批量编译，除此之外，把所有子目录下的 Makefile 通过路径定位的方式集成在顶级目录的Makefile 中，这样的话只需要对最外层的 Makefile 执行 make 命令就可以编译整个内核，十分方便且易于管理，即使要进行模块的拆分，也只需要删除 Makeflie 中某段引入的代码即可。

```
// 代码路径：Linux-0.11\Makefile

RAMDISK = #-DRAMDISK=512

AS86    =as86 -0 -a
LD86    =ld86 -0

AS  =gas
LD  =gld
LDFLAGS =-s -x -M
CC  =gcc $(RAMDISK)
CFLAGS  =-Wall -O -fstrength-reduce -fomit-frame-pointer \
-fcombine-regs -mstring-insns
CPP =cpp -nostdinc -Iinclude

ROOT_DEV=/dev/hd6

// 将 kernel/mm/fs 目录下的可重定位文件（.o 文件）定义成 ARCHIVES（归档文件），不进
行链接
```

```
ARCHIVES=kernel/kernel.o mm/mm.o fs/fs.o
// 将驱动代码打包成.a 形式的归档文件，该文件是多个可执行的二进制代码集合的库文件
DRIVERS =kernel/blk_drv/blk_drv.a kernel/chr_drv/chr_drv.a
// 定义数学协处理可执行文件为 MATH
MATH    =kernel/math/math.a
// 将库函数的可执行文件定义为 LIBS
LIBS    =lib/lib.a


.c.s:
    $(CC) $(CFLAGS) \
    -nostdinc -Iinclude -S -o $*.s $<
.s.o:
    $(AS) -c -o $*.o $<
.c.o:
    $(CC) $(CFLAGS) \
    -nostdinc -Iinclude -c -o $*.o $<


all:    Image
```

// 使用 tools 下的 build 工具代码把 bootsect、setup、system 文件以 ROOT_DEV 为根设
备编译成 Image 映像

```
Image: boot/bootsect boot/setup tools/system tools/build
    tools/build boot/bootsect boot/setup tools/system $(ROOT_DEV) > Image
```

// 刷新缓冲区数据到磁盘中并更新超级块

```
    sync


```

// 编译生成 build 命令

```
tools/build: tools/build.c
    $(CC) $(CFLAGS) \
    -o tools/build tools/build.c


boot/head.o: boot/head.s

```

// 将上述定义进行链接后重定向到 System.map 文件中，生成 system 命令

```
tools/system:   boot/head.o init/main.o \
    $(ARCHIVES) $(DRIVERS) $(MATH) $(LIBS)
    $(LD) $(LDFLAGS) boot/head.o init/main.o \
    $(ARCHIVES) \
    $(DRIVERS) \
    $(MATH) \
    $(LIBS) \
    -o tools/system > System.map


```

// 进入各个内核目录下进行编译

```
kernel/math/math.a:
    (cd kernel/math; make)

kernel/blk_drv/blk_drv.a:
    (cd kernel/blk_drv; make)

kernel/chr_drv/chr_drv.a:
    (cd kernel/chr_drv; make)

kernel/kernel.o:
    (cd kernel; make)

mm/mm.o:
    (cd mm; make)

fs/fs.o:
    (cd fs; make)

lib/lib.a:
    (cd lib; make)

// 使用 8086 汇编器和链接器生成文件
boot/setup: boot/setup.s
    $(AS86) -o boot/setup.o boot/setup.s
    $(LD86) -s -o boot/setup boot/setup.o

boot/bootsect: boot/bootsect.s
    $(AS86) -o boot/bootsect.o boot/bootsect.s
    $(LD86) -s -o boot/bootsect boot/bootsect.o

// 将 system 文件长度的信息导入 bootsect 文件的首行
tmp.s: boot/bootsect.s tools/system
    (echo -n "SYSSIZE = (";ls -l tools/system | grep system \
        | cut -c25-31 | tr '\012' ' '; echo "+ 15 ) / 16") > tmp.s
    cat boot/bootsect.s >> tmp.s

// 清除编译和链接过程中生成的文件
clean:
    rm -f Image System.map tmp_make core boot/bootsect boot/setup
    rm -f init/*.o tools/system tools/build boot/*.o
    (cd mm;make clean)
    (cd fs;make clean)
    (cd kernel;make clean)
    (cd lib;make clean)
```

```
// 清除完成后返回上级目录，将 Linux 目录进行归档并重定向到 backup.Z 文件中
backup: clean
    (cd .. ; tar cf - Linux | compress - > backup.Z)
    sync

// ### Dependencies 定义了依赖关系，在执行 make 编译时，如果文件有改动的话，通过预
处理 init 目录下的 main 函数找到依赖传导，将依赖关系重新导入 tmp_make 中，然后复制
tmp_make 生成新的 Makefile
dep:
    sed '/\#\#\# Dependencies/q' < Makefile > tmp_make
    (for i in init/*.c;do echo -n "init/";$(CPP) -M $$i;done) >> tmp_make
    cp tmp_make Makefile
    (cd fs; make dep)
    (cd kernel; make dep)
    (cd mm; make dep)

### Dependencies:
init/main.o : init/main.c include/unistd.h include/sys/stat.h \
 include/sys/types.h include/sys/times.h include/sys/utsname.h \
 include/utime.h include/time.h include/Linux/tty.h include/termios.h \
 include/Linux/sched.h include/Linux/head.h include/Linux/fs.h \
 include/Linux/mm.h include/signal.h include/asm/system.h include/asm/io.h \
 include/stddef.h include/stdarg.h include/fcntl.h
```

2. 加载引导程序

通过阅读 Makefile 文件，使我们对 Linux 0.11 版本的模块编译有了更进一步的了解。接下来，我们需要了解操作系统究竟是如何启动的。

当我们按下计算机开机键时，RAM 内存中实际是没有加载任何数据的，由于处理器只会执行内存中的代码，而操作系统本身又不存在于内存，操作系统在最初也无法自身加载到内存，因此就需要借助硬件来帮助操作系统完成加载的过程。

我们知道计算机通过 cs:ip 来执行指令流，Intel x86 架构下的 CPU 在加电时会默认进入 16 位的实模式并将 cs:ip 设定为 0xF000:0xFFF0，实模式下的段寄存器在左移 4 位后加上偏移值，就会得到一个固定的入口地址 0xFFFF0，这个地址就是被固定在 ROM 中的 BIOS。BIOS 需要先将第一个扇区的 512 个字节全部读入内存的 0x7C00 处，因此在 bootsect 文件头部首先对需要加载的地址进行了定义。那为什么会是 0x7C00 处？因为 BIOS 是计算机加载的根源处，BIOS 与内核开发者并非同一人，而 0x7C00 就是为了规定不同系统的加载规范。这样一来，从硬件通电开始，BIOS 需要做的就是硬件自检，在确保硬件没有缺失的情况下加载硬盘或软盘中的内核代码到内存中，既然规定了是 0x7C00 处，那么不

同的操作系统厂商只需要按照规范定义加载 0x7C00 完成整个内核的启动即可。

（1）start 标识着 bootsect 加载运行的开始处，ds 表示数据段，而 es 表示扩展段。si 与 di 分别表示源地址和目的地址。下述代码是将代码段从 0x07c0 移动至 0x9000 处。然后跳转并设置堆栈。可见加载内核的第一步就是先将内存规整化，把不同段的位置设置好后，再来加载后续扇区中的代码。

（2）在代码段、数据段、堆栈段都设置完成后，就需要开始加载 setup 程序了，CPU 通过 int 0x13 中断，将第二扇区起始的后续 4 个扇区（也就是 setup 程序）加载到 setup 程序的起始地址 0x9020 处。

（3）加载根文件系统设备，为后续文件系统挂接做准备。

```
//代码路径：Linux-0.11\boot\bootsect.s

SYSSIZE = 0x3000                    // system 模块的大小

// 定义全局代码段、数据段、未初始化数据段
.globl begtext, begdata, beGbss, endtext, enddata, endbss
.text
begtext:
.data
begdata:
.bss
beGbss:
.text

SETUPLEN = 4                       // setup 程序的扇区大小
BOOTSEG  = 0x07c0                  // bootsect 的原始地址
INITSEG  = 0x9000                  // bootsect 的目的地址
SETUPSEG = 0x9020                  // setup 程序的起始地址
SYSSEG   = 0x1000                  // system 模块的加载地址
ENDSEG   = SYSSEG + SYSSIZE        // 段加载的结束地址

// 步骤 1：移动 bootsect 并设置段
entry start
start:
    mov ax,#BOOTSEG
    mov ds,ax
    mov ax,#INITSEG
    mov es,ax
    mov cx,#256
    sub si,si
    sub di,di
    rep
```

```
    movw
    jmpi    go,INITSEG
go: mov ax,cs
    mov ds,ax
    mov es,ax
! put stack at 0x9ff00.
    mov ss,ax
    mov sp,#0xFF00
...

//步骤 2：加载 setup
load_setup:
    mov dx,#0x0000
    mov cx,#0x0002
    mov bx,#0x0200
    mov ax,#0x0200+SETUPLEN
    int 0x13
    jnc ok_load_setup
    mov dx,#0x0000
    mov ax,#0x0000
    int 0x13
    j   load_setup
...

//步骤 3：加载根设备
seg cs
    mov ax,root_dev
    cmp ax,#0
    jne root_defined
    seg cs
    mov bx,sectors
    mov ax,#0x0208
    cmp bx,#15
    je  root_defined
    mov ax,#0x021c
    cmp bx,#18
    je  root_defined
undef_root:
    jmp undef_root
root_defined:
    seg cs
    mov root_dev,ax
...
```

3. 设置 GDT 与 LDT

BIOS 的作用到此已经结束，因此，接下来内核会先将自己移动到 0x0000 的零地址处并覆盖掉 BIOS 的数据。此时的内核还处于 16 位的实模式，还需要通过加载 setup 程序打开 A20 地址线，扩展成 32 位的保护模式，并设置中断描述符表和全局描述符表。

```
// 代码路径：Linux-0.11\boot\setup.s

...
    cli                         // 关中断，系统不再响应中断

// 将内核代码移动到 0x0000 处，覆盖原来 BIOS 的数据
    mov ax,#0x0000
    cld
do_move:
    mov es,ax
    add ax,#0x1000
    cmp ax,#0x9000
    jz  end_move
    mov ds,ax
    sub di,di
    sub si,si
    mov     cx,#0x8000
    rep
    movsw
    jmp do_move

// 加载 48 位的中断描述符表和全局描述符表
end_move:
    mov ax,#SETUPSEG
    mov ds,ax
    lidt    idt_48
    lgdt    gdt_48


// 打开 A20 地址线，使 CPU 可以进行 32 位寻址，最大寻址空间为 4GB。寻址范围从 0xFFFFF
扩展到 0xFFFFFFFF
    call    empty_8042
    mov al,#0xD1        ! command write
    out #0x64,al
    call    empty_8042
    mov al,#0xDF        ! A20 on
    out #0x60,al
    call    empty_8042
```

```
// 对 8259A 中断控制器进行编程
   mov al,#0x11
   out #0x20,al
   .word   0x00eb,0x00eb
   out #0xA0,al
   .word   0x00eb,0x00eb
   mov al,#0x20
   out #0x21,al
   .word   0x00eb,0x00eb
   mov al,#0x28
   out #0xA1,al
   .word   0x00eb,0x00eb
   mov al,#0x04
   out #0x21,al
   .word   0x00eb,0x00eb
   mov al,#0x02
   out #0xA1,al
   .word   0x00eb,0x00eb
   mov al,#0x01
   out #0x21,al
   .word   0x00eb,0x00eb
   out #0xA1,al
   .word   0x00eb,0x00eb
   mov al,#0xFF
   out #0x21,al
   .word   0x00eb,0x00eb
   out #0xA1,al

// 开启 PE 保护模式标志位
   mov ax,#0x0001
   lmsw    ax
   jmpi    0,8
...
```

4. 设置分页

在有了中断描述符表和全局描述符表后，就要开始设置分页了，当完成分页的设置后，就代表着硬件设备的定义已经完成，接下来就需要执行内核的入口处 main 函数，将后续代码执行从硬件层面递交给软件管理。因此在 head.s 文件中将 main 函数压入栈中，等待分页安装完成后执行。

```
// 代码路径：Linux-0.11\boot\head.s
```

```
...
startup_32:
    movl $0x10,%eax
    mov %ax,%ds
    mov %ax,%es
    mov %ax,%fs
    mov %ax,%gs
    lss _stack_start,%esp        // 设置系统堆栈
    call setup_idt               // 安装 idt，设置为 256 个中断项
    call setup_gdt               // 安装 gdt，定义地址空间用于存放代码段描述符、数据段
描述符、LDT 和 TSS
    movl $0x10,%eax
    mov %ax,%ds
    mov %ax,%es
    mov %ax,%fs
    mov %ax,%gs
    lss _stack_start,%esp
    xorl %eax,%eax
1:  incl %eax
    movl %eax,0x000000
    cmpl %eax,0x100000
    je 1b
...

// 定义了 4 个页表，1 个页表里有 1024 个表项，1 个表项为 4KB，1 个页表可寻址 4MB 的物理
内存，而 4 个页表可寻址 16MB 的物理内存。在 Linux 0.11 版本中定义的内存大小就是 16MB
.org 0x1000
pg0:

.org 0x2000
pg1:

.org 0x3000
pg2:

.org 0x4000
pg3:

.org 0x5000
...

// 为调用 Linux-0.11\init\main.c 函数做准备
after_page_tables:
    pushl $0                     // 将 main 函数的入参 envp 压入栈中
    pushl $0                     // 将 main 函数的入参 argv 压入栈中
```

```
    pushl $0          // 将 main 函数的入参 argc 压入栈中
    pushl $L6         // 压入 L6 标号，如果 main 函数执行退出，返回 L6 标记处继续执行
    pushl $_main      // 将 main 函数压入栈中，当后续代码执行到 ret 时，栈中返回执行
main 函数
    jmp setup_paging // 跳转执行安装分页
L6:
    jmp L6
...

// 安装分页
    setup_paging:
    movl $1024*5,%ecx // 将 1 个页目录和 4 个页表清零
    xorl %eax,%eax
    xorl %edi,%edi     // 页目录从 0 地址开始
    cld;rep;stosl
// 以下 pgx 表示地址 + 7，7 为二进制数 111，表示设置页存在、用户可读、可写
    movl $pg0+7,_pg_dir
    movl $pg1+7,_pg_dir+4
    movl $pg2+7,_pg_dir+8
    movl $pg3+7,_pg_dir+12
    movl $pg3+4092,%edi
    movl $0xfff007,%eax
    std
1:  stosl
    subl $0x1000,%eax
    jge 1b
    xorl %eax,%eax         // 设置 CR3 寄存器指向页目录的起始处
    movl %eax,%cr3
    movl %cr0,%eax         // 开启 CR0 寄存器的第 31 位 PG 标志，表示开启分页
    orl $0x80000000,%eax
    movl %eax,%cr0
    ret
...
```

操作系统的启动过程可以分为以下 3 步。

（1）开机上电，根据固定地址找到 BIOS，BIOS 在完成自检后加载引导程序到内存中。

（2）由引导程序加载后续内核代码，对硬件进行检查并激活。

（3）完成硬件设定后，将控制权从硬件递交给内核，跳转执行内核主函数。

2.3.3　操作系统调用层级

当硬件设定完成后，从执行内核主函数的那一刻起，控制权就由软件来接管了。内核

自身同样需要对各个模块进行检查并初始化，当内核自身设定完成后，它会将自己移动到用户空间并作为最高级别的 0 号进程运行，然后通过 fork()函数衍生出 1 号进程，用于管理后续用户空间的进程，至此，内核将控制权递交给用户。

在整个计算机的启动过程里，我们可以明显地感受到操作系统的设计被划分为了 3 个层级，如图 2.7 所示。

   ☑   处于最底层的硬件层。

   ☑   用于管理硬件的内核态。

   ☑   处于上层应用的用户态。

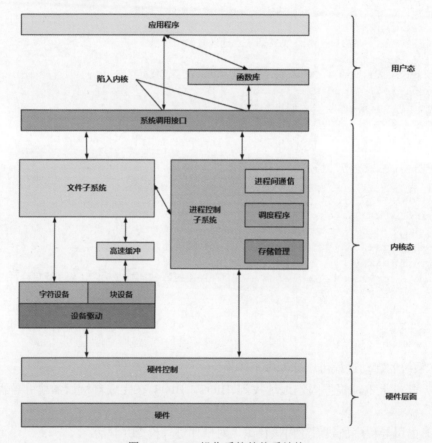

图 2.7　UNIX 操作系统的体系结构

3 个层级之间须按照顺序来逐层调用，应用程序无法直接操作硬件，只能通过内核提供的系统调用接口来访问内核代码，再由内核来执行硬件调用操作。系统调用与库接口体现了用户程序与内核之间的边界。系统调用 API 库接口有很多标准规范，如 Linux 兼容的 POSIX 规范标准。对于不同的接口标准来说，其定义和封装的函数实现是不一样的。不论如何，系统调用 API 库最终都是为了给应用程序提供简单、快捷的接口。就如同高级语言的接口一般，系统调用接口是为了应用程序能与内核交互，而内核管理了硬件设备，所以应用程序的最终目的是能够与硬件设备进行数据交互。

2.4　地　址　空　间

地址空间是指计算机系统中可用于存储数据和指令的一块逻辑内存空间。它由一系列内存地址组成，每个地址对应一个唯一的内存位置。地址空间是计算机系统中进行内存管理和访问的基础。

2.4.1　内存模型

处理器在其总线上寻址的内存称为物理内存。在 64 位机下，物理内存被组织成一个 8 字节的序列。每个字节被分配一个唯一的地址，称为物理地址。

当应用程序陷入内核，使用内存管理工具时，内核不直接处理物理内存。相反，它们使用 3 种内存模型之一访问内存：平坦模型、分段模型或真实地址模式（实模式）。

（1）平坦模型：内存对于程序来说是一个独立的连续地址空间，这个空间称为线性地址空间。代码、数据、堆栈都包含在这个地址空间中。线性地址空间是通过字节来寻址的，在 32 位机下，地址从 0 到 $2^{32}-1$（4GB 内存空间）连续运行。线性地址空间中任意字节的地址称为线性地址，如图 2.8 所示。

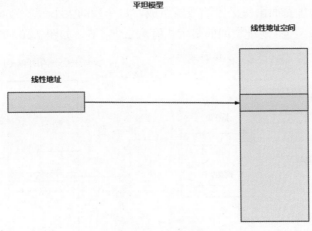

图 2.8　平坦模型

（2）分段模型：内存在程序中表现为一组独立的地址空间。代码、数据、堆栈通常包含在单独的段中。为寻址段中的一个字节，程序发出一个逻辑地址。这包括一个段选择子和一个偏移量（逻辑地址通常被称为远指针）。段选择子标识要访问的段，偏移量标识段地址空间中的一个字节。

在内部，为系统定义的所有段都映射到处理器的线性地址空间。为了访问内存位置，处理器将每个逻辑地址转换为线性地址。这种转换对应用程序是透明的。

使用分段内存的主要原因是为了增加程序和系统的可靠性。例如，将一个程序的堆栈放在一个单独的段中，可以防止堆栈分别增长到代码或数据空间，并覆盖指令或数据，如图 2.9 所示。

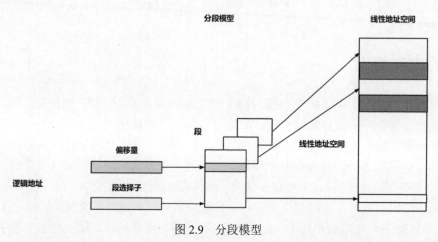

图 2.9　分段模型

（3）真实地址模式：真实地址模式是使用分段内存的特定实现，其中程序和操作系统/执行器的线性地址空间由每个段的数组组成，每个段的大小最多为 64KB。

真实地址模式下线性地址空间的最大内存为 2^{20} 字节，如图 2.10 所示。

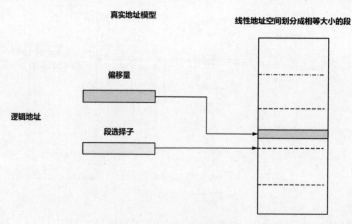

图 2.10　真实地址模式

2.4.2　为什么要有地址空间

如果我们想去朋友家里拜访，那么就必须知道朋友家的详细地址，如×××街道××栋×单元××××号。对于 CPU 寻址同样如此，CPU 需要根据详细地址找到对应的代码来执行指令。CS（code segment）为代码段寄存器，而 IP（instruction pointer）为指令指针寄存器。DRAM（dynamic random access memory，动态随机存取存储器）主存由于是随机读写访问设备，因此只需要给出具体的地址就能够访问里面的数据。假设内存的大小为 4GB，那么可访问的地址转换为 16 进制就为 0x0000 0000～0xffff ffff，而 2 的 32 次方的大小正好为 4GB，所以 32 位寄存器可访问的地址空间就为 0x0000 0000～0xffff ffff。从这个数字里，我们不难发现内存的存储方式是线性的，CPU 只需要给出内存中的任意起始地址（CS）+偏移地址（IP）就可以得到详细地址来访问内存数据。

在现实中，我们的朋友当然不止一个，也许我想去小明家，也许我想去小芳家等，由于我的朋友实在是太多了，因此我需要先列出一个计划表。此时，我把想要去的朋友家的详细地址全部罗列在一张纸条上。

CPU 同样如此，先将地址信息记录在一个纸条上，然后再去访问内存。由于这张纸条记录的全部都是地址，而地址是线性的，因此这张纸条称为线性地址空间。针对每一条记录的详细地址（段基址+偏移量）就称为线性地址。因为这张纸条只是在到达真实内存地址之前的假设，并不能代表真实的地址，仅仅罗列在纸条上是有序的，在映射到具体地址时可能不是连续的地址，所以称之为逻辑地址，也可以称之为虚拟地址。对于这种将所有地址信息记录在同一个线性地址空间的做法，称之为平坦模型，如图 2.11 所示。

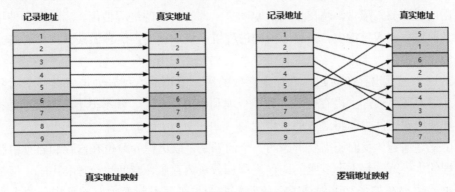

图 2.11　真实地址映射与逻辑地址映射

后来发现仅仅是将所有要去的朋友家的详细地址都罗列在一张纸条上的做法很容易产生混乱，因此，我把同一街道的朋友家的详细地址列在一起，按街道划分的方式来记录详细地址，这样看上去似乎清晰了许多。

对于 CPU 用多个纸条来记录详细地址的方式，由于是按不同的街道来划分，因此需要使用不同的段寄存器来区分不同的段。CPU 将线性地址空间分成不同的段，每次使用不同的段寄存器的段基址+偏移量来查找线性地址空间，这种方式称之为分段模型。

从本质上来讲，分段是为了让程序中不同作用的代码能够规整划分并进行隔离，以便多个程序（或任务）可以在同一处理器上运行而不相互干扰，如图 2.12 所示。

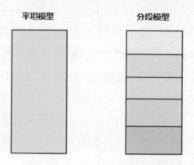

图 2.12　平坦模型与分段模型

2.4.3　什么是线性地址空间

既然问为什么需要线性地址空间（也就是虚拟内存空间），那么我们就先来了解如果没有虚拟内存空间会怎么样。每一个可执行的程序都是一个进程，这些进程被存储在内存中，如果一个内存就是一个整体的块大小，当一个新的进程需要加载进内存的时候，发现剩余内存不足了，那么只能放弃加载。这种放弃加载的方式显然不可取，因此先将内存中暂时不用的进程放入磁盘，腾出多余的空间来给即将使用的进程使用，当前进程使用完成后，把当前进程放入磁盘中，再将之前的进程置换到内存中，这种做法让内存看起来无限大，好似可以容纳大于内存容量的许多进程，如图 2.13 所示。

但是这个过程也存在问题，内存中存放的进程不可能恰到好处地将内存空间全部利用，那么这时候就会产生内存空隙，为了合理利用内存空间，就不得不将进程紧缩排布，再次整理出内存空间给即将进入的进程使用，如图 2.14 所示。

除了上述问题，我们还需要考虑的一个问题是，以进程为单位在内存和磁盘中整存整取时进程的大小就一定不会变吗？即使进程加载进内存了，空间也合理利用了，但是进程内部数据是否存在扩张？进程是否会随着数据的扩张而不断变大？一旦进程的大小扩张到内存容纳不下了怎么办？或许你会说，我们可以继续将这些进程在内存和磁盘之间来回置换。但是一旦进程过大，这样做的效率岂不是非常低下？

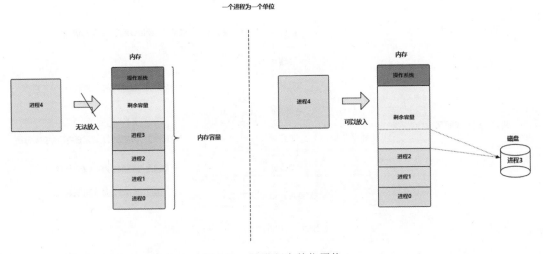

图 2.13　以进程为单位置换

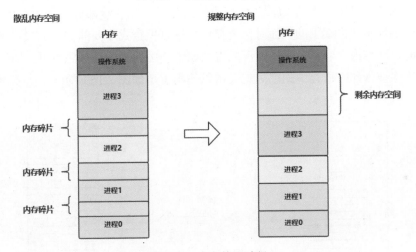

图 2.14　内存整理过程

　　计算机体系结构为我们描述了存储器的架构，越靠近 CPU 的存储设备，其传输速率越快，因而缓存最快，内存其次，本地磁盘再次，通过网络获取远端服务器的速度最慢。弄出这么多的存储结构出来，其实最主要的目的就是将数据能够持久化到磁盘上，如果将数据存储到磁盘是目的，那么之前所有的存储结构都是过程。既然磁盘的传输速度这么慢，为什么我们不在内存与磁盘的交互过程中只拿自己需要的部分呢？既然在数据落盘之前的存储方式只是过程，那么我们为什么不在存储环节里把数据尽可能地整理清楚，最后再与磁盘交互，完成数据持久化呢？如图 2.15 所示。

图 2.15　存储器层次结构

显然这种想法是可靠的，于是我们将进程细粒度化，分割成以 4KB 大小的页作为单位进行磁盘与内存之间的交互行为。在内存访问磁盘时，先加载部分页到内存中，当 CPU 需要访问的地址不在内存中的页面时，内存再从磁盘里查找需要的页并加载进来。一旦内存中存储的页达到内存容量上限，就可以将长期未使用的页保存到磁盘里，然后将这些页从内存中删除掉，此时内存中的空间就又可以使用了，如图 2.16 所示。

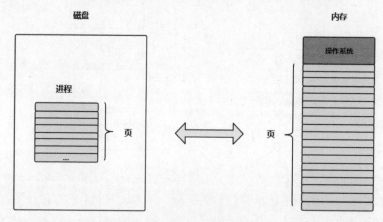

图 2.16　磁盘与内存映射页过程

这种做法就好像是动态链接的过程，先生成地址无关代码，对于每一个进程而言，都是从 0 地址开始扩张，就好像每个进程都拥有 4GB 的内存空间一样，然后在运行时将地址进行动态转换，变成真实地址。正因为每一个进程都好似拥有 4GB 的内存空间，所以这个地址实际上是虚拟的，称之为虚拟地址空间，也叫线性地址空间。虚拟地址空间与真实的物理内存之间还需要经过地址转换，转换的过程称之为分页。具体的分页过程会在后面内存管理相关章节详细讲述。

现在，我们从硬件层面来总结一下整个过程。先从磁盘上加载页信息，页信息的加载过程需要通过磁盘控制器在 I/O 总线上传输到达 I/O 桥，内存从 I/O 桥获取页信息并将其保存。在 CPU 的控制单元执行指令流时，根据指令流水线上的指令——取指、译码、执行、访存、写回，从内存获取进程相关页信息，经过 I/O 桥到达 CPU 内部的总线接口并保存在 CPU 内部的缓存行里，MMU 内存管理单元会将缓存行里的页信息进行转换，即将物理地址转换成虚拟地址后，传递给寄存器单元。寄存器单元拿到虚拟地址后，就可以根据操作码和操作数来执行 CPU 的指令，在 ALU 逻辑运算单元完成运算后，再以同样的方式返回给内存，当一段进程的代码全部完成之后，再将内存数据进行落盘，达到数据持久化的最终目的，如图 2.17 所示。

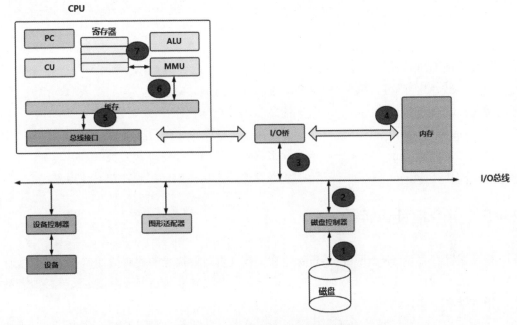

图 2.17　CPU 交换数据的抽象过程

2.4.4　段寄存器

段寄存器有 6 种，分别是 CS、DS、SS、ES、FS、GS。每个段寄存器都持有 16 位的段选择子，而段选择子是用于标识内存中的段的特殊指针。如果要访问内存中指定的段，那么该段的段选择子必须位于对应的段寄存器中。在分段模型下，每个段寄存器通常会加载不同的段选择子，以便于每个段寄存器指向线性空间内不同的段。在任何时候，程序都可以访问线性地址空间中的 6 个段。如果要访问一个段寄存器未指向的段，那么程序必须先加载段对应的段选择子到段寄存器中。

每个段寄存器都与 3 种存储类型中的一种相关联：代码、数据或堆栈。例如，CS 寄存器包含代码段的段选择子，用于存储执行指令的基地址，IP 寄存器包含下一个要执行的指令的代码段内的偏移量，处理器使用由 CS 寄存器中的段选择子和 IP 寄存器的内容组成的逻辑地址，从代码段获取指令。应用程序无法将 CS 寄存器显式加载，它只能通过改变程序控制的指令或内部处理器操作隐式加载（如过程调用、中断处理或任务切换）。

DS、ES、FS 和 GS 寄存器指向 4 个数据段。4 个数据段允许高效和安全地访问不同类型的数据结构。例如，可以创建 4 个单独的数据段：第一个用于当前模块的数据结构，第二个用于从更高级模块导出的数据，第三个用于动态创建的数据结构，第四个用于与另一个程序共享的数据。要访问额外的数据段，应用程序必须根据需要将这些段的段选择子加载到 DS、ES、FS 和 GS 寄存器中。

SS 寄存器包含堆栈段的段选择子，用于存储当前正在执行的程序、任务或处理程序的过程堆栈。所有堆栈操作都使用 SS 寄存器来查找堆栈段。与 CS 寄存器不同，SS 寄存器可以显式加载，这允许应用程序建立多个堆栈并在它们之间切换。

- ☑ Code Segment（CS）——代码段寄存器，指向程序的代码段。
- ☑ Data Segment（DS）——数据段寄存器，指向程序的数据段。
- ☑ Stack Segment（SS）——堆栈段寄存器，指向程序的堆栈段。
- ☑ Extra Segment（ES）——附加段寄存器，扩展使用，不具体定义使用方式。

2.4.5　指令指针寄存器

指令指针寄存器（instruction pointer，IP）包含当前要执行的代码段的偏移量。在执行 CALL、JMP、RET、IRET 指令时，它会从一个指令边界推动到下一个指令边界，或者被多个指令推动。

通常来说，段寄存器用于锁定是哪个段，而指令指针寄存器用于表示这个段的段内偏移，利用段寄存器+指令指针寄存器的组合，就可以找到程序的指令地址。

假设当前想要访问的是代码段，如图 2.18 所示，那么就需要经历如下步骤（未开启分页）。

（1）加载指向代码段的段选择子到代码段寄存器，代码段寄存器里保存的是代码段的段基址 0x400000（假设）。

（2）加载段内偏移值到指令指针寄存器，指令指针寄存器里保存的是访问代码段里的偏移地址。

（3）根据段基址+偏移地址，找到具体执行代码的地址。

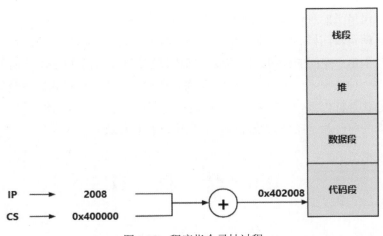

图 2.18　程序指令寻址过程

2.5　实模式与保护模式

实模式就如同它的命名一般，表示真实的模式。什么真实？CPU 通过段基址+段内偏移地址就可以直接访问到物理地址。正因为它太真实了，所以很容易产生问题。就好像自己在网上购物，填写的都是自家的真实地址，甚至具体到了门牌号，如果被不怀好意之人利用，就容易出现大问题。什么大问题呢？假如程序员可以访问物理内存的任何一个地方，引用的地址都是物理地址，没有任何校验，也没有任何拦截，这意味着程序员甚至可以更改段基址，随意访问数据信息。 除此之外，如果粗心的程序员不小心覆盖了内核所在的地址，导致操作系统崩溃，就要面临重装系统。所以，CPU 访问物理地址时，就需要被保护起来，保护模式就此诞生。

什么是保护模式？顾名思义，提供一种机制，将需要访问的真实地址保护起来。如何保护？首先不能让外人看到自家的真实地址，所以程序员能见的都是虚拟地址。既然使用虚拟地址了，那么就需要将虚拟地址转换成物理地址。上一小节提到了页，分页的过程就是虚拟地址转换成物理地址的过程，具体的内容还要到后面内存管理相关的章节再描述。除此之外，还需要设置一个闸机，以防低特权级的用户空间代码进入内核空间，当需要通过系统调用进入内核空间访问代码时，就要在闸机上刷卡，如果闸机放行了，就表明自己是授信的。

如果是公司内部人员，刷身份牌就可以进入公司，这合情合理。但是如果公司外部人员想要进入公司，就需要问问他是来做什么的。在了解清楚他的目的和意图后，前台会临时发放一张公司员工的身份牌，让他进入公司办理业务。

内核的处理逻辑同样如此。对于内核本身的代码而言，出示身份信息就可以进入内核空间。但是对于用户空间的代码，它需要访问内核空间时，由于权限不够而无法进入。此时就需要提供一种机制，给用户空间的代码临时授权，让它能够进入内核空间执行代码。这个身份信息就是特权级。校验身份的过程就是在闸机上刷身份牌，比对用户信息的过程。而发放身份牌的前台就是操作系统的门，它用于转换特权级。

2.6 特 权 级

特权级一般有 4 个级别，从 0 到 3，数字越小则特权级别越高，如图 2.19 所示。最高特权级 0 用于包含系统中最关键的代码段，通常是操作系统的内核。外圈（低特权级）用于包含不太关键的程序代码段。

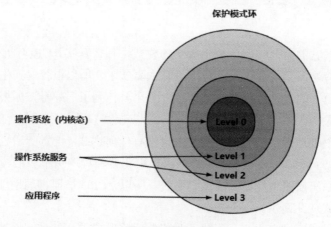

图 2.19　特权级

低特权级的段的代码块只能通过门来访问高特权级的代码模块。如果其试图访问更高特权级的代码段而不经过门且没有足够的访问权限，将会产生一个通用保护异常（#GP）。如果操作系统使用特权级保护机制，那么低特权级访问高特权级的段的方式与远调用的方式类似。在 CALL 指令中提供的段选择子引用了一种称为调用门描述符的特殊数据结构，并且调用门描述符提供了访问权限信息、被调用程序的代码段的段选择子以及代码段的偏移量（被调用程序的指令指针）。

通俗来讲，就是 CPU 提供了一种机制，用于检测即将访问内核代码的特权级别。特权级位于段选择子的前两位（在二进制代码中两位可以代表数字 0～3，如二进制数 11 表示十进制数 3）。当程序通过 int 0x80 进行硬件中断并陷入内核的时候，会通过调用门选择子进入调用门，校验当前段选择子的 CPL 或 RPL，只有符合条件的段选择子才能访问代码段。

2.6.1　CPL、RPL、DPL

想要访问不同的段，就需要进行身份校验，而校验的方式就是比较特权级。特权级听起来似乎很神秘，但实际上也就是一个 2 位的二进制数字，将访问者携带的特权级数字与被访问者本身的特权级数字相比较，如果特权级大于或等于被访问者，就可以访问，如果特权级小于被访问者，就禁止访问，如此而已。

既然是访问者与被访问者之间的关系，那么就需要命名来描述特权级属于两者之中的哪一个。Intel 手册为我们指导了 3 个特权级描述命名：CPL、RPL 和 DPL。

CPL 用于表示当前段的特权级，也就是访问者的特权级。DPL 用于表示描述符的特权级，也就是被访问者的特权级。RPL 用于表示段选择子的请求特权级，一般与 CPL 配合使用。

在实模式下，计算机通过 CS:IP（段基址+偏移量）的方式直接寻址物理地址来获取指令流。CS 是代码段寄存器，用于加载代码段的段基址，IP 是指令指针寄存器，用于加载段的偏移值。除了 CS，还有 SS（栈段寄存器）、DS（数据段寄存器）、ES（扩展段寄存器）等段寄存器。也就是说，计算机除了可以通过 CS:IP 的方式获取指令流，还可以使用别的段寄存器来获取指令流，如 SS:IP、DS:IP 等。

而在保护模式下，段寄存器并非直接指向段基址，而是需要加载段选择子，将段选择子的高 13 位当作索引下标乘以 8 来查找 GDT 全局描述符表，获取线性地址空间的段基址，加上偏移地址后得到完整的线性地址，然后继续分页查表，最终找到物理地址。

在分段模型中，由于内存空间被分为不同的段，因此，通常来说每个段寄存器都会加载不同的段选择子，所以每个段寄存器都指向线性地址空间中不同的段。

CPL（current privilege level，当前特权级）：CPL 是当前正在执行的程序或任务的权限级别。它存储在 CS 和 SS 段寄存器的第 0 位和第 1 位。通常，CPL 等于从中获取指令的代码段的权限级别。当程序控制转移到具有不同特权级别的代码段时，处理器改变 CPL。在访问符合规范的代码段时，CPL 的处理略有不同。符合条件的代码段可以从与符合条件的代码段的 DPL 相等或在数值上大（低特权）的任何特权级别访问。同样，当处理器访问与 CPL 具有不同特权级别的符合要求的代码段时，CPL 不会改变。

DPL（descriptor privilege level，描述符特权级）：DPL 是段或门的特权级别。它存储在段或门的描述符的 DPL 字段中。在当前执行的代码段试图访问一个段或门时，这个被访问的段或门的 DPL 将与段选择子或门选择子的 CPL 和 RPL 进行比较。

RPL（requested privilege level，请求特权级）：RPL 是分配给段选择子的覆盖特权级别。它存储在段选择子的第 0 位和第 1 位中。处理器检查 RPL 和 CPL，以确定是否允许访问某个段。即使请求访问某个段的程序或任务有足够的权限访问该段，如果 RPL 没有足够的权限级别，访问也会被拒绝。也就是说，如果段选择子的 RPL 在数值上大于 CPL，则 RPL 将覆盖 CPL，反之亦然。RPL 可用于确保特权代码不会代表应用程序访问某个段，除非该程序本身具有该段的访问权限。

2.6.2 一致性与非一致性

Intel 手册提供了比较特权级大小的两种方式：一致性代码段与非一致性代码段。

1. 一致性代码段

我们之前举过一个例子，外部人员需要进入公司办理业务的时候，由于身份权限不够，需要找前台申请一个身份牌，才能通过公司的闸机。一致性校验就是公司的闸机，它校验访问者的身份信息。由于公司发放的身份牌是专门给外部人员进入公司使用的，因此，即使外部人员进入了公司，也不能改变他还是外部人员的身份，仅能访问一些公共区域，而不能进入公司核心区域。同时，公司的核心人员意味着知道公司所有的机密，所以不能让这些核心人员与外部人员打交道，并且他们也无法离开公司。同理，对于内核而言，一致性的校验方式就是访问者的段寄存器中的 CPL 数值≥DPL 数值，请注意是数值。例如，如果一致性代码段的 DPL 为 2，则运行在 CPL 为 0 或 1 的程序不能访问该代码段。

2. 非一致性代码段

那么这样会有什么问题呢？权限依旧不够。因为即使给了访问者权限，他也只能在公共区域转悠，假设他有重要的事情需要和公司核心领导交流，虽然公司门口的闸机过了，但是核心区域还有一道闸机，这道闸机只能用核心人员的身份牌才能进入，因此还需要把外部人员的身份牌换成核心人员的身份牌。那么如何更换身份牌呢？通过门，门更像是一个跳板，专门为低特权级的段而准备的，它的作用就是帮助低特权级的代码实现高特权级的转换。此时外部人员终于成功进入了公司核心区域，但这样还有什么问题呢？现在他的身份已经从最低特权级转换到最高特权级，也就是说公司的所有区域随他转，万一他打着处理业务的口号，实际上是进入公司来搞破坏的怎么办？因此还得标识他原来的身份，这个标识就是 RPL 请求特权级。有了这个标识后，也就限制了他只能到公司的核心区域找公司的核心人员处理业务，而不能访问公司的核心资料。这样一来，处理核心资料的事交给公司核心人员来做，既成功处理了业务，也不用担心窃取或篡改资料的风险。

回到操作系统处理特权级校验的流程中来，访问非一致性代码段的校验方式是访问者的段寄存器中的 DPL 数值≥CPL 数值&& DPL 数值≥RPL 数值。例如，如果非一致性代码段的 DPL 为 0，则只有运行在 CPL 为 0 的程序上才能访问该段。

CPL 当前特权级存在于 CS 和 SS 段寄存器的第 0 位和第 1 位，当段寄存器运行在用户态时，它的 CPL 就是 3。一旦段寄存器需要访问内核的代码段，首先段寄存器的 CPL 为 3，段选择子的 RPL 为 3，门描述符的 DPL 为 3，因此，检查通过，可以通过门进行 CPL 转换，从 0 变成 3，然后将用户提交的段选择子的 RPL 的值改为 CPL 的值（为什么这里要更改 RPL 的值？为了防止用户通过 arpl 汇编指令修改提交段选择子中 RPL 的值，因此系统需要修改 RPL 的值），至此，CPU 开始执行内核代码。如果用户提交的段选择子并非访问用户空间的数据，而是访问内核空间的数据，由于 RPL 为 3，而 DPL 为 0，不符合要求，会被禁止访问。如果用户提交的段选择子访问的是用户空间的数据段，RPL 和 DPL 都为 3，那么可以访问。

此时疑问就来了，CPL 和 RPL 有什么关系？它们都在段选择子的前两位。段选择子并非只能加载一个段寄存器。每个段寄存器都会加载段选择子。

段寄存器需要加载段选择子作为段基址查找描述符表，为什么上一小节定义 CPL 时，特别说明它存储在 CS 和 SS 段寄存器的第 0 位和第 1 位？因为代码段是资源的请求方，是用来执行的，它并不直接指向数据区，而其他寄存器都可以指向数据区，只要不更改数据就好。

什么时候会需要使用 RPL？当段寄存器需要访问数据段的时候，需要比较 RPL。

因此，代码段有一致性与非一致性之分，而数据段都是非一致性的。数据段不允许低于本身特权级的代码段访问。

总结来说，一致性代码段支持了用户态的代码访问内核态的代码，同时也限制了内核态的代码访问用户态的代码。但由于数据是敏感的，因此非一致性的出现弥补了用户态代码进入内核态后访问内核数据段的风险。

2.6.3　切换特权级的调用过程

实际上，Linux 操作系统中只存在两个栈：一个是内核的栈，存放特权级为 0 的数据（内核数据）；一个是用户的栈，存放特权级为 3 的数据。因为栈中保存的都是如调用的元数据、传递的参数、指令片段等私有数据，如果不为每个特权级设置一个自己的栈，那么不同特权级之间就可以共享栈，从而拿到彼此的敏感数据。

切换特权级过程的原有信息都保存在 TSS 任务状态段，由于进程有多个，每个进程都有自己的栈信息，因此每个进程都有自己的 TSS 任务状态段。因为段的信息都保存在 GDT 全局描述符表中，所以在 Linux 0.11 版本下，GDT 全局描述符表保存了多个进程的 TSS 任务状态段信息，切换进程时，切换到对应的 TSS 任务状态段就可以了。因此，切换特权级的过程中，CPU 将原来的 TSS 任务状态段加载到 TR 任务寄存器中，然后保存到 GDT 全局描述符表里，再通过 ljmp 指令远跳转到新的 TSS 任务状态段，将 TSS 任务状态段信息加载到寄存器上。当特权级切换完成之后，CPU 同样先将当前 TSS 任务状态段信息通过 TR 寄存器加载到 GDT 全局描述符表中，然后通过查询 GDT 全局描述符表，将原来的 TSS 任务状态段信息加载到寄存器中，继续执行原来的代码，如图 2.20 所示。

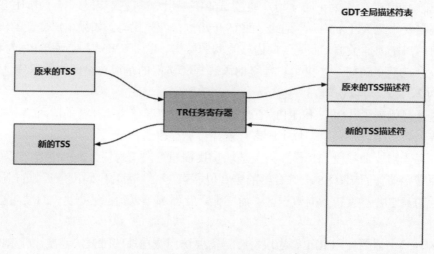

图 2.20　TSS 任务状态段切换过程

在内核初始化的过程中，move_to_user_mode()函数完成了特权级的切换，将进程从内核态切换到了用户态。在这个过程中，内核依照硬件指导的方式，依次将 ss、esp、eflags、cs、eip 压入栈中，然后 CPU 将会执行访问权限检查，当权限检查无误之后，CPU 暂时保存当前的 SS、ESP、CS 和 EIP 寄存器的内容，将新的栈（即调用特权级别的栈）的段选择子和栈指针从 TSS 任务状态段加载到 SS 和 ESP 寄存器，并切换到新的栈。切换完成之后，CPU 将调用程序的栈临时保存的 SS 和 ESP 的值推入新的栈并将参数从调用过程的栈复制到新的栈中。调用门描述符中的值决定有多少个参数可以复制到新的栈中。将临时保存的调用程序的 CS 和 EIP 寄存器的值推入新的栈中。将新代码段的段选择子和新的指令地址分别从调用门加载到 CS 和 EIP 寄存器中。在新的特权级别上开始执行被调用的程序。

当特权级程序执行完成并返回时，CPU 依旧会先执行权限检查，然后将 CS 和 EIP 寄存器恢复到调用之前的值，这意味着当前执行代码的栈也会切换回调用程序之前的栈，当恢复到调用之前的栈时，就可以继续执行之前的代码了。

当切换特权级时，需要切换栈，而 SS:SP 决定了栈的位置，所以需要保存 SS 和 SP。由于低特权级的栈无法访问高特权级的栈，因此需要将参数从高特权级的栈传递到低特权级的栈中。因为 CS:IP 也改变了，所以需要保存 CS:IP。整个过程修改什么就保存什么，在调用程序之前保存现场，压入当前 CS:IP 和 SS:SP，然后进入新的代码段执行指令，当指令执行完成之后，通过保存的 SS:SP 找到原来的栈段，再通过保存的 CS:IP 找到原来的代码段继续执行原来的指令，如图 2.21 所示。

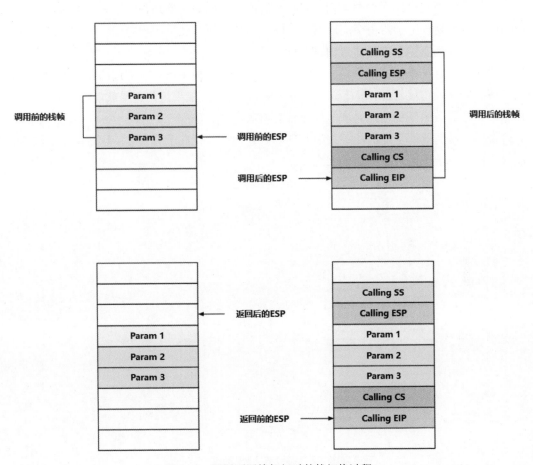

图 2.21　调用不同特权级时的栈切换过程

2.7 小　　结

本章通过 Linux 的相关背景向读者展示了 UNIX 与 Linux 系统的联系以及 Linux 诞生的原因，了解历史才更容易理解 Linux 模块设计背后的思想。Linux 诞生至今已有三十余年，其模块依然没有太大变动，后续的版本迭代依旧是在初代的基础上进行的扩展，可以说 Linux 自出生就已经将地基打得非常牢固，骨架建立得近乎完美，这得益于 UNIX 系统，可以说 Linux 的成功离不开 UNIX 系统，Linux 是站在了巨人的肩膀上。

此外，本章也介绍了一些学习 Linux 系统所需具备的基础知识，读者需要理解为什么 Linux 将内核划分出了两个空间，用户空间与内核空间（也称用户态和内核态）的区别是什么，程序如何从用户空间进入内核空间。

内核通过保护模式来保护内核代码，在程序执行过程中，只有通过内核提供的系统调用函数才能访问内核资源，内核资源通常是极为重要的，如果用户轻易就能篡改内核数据，那么不论在导致系统崩溃还是安全性上都有极大隐患。

最后，掌握地址空间的相关知识并理解内存地址的存在十分重要，这将决定后续是否能够明白内核源码所表达的目的和意义。

第 3 章
进程管理分析

进程的本质就是一个正在执行的程序，如同我们所熟知的 QQScLauncher.exe、QQMusic.exe。每打开一个.exe 可执行文件，就是执行了一个进程。每个程序的虚拟地址空间都是隔离的，也就是说每个程序都认为它自己使用了整个物理地址。

假设我们打开了 QQ 聊天软件正在与他人聊天，聊天的同时我还想要听一些音乐愉悦一下心情，在单道批处理系统的环境下是无法完成同时运行两个进程的，那么我只能先打开 QQ 聊天软件与他人聊天，等到聊天结束后，关闭进程，再打开 QQ 音乐。

3.1 进程的相关背景

进程作为计算机操作系统的核心概念之一，其发展和演变与计算机技术的进步密切相关。

3.1.1 单道批处理

在早期 20 世纪 50 年代，程序员们将一段段写好的代码（那时称之为作业）录入磁带，将磁带放入磁带机中进行批处理作业，等待批处理作业完成后，将输出磁带放入打印机输出结果。站在现在的角度下可能大家会觉得这种做法效率低下，但是要知道，在更早的穿孔机时代是无法读取大量的穿孔卡片的，只能将一段代码写在卡片上，然后读入计算机，等待输出结果。

3.1.2 多道批处理

不论是穿孔卡片还是单道批处理系统，本质上来说都是串行执行程序的。对于程序员而言，都需要将写好的一堆程序交给管理员，管理员再逐个地将代码放入机器中执行。机器执行 I/O 操作时，CPU 就变成了空闲等待的状态，为了让机器执行 I/O 操作时，CPU 也能同时处理其他的程序，多道批处理的概念出现了。将内存划分为不同的内存分区，每个内存分区存放不同的程序代码，在等待 I/O 操作时，CPU 就可以执行其他程序的计算操作。但是这样做的问题在于，一旦某段代码存在了语法问题，即使是少了一个标点符号，导致编译失败，也需要等待所有程序执行完成后才能拿到结果，修改程序错误。

3.1.3 分时系统

为了能快速响应这种小的错误，分时系统诞生了，在多道批处理的基础上，将处理过程划分为某个恒定的时间段，这个时间段被称为时间片。每当执行某个作业到达时间片的节点时，就切换执行其他的程序。只要时间片足够小，程序运行速度足够快，对于用户的体验就好像是在同时执行多个程序。这样做最大的好处是提升了程序员与机器的交互行为。程序员可以在机器执行程序时，及时响应机器发出的消息。机器在程序员处理消息的同时，并不会陷入等待，它会转而执行其他的程序代码，这样一来，CPU 就会一直处于工作状态，性能得到大幅提升。

3.2   进 程 概 览

我们常说的进程，对于 CPU 和内核而言，又被称作任务。

3.2.1   元数据

不管是串行执行程序，还是分时系统的交替执行程序，由于内存中有多个程序，因此操作系统需要找到内存中的这些程序来执行，那么如何获取这些程序的执行数据呢？这就需要描述程序的元数据信息了。什么是元数据？元数据就是描述数据的数据。就如同在公司的管理中，每个员工都有自己需要做的事情，当天做完的事情需要记录在工作日报上，而所有员工的工作日报就需要汇总到某个管理者那里，管理者再以天为单位统计每个员工做的工作。对于每个进程而言同样如此，当前执行的是哪个数据、数据的执行状态是什么等都需要一个管理者来保存数据信息。在不同的模块代码中有不同的管理者，这些管理者统称为描述符，进程管理中有进程描述符，文件系统中有文件描述符，网络接口中也有网络描述符。描述符表示描述数据状态的信息，在代码的体现形式上实际就是一个结构体，为了区分元数据与数据之间的差异，将描述元数据的结构体称为描述符。

3.2.2　上下文切换

在执行多个程序时,CPU 的控制单元、运算单元和存储单元都只有一个,怎么复用呢？在整个执行程序的流程中, 由于程序是交替执行的, 对于 CPU 的控制单元和运算单元其实都可以直接复用, 只有存储单元中的寄存器文件是不可以复用的。就好比我们去政务中心办理业务, 政务中心办理某个业务的窗口是恒定的, 叫号器也是恒定的, 当叫号器叫到排队的客户去办理业务的时候, 人们带着自己的资料来到窗口办理业务。但是在办理的过程中, 突然发现自己的资料没有带齐全, 需要回家拿补充资料, 这个时候把已经带来的资料放在办理窗口暂存, 自己回家拿资料即可。在客户回家拿资料的过程中, 办理窗口并不会一直等待客户, 而是继续通过叫号器办理下一位客户的资料, 等到你拿完资料重新回到政务中心, 只需要等待办理窗口办理完当前客户的资料, 就可以把自己拿来的补充资料提交上去, 完成剩下的办理步骤即可。CPU 同样如此, 每个寄存器都是多个程序竞争的对象, 为了保证寄存器文件不会被其他程序的值覆盖, 就需要保存寄存器文件的内容, 当程序切换回来执行的时候, 还原原先寄存器的原有状态即可。这时, 我们将这种保存当前 CPU 执行上下文的寄存器信息的行为称作上下文切换。

3.2.3　进程描述符

既然进程描述符是管理者, 要想描述清楚一件事情的发生过程, 就需要掌握三要素: 时间、地点、进程。

时间 CPU 的运行时间, 也就是系统定义的时钟周期。

地点就是执行进程的地方, 对于程序而言, 执行进程的地方就是内存, 而内存模型又是分段的, 有栈段、数据段、代码段等。代码段是资源的请求发起处, 栈段是数据的处理处, 数据段是数据的保存处, 因此一个进程的执行必然会涉及这三个地方。如果内核使用了特权级的保护机制, 那么还需要为每个特权级别提供一个单独的栈。由于在 Linux 中只使用了 0 和 3 两个特权级别, 因此仅有内核的栈和用户空间的栈。对于用户空间的进程, 只能运行在用户空间的栈上。当进程被加载到 CPU 上被执行时, TSS 的段选择子、基地址、段描述符等信息都会被加载到 TR 任务寄存器中。

在操作系统中不可能只执行一个进程, 因此需要有一个进程标识来告诉 CPU 自己是哪个进程, 这个标识就是 TSS 任务状态段, 任务状态段保存了当前进程的特权级、段基址、状态信息、偏移量、寄存器信息等, 有了这些信息后, 当发生进程切换时, 就可以通过这些信息找到原先的进程了。

在了解了以上抽象和推理过程后，此时我们具象化到 Linux 操作系统中。在 Linux 操作系统中，使用 task_struct 进程描述符来表示程序在内存中的元数据信息。

```c
// 代码路径：Linux 0.11\include\Linux\sched.h

#define NR_TASKS 64                      // 最多能运行的进程数
#define HZ 100                           // 时钟滴答的频率
#define FIRST_TASK task[0]               // 0 号进程
#define LAST_TASK task[NR_TASKS-1]       // 最后一个进程

struct task_struct {
    long state;                          // 程序运行状态
    long counter;                        // 时间片
    long priority;                       // 程序执行优先级
    long signal;                         // 信号
    struct sigaction sigaction[32];      // 信号位图
    long blocked;                        // 信号屏蔽码
    int exit_code;                       // 退出码
    unsigned long start_code;            // 代码段地址
    unsigned long end_code;              // 代码长度
    unsigned long end_data;              // 代码长度+数据长度
    unsigned long brk;                   // 总长度
    unsigned long start_stack;           // 栈地址
    long pid;                            // 进程号
    long father;                         // 父进程
    long pgrp;                           // 进程组号
    long session;                        // 会话号
    long leader;                         // 会话首领
    unsigned short uid;                  // 用户 id
    unsigned short euid;                 // 有效的用户 id
    unsigned short suid;                 // 保存的用户 id
    unsigned short gid;                  // 组 id
    unsigned short egid;                 // 有效的组 id
    unsigned short sgid;                 // 保存的组 id
    long alarm;                          // 闹钟定时器
    long utime;                          // 用户态运行时间
    long stime;                          // 内核态运行时间
    long cutime;                         // 子进程用户态运行时间
    long cstime;                         // 子进程内核态运行时间
    long start_time;                     // 进程开始运行的时间
    unsigned short used_math;            // 是否使用数学协处理器
    int tty;                             // 进程使用终端的子设备号
    unsigned short umask;                // 屏蔽位
    struct m_inode * pwd;                // 当前工作目录的节点
```

```
    struct m_inode * root;              // 根目录的节点
    struct m_inode * executable;        // 执行文件的节点
    struct file * filp[NR_OPEN];        // 进程使用的文件表
    struct desc_struct ldt[3];          // 当前进程的局部描述符表
    struct tss_struct tss;              // 当前进程的任务状态段信息结构
};
...
```

可以看到 task_struct 作为进程的元数据，包含了进程的所有信息，需要关注的是后面几个结构体，在文件系统中起到至关重要的作用。inode 节点表示了文件树的层级节点，file 表示了文件数组中所执行的进程，ldt 表示了局部描述表指向的地址，tss 任务状态段记录了需要加载到 TR 任务寄存器的进程地址信息、页信息、状态信息、段信息和参数信息等。

3.2.4　任务状态段

任务状态段（task state segment，TSS）由段描述符来定义，如图 3.1 所示。TSS 描述符只能被放置在 GDT 中，而不能放置在 LDT 或 IDT 中。

图 3.1　TSS 描述符

为什么要有任务状态段？

在执行单进程的情况下，只有一套进程的信息，整个内存空间都可以让这个进程肆意挥霍，既然只有一个进程，它不需要保存执行地址，也就无须任务状态段了，因为 CPU 能执行的进程只有它一个。但这件事从本质上就违反了逻辑，且不说用户使用体验有多差，而是单进程的操作系统根本无法运行。

操作系统本身就是一个进程，这个进程操作着下面的所有进程，我们所执行的所有系统级的指令，全部都由操作系统这个进程来实现，比如创建进程、进程调度、杀死进程、开辟内存、释放内存等。试问，如果没有一个进程来进行管理程序，那么后续的进程如何生成、如何执行呢？

既然操作系统天生就是一个进程，那么我们总归需要创建用户的进程，用户的进程由操作系统来创建，而用户的进程又不能对操作系统的进程产生任何威胁，所以要隔离。前面我们已经了解过操作系统通过保护模式来划分用户态和内核态，那么对于进程的描述而言同样如此。我们需要一个记事本来记录进程运行的地方，包括这个进程所在的段信息、状态信息、特权级信息等，这样一来，TSS 任务状态段就顺理成章地出现了。又由于保护模式下需要经过分页，因此还得保存页的信息，页的信息都会被加载进 CR3 寄存器中，因此 TSS 中还会保存 CR3 的信息。

为什么会有任务寄存器？

在问为什么会有任务寄存器之前，我们需要先想明白，可不可以没有任务寄存器？可以。任务寄存器里保存的所有来自 TSS 的信息都可以记录在内存或者磁盘上，每次需要切换进程时，通过 GDT 查找到进程的 TSS 信息即可。我们都知道越靠近 CPU 的硬件，数据传输速度越快。寄存器无疑是最快的，其次是 SRAM 的高速缓存。每当进行进程切换时，将保存在 TSS 的进程信息加载到 TR 寄存器中，通过 CALL 指令跳转执行新的进程，执行完成或产生时钟中断时，再通过 TR 寄存器找到原先的进程执行地址，完成进程切换。TR 寄存器在这个过程中起到了缓存进程信息的作用，当 TR 寄存器里有数据，就可以直接获取进程信息；当 TR 寄存器里没有数据，再通过 GDT 全局描述符表，经过分页找到真实地址，加载 TSS。

既然需要经历查表的过程，与所有其他段一样，TSS 也由段描述符定义。因为 IDT 用于保存与中断相关的描述符，LDT 用于保存与进程的段相关的描述符，所以 TSS 描述符只能放置在 GDT 中，它们不能放置在 LDT 或 IDT 中。GDT 中保存所有的 TSS 描述符信息。为什么说是所有的？因为一个进程对应生成一个 TSS 描述符，有多少个进程，就会在 GDT 中生成多少个 TSS 描述符，每一个 TSS 描述符标识唯一一进程的状态信息。tss_struct 保存了进程上下文的信息，为了保证上下文切换的执行速度足够快，将需要保存的进程数据放在 TR 任务寄存器中。

```
// 代码路径：Linux 0.11\include\Linux\sched.h

...
struct tss_struct {
    long    back_link;
    // 程序的特权级有 0~3，这里的 esp 和 ss 后面的数字代表特权级。esp 和 ss 后面没有后
缀的表示特权级为 3，在用户空间中进行执行
    long    esp0;
    long    ss0;
    long    esp1;
    long    ss1;
```

```
    long    esp2;
    long    ss2;
    long    cr3;
    long    eip;
    long    eflags;
    long    eax,ecx,edx,ebx;
    long    esp;
    long    ebp;
    long    esi;
    long    edi;
    long    es;
    long    cs;
    long    ss;
    long    ds;
    long    fs;
    long    gs;
    long    ldt;
    long    trace_bitmap;
    struct i387_struct i387;
};
...
```

3.3　内核初始化

内核初始化是操作系统启动时的一个重要过程，它负责设置和初始化操作系统内核的各个组件和数据结构，为操作系统的正常运行做好准备。

3.3.1　内核的 main 函数

在介绍操作系统启动过程时，我们了解到引导程序将内核从磁盘加载到内存后，就会开始设置分段、安装根文件设备、安装 GDT 和 IDT、设置分页，然后执行 init 目录下的 main 函数。在正式进入 main 函数之前，都是在对硬件设备进行检查和设置，直到开始执行 main 函数后，才将控制权从硬件层面交接给软件。

此时的软件如同刚开机时需要人为设定的硬件一般，一切处于混沌状态，软件内定义的变量都需要被设定指向内存的某个地址才会有意义，因此 main 函数中首先需要对各个模块进行初始化。

当内核完成自身的初始化之后，就意味着它已经可以接收指令管理硬件了，此时需要做的就是将自身的控制权再递交给用户层面。因此内核需要从内核态切换到用户态后，调用 fork 函数，将自身作为最高级别的 0 号进程运行在内核态，再衍生出自己的代言者 1 号进程管理用户空间的进程。

```
// 代码路径：linux-0.11\init\main.c

...
    mem_init(main_memory_start,memory_end);
    trap_init();                              // 陷阱（中断）初始化
    blk_dev_init();                           // 块设备初始化
    chr_dev_init();                           // 字节设备初始化
    tty_init();                               // 终端初始化
    time_init();                              // 时间初始化
    sched_init();                             // 进程调度初始化
    buffer_init(buffer_memory_end);           // 缓冲区初始化
    hd_init();                                // 硬盘初始化
    floppy_init();                            // 软盘初始化
    sti();                                    // 开中断
    move_to_user_mode();                      // 移动到用户态执行程序
    if (!fork()) {                            // 获取 eax 寄存器中的返回值，如果返回非
0 值，表示可执行的进程数已经达到最大。如果返回 0 值，说明在系统调用_sys_fork 的_copy_
process 函数中父子进程复制成功，设置 eax 返回值为 0。接下来执行初始化新的进程的操作
        init();
    }

// 0 号进程一直循环检查是否有其他的进程可以运行，而其他进程将一直等待，直到收到一个信
号，才会继续执行
    for(;;) pause();
...
```

3.3.2 从内核态进入用户态

在内核完成初始化之后，就需要移动到用户态运行。这个过程将由 move_to_user_mode()函数来完成。

在此之前，我们需要先了解一下嵌入式汇编的基本语法。

```
asm("汇编语句"
: 输出寄存器
: 输入寄存器
: 被修改的寄存器)
```

在移动到用户态执行代码时，根据 CPU 硬件指导来执行压栈顺序，完成特权级的切

换，在 IA-32 体系结构下，压栈顺序为 ss、esp、eflags、cs、eip。

内核本身将自己从内核态移动到用户态是需要通过硬件帮助完成的，这个过程是内核模仿了硬件的中断行为。下面的汇编首先将 esp 栈顶指针放入 eax 寄存器中保存栈内偏移地址，然后将栈段以 0x17 的形式压入栈中。为什么是 0x17？在介绍段寄存器时我们了解到，段寄存器通过加载段选择子作为段的基址，而 16 位的段选择子由 3 部分组成：前 2 位表示请求特权级；第 3 位表示当前段选择子指向 GDT 还是 LDT；后 13 位用于表示当前段的索引下标。这三部分组合在一起形成了段的基地址。那么 0x17 在二进制数里表示为 10111，对于段选择子的前 2 位数是 11，就表示了该段选择子的特权级为 3，第 3 位的 1 表示指向的是 LDT，而第 4、5 位则作为该段选择子的索引下标。

解释完 0x17 后，下面的 0x0f 也是一样的操作，同样将特权级为 3，指向 LDT，索引值为 1 的代码段压入栈中。当按照顺序全部压入，执行 iret 中断返回时，CPU 会自动将 5 个寄存器的值按顺序弹出恢复现场。

由于内核态和用户态是隔离的，除了将 cs 和 ss 翻转特权级，还需要设置 ds、es、fs、gs 的特权级也为 3，当 6 个段全部设置完成后，表明用户空间初始化完毕，特权级为 3 的 0 号进程已经就绪，接下来就是要创建用户空间的进程管理者 1 号进程了。

```
// 代码路径：linux-0.11\include\asm\system.h

#define move_to_user_mode() \
__asm__ ("movl %%esp,%%eax\n\t" \          // 保存栈顶指针 esp 到 eax 寄存器中
    "pushl $0x17\n\t" \                     // 将 0 号进程的 ss 数据段压入栈中，0x17 的二
进制为 10111，在段选择子中表示特权级为 3，在 LDT 表中指向数据段
    "pushl %%eax\n\t" \                     // 将保存栈顶指针的 eax 寄存器压入栈中
    "pushfl\n\t" \                          // 将 eflags 压入栈中
    "pushl $0x0f\n\t" \                     // 将 0 号进程的 cs 代码段压入栈中，0x0f 的二
进制为 1111，在段选择子中表示特权级为 3，在 LDT 表中指向代码段
    "pushl $1f\n\t" \                       // 将下面标号 1 的汇编语句压入栈中
    "iret\n" \                              // 中断返回，将特权级从 0 设置为 3
    "1:\tmovl $0x17,%%eax\n\t" \            // 将段选择子的设置放入 eax 寄存器中
    "movw %%ax,%%ds\n\t" \                  // 设置段寄存器、扩展段寄存器、数据段寄存器
    "movw %%ax,%%es\n\t" \
    "movw %%ax,%%fs\n\t" \
    "movw %%ax,%%gs" \
    :::"ax")                                // 没有输出和输入寄存器，只修改 ax 寄存器
```

3.3.3　创建 0 号进程

当内核将自身从内核态移动到用户态之后，接下来就要调用 fork 函数创建 1 号进程

了。之前我们提到过系统调用的概念，当用户空间的程序想要访问内核代码时，只能通过内核提供的系统调用函数，而 fork() 函数就是本书接触到的第一个系统调用函数。

当 1 号进程被创建完成之后，接下来就会执行 1 号进程的初始化操作，此时会在 1 号进程中建立终端环境，如果创建成功则会再创建一个 2 号进程用于执行 shell 程序。当 init() 函数也被执行完成后，接下来 0 号进程就会作为空闲进程一直陷入死循环，当程序空闲时执行 pause() 函数。

0 号进程作为特殊的闲置进程，只有在没有其他进程可以运行时才会调度它，0 号进程既不能被杀死，也不能陷入睡眠，并且 0 号进程中的状态信息也从来不被使用。

```
// 代码路径：linux-0.11\init\main.c

...
move_to_user_mode();
    if (!fork()) {
        init();
    }
for(;;) pause();
...
```

通常来说，为了简化上层调用和统一规范，glibc 提供了应用层的函数原型，如 fork、execve 等函数，这些函数由 Linux 操作系统针对不同的处理器如 arm、intel 等架构进行不同的实现。由于涉及特权级切换，因此内核需要通过函数原型找到对应的系统调用函数，进而产生中断陷入内核函数。fork 函数对应系统函数 sys_fork，execve 对应系统函数 sys_execve。以 sys 开头的内核函数更像是一种标记，标记着当前是面向不同处理器架构的系统调用函数，且是对上层应用提供的系统级接口。实际上，在大多情况下，系统调用中更为核心的函数往往在以 do 开头的函数中。如果说 glibc 提供的应用层的函数原型是系统调用的封装，那么系统调用则封装了更为复杂的逻辑以及与硬件交互的汇编函数。

在 0.11 版本的内核中没有 do_fork() 函数，而是直接在系统调用文件的汇编函数中使用 _sys_fork 函数创建进程，看起来很突兀，但这是 0.11 版本的内核。在高版本的内核中，首先会对汇编函数进行封装，再由内核针对不同处理器架构组装执行逻辑，最后封装成 C 语言实现的系统调用接口。

由于 0.11 版本内核的进程是用一个进程数组来实现的，并且最大进程数是 64，所以 find_empty_process() 函数会先在进程数组中找到一个未使用的数组下标并返回结果。如果已经有 64 个进程在运行，返回主函数。

现在是在 0 进程中创建 1 号进程，在寄存器压栈后，调用 copy_process() 函数，在内存中申请一个空闲页，然后将父进程的属性赋值给子进程，至此子进程具备了父进程的绝大

部分能力。在执行 copy_process()函数之前,都是父进程在执行,在执行完 copy_process()
函数之后,就是子进程自己去执行了。由于在 copy_process()函数中设置的 eax 值为 0,因
此在主函数 if (!fork()) { init(); }中 fork 的结果就是 0,因为 0 取反为 1,因此调用 init()方法
初始化子进程,而父进程继续调用 pause()函数等待。

```
// 代码路径: linux-0.11\kernel\system_call.s

...
_sys_fork:
    call _find_empty_process            // 在进程数组中找到一个空的进程
    testl %eax,%eax        // 将两个操作数使用与运算来检查 eax 的值是正数、负数还是 0,
如果返回的是负数,说明超过最大进程运行数
    js 1f        // 比较 SF 的值,如果 SF 为 1(0 表示成功,1 表示失败),跳转到 ret 返回
    push %gs                            // 将数据段压入栈中
    pushl %esi                          // 将源地址寄存器压入栈中
    pushl %edi                          // 将目的地址寄存器压入栈中
    pushl %ebp                          // 将栈底指针压入栈中
    pushl %eax                          // 将 eax 寄存器压入栈中
    call _copy_process    // 找到一个空闲的页,初始化进程参数,将进程复制一份出来给
新的进程
    addl $20,%esp                       // 将栈顶指针推动 20 立即数
1:  ret
...


// 代码路径: linux-0.11\kernel\fork.c

...
int find_empty_process(void)
{
    int i;

    repeat:
        if ((++last_pid)<0) last_pid=1;// 如果没有被创建的进程,新的进程号设置为 1
        for(i=0 ; i<NR_TASKS ; i++)           // NR_TASKS 最大进程数为 64
            // 如果当前进程存在,并且进程号已经被使用,就继续循环,直到获取到可以用于
新进程的进程号
            if (task[i] && task[i]->pid == last_pid) goto repeat;
        for(i=1 ; i<NR_TASKS ; i++)               // 如果找到的进程未被使用,返回进程下标
        if (!task[i])
            return i;
    return -EAGAIN;  // 如果 64 个进程都已经被使用,EAGAIN 在 errno.h 中定义为 11,
返回-11
}
```

copy_process()函数是 fork 的核心方法，它复制系统进程信息(task[nr])并设置必要的寄存器，此外还会完整地复制数据段。

复制进程的步骤如下。

（1）尝试获取空闲的页。

（2）将父进程的 task_struct 复制给子进程。

（3）对子进程的 task_struct 和 tss 进行初始化设置。

（4）复制父进程的内存空间到子进程。

（5）子进程与父进程的共享文件。

（6）设置子进程的 GDT 信息。

（7）将子进程置为就绪状态。

（8）对父进程返回子进程的进程号，对子进程返回 0。

```c
// 代码路径：linux-0.11\kernel\fork.c

...
int copy_process(int nr,long ebp,long edi,long esi,long gs,long none,
    long ebx,long ecx,long edx,
    long fs,long es,long ds,
    long eip,long cs,long eflags,long esp,long ss)
{
    struct task_struct *p;
    int i;
    struct file *f;

    p = (struct task_struct *) get_free_page(); // 获取空闲页
    if (!p)
        return -EAGAIN;
    task[nr] = p;                              // 获取当前进程
    *p = *current;                            // 将父进程的结构体复制给子进程
    p->state = TASK_UNINTERRUPTIBLE;          // 设置当前进程状态为不可中断
    p->pid = last_pid;                        // 设置新的进程号
    p->father = current->pid;                 // 设置当前进程为父进程
    p->counter = p->priority;
    p->signal = 0;
    p->alarm = 0;
    p->leader = 0;
    p->utime = p->stime = 0;
    p->cutime = p->cstime = 0;
    p->start_time = jiffies;
    p->tss.back_link = 0;
    p->tss.esp0 = PAGE_SIZE + (long) p;       // esp0 表示内核态的栈指针
```

```
    p->tss.ss0 = 0x10;   // 十六进制数 10 的二进制数是 10000，在段选择子中表示特权
级为 0，在 GDT 表中指向数据段
    p->tss.eip = eip;
    p->tss.eflags = eflags;
    p->tss.eax = 0;        // eax 中保存的是返回值，这里说明了子进程会返回 0 的原因。
当 0 号进程创建 1 号时，这里返回到主函数的值为 0，在 main() 主函数中判断 if(!fork) 时为
真，接下来就会执行进程初始化的操作
    p->tss.ecx = ecx;
    p->tss.edx = edx;
    p->tss.ebx = ebx;
    p->tss.esp = esp;
    p->tss.ebp = ebp;
    p->tss.esi = esi;
    p->tss.edi = edi;
    p->tss.es = es & 0xffff;
    p->tss.cs = cs & 0xffff;
    p->tss.ss = ss & 0xffff;
    p->tss.ds = ds & 0xffff;
    p->tss.fs = fs & 0xffff;
    p->tss.gs = gs & 0xffff;
    p->tss.ldt = _LDT(nr);
    p->tss.trace_bitmap = 0x80000000;
    if (last_task_used_math == current)
        __asm__("clts ; fnsave %0"::"m" (p->tss.i387));
    if (copy_mem(nr,p)) {          // 将父进程的代码段、数据段复制给子进程
        task[nr] = NULL;
        free_page((long) p);
        return -EAGAIN;
    }
    for (i=0; i<NR_OPEN;i++)      // 如果父进程中有文件被打开，则文件的打开次数+1
        if (f=p->filp[i])
            f->f_count++;
    if (current->pwd)        // 将父进程的相关文件属性引用+1，表示父、子进程共享文件
        current->pwd->i_count++;
    if (current->root)
        current->root->i_count++;
    if (current->executable)
        current->executable->i_count++;
    set_tss_desc(gdt+(nr<<1)+FIRST_TSS_ENTRY,&(p->tss));// 设置子进程的 tss
    set_ldt_desc(gdt+(nr<<1)+FIRST_LDT_ENTRY,&(p->ldt));// 设置子进程的 ldt
    p->state = TASK_RUNNING;      // 设置当前进程状态为就绪状态
    return last_pid;
}
...
```

3.4　进　程　调　度

在 0.11 版本的内核中共有 5 种进程状态，分别是可运行状态、可中断的等待状态、不可中断的等待状态、僵尸状态和暂停状态。而 2.6 版本的内核则增加了一个退出状态。

进程的执行并非是一直连续的，内核是通过中断来驱动程序的。假如用户必须等待某个进程运行完成后才能执行下一个进程，那么这样的操作系统将毫无意义。为了能更快地响应用户发生的动作，实现更优的人机交互体验，产生了分时系统。在分时系统中，内核将时间切片，每个时间片内允许某个进程执行，当时间片结束时，内核将通过调度器调度下一个进程占用 CPU 资源并执行指令流，而原先的进程则进入调度队列，等待着下一次时间片的到来，以继续执行未完成的任务。如果完全按照恒定的时间片来执行进程，这种调度方法就称为完全公平调度算法。但世界上没有什么是能做到完全公平的，因此这种调度方式也很少使用，因为任何时候都会存在优先级的概念，更加紧急的任务应该得到更快的响应和更多的处理时间。因此每个进程都会携带优先级的参数，当内核产生上下文切换时，它会选取最高优先级进程执行任务，当运行的进程从内核态回到用户态的时候，内核会重新计算该进程的优先级，并定期调整在用户态处于就绪状态的每个进程的优先级。

进程为什么需要调度器？以单 CPU 为例，假设没有调度器的情况下，CPU 只能逐个地执行进程，用户必须等待当前进程执行完成后，再执行后续进程。有了调度器，就意味着程序可以交替执行。当 CPU 执行进程时，让进程进而执行调度算法，通过引入进程调度队列和进程等待队列的方式，由调度算法将进程入列排队。每当程序执行到调度函数或程序的时间片消耗完时，内核总会根据进程优先级重新排列进程执行顺序，选取后续调度程序。这样一来，重要的任务总能得到 CPU 资源，而不重要的任务则延后执行。CPU 将进程的控制权全权交给了调度器，由调度器来分配进程执行，因此，调度器的存在不仅提升了 CPU 的性能，也提高了用户的交互体验。

schedule.h 头文件中定义了进程的状态、进程描述符、任务状态段以及一些调度的函数，而 schedule.c 文件则用于调度函数的 C 语言实现。

3.4.1　进程状态

进程在创建后，为了能方便进程的调度和显示进程的运行状况，需要有标志显示进程的状态。在 0.11 版本的 Linux 内核代码中展示了 5 种进程状态。

☑ TASK_RUNNING（可运行状态）。

☑ TASK_INTERRUPTIBLE（可中断的等待状态）。

☑ TASK_UNINTERRUPTIBLE（不可中断的等待状态）。

☑ TASK_ZOMBIE（僵尸状态）。

☑ TASK_STOPPED（暂停状态）。

```
// 代码路径: Linux 0.11\include\Linux\sched.h

#define NR_TASKS 64            // 内核中同时运行的最多进程数
#define HZ 100                 // 内核定义的时间片（时钟滴答频率）为100Hz(10ms)

#define FIRST_TASK task[0]              // 0 号进程是内核进程，单独定义
#define LAST_TASK task[NR_TASKS-1]      // 最后一个进程

#define TASK_RUNNING         0          // 运行状态或就绪状态
#define TASK_INTERRUPTIBLE   1          // 可中断的等待状态
#define TASK_UNINTERRUPTIBLE  2         // 不可中断的等待状态
#define TASK_ZOMBIE          3          // 僵尸状态
#define TASK_STOPPED         4          // 暂停状态

#ifndef NULL
#define NULL ((void *) 0)               // 内核定义的 NULL 为 0 地址
#endif
```

3.4.2　execve 函数

通常来说，创建新的进程是为了能立即执行新的程序，但是 fork()函数仅仅只是开辟了内存并初始化了进程描述符，这个阶段还无法执行新的程序，需要接着调用 execve()函数。通过 execve()函数创建新的地址空间，加载新的程序。

由于传入的系统调用在栈顶，因此取栈顶的中断调用指针，获取中断函数 do_execve()的地址并执行。

```
// 代码路径: linux-0.11\kernel\system_call.s

_sys_execve:
    lea EIP(%esp),%eax
    pushl %eax
    call _do_execve
    addl $4,%esp
    ret
```

do_execve()函数用于执行一个新的程序。

在 Linux 中，一切皆文件，首先需要根据用户传入的文件名获取 inode，然后通过 inode 获取文件用户使用权限。

由于用户使用权限需要 10 位来表示，第 1 位表示文件类型，后 9 位以 3 位为一组，分别表示用户权限、组权限和他人权限。而 3 位分别表示是否有读、写、执行权限。代码中通过将权限位右移 6 位来获取用户权限，右移 3 位来获取组权限，再通过判断最后 1 位执行权限来检查当前文件是否可执行（详见第 5 章文件系统相关内容）。

```
// 代码路径: linux-0.11\fs\exec.c

// 定义一页 4KB
#define PAGE_SIZE 4096
// 定义内存可使用的最大页数
#define MAX_ARG_PAGES 32

int do_execve(unsigned long * eip,long tmp,char * filename,
    char ** argv, char ** envp)
{
    struct m_inode * inode;
    struct buffer_head * bh;
    struct exec ex;
    unsigned long page[MAX_ARG_PAGES];
    int i,argc,envc;
    int e_uid, e_gid;
    int retval;
    int sh_bang = 0;
    unsigned long p=PAGE_SIZE*MAX_ARG_PAGES-4;

    if ((0xffff & eip[1]) != 0x000f)
        panic("execve called from supervisor mode");
    // 清除页表
    for (i=0 ; i<MAX_ARG_PAGES ; i++)
        page[i]=0;
    // 根据文件名获取可执行的 inode
    if (!(inode=namei(filename)))
        return -ENOENT;
    // 计算入参和环境变量的数量
    argc = count(argv);
    envc = count(envp);

restart_interp:
    // 检查的执行文件必须是常规文件
```

```
if (!S_ISREG(inode->i_mode)) {
    retval = -EACCES;
    goto exec_error2;
}
// 根据 inode 的使用权限获取有效的用户 id 和组 id
i = inode->i_mode;
e_uid = (i & S_ISUID) ? inode->i_uid : current->euid;
e_gid = (i & S_ISGID) ? inode->i_gid : current->egid;
// 如果文件的用户 id 与当前进程的用户 id 相同，将文件的使用权限右移 6 位，获取用户权限
if (current->euid == inode->i_uid)
    i >>= 6;
// 如果文件的组 id 与当前进程的组 id 相同，将文件的使用权限右移 3 位，获取组权限
else if (current->egid == inode->i_gid)
    i >>= 3;
// 判断最后 1 位是否有执行权限
// 如果没有执行权限且其他用户也没有权限，同时不是超级用户，返回错误号
if (!(i & 1) &&
    !((inode->i_mode & 0111) && suser())) {
    retval = -ENOEXEC;
    goto exec_error2;
}
// 根据文件的设备号和第一块数据区获取缓冲区，如果失败，返回错误号
if (!(bh = bread(inode->i_dev,inode->i_zone[0]))) {
    retval = -EACCES;
    goto exec_error2;
}
// 将 ex 指向缓冲区的数据区
ex = *((struct exec *) bh->b_data);
// 如果是 shell 脚本文件，对脚本文件解析执行
if ((bh->b_data[0] == '#') && (bh->b_data[1] == '!') && (!sh_bang)) {
    char buf[1023], *cp, *interp, *i_name, *i_arg;
    unsigned long old_fs;
    ...
}
brelse(bh);
...
// 如果当前进程为可执行文件，释放原来的文件，指向新的文件
if (current->executable)
    iput(current->executable);
current->executable = inode;
for (i=0 ; i<32 ; i++)
    current->sigaction[i].sa_handler = NULL;
// NR_OPEN 表示一个进程最大可打开的文件数，遍历进程所有文件的"关闭"标识，如果对
```
应该文件的标识为 1，则关闭后置 0

```
    for (i=0 ; i<NR_OPEN ; i++)
        if ((current->close_on_exec>>i)&1)
            sys_close(i);
    current->close_on_exec = 0;
    // 根据 ldt 的基地址和段界限长释放页表内存
    free_page_tables(get_base(current->ldt[1]),get_limit(0x0f));
    free_page_tables(get_base(current->ldt[2]),get_limit(0x17));
    // 修改代码段和数据段地址
    if (last_task_used_math == current)
        last_task_used_math = NULL;
    current->used_math = 0;
    p += change_ldt(ex.a_text,page)-MAX_ARG_PAGES*PAGE_SIZE;
    p = (unsigned long) create_tables((char *)p,argc,envc);
    current->brk = ex.a_bss +
        (current->end_data = ex.a_data +
        (current->end_code = ex.a_text));
    current->start_stack = p & 0xfffff000;
    current->euid = e_uid;
    current->egid = e_gid;
    i = ex.a_text+ex.a_data;
    while (i&0xfff)
        put_fs_byte(0,(char *) (i++));
    eip[0] = ex.a_entry;
    eip[3] = p;
    return 0;
exec_error2:
    iput(inode);
exec_error1:
    for (i=0 ; i<MAX_ARG_PAGES ; i++)
        free_page(page[i]);
    return(retval);
}
```

3.4.3 schedule 函数

该函数为调度函数，也被称为调度器，是进程知识中的重中之重。进程的调度执行并非由单一场景决定的，通常会在多个函数中处理进程的状态，同样也会在多个函数中执行调度函数。因此，进程的调度往往也会涉及多个函数间的配合。

该函数首先会在进程数组中遍历检查进程的信号，如果用户对进程设置了定时器，则需要对进程设置 SIGALRM 信号标志。如果进程不是阻塞信号且进程状态为可中断的等待状态，则将进程状态改为就绪状态，准备唤醒进程。

　　检测完进程的信号后，接下来继续从尾遍历进程数组，根据进程的时间片和优先级选出下一个要调度执行的进程。

　　这里一旦进入 switch_to()函数，CPU 就会保存当前进程的栈信息和寄存器信息，通过 cs:ip 跳转到对应的代码段执行指令，表示进程切换完成，接下来就会执行新进程的任务。

　　执行新进程时，会产生如下两种情况。

☑　当新进程的任务在时间片消耗完之前完成时，根据 CPU 保存当前进程的栈信息，找到返回的路径，结束 switch_to()函数调用，最终返回发起调度函数的执行处。

☑　当新进程的任务在时间片消耗完之前未完成时，由 CPU 发起执行调度函数，在调度队列中重新选取下一个要执行调度的进程，该进程等待下次的选举，再完成后续任务。

```c
// 代码路径: linux-0.11\kernel\sched.c

void schedule(void)
{
    int i,next,c;
    struct task_struct ** p; // 表示进程的调度队列

    // 从进程数组中的最后一个进程开始遍历到第一个进程
    for(p = &LAST_TASK ; p > &FIRST_TASK ; --p)
        // 如果当前遍历到的进程不为空
        if (*p) {
            // 如果进程存在闹钟定时值，并且闹钟定时值小于 jiffies，将进程中的信号置为
SIGALRM 并将闹钟定时值置为 0
            // alarm 用于设定进程的定时器，通过 signal()函数传入 SIGALRM 标识和处理
函数，当时间到达 alarm 设定时间时，进程会处理用户传入的处理函数
            // jiffies 用于记录从电脑开机到现在时钟总共中断的次数
            // 定时器终止时发送给进程的信号
            if ((*p)->alarm && (*p)->alarm < jiffies) {
                (*p)->signal |= (1<<(SIGALRM-1));
                (*p)->alarm = 0;
            }
            // 如果进程不是阻塞信号，且进程状态为可中断的等待状态，则将进程状态改为就
绪状态
            // 这里与 interruptible_sleep_on()函数和 wake_up()函数联用，用于唤醒
进程
            if (((*p)->signal & ~(_BLOCKABLE & (*p)->blocked)) &&
            (*p)->state==TASK_INTERRUPTIBLE)
                (*p)->state=TASK_RUNNING;
        }
```

```
    // 调度的主要部分
    while (1) {
        c = -1;
        next = 0;
        i = NR_TASKS;
        p = &task[NR_TASKS];
        // 从最后一个进程开始处理，如果不存在就处理下一个进程。每一个就绪态的进程进来
的时候都会比较 counter 剩余时间片，并选择调度剩余时间片最多的进程
        while (--i) {
            if (!*--p)
                continue;
            if ((*p)->state == TASK_RUNNING && (*p)->counter > c)
                c = (*p)->counter, next = i;
        }
        // 只要最终获取的进程的时间片大于 0，就退出循环，执行 switch_to()函数，调度此
进程
        if (c) break;

        // 如果通过比较时间片无法选出下一个要调度的进程，那么根据进程的优先值来计算更
新时间片，用于下一次循环比较时间片的时候选取进程调度
        for(p = &LAST_TASK ; p > &FIRST_TASK ; --p)
            if (*p)
                // 时间片的计算公式：counter / 2 + priority
                (*p)->counter = ((*p)->counter >> 1) +
                        (*p)->priority;
    }
    // 进程切换，调度到下一个进程
    switch_to(next);
}
```

3.4.4　switch_to 函数

该函数用于处理进程切换，将当前进程切换到 n 进程，也就是输入的 n。首先会检查 n 进程是否为当前进程，如果是，就什么也不做。如果将要切换的进程最近使用过数学协处理器，则需要清除控制寄存器 cr0 中的 TS 标志位。

```
// 代码路径：linux-0.11\include\linux\sched.h

...
#define switch_to(n) {              // n 表示 task_struct[n]，也就是要切换的进程在
进程数组中的下标
struct {long a,b;} __tmp;
__asm__ ("cmpl %%ecx,_current"    // 比较要切换的进程是否为当前进程
```

```
    "je 1f"                  // 如果是相同的进程，那么跳转到下面 1 标识处，也就是什么都不做
    "movw %%dx,%1"                   // 将 dx 寄存器中的值放入 __tmp.b 的低 16
    "xchgl %%ecx,_current"       // 将需要切换的进程放入 current 变量中，xchgl 指
令交换 ecx 中之前保存的进程
    "ljmp %0"                        // 使用 ljmp 指令进行远跳转，执行进程切换
    "cmpl %%ecx,_last_task_used_math"    // 使用 cmpl 指令比较新的进程最近是否使
用过数学协处理器
    "jne 1f"                 // 如果新进程最近没有使用过数学协处理器，跳转到 1 标识处
    "clts"                           // 清除 CR0 中任务切换标志
    "1:"                             // 跳转标识
    ::"m" (*&__tmp.a),               // 临时变量 a 的内存地址
      "m" (*&__tmp.b),               // 临时变量 b 的内存地址
      "d" (_TSS(n)),                 // 将需要切换的进程的 TSS 段选择子信息放入 edx 中
      "c" ((long) task[n]));         // 将需要切换的进程的地址值放入 ecx 中
}
...
```

3.4.5　sys_pause 函数

此函数将当前进程的状态设置为可中断的等待状态后，调用 schedule()函数。

```
// 代码路径：linux-0.11\kernel\sched.c

int sys_pause(void)
{
    current->state = TASK_INTERRUPTIBLE;
    schedule();
    return 0;
}
```

3.4.6　sleep_on 函数

该函数用于将进程放入等待队列并将进程的状态置为不可中断的等待状态。入参**p
用于表示等待队列，而*p 则表示等待队列的头指针。

```
// 代码路径：linux-0.11\kernel\sched.c

void sleep_on(struct task_struct **p)
{
    struct task_struct *tmp;

    // 如果传入指向进程的地址为空，返回
    if (!p)
```

```
        return;
    // 初始进程不能睡眠，也不可能走到这里。如果这里执行的进程是 0 号进程，死机
    if (current == &(init_task.task))
        panic("task[0] trying to sleep");
    // 将 tmp 指向等待队列的第一个进程
    tmp = *p;
    // 将等待队列的头指针指向当前进程
    *p = current;
    // 设置当前进程的状态为不可中断的等待状态
    current->state = TASK_UNINTERRUPTIBLE;
    // 执行调度函数
    schedule();
    // 将之前等待队列的第一个进程置为就绪态
    if (tmp)
        tmp->state=0;
}
```

3.4.7　interruptible_sleep_on 函数

该函数用于将等待队列中的任务设置为可中断的等待状态。

```
// 代码路径：linux-0.11\kernel\sched.c

void interruptible_sleep_on(struct task_struct **p)
{
    struct task_struct *tmp;

    // 如果等待队列为空，返回
    if (!p)
        return;
    // 如果当前进程是 0 号进程，死机
    if (current == &(init_task.task))
        panic("task[0] trying to sleep");
    // 将 tmp 指向等待队列中的第一个进程
    tmp=*p;
    // 将等待队列的头指针指向当前进程
    *p=current;
repeat: current->state = TASK_INTERRUPTIBLE;
    // 执行调度函数
    schedule();
    // 如果等待队列中还有在等待的进程，并且等待队列的头指针指向的不是当前进程，说明又
有新的进程插入了等待队列中，因此将等待队列中的所有进程设置为就绪态，设置当前进程的状态
为可中断的等待状态，重新执行调度函数
    if (*p && *p != current) {
```

```
      (**p).state=0;
      goto repeat;
   }
   // 否则将等待队列的头指针置为空
   *p=NULL;
   // 如果 tmp 指向的进程还存在，就将该进程设置为就绪态
   if (tmp)
      tmp->state=0;
}
```

3.4.8　wake_up 函数

该函数用于将进程置为就绪态。入参传入等待队列，如果进程不为空且等待队列中的头指针指向的进程不为空，将等待队列中的第一个进程置为就绪态，然后将等待队列的头指针置为空。

```
// 代码路径: linux-0.11\kernel\sched.c

void wake_up(struct task_struct **p)
{
   if (p && *p) {
      (**p).state=0;
      *p=NULL;
   }
}
```

3.4.9　sys_exit 函数

该函数用于终止进程，其主要逻辑交给了 do_exit 函数。0xff 转换为二进制数表示 1111 1111，这里将用户传入的 error_code 对 0xff 进行与操作表示截取末 8 位，然后进行左移 8 位，增加随机性。

```
int sys_exit(int error_code)
{
   return do_exit((error_code&0xff)<<8);
}
```

该函数首先释放当前进程的内存页，然后查找该进程是否还有子进程，如果有子进程，那么当前进程一旦退出后，子进程将变为僵尸进程，需要委托 1 号进程收养子进程。

进程退出前还要检查是否还有打开的文件，如果有打开的文件，应该先关闭所有打开的文件并释放与当前进程相关的所有文件节点。

　　然后判断该进程是否还有执行的终端程序、是否为会话首领，如果有正在执行的任务，则需要关闭终端并终止会话。

　　最后还需要处理善后工作，当前进程将自己置为僵尸进程后，通知父进程在执行调度函数的时候为自己"收尸"，处理后事。

```
int do_exit(long code)
{
    int i;
// 释放当前进程的数据段和代码段占用的内存页
    free_page_tables(get_base(current->ldt[1]),get_limit(0x0f));
    free_page_tables(get_base(current->ldt[2]),get_limit(0x17));
    // 遍历进程数组
    for (i=0 ; i<NR_TASKS ; i++)
        // 如果当前进程还存在子进程，将进程数组中的 i 号进程的 father 属性设置为 1
        if (task[i] && task[i]->father == current->pid) {
            task[i]->father = 1;
            // 如果 i 号进程的状态是僵尸状态
            if (task[i]->state == TASK_ZOMBIE)
                // 向 1 号进程发送信号
                (void) send_sig(SIGCHLD, task[1], 1);
        }
    // 关闭当前进程打开的所有文件
    for (i=0 ; i<NR_OPEN ; i++)
        if (current->filp[i])
            sys_close(i);
    // 释放当前进程的目录、根节点和执行文件，并置为空
    iput(current->pwd);
    current->pwd=NULL;
    iput(current->root);
    current->root=NULL;
    iput(current->executable);
    current->executable=NULL;
    // 判断当前进程是否为会话首领、是否使用过数学协处理器、是否还有执行的终端，如果有
就释放
    if (current->leader && current->tty >= 0)
        tty_table[current->tty].pgrp = 0;
    if (last_task_used_math == current)
        last_task_used_math = NULL;
    if (current->leader)
        kill_session();
    // 将当前进程的状态设置为僵尸状态
    current->state = TASK_ZOMBIE;
    // 设置当前进程的退出码
```

```
current->exit_code = code;
// 向父进程发送信号，通知父进程自己即将终止
tell_father(current->father);
// 执行调度函数，由调度器分派父进程处理僵尸进程
schedule();
return (-1);
}
```

3.5　中断处理分析

中断处理分析是操作系统设计和性能优化的重要方面，它确保系统能够及时响应外部事件和内部异常，并以高效的方式处理这些事件，保证系统的稳定性和可靠性。

3.5.1　什么是中断

我们在日常工作的时候，总会因为某些突如其来的事情，导致我们手头上的工作无法继续进行下去，需要优先处理紧急事情，等待紧急事情处理完成后，转而继续执行手头上的工作。主要有什么紧急事情呢？比如领导要求我们现在立即去开会，手机铃声响了需要接电话，同事与我们交流等。而我们在处理中断时，又会考虑是否应该去响应中断，因此中断也分等级。如果手机铃声响了，我们看了一眼判断出是骚扰电话，那么自然可以不去理会。但如果是客户打来的电话，那么我们就必须放下手头的事情，先接听客户的电话。

对于 CPU 而言，执行指令流水线就是 CPU 手头上正在进行的工作，取指、译码、执行、访存、写回的过程都是原子性的，这是硬件层面保证的。CPU 通过中断检测周期、检测高低电平变化来响应相应的中断，告诉 CPU 不要再继续执行指令流水线，需要根据中断向量去处理更加紧急的事情，因此 CPU 暂时停止执行原来的指令流，转而改变状态去执行中断指明的处理指令流，指令流里携带了中断号，CPU 通过中断号执行相应的中断代码，执行完成中断代码后，返回继续执行之前的指令。

CPU 提供了两种机制用于处理程序的中断执行。

☑　中断：由 I/O 设备所触发的异步事件。

☑　异常：当处理器在执行一条指令时，检测到一个或者多个预定义的条件时，产生的同步事件。IA-32 体系结构指定了 3 类异常：错误、陷阱和终止。

当一个中断或者异常发出信号时，处理器会停止执行当前程序或任务，转而去执行专门为处理中断或异常条件编写的程序处理过程。因为 CPU 中的寄存器是共享的，由于中

断或异常的产生导致跳转执行处理函数，一旦切换执行序列，必须保存当前进程的上下文信息。处理器通过访问 IDT 中断描述符表找到相应的处理函数。当完成了中断或者异常的处理函数后，程序的控制权将会从执行的中断程序中返回到原来的程序。

操作系统、可执行程序或设备驱动程序通常会处理中断和异常，而不依赖于应用程序，应用程序无须了解中断和异常的处理过程，因为能执行中断和异常的处理过程都是处于最高特权级的代码段。应用程序想要访问中断和异常的处理，必须通过操作系统的配合或者执行汇编语言的调用。

IA-32 的架构定义了 18 个预定义的中断和异常，224 个操作系统自定义的中断，它们都被定义在 IDT 的表项中。每个中断和异常都会在 IDT 中被定义成一个数字，这个数字就被称为中断向量。中断向量 0～8、10、14、16、19 都是被预定义的中断和异常。中断向量 32～255 则是操作系统定义的中断，它们又被称为软件中断或者可屏蔽的硬件中断，如表 3.1 所示。

表 3.1　中断向量表

中断向量	助记符	描述	产生源	类型
0	#DE	除法错误	DIV 或 IDIV 指令	故障
1	#DB	调试	任何代码或数据引用	故障/陷阱
2		NMI 中断	不可掩蔽的外部中断	中断
3	#BP	断点	INT3 指令	陷阱
4	#0F	溢出	INTO 指令	陷阱
5	#BR	越界	BOUND 指令	故障
6	#UD	无效的操作码（未定义的操作码）	UD 指令或保留的操作码	故障
7	#NM	设备不可用（无数学协处理器）	浮点指令或 WAIT/FWAIT 指令	故障
8	#DF	双重错误	可以生成异常、NMI 或 INTR 的任何指令	终止
9	#MF	协处理器段溢出（保留）	浮点指令	故障
10	#TS	无效的 TSS	任务切换或 TSS 访问	故障
11	#NP	段不存在	正在加载段寄存器或访问系统段	故障
12	#SS	堆栈段故障	堆栈操作和 SS 寄存器加载	故障
13	#GP	一般保护异常	任何内存引用和其他保护检查	故障
14	#PF	缺页故障	任何内存引用	故障
15		保留		
16	#MF	浮点错误（数学错误）	浮点指令或 WAIT/FWAIT 指令	故障
17	#AC	对齐检查	内存中的任何数据引用	故障

续表

中断向量	助记符	描述	产生源	类型
18	#MC	机器检查	错误码(如果有)和源代码与 CPU 类型相关	终止
19	#XM	SIMD 浮点异常	SIMD 浮点指令	故障
20	#VE	虚拟化异常	EPT 违规	
21	#CP	控制保护异常	RET、IRET、存储器和集合指令可以生成此异常	
22～31		保留		
32～255		可屏蔽中断	从 INTR 引脚或 INTn 指令引起的外部中断	中断

3.5.2　中断与异常的区别

中断（interrupt）是异步发生的，处理来自 I/O 设备的信号。当执行完中断处理程序后，会返回到下一条指令。

异常（Exception）包括陷阱、错误、终止、中断，具体如下。

1. 陷阱（trap）

陷阱是同步发生的，属于有意发生的异常。

- ☑　在执行陷阱指令后会立即产生报告。
- ☑　陷阱允许程序或任务被继续执行，而不丢失程序的连续性。
- ☑　陷阱处理程序的返回地址指向在捕获指令之后执行的指令。
- ☑　如系统调用，用户空间执行的代码需要陷入内核而执行内核代码。
- ☑　会返回到下一条指令。

2. 错误（fault）

- ☑　错误是同步发生的，属于可恢复的异常。
- ☑　错误通常可以被纠正，一旦被纠正，就允许程序重新启动而不失去连续性。当报告故障时，处理器会将机器状态恢复到开始执行故障指令之前的状态。
- ☑　如缺页异常，当引用的虚拟地址在物理内存中不存在时，就会引发缺页异常。
- ☑　可能返回到当前指令。

3. 终止（abort）

- ☑　终止是同步发生的，属于不可恢复的异常。

☑ 终止并不总是报告导致异常的指令的精确位置，也不允许重新启动导致异常的程序或任务。终止用于报告严重错误。

☑ 如硬件损坏，当执行应用程序时，检测到硬件无法使用，终止处理程序会终止该应用程序。

☑ 不返回指令。

4．中断处理程序

traps.c 用于处理程序中的中断和异常，对应的底层汇编代码是 asm.s。其中第一个入参是中断向量，也就是 Intel 手册定义的中断向量表里对应的中断向量号，而第二个入参就是中断向量号的具体执行函数。在 main.c 函数中调用了 trap_init() 对硬件处理异常进行了初始化，并允许了系统接收中断请求。

```c
// 代码路径：Linux-0.11\kernel\traps.c

...
void trap_init(void)
{
    int i;
    set_trap_gate(0,&divide_error);
    set_trap_gate(1,&debug);
    set_trap_gate(2,&nmi);
    set_system_gate(3,&int3);
    set_system_gate(4,&overflow);
    set_system_gate(5,&bounds);
    set_trap_gate(6,&invalid_op);
    set_trap_gate(7,&device_not_available);
    set_trap_gate(8,&double_fault);
    set_trap_gate(9,&coprocessor_segment_overrun);
    set_trap_gate(10,&invalid_TSS);
    set_trap_gate(11,&segment_not_present);
    set_trap_gate(12,&stack_segment);
    set_trap_gate(13,&general_protection);
    set_trap_gate(14,&page_fault);
    set_trap_gate(15,&reserved);
    set_trap_gate(16,&coprocessor_error);
    for (i=17;i<48;i++)
        set_trap_gate(i,&reserved);
    set_trap_gate(45,&irq13);
    outb_p(inb_p(0x21)&0xfb,0x21);
    outb(inb_p(0xA1)&0xdf,0xA1);
    set_trap_gate(39,&parallel_interrupt);
}
...
```

3.5.3　中断与异常的来源

处理器接收中断的来源有两个。

☑　外部（硬件生成的）中断：外部中断是指 CPU 外部导致的中断，因为是硬件导致的中断，所以外部中断也被称为硬件中断或硬中断。

☑　内部（软件生成的）中断：内部中断是指 CPU 内部导致的中断，因为是软件导致的中断，所以内部中断也被称为软件中断，但不能被称为软中断。软件中断和软中断是两个概念，软件中断是由程序引起的中断，它可能是故意引起的中断，如系统调用。而软中断是内核高版本中引入的中断上下部的概念，软中断用于处理中断下半部，在内核中被定义为 softirq。

任何通过 INTR 引脚传递到处理器的外部中断都被称为可屏蔽的硬件中断。可以通过 INTR 引脚传递的可屏蔽硬件中断包括所有 IA-32 架构定义的从 0 到 255 的中断向量。EFLAGS 寄存器中的 IF 中断使能标志允许将所有可屏蔽的硬件中断作为一个组进行屏蔽。

INTn 指令允许通过提供一个中断向量数作为一个操作数来从软件内部生成中断。从 0 到 255 的任何中断向量都可以作为此指令中的参数使用。但是，如果使用处理器的预定义 NMI 向量，则处理器的响应将不会与以正常方式生成的 NMI 中断的响应相同。使用 INTn 指令在软件中生成的中断不能被 EFLAGS 寄存器中的 IF 标志屏蔽。

触发中断的意义就是改变当前 CPU 的执行流。比如系统调用，通过响应中断陷入内核，从用户态程序的代码跳转到执行内核态的代码。

处理器接收异常的来源有 3 个。

☑　处理器检测到的程序错误异常：当处理器在应用程序、操作系统或程序执行期间检测到程序错误时，处理器生成一个或多个异常。

☑　软件生成的异常：INTO、INT1、INT3 指令允许在软件中生成异常。这些指令可以在指令流中的各个点上检查异常条件。例如，INT3 会导致产生一个断点异常。

☑　机器检查异常：处理器检查内部芯片和总线事物的操作，当检测到机器检查错误的时候，处理器会发出机器检查异常的信号，并返回错误代码。

中断上半部被称为硬中断，而下半部则被称为软中断。为什么要切割成上下两部分处理中断？当指令通过中断门时，CPU 会将 EFLAGS 的 IF 位置 0，不再响应中断。如果中断线被屏蔽，而中断处理过程需要耗时很久，那么就会导致外设输入无响应。为了解决这个问题，中断上半部仅用于处理简单的中断请求，CPU 回复应用进程收到了中断请求后打开中断，而剩下的部分交给中断下半部处理。为了减少硬中断的持续时间，将硬中断的实际处理过程放在软中断 softirq 中进行处理。

3.5.4 中断描述符表

中断描述符表（interrupt descriptor table，IDT）用于查找中断或异常处理函数地址的系统表，它与系统定义的中断向量紧密联系，每一个中断向量都有对应的中断或异常处理函数的入口地址。在内核产生中断前，必须先初始化 IDT。

中断描述符表（IDT）与全局描述符表（GDT）和局部描述符表（LDT）的格式非常相似，在保护模式下，它是一个 8 字节的描述符数组。与 GDT 和 LDT 不同的地方在于，IDT 的第一个表项可能包含一个描述符。为了在 IDT 中形成一个索引，处理器会将异常或中断向量通过 8 字节来进行计算（门描述符中的字节数）。因为只有 256 个中断或异常向量，所以 IDT 中不会超过 256 个描述符。

IDT 的基地址应该在一个 8 字节的边界上对齐，以最大限度地提高缓存行填充的性能。极限值以字节表示，并添加到基地址中，以获得最后一个有效字节的地址。限制值 0 正好产生 1 个有效字节。因为 IDT 条目总是 8 个字节长，所以限制应该总是小于 8 的整数倍（即 8N-1）。

IDT 可以驻留在线性地址空间中的任何位置，处理器使用 IDTR 寄存器定位 IDT。这个寄存器包含 IDT 的 32 位基地址和 16 位限制。

LIDT（加载 IDT 寄存器）和 SIDT（存储 IDT 寄存器）指令分别加载和存储 IDT 寄存器（IDTR）的内容。LIDT 指令用内存操作数中的基本地址和限制加载 IDTR。只有当 CPL 为 0 时，才能执行此指令。在创建 IDT 时，通常由操作系统的初始化代码使用它。操作系统也可以使用它从一个 IDT 切换到另一个 IDT。SIDT 指令将存储在 IDTR 中的基本值和限制值复制到内存中。此指令可以在任何特权级别上执行。

1. 门

门就是挡在描述符前的一个保护机制，我们知道，处理器通过 CPL、RPL、DPL 的比较来决定当前代码是否能继续往下执行。在没有门的情况下，为了安全起见，低特权级的代码是无法访问高特权级的代码的。但是门的出现实现了低特权级代码继续执行高特权级代码的功能。门的作用在于一旦代码通过了门，后续不管描述符的权限高低，都可以执行。

2. 任务门描述符

任务门描述符提供了对任务的间接且受保护的引用，如图 3.2 所示。它可以被放置在 GDT、LDT 或 IDT 中。

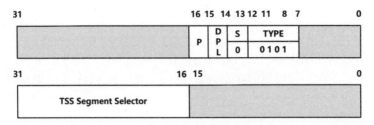

图 3.2　任务门描述符

任务门描述符中的 TSS 段选择子字段指向 GDT 中的 TSS 描述符。不使用此段选择子中的 RPL。

任务门描述符的 DPL 控制在进程切换期间对 TSS 描述符的访问。当程序通过任务门进行调用或跳转到要访问的程序时，指向任务门的门选择子的 CPL 和 RPL 字段必须小于或等于任务门描述符的 DPL。当使用任务门时，将不使用目标 TSS 描述符的 DPL。

3. 中断门描述符

代码进入中断门时，处理器会清除 EFLAGS 的 IF 中断使能标志位，禁止响应中断，防止产生中断嵌套，如图 3.3 所示。

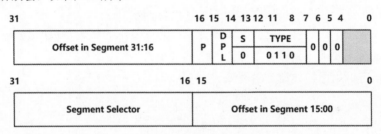

图 3.3　中断门描述符

4. 陷阱门描述符

代码进入陷阱门时，处理器不会清除 EFLAGS 的 IF 中断使能标志位，允许响应中断，如图 3.4 所示。

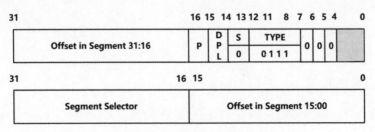

图 3.4　陷阱门描述符

5. 调用门描述符

调用门用于帮助低特权级的代码访问高特权级的代码，它通常只用于在特权级保护机制开启下的操作系统中。调用门描述符可以存在于 GDT 或 LDT 中，但是不会存在于 IDT 中，如图 3.5 所示。

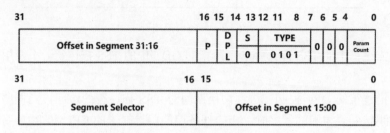

图 3.5　调用门描述符

调用门描述符有 6 个功能。

☑　它指定要访问的代码段。

☑　它为程序指定的代码段定义了一个入口点。

☑　它指定了尝试访问程序的调用者所需的权限级别。

☑　如果发生了栈切换，它会指定要在堆栈之间复制的可选参数的数量。

☑　它定义了要被压到目标堆栈上的值的大小。

☑　它指定调用门描述符是否有效。

注意：

图 3.2～图 3.5 中，涉及的字符含义解释如下。

☑　Segment present flag（P）——段是否存在标志。

☑　Descriptor privilege level（DPL）——描述符特权级。

☑　Offset to procedure entry point（Offset）——程序入口偏移量。

☑　Segment selector for destination code segment（Segment Selector）——定义代码段的段选择子。

☑　Size of gate（S）——门的大小。设置为 1，就是 32 位；设置为 0，就是 16 位。

6. 门的设置

如下代码是设置中断门、陷阱门和系统门的宏。

```
// 代码路径：linux-0.11\include\asm\system.h
```

```
...
#define set_intr_gate(n,addr) \
   _set_gate(&idt[n],14,0,addr)

#define set_trap_gate(n,addr) \
   _set_gate(&idt[n],15,0,addr)

#define set_system_gate(n,addr) \
   _set_gate(&idt[n],15,3,addr)
...
```

☑　第一个参数 n 是中断号。

☑　第二个参数 addr 是中断处理程序的偏移地址。

可以看到调用汇编函数_set_gate 中的第二个参数表示了描述符的类型,这个类型是被定死在代码里的,14 表示中断门,15 表示陷阱门或系统门。因此系统门也就是特殊的陷阱门,区别在于特权级不同。需要经过系统门的系统调用是 C 语言调用汇编代码的入口处,也就是用户程序访问内核程序的入口点,因此特权级为 3。而陷阱门是由系统内部定义,当内核程序对内核代码段的中断处理程序发起访问时,就可以通过陷阱门找到执行代码的地址。

如下代码是设置门的宏汇编。

```
// 代码路径: linux-0.11\include\asm\system.h

...
#define _set_gate(gate_addr,type,dpl,addr) \
__asm__ ("movw %%dx,%%ax" \
   "movw %0,%%dx" \
   "movl %%eax,%1" \
   "movl %%edx,%2" \
   : \
   : "i" ((short) (0x8000+(dpl<<13)+(type<<8))), \
   "o" (*((char *) (gate_addr))), \
   "o" (*(4+(char *) (gate_addr))), \
   "d" ((char *) (addr)),"a" (0x00080000))
...
```

☑　第一个参数&idt[n],&表示取地址符,idt 表示中断描述符表(interrupt descriptor table),[n]表示数组下标,所以 gate-addr 为中断描述符的地址。

☑　第二个参数 type 对应着图 3.2 所示任务门描述符中的第 8～12 位,一共 5 位。其中第 12 位为 0 表示是系统段(详见第 4 章段描述符),当 S 为 0 时,二进制数为01110 和 01111,也就是十进制数的 14 和 15。

☑ 第三个参数 dpl 可取值 0 和 3，表示特权级。

☑ 第四个参数 addr 表示当前段的偏移量。

CPU 通过段选择子+段内偏移的方式获取指令地址，在_set_gate 的汇编代码中，&idt[n] 对应着门描述符中 31～16 位的段选择子，而 addr 则是段内偏移量。

☑ 将 dx 寄存器中的值赋给 ax。

☑ 将 0x8000+dpl 左移 13 位（在段描述符中，dpl 存在于第 13～14 位，详见第 4 章 段描述符）+type 左移 8 位（在段描述符中，type 存在于第 8～11 位，详见第 4 章段描述符）的值放入 dx 寄存器。

☑ 将 eax 的值赋给 gate_addr。

☑ 将 edx 的值赋给 gate_addr。

在看过了设置门的内核代码后，中断描述符表的加载过程也就很容易理解了，通过段选择子+段内偏移的方式查找 IDT 表中具体的门，再通过门找到执行中断或者异常的处理函数，如图 3.6 所示。

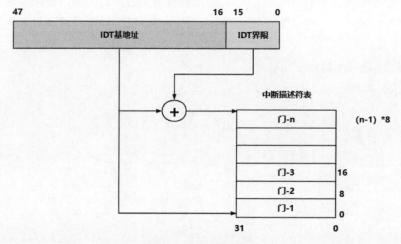

图 3.6　中断描述符表

3.5.5　状态寄存器

32 位的 EFLAGS 状态寄存器包含一组状态标志位、一个控制标志和一组系统标志。当任务被挂起时，CPU 会自动在任务状态段（TSS）中保存 EFLAGS 寄存器的状态。当 EFLAGS 寄存器被绑定到一个新任务时，CPU 使用来自新任务的 TSS 的数据加载 EFLAGS 寄存器，如图 3.7 所示。

31	30	29	28	27	26	25	24	23	22	21	20	19	18	17	16	15	14	13	12	11	10	9	8	7	6	5	4	3	2	1	0
0	0	0	0	0	0	0	0	0	0	I D	V I P	V I F	A C	V M	R F	0	N T	I O P L		O F	D F	I F	T F	S F	Z F	0	A F	0	P F	1	C F

图 3.7　状态寄存器

当调用中断或异常处理函数时，CPU 会自动在堆栈上保存 EFLAGS 寄存器的状态。当执行一个中断或异常处理函数需要通过切换栈来实现时，EFLAGS 寄存器的状态就会被保存在被挂起的任务的 TSS 中。

1. 运算结果标志

EFLAGS 寄存器的第 0、2、4、6、7 和 11 位状态标志用于表示算术指令的结果，如 ADD、SUB、MUL 和 DIV 指令。运算结果标志的功能包括如下方面。

- ☑ Carry flag（CF）——进位标志。表示运算是否产生进位，如果运算结果的最高位产生了进位（或借位），那么值为 1，反之为 0。这个标志表示无符号整数运算的溢出条件，也被用于多精度的运算。
- ☑ Parity flag（PF）——奇偶标志。表示运算结果中"1"的个数为奇数还是偶数。
- ☑ Auxiliary carry flag（AF）——辅助进位标志。
- ☑ Zero flag（ZF）——零标志。表示运算结果是否为 0。
- ☑ Sign flag（SF）——符号标志。表示运算结果是否为正数。
- ☑ Overflow flag（OF）——溢出标志。表示运算结果是否超出当前运算位数所能表示的范围。

2. 状态控制标志

EFLAGS 寄存器的第 8、9、10、12~13、14、16、17、18、19、20 和 21 位状态控制标志用于表示操作系统中的系统标志。状态控制标志的功能包括如下方面。

- ☑ Trap flag（TF）——追踪标志。表示是否启用单步调试模式。
- ☑ Interrupt enable flag（IF）——中断使能标志。表示 CPU 是否响应可屏蔽的中断请求。
- ☑ Direction flag（DF）——方向标志。用于控制字符串指令是从高地址到低地址方向处理，还是从低地址到高地址方向处理。STD 和 CLD 指令分别用于设置和清除 DF 标志。
- ☑ I/O privilege level field（IOPL）——I/O 特权级标志。 表示当前正在运行的程序的 I/O 的特权级。

☑ Nested task flag（NT）——嵌套任务标志。用于控制中断返回指令 IRET 的执行。当 NT 为 0 时，用堆栈中保存的值来恢复 EFLAGS、CS 和 EIP，执行常规的中断返回操作。当 NT 为 1 时，通过任务转换来实现中断返回。

☑ Resume flag（RF）——恢复标志。用于控制是否接受调试故障。

☑ Virtual-8086 mode flag（VM）——虚拟 8086 模式标志。表示 CPU 是否处于虚拟 8086 模式下运行。

☑ Alignment check (or access control) flag（AC）——对齐检查（或访问控制）标志。表示是否开启数据访问时的对齐检查。

☑ Virtual interrupt flag（VIF）——虚拟中断标志。表示是否启用虚拟模式扩展。与 VIP 标志一起使用。

☑ Virtual interrupt pending flag（VIP）——虚拟中断挂起标志。表示虚拟模式下的中断是否正在被挂起。与 VIF 标志一起使用。

☑ Identification flag（ID）——标识标志。表示是否支持 CPUID 指令。

3. 执行中断或异常程序时的 EFLAGS 使用

当通过中断门或陷阱门访问一个中断或异常处理程序时，处理器在堆栈上保存 EFLAGS 寄存器的内容后，将清除 EFLAGS 寄存器中的 TF 标志（在调用异常和中断处理程序时，处理器还会在将 EFLAGS 寄存器中的 VM、RF 和 NT 标志保存在堆栈上后清除它们）。清除 TF 标志可以防止指令跟踪影响中断响应，并确保在后续处理程序中不会传递单步异常。随后用 IRET 指令将 TF（以及 VM、RF 和 NT）标志恢复到其在堆栈上的 EFLAGS 寄存器的已保存内容中的值。

中断门和陷阱门之间的唯一不同在于处理 EFLAGS 寄存器中的 IF 标志的方式。当通过中断门访问中断或异常处理程序时，处理器会清除 IF 标志，以防止其他中断干扰当前的中断处理程序。随后的 IRET 指令将 IF 标志恢复到其在堆栈上的 EFLAGS 寄存器保存内容中的值。通过陷阱门访问处理程序过程不会影响 IF 标志。

3.5.6 程序调用

CPU 通过 CALL 和 RET 指令来执行程序调用，程序调用的调用机制都使用栈来保存调用过程的状态，将参数传递给被调用的程序，并为当前正在执行的程序存储局部变量。

CALL 指令允许将控制传输到当前代码段（近调用）和不同代码段（远调用）中的程序。近调用通常用于对当前运行程序的相同代码段之间的访问。远距离调用通常用于访问操作系统或不同的程序。

RET 指令可以根据 CALL 指令的调用方式（近调用或远调用）来匹配返回方式（近返回或远返回）。除此之外，RET 指令允许程序在返回堆栈时，通过推动栈指针来释放参数。从堆栈中释放的字节数由 RET 指令的一个可选参数 n 决定。

1．近调用与返回指令

当执行近调用时，处理器会执行如下操作，如图 3.8 所示。

（1）将当前 EIP 寄存器中的值压入栈中。

（2）加载被调用程序的偏移量到 EIP 寄存器中。

（3）开始执行被调用的程序。

当执行近返回时，处理器会执行如下操作，如图 3.8 所示。

（1）将栈顶的值弹出到 EIP 寄存器中。

（2）根据 RET 指令的可选参数来推动栈指针，从栈中释放参数。

（3）恢复执行调用的程序。

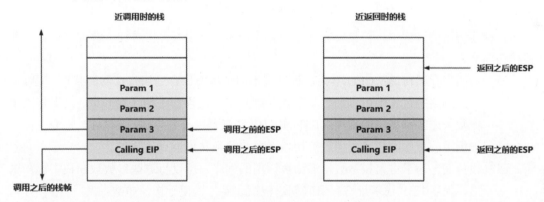

图 3.8　近调用与近返回

2．远调用与返回指令

当执行远调用时，处理器会执行如下操作，如图 3.9 所示。

（1）将当前 CS 寄存器中的值压入栈中。

（2）将当前 EIP 寄存器中的值压入栈中。

（3）加载被调用程序的段选择子到 CS 寄存器中。

（4）加载被调用程序的偏移量到 EIP 寄存器中。

（5）开始执行被调用的程序。

当执行远返回时，处理器会执行如下操作，如图 3.9 所示。

（1）将栈顶的值弹出到 EIP 寄存器中。

（2）将栈顶的值（返回时的代码段的段选择子）弹出到 EIP 寄存器中。

（3）根据 RET 指令的可选参数来推动栈指针，从栈中释放参数。

（4）恢复执行调用的程序。

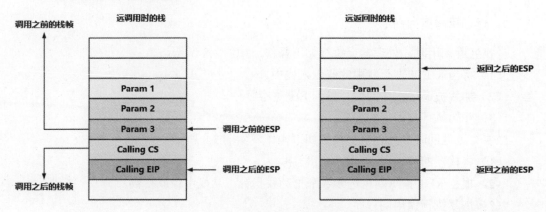

图 3.9　远调用与返回过程

在程序调用的过程中，参数会通过 3 种方式传递：通用寄存器传递、参数列表传递和栈传递。

☑　通用寄存器传递：CPU 不会在程序调用的过程中保存通用寄存器的状态，因此，程序调用的过程中可以通过将参数复制到这些寄存器中的任意一个，最多将 6 个参数传递给被调用的程序（ESP 和 EBP 寄存器除外）。在执行 CALL 指令之前，被调用的程序同样可以通过通用寄存器将参数传递回调用程序。

☑　栈传递：为了将大量参数传递给被调用的程序，可以将这些参数放在栈中。在这里，使用 EBP 栈基址寄存器来创建栈帧边界，以便于访问参数。

☑　参数列表传递：向调用程序中传递大量参数（或数据结构）的另一种方法是将参数放在内存中某个数据段的参数列表中。然后，参数列表的指针可以通过通用寄存器或堆栈传递给被调用的程序。参数也可以以同样的方式传递回调用程序。

在开篇举了一个例子，在日常生活中需要响应各种紧急的事情而不得不先放下手头上的工作，等到紧急事情处理完成之后，再回过头来处理手头上的工作。那么在处理紧急事情之前，手头上已经完成的工作进度是否需要先保存起来，以免再次回来处理的时候发现之前的工作进度丢失了呢？

回顾之前学习过的知识，CPU 通过 CS: IP（段基址加偏移量）的方式，找到相应代码段的具体指令流，执行指令。因此程序调用的总体思想就是保存当前执行指令的地址，然后跳转执行相应代码段的代码指令，在执行完成后，返回之前保存的指令地址，继续执行之前的指令。这个就是大家所说的在程序调用时保存现场和恢复现场。

3.5.7　中断处理过程

如果中断处理程序的代码段与当前执行程序的特权级一致，那么程序使用当前栈。因为中断和异常可能发生在任何时刻，当内核在执行代码时，突然接收了一个外部中断，此时的内核需要响应中断，放下当前的任务，转而执行中断处理程序。由于内核执行代码段的特权级为 0，而中断处理程序的特权级也为 0，因此不需要切换栈。

换言之，当 CPU 正在执行用户态的代码时突然发生了某个中断，此时的处理器会暂停执行当前任务，切换到内核态的栈执行中断处理程序，这样就会涉及栈的切换。

处理器调用中断和异常的方式类似于执行 CALL 指令的调用过程。当中断或异常响应的时候，处理器使用中断向量作为索引下标查找 IDT。如果索引指向一个中断门或陷阱门，那么处理器将会调用中断或异常处理函数，这个过程类似于使用 CALL 指令进入调用门，如图 3.10 所示。

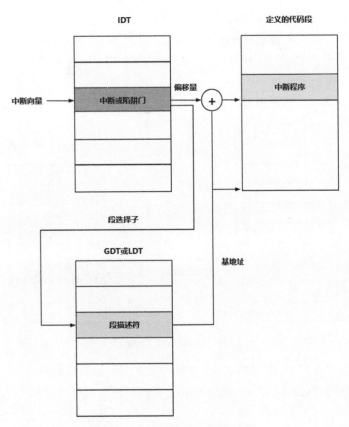

图 3.10　中断描述符表查找过程

将中断向量作为索引下标查找 IDT，找到对应的中断门或陷阱门。

当不发生栈切换时，处理器会执行如下操作，如图 3.11 所示。

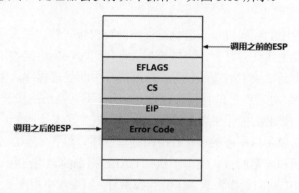

图 3.11　未发生特权级切换时的堆栈

☑　将当前 EFLAGS、CS 和 EIP 寄存器依照顺序压入栈中。

☑　如果存在错误码，将错误码压入栈中。

☑　将新的代码段的段选择子和偏移量分别加载到 CS 和 IP 寄存器中。

☑　如果是通过中断门进行调用，那么需要清除 EFLAGS 寄存器中的 IF 标识位。

☑　执行中断处理程序。

当发生栈切换时，处理器会执行如下操作，如图 3.12 所示。

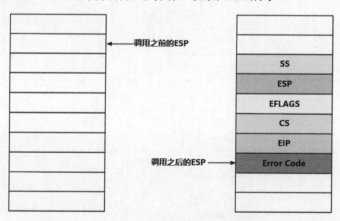

图 3.12　发生特权级切换时的堆栈

☑　临时保存 SS、ESP、EFLAGS、CS 和 EIP 寄存器的当前内容。

☑　加载新的栈的段选择子和指令指针寄存器，然后从当前进程的 TSS 里取出 SS 和 ESP 并切换到新的栈上。

☑　将临时保存的 SS、ESP、EFLAGS、CS 和 EIP 的值压入新的栈中。

- ☑ 如果存在错误码，将错误码压入栈中。
- ☑ 将新的代码段的段选择子和指令指针寄存器（通过中断门或者陷阱门获取）加载到 CS 和 EIP 寄存器中。
- ☑ 如果是通过中断门进行调用，那么需要清除 EFLAGS 寄存器中的 IF 标识位。
- ☑ 执行中断处理程序。

当一个中断或异常处理函数返回时，需要使用 IRET 指令。IRET 指令与远调用的 RET 指令相似，除此之外，IRET 指令还可以恢复中断处理程序的 EFLAGS 寄存器。

当中断或异常处理函数与调用中断处理程序的特权级相同，函数执行完成后调用 IRET 指令会执行如下操作。

- ☑ 将 CS 和 EIP 寄存器恢复到中断或异常之前的值。
- ☑ 恢复 EFLAGS 寄存器。
- ☑ 推动栈指针。
- ☑ 恢复执行被中断的程序。

当中断或异常处理函数与调用中断处理程序的特权级不同，函数执行完成后调用 IRET 指令会执行如下操作。

- ☑ 执行权限检查。
- ☑ 将 CS 和 EIP 寄存器恢复到中断或异常之前的值。
- ☑ 恢复 EFLAGS 寄存器。
- ☑ 将 SS 和 ESP 寄存器恢复到中断或异常之前的值，从而导致堆栈切换回被中断的程序的堆栈。
- ☑ 恢复执行被中断的程序。

3.5.8　异常或中断处理程序的保护机制

异常和中断处理程序的特权级保护机制类似于通过调用门的普通调用程序的保护机制。处理器不允许低特权级的代码段访问异常或中断处理程序过程。如果违反此项规定，那么就会导致通用保护异常（#GP）。异常和中断处理程序的保护机制在以下方面有所不同。

- ☑ 因为中断和异常向量没有 RPL，所以对于对异常和中断处理程序的隐式调用，不检查 RPL。
- ☑ 只有使用 INTn、INT3 或 INTO 指令生成异常或中断时，处理器才会检查中断或陷阱门的 DPL。因此，CPL 的数值必须小于或等于门的 DPL。这个限制阻止了特权级为 3 的应用程序使用软件中断访问关键的中断或异常处理程序。例如，page fault（缺页异常）的处理程序只有内核代码才能访问。对于硬件生成的中断和处理器检测到的异常，处理器将忽略中断门和陷阱门的 DPL。

由于异常和中断通常不会在可预测的时间发生，因此这些特权规则有效地对异常和中断处理过程可以运行的特权级别施加了限制。可以使用以下任何一种技术来避免特权级别的违反。

☑ 异常或中断处理程序可以放置在一个一致的代码段中。这个技术可用于只需要访问堆栈上可用数据的处理程序（如除法错误异常）。如果处理程序需要来自数据段的数据，则需要从特权级别 3 访问该数据段，这将使其不受保护。

☑ 该处理程序可以放在一个特权级别为 0 的不符合要求的代码段中。这个处理程序将始终运行，而不管中断的程序或任务运行的 CPL。

响应中断与否取决于 EFLAGS 中的 IF 标志位，需要注意的是，这里不能屏蔽 NMI 的中断，因为这属于不可屏蔽的中断。

☑ 若当前执行的 IDT 中门的类型为 trap gate，此时的 IF 标识位不清除，允许响应中断。

☑ 若当前执行的 IDT 中门的类型为 interrupt gate，此时清除 IF 标识位，不允许响应中断。

IRET 指令允许中断返回，此时有如下两种情况。

☑ 特权级从 0 到 0，由于特权级相同，因此不需要切换栈，只需要按顺序压入 EFLAGS、CS、IP、Error Code。当发生中断时，CPU 在 CPL 为 0 时执行内核代码。

☑ 特权级从 3 到 0，由于特权级不同，因此会发生栈切换，这时就需要保存当前栈的信息——SS 和 ESP，以便于找到回来的路。当发生中断时，CPU 在 CPL 为 3 时执行应用程序代码。

代码段有一致性与非一致性之分，而数据段都是非一致性的。数据段不允许低于本身特权级的代码段访问。

3.5.9　系统调用

本书在前文介绍操作系统时讲述了系统调用的作用，如果有读者自行尝试跟踪系统调用的函数，就会发现它们被定义在 unistd.h 文件中，unistd.h 文件是 C 语言中提供符合 POSIX 标准的系统级 API 访问的头文件，其中定义了大量针对系统调用的函数封装，以_NR_xxx 为格式的表明定义的系统调用号，而后缀 xxx 则是具体的系统调用函数名。当执行系统调用函数时，根据是否带入参数选择不同的内联汇编进行实现。这里的 unistd.h 头文件提供了 4 种宏汇编：syscall0、syscall1、syscall2、syscall3，分别用于处理不带参的、带 1 个入参、带 2 个入参、带 3 个入参的系统调用场景。

```
// 代码路径: linux-0.11\include\unistd.h
...
#define __NR_setup    0
#define __NR_exit     1
#define __NR_fork     2
#define __NR_read     3
#define __NR_write    4
#define __NR_open     5
#define __NR_close    6
#define __NR_waitpid   7
#define __NR_creat    8
#define __NR_link     9
#define __NR_unlink  10
#define __NR_execve  11
...

#define _syscall0(type,name)
type name(void)
{
long __res;
__asm__ volatile ("int $0x80"          // 系统调用中断号 int 0x80
    : "=a" (__res)                      // 返回值输出到 eax 寄存器
    : "0" (__NR_##name));              // 将系统调用号作为输入参数
if (__res >= 0)                        // 如果返回值为负数，表示调用失败
    return (type) __res;
errno = -__res;
return -1;
}

#define _syscall1(type,name,atype,a)
type name(atype a)
{
long __res;
__asm__ volatile ("int $0x80"
    : "=a" (__res)
    : "0" (__NR_##name),"b" ((long)(a)));
if (__res >= 0)
    return (type) __res;
errno = -__res;
return -1;
}

#define _syscall2(type,name,atype,a,btype,b)
type name(atype a,btype b)
```

```
{
long __res;
__asm__ volatile ("int $0x80"
    : "=a" (__res)
    : "0" (__NR_##name),"b" ((long)(a)),"c" ((long)(b)));
if (__res >= 0)
    return (type) __res;
errno = -__res;
return -1;
}

#define _syscall3(type,name,atype,a,btype,b,ctype,c)
type name(atype a,btype b,ctype c)
{
long __res;
__asm__ volatile ("int $0x80"
    : "=a" (__res)
    : "0" (__NR_##name),"b" ((long)(a)),"c" ((long)(b)),"d" ((long)(c)));
if (__res>=0)
    return (type) __res;
errno=-__res;
return -1;
}
...
```

系统调用步骤如下。

☑　把系统调用的编号存入 eax 寄存器中。

☑　触发 0x80 号中断（int 0x80）。

☑　中断内核处理。

☑　执行系统调用。

接下来，在 syscall 宏汇编展开后，会依据中断向量号查找 IDT，int 0x80 是系统调用的中断号，因此执行 int 0x80 指令时会产生一个软中断，此时的 CPU 会从用户空间跳转到内核态执行内核代码，由前文介绍的中断处理过程可知，因为发生了栈的切换，因此 CPU 需要将 ss、esp、eflags、cs、eip 按照顺序压入内核栈中，用以保护现场，然后硬件通过中断向量号找到具体的中断处理函数。

由于这里执行的是系统调用，因此是由系统调用号找到系统调用表中具体的系统调用函数，进行相应的函数处理。这一段的汇编代码在 kernel 目录下的 system_call.s 文件中。

```
// 代码路径：linux-0.11\kernel\system_call.s
...
_system_call:
```

```
        cmpl $nr_system_calls-1,%eax       // 比较系统调用号是否超出范围
        ja bad_sys_call                    // 如果超出范围，就将 eax 值设置为-1 并返回
        push %ds                           // 将数据段压入栈中
        push %es
        push %fs
        pushl %edx    // 将 edx、ecx、ebx 压入栈中，用于存储系统调用中可携带的 3 个参数
        pushl %ecx
        pushl %ebx
        movl $0x10,%edx      // 设置 ds、es 指向内核空间（全部描述符表中的数据段描述符）
        mov %dx,%ds
        mov %dx,%es
        movl $0x17,%edx      // 设置 fs 指向用户空间（局部描述符表中的数据段描述符）
        mov %dx,%fs
        call _sys_call_table(,%eax,4) // 查找系统调用表中的系统调用，一个表项 4 字节，
偏移值为系统调用号 nr 乘以 4 字节
        pushl %eax
        movl _current,%eax                 // 将当前进程结构压入 eax 中
        cmpl $0,state(%eax)                // 比较当前进程的运行状态是否为就绪状态
        jne reschedule                     // 如果不是就绪状态，就重新执行调度
        cmpl $0,counter(%eax)              // 比较当前进程的时间片是否执行完毕
        je reschedule                      // 如果当前进程的时间片执行完毕，就重新执行调度
...
```

当执行 int 0x80 指令时，需要查找系统调用表，这张表以数组的形式出现在 sys.h 文件中。sys_call_table 每项 4 个字节，通过系统调用号乘以 4 字节的形式找到对应的系统调用函数。

```
// 代码路径: linux-0.11\include\linux\sys.h
...
typedef int (*fn_ptr)();

fn_ptr sys_call_table[] = { sys_setup, sys_exit, sys_fork, sys_read,
sys_write, sys_open, sys_close, sys_waitpid, sys_creat, sys_link,
sys_unlink, sys_execve, sys_chdir, sys_time, sys_mknod, sys_chmod,
sys_chown, sys_break, sys_stat, sys_lseek, sys_getpid, sys_mount,
sys_umount, sys_setuid, sys_getuid, sys_stime, sys_ptrace, sys_alarm,
sys_fstat, sys_pause, sys_utime, sys_stty, sys_gtty, sys_access,
sys_nice, sys_ftime, sys_sync, sys_kill, sys_rename, sys_mkdir,
sys_rmdir, sys_dup, sys_pipe, sys_times, sys_prof, sys_brk, sys_setgid,
sys_getgid, sys_signal, sys_geteuid, sys_getegid, sys_acct, sys_phys,
sys_lock, sys_ioctl, sys_fcntl, sys_mpx, sys_setpgid, sys_ulimit,
sys_uname, sys_umask, sys_chroot, sys_ustat, sys_dup2, sys_getppid,
sys_getpgrp, sys_setsid, sys_sigaction, sys_sgetmask, sys_ssetmask,
sys_setreuid,sys_setregid };
```

3.6 硬中断原理

硬中断是由计算机硬件发出的中断信号，用于通知处理器有一个硬件事件发生，需要进行相应的中断处理。硬中断原理涉及硬件的电信号传输、中断控制器和中断处理程序等方面。

3.6.1 request_irq 函数

内核通常使用 request_irq 函数来注册中断处理。

```c
// 代码路径: linux-2.6.0\include\linux\interrupt.h
struct irqaction {
    irqreturn_t (*handler)(int, void *, struct pt_regs *);
    unsigned long flags;
    unsigned long mask;
    const char *name;
    void *dev_id;
    struct irqaction *next;           // 通过该属性形成上下文链表
};                                    // 中断上下文


// 代码路径: linux-2.6.0\arch\i386\kernel\irq.c
// irq ：设备响应的中断号（也叫中断线）
// handler: 当 CPU 检测发生中断时回调的函数
// irqflags：标识中断类型，可取值为 SA_SHIRQ（共享中断线，也即多个驱动程序注册到该
中断号上，驱动程序自己维护 CPU 硬中断的关闭与否）、SA_INTERRUPT（当中断处理时，是否屏
蔽 CPU 中断）、SA_SAMPLE_RANDOM（当前中断是否影响到硬件随机数熵）
int request_irq(unsigned int irq,
        irqreturn_t (*handler)(int, void *, struct pt_regs *),
        unsigned long irqflags,
        const char * devname,
        void *dev_id)
{
    int retval;
    struct irqaction * action;        // 用于表示当前中断上下文

    if (irqflags & SA_SHIRQ) {
        if (!dev_id)
            printk("Bad boy: %s (at 0x%x) called us without a dev_id!\n",
```

```
devname, (&irq)[-1]);
    }

    if (irq >= NR_IRQS)
        return -EINVAL;
    if (!handler)
        return -EINVAL;

    action = (struct irqaction *)
            kmalloc(sizeof(struct irqaction), GFP_ATOMIC);
    if (!action)
        return -ENOMEM;
    // 初始化结构变量
    action->handler = handler;
    action->flags = irqflags;
    action->mask = 0;
    action->name = devname;
    action->next = NULL;
    action->dev_id = dev_id;

    retval = setup_irq(irq, action);      // 将上下文安装到内核中
    if (retval)
        kfree(action);
    return retval;
}
```

3.6.2 setup_irq 函数

该函数用于将中断上下文 struct irqaction * new 注册到内核结构中，当硬中断发生时，进行中断号匹配后，回调其中的 handler 函数。

```
// 代码路径:linux-2.6.0\include\linux\irq.h
typedef struct irq_desc {                 // 中断描述符，其中保存了中断上下文
    unsigned int status;
    hw_irq_controller *handler;
    struct irqaction *action;             // 当前中断号所对应的中断上下文链表
    unsigned int depth;
    unsigned int irq_count;
    unsigned int irqs_unhandled;
    spinlock_t lock;
} ____cacheline_aligned irq_desc_t;

extern irq_desc_t irq_desc [NR_IRQS];  // 每个中断号对应该数组下标
```

```
// 当开启 APIC 时能响应的中断号非常多，如果没有开启中断号，那么最多只有 16 个中断号（使
用两片 8259A 中断芯片级联）
#ifdef CONFIG_X86_IO_APIC
#define NR_IRQS 224
# if (224 >= 32 * NR_CPUS)
# define NR_IRQ_VECTORS NR_IRQS
# else
# define NR_IRQ_VECTORS (32 * NR_CPUS)
# endif
#else                                      // 两片 8259A 级联
#define NR_IRQS 16
#define NR_IRQ_VECTORS NR_IRQS
#endif


// 代码路径:linux-2.6.0\arch\i386\kernel\irq.c
int setup_irq(unsigned int irq, struct irqaction * new)
{
    int shared = 0;
    unsigned long flags;
    struct irqaction *old, **p;
    irq_desc_t *desc = irq_desc + irq;  // 获取保存当前中断上下文的中断描述符

    if (desc->handler == &no_irq_type)  // 描述符已经设置该中断号不响应任何中
断，直接返回
        return -ENOSYS;

    if (new->flags & SA_SAMPLE_RANDOM) { // 处理随机数熵（忽略）
        rand_initialize_irq(irq);
    }

    spin_lock_irqsave(&desc->lock,flags); // 对当前中断描述符上自旋锁，保证操作
安全
    p = &desc->action;
    if ((old = *p) != NULL) {            // 存在旧的中断上下文
        if (!(old->flags & new->flags & SA_SHIRQ)) { // 若没有设置共享中断标
志位，那么表示当前中断号独占，直接解锁返回
            spin_unlock_irqrestore(&desc->lock,flags);
            return -EBUSY;
        }
         // 共享中断号，那么将当前上下文关联到当前中断号对应的中断上下文链表的末尾
        do {
            p = &old->next;
            old = *p;
```

```
    } while (old);
    shared = 1;                              // 标识共享中断线
    }
    *p = new;
    if (!shared) {                           // 独占中断线，那么设置状态位后回调硬中
断控制器的回调函数（硬中断在初始化时将会设置用于响应该中断号的回调函数）
        desc->depth = 0;
        desc->status &= ~(IRQ_DISABLED | IRQ_AUTODETECT | IRQ_WAITING |
IRQ_INPROGRESS);
        desc->handler->startup(irq);
    }
    spin_unlock_irqrestore(&desc->lock,flags);
    register_irq_proc(irq);                  // 将中断号信息注册到/proc/irq 文件系
统中，如 create/proc/irq/1234
    return 0;
}

// 8259A 中断控制器的初始化
void make_8259A_irq(unsigned int irq)
{
    disable_irq_nosync(irq);
    io_apic_irqs &= ~(1<<irq);
    irq_desc[irq].handler = &i8259A_irq_type; // 设置中断控制器的回调函数
    enable_irq(irq);
}

// 代码路径：C:linux-2.6.0\arch\i386\kernel\i8259.c

// 了解即可，具体函数就是利用 io 指令读写 8259A 的端口寄存器
static struct hw_interrupt_type i8259A_irq_type = {
    "XT-PIC",
    startup_8259A_irq,
    shutdown_8259A_irq,
    enable_8259A_irq,
    disable_8259A_irq,
    mask_and_ack_8259A,
    end_8259A_irq,
    NULL
};
```

3.6.3　init_IRQ 函数

该函数用于初始化 IRQ 处理，流程如下。

- ☑ 初始化 8259A 芯片与 irq_desc 数组。
- ☑ 对所有中断号设置中断处理函数。
- ☑ 执行控制芯片初始化（如第二块级联的 8259A 芯片）。
- ☑ 设置时钟中断。
- ☑ 设置 FPU 处理器。

```c
// 代码路径：linux-2.6.0\init\main.c
asmlinkage void __init start_kernel(void){ // 内核启动代码
    ...
    init_IRQ();
    ...
}


// 代码路径：linux-2.6.0\arch\i386\kernel\i8259.c
// i386  初始化 8259A 中断控制器，并注册中断相应函数
void __init init_IRQ(void)
{
    int i;
    pre_intr_init_hook(); // 初始化 8259A 芯片与 irq_desc 数组
    for (i = 0; i < NR_IRQS; i++) { // 对所有中断号设置中断处理函数，最多只有 16 个
        int vector = FIRST_EXTERNAL_VECTOR + i;
        if (vector != SYSCALL_VECTOR)
            set_intr_gate(vector, interrupt[i]);
    }
    intr_init_hook();    // 执行控制芯片初始化，在这里初始化第二块级联的 8259A 芯片
的 IRQ 号和处理函数
    setup_timer();        // 设置时钟中断
    if (boot_cpu_data.hard_math && !cpu_has_fpu) // 设置 FPU 处理器
        setup_irq(FPU_IRQ, &fpu_irq);
}


// 代码路径：linux-2.6.0\arch\i386\mach-default\setup.c
// 初始化 8259A 芯片和中断描述数组
void __init pre_intr_init_hook(void){
    init_ISA_irqs();
}


// 代码路径：linux-2.6.0\arch\i386\kernel\i8259.c
void __init init_ISA_irqs (void)
{
    int i;
```

```
    init_8259A(0);                    // 初始化 8259A 的内部寄存器状态

    for (i = 0; i < NR_IRQS; i++) { // 初始化 irq_desc 数组
        irq_desc[i].status = IRQ_DISABLED;
        irq_desc[i].action = 0;
        irq_desc[i].depth = 1;
        if (i < 16) {  // 我们使用 16 个中断号即可，注册上述的芯片控制器回调函数
            irq_desc[i].handler = &i8259A_irq_type;
        } else {
            irq_desc[i].handler = &no_irq_type;
        }
    }
}
```

3.6.4　interrupt[i]数组生成

从前文可知程序会遍历该数组，并将数组中的地址信息放入 IDT 中，CPU 将在接收中断后查找 IDT 表，找到入口函数调用。我们看到这里所有中断处理地址都是 do_IRQ 函数，这是为了统一内核的硬中断处理，稍后我们会看到该函数的执行过程。

```
// 代码路径：linux-2.6.0\include\linux\linkage.h
// 宏定义，定义全局名字并对齐
#define ENTRY(name) \
  .globl name; \
  ALIGN; \
  name:


// 代码路径：linux-2.6.0\arch\i386\kernel\entry.S

.data
ENTRY(interrupt)              // 定义 interrupt 数组
.text

vector=0
ENTRY(irq_entries_start)
.rept NR_IRQS                 // 重复生成 16 个中断处理函数入口
    ALIGN
1:  pushl $vector-256   // 每次进入 common_interrupt 前，将当前中断向量压入栈中
    jmp common_interrupt// 跳转到 common_interrupt 地址处继续处理中断
.data               // 该数据表示指向标号为 1 的入口地址,将包含在 interrupt 数组中
    .long 1b
```

```
.text
vector=vector+1
.endr

    ALIGN
common_interrupt:
    SAVE_ALL                // 保存所有寄存器
    call do_IRQ             // 调用 do_IRQ 地址处理当前中断
    jmp ret_from_intr       // 调用中断后返回进程进入中断前的状态
```

3.6.5　do_IRQ 函数

该函数用于统一响应 Linux 硬中断，当 CPU 检测到中断后，在执行该方法前，将会将保存的寄存器以及中断号放入栈中传递，这时我们可以通过 struct pt_regs 获取这些保存的寄存器的值。处理流程如下。

☑　设置状态位，表示当前正在处理硬中断。

☑　调用中断控制器的 ack 函数，回复中断控制器当前已经接收到该中断。

☑　若当前硬中断状态不为 IRQ_DISABLED（已关闭）和 IRQ_INPROGRESS（正在处理），那么取出该硬中断的处理函数 action，并设置标志位表示该中断将要被处理。

☑　回调该 IRQ 设置 action 回调函数。

☑　回调 end 函数并退出中断处理。

☑　检测是否存在挂起的软中断，若存在，那么执行这些未处理的软中断。

```
// 代码路径：linux-2.6.0\arch\i386\kernel\irq.c
asmlinkage unsigned int do_IRQ(struct pt_regs regs)
{
    int irq = regs.orig_eax & 0xff;      // 获取中断号
    irq_desc_t *desc = irq_desc + irq;   // 获取当前中断号的描述符
    struct irqaction * action;
    unsigned int status;
    irq_enter();                         // 设置状态位，表示当前正在处理硬中断
    kstat_this_cpu.irqs[irq]++;
    spin_lock(&desc->lock);
    desc->handler->ack(irq);             // 调用中断控制器的 ack 函数,回复中断控
制器当前已经接收到该中断

    status = desc->status & ~(IRQ_REPLAY | IRQ_WAITING); // 去除中断状态位中
的 IRQ_REPLAY 和 IRQ_WAITING 状态
    status |= IRQ_PENDING;               // 当前硬中断还没处理，所以现在设置状态为待处理
```

```
    action = NULL;
    if (likely(!(status & (IRQ_DISABLED | IRQ_INPROGRESS)))) { // 若当前硬
中断状态不为 IRQ_DISABLED（已关闭）和 IRQ_INPROGRESS（正在处理），那么取出该硬中断
的处理函数 action，并设置标志位表示该中断将要被处理
        action = desc->action;
        status &= ~IRQ_PENDING;            // 去除 IRQ_PENDING 标志位
        status |= IRQ_INPROGRESS;          // 设置当前中断即将被处理状态位
    }
    desc->status = status;

    // 如果该硬中断正在被处理或者被禁用，那么直接退出
    if (unlikely(!action))
        goto out;

    for (;;) {
        irqreturn_t action_ret;

        spin_unlock(&desc->lock);          // 由于标志位已经被设置，因此这里可以释
放该中断号描述符的自旋锁
        action_ret = handle_IRQ_event(irq, &regs, action); // 回调该中断号注
册的中断处理函数
        spin_lock(&desc->lock);            // 处理完成后，由于需要重新设置状态位，
因此这里重新获取自旋锁
        if (!noirqdebug) // 如果开启了 IRQ 调试，那么对当前 IRQ 的处理状态进行检测：
如果前 10 万个中断中的 99900 个没有被处理，那么我们可以假定该 IRQ 以某种方式被卡住了，此
时将其删除并尝试关闭该 IRQ，这里我们了解即可
            note_interrupt(irq, desc, action_ret);
        if (likely(!(desc->status & IRQ_PENDING))) // 若当前中断在处理过程中没
有再次被中断（可能由其他 CPU 的中断控制器设置），那么退出
            break;
        desc->status &= ~IRQ_PENDING;// 否则继续循环处理该硬中断
    }
    desc->status &= ~IRQ_INPROGRESS;// 标识当前硬中断已经处理完成

out:                                       // 回调 end 函数，同时解锁
    desc->handler->end(irq);
    spin_unlock(&desc->lock);
    irq_exit();                            // 设置状态位表示 CPU 完成处理硬中断，同时检
测是否存在软中断，若存在，那么触发软中断执行
    return 1;
}
```

```
// 代码路径: linux-2.6.0\include\asm-i386\hardirq.h

// 检测是否发生软中断，若存在，那么执行
#define irq_exit()
do {
        preempt_count() -= IRQ_EXIT_OFFSET;
        if (!in_interrupt() && softirq_pending(smp_processor_id()))
// in_interrupt()表示当前软中断已经处理，但是可能在处理过程中又发生了硬中断，所以这
里需要检测是否该软中断正在被处理，若是，那么直接退出，后续的执行函数将会继续处理软中断
            do_softirq();
        preempt_enable_no_resched();
} while (0)
```

3.6.6　handle_IRQ_event 函数

该函数较为简单：遍历响应该中断号的处理函数链。

```
// 代码路径: linux-2.6.0\arch\i386\kernel\irq.c
int handle_IRQ_event(unsigned int irq, struct pt_regs *regs, struct
irqaction *action)
{
    int status = 1;
    int retval = 0;

    if (!(action->flags & SA_INTERRUPT))        // 若当前中断处理函数的标志位
为 SA_INTERRUPT，表明在回调函数时需要开启硬中断的响应，也即执行 sti 指令（当 CPU 执行
中断门时会自动关闭硬中断标志位：EFLAGS 中的 IF 标志位）
        local_irq_enable();

    do {                                        // 循环调用该中断的处理函数链表
        status |= action->flags;
        retval |= action->handler(irq, action->dev_id, regs);
        action = action->next;
    } while (action);
    if (status & SA_SAMPLE_RANDOM)              // 当前硬中断的处理标识用于生成随机数
的熵，进行处理
        add_interrupt_randomness(irq);
    local_irq_disable();                        // 关闭当前 CPU 的硬中断响应，此时 CPU
将不响应硬中断信号（不可屏蔽的硬中断 NMI 处理除外）
    return retval;
}
```

3.7   软中断原理

前面我们描述了 Linux 对于硬中断的处理原理，具体如下。

- ☑   注册中断号对应的 irq_desc_t 描述符。
- ☑   在描述符中添加 irqaction 回调结构。
- ☑   硬中断发生时根据 CPU 提供的中断号，找到 irq_desc_t 数组中对应下标的 irq_desc_t 描述符。
- ☑   循环调用该描述符上注册的中断处理函数（包含在 irqaction 结构中）。

本节我们将详细描述 CPU 的软中断处理过程。我们知道硬中断的处理是需要关闭 CPU 的中断响应的，此时如果中断处理函数长时间占用 CPU 处理时间，导致 CPU 不再响应任何中断，包括时钟中断、键盘、鼠标等，那么将会让用户产生非常不好的体验：死机。所以我们需要将一些处理下放到允许发生中断的上下文中执行。Linux 将整个中断响应过程分为上下两部分：中断上半部（关闭硬中断处理）、中断下半部（也称为软中断 softirq，此时可以响应硬中断）。

3.7.1   raise_softirq 函数

该函数用于在硬中断处理过程中设置软中断标志位，表示后续需要在中断下半部中继续完成未完成的中断处理，其中 nr 为软中断的标志位，前面我们看到网卡的中断下半部 nr 为 NET_RX_SOFTIRQ（处理接收数据）、NET_TX_SOFTIRQ（处理发送数据）。

```
// 代码路径: linux-2.6.0\kernel\softirq.c
void raise_softirq(unsigned int nr)
{
    unsigned long flags;
    local_irq_save(flags);          // 关闭硬中断，保证原子性
    raise_softirq_irqoff(nr);
    local_irq_restore(flags);
}

inline void raise_softirq_irqoff(unsigned int nr)
{
    __raise_softirq_irqoff(nr);  // 设置软中断标志位 nr 为 1，表示需要处理该位上的
软中断
    if (!in_interrupt())          // 若当前已经存在软中断和硬中断正在处理,那么直接
```

退出（我们根本无须启动 softirqd 内核线程（详细讲解见本书后面内容）或者自己处理软中断，因为它们会负责处理，中断上半部处理完成后，会回调软中断处理，软中断如果已经在处理，那么更不需要当前进程参与了）

```
        wakeup_softirqd();            // 否则处理软中断
}

// 将对应位设置为 1
#define __raise_softirq_irqoff(nr) do { local_softirq_pending() |= 1UL <<
(nr); } while (0)
#define local_softirq_pending() softirq_pending(smp_processor_id())
#define softirq_pending(cpu)     __IRQ_STAT((cpu), __softirq_pending)

unsigned int __softirq_pending; // 整型共 32 位，支持最多 32 个软中断标志位

// 判断当前是否已经在处理硬中断或者软中断
#define in_interrupt()         (irq_count())
#define irq_count() (preempt_count() & (HARDIRQ_MASK | SOFTIRQ_MASK))
#define preempt_count() (current_thread_info()->preempt_count)
__s32           preempt_count;    // 带符号的整型变量，用于标识当前是否允许抢占、是
```
否正在执行软中断和硬中断等，值必须大于 0，值为 0 表示可以在内核态抢占执行（后面章节将详细讲解内核抢占概念），小于 0 那么是 bug 值

3.7.2 wakeup_softirqd 函数

在 Linux 中，每个 CPU 都存在一个内核线程 ksoftirqd，该内核线程将负责处理该 CPU 上的软中断。为何需要存在该内核线程？考虑下，CPU 处理软中断是不是需要占用被中断的进程的内核态时间，如果长期占用，进程将不再执行任何用户代码，这个后果可想而知，所以需要将该处理过程剥离开，运行软中断内核线程与应用进程并发执行。

```
// 代码路径：linux-2.6.0\include\linux\sched.h
static inline void wakeup_softirqd(void)
{
    // 获取当前 CPU 的 ksoftirqd 内核线程，若它不处于运行状态，那么唤醒
    struct task_struct *tsk = __get_cpu_var(ksoftirqd);
    if (tsk && tsk->state != TASK_RUNNING)
        wake_up_process(tsk);
}
```

3.7.3 ksoftirqd 内核线程的创建

ksoftirqd 的创建过程如下。

☑　　MASTER CPU 注册回调函数。

☑　　SLAVE CPU 启动时发布 CPU_ONLINE 事件，监听事件后创建 ksoftirqd 内核线程。

```
// 代码路径：linux-2.6.0\init\main.c
asmlinkage void __init start_kernel(void){
    ...
    rest_init();
}

static void rest_init(void)
{
    kernel_thread(init, NULL, CLONE_KERNEL); // 创建 init 1 号进程
    unlock_kernel();
    cpu_idle();
}

static int init(void * unused){
    ...
    smp_prepare_cpus(max_cpus);
    ...
}

static void do_pre_smp_initcalls(void)
{
    ...
    spawn_ksoftirqd();                  // 创建当前 CPU 的 ksoftirqd 内核线程
}

// 代码路径：linux-2.6.0\kernel\softirq.c
// CPU 启动时将会回调该通知块的 cpu_callback 函数
static struct notifier_block __devinitdata cpu_nfb = {
    .notifier_call = cpu_callback
};


__init int spawn_ksoftirqd(void)
{
    cpu_callback(&cpu_nfb, CPU_ONLINE, (void *)(long)smp_processor_id());
// 注册当前 CPU 启动时的动作 CPU_ONLINE（后续会描述 SMP 对称多处理器的启动原理：
MASTER 与 SLAVE）
    register_cpu_notifier(&cpu_nfb);
    return 0;
}

// 当前 CPU 启动时回调
static int __devinit cpu_callback(struct notifier_block *nfb,
```

```
                     unsigned long action,
                     void *hcpu)
{
    int hotcpu = (unsigned long)hcpu;

    if (action == CPU_ONLINE){ // 事件类型为CPU_ONLINE，创建ksoftirqd内核线程
        if (kernel_thread(ksoftirqd, hcpu, CLONE_KERNEL) < 0) {
            printk("ksoftirqd for %i failed\n", hotcpu);
            return NOTIFY_BAD;
        }

        while (!per_cpu(ksoftirqd, hotcpu)) // 等待ksoftirqd线程完成启动
            yield();
    }
    return NOTIFY_OK;
}
```

3.7.4 ksoftirqd 函数

该函数为 ksoftirqd 内核线程的执行函数。当存在软中断时，一直循环处理所有软中断，若不存在软中断可执行或者被设置抢占，那么释放 CPU 切换其他进程执行。

```
// 代码路径: linux-2.6.0\kernel\softirq.c
static int ksoftirqd(void * __bind_cpu)
{
    ...
    __set_current_state(TASK_INTERRUPTIBLE); // 设置ksoftirqd内核线程状态为
TASK_INTERRUPTIBLE（可中断唤醒注册），刚创建时肯定为该状态
    mb();     // 保证状态对其他CPU可见，同时能够读取到后续变量的最新值，也避免了编译
器对当前代码的优化
    __get_cpu_var(ksoftirqd) = current; // 设置当前结构为ksoftirqd处理函数
    for (;;) { // 循环处理所有软中断，若不存在任何软中断，那么将自己设置为TASK_
INTERRUPTIBLE状态后切换到其他进程执行，释放当前CPU的占用
        if (!local_softirq_pending())        // 不存在软中断
            schedule();

        __set_current_state(TASK_RUNNING);   // 被唤醒后，设置当前状态为运行状态
        while (local_softirq_pending()) {    // 循环处理所有挂起的软中断
            do_softirq();                    // 处理软中断
            cond_resched();           // 每次执行完成后查看是否被抢占执行了，也即设置
TIF_NEED_RESCHED标志位，如果发生抢占，那么切换CPU使用权
        }
        __set_current_state(TASK_INTERRUPTIBLE); // 处理完成后将自己设置为可中
断阻塞状态，当没有软中断执行时，切换进程
```

```
    }
}
```

3.7.5　do_softirq 函数

在前文中，该函数在硬中断的处理末尾处使用过，同时也在 ksoftirqd 内核线程处理过程中使用过。

```
// 代码路径：linux-2.6.0\include\asm-i386\hardirq.h

#define irq_exit()   // 硬中断退出时，检测是否发生了软中断，若存在，那么借用当前进程
的内核上下文去执行软中断
do {
      preempt_count() -= IRQ_EXIT_OFFSET;
      if (!in_interrupt() && softirq_pending(smp_processor_id()))  // 硬
中断与软中断没有正在执行，同时当前 CPU 的软中断存在挂起的软中断，那么执行
          do_softirq();
      preempt_enable_no_resched();       // 开启内核抢占机制，但不检测抢占标志位
TIF_NEED_RESCHED
} while (0)
```

该函数的处理过程很明显，读者自行查看如下描述。

```
// 代码路径：linux-2.6.0\kernel\softirq.c

#define MAX_SOFTIRQ_RESTART 10              // 借用当前进程内核上下文处理软中断的
最大次数，超过该次数将唤醒 ksoftirqd

asmlinkage void do_softirq(void)
{
   int max_restart = MAX_SOFTIRQ_RESTART;
   __u32 pending;
   unsigned long flags;

   if (in_interrupt())                 // 存在正在执行的软中断或者硬中断，那么
退出（因为它们会负责处理软中断）
       return;

   local_irq_save(flags);              // 关闭硬中断，保证操作的原子性
   pending = local_softirq_pending();  // 获取当前挂起的软中断标志位

   if (pending) {                      // 存在挂起的软中断，那么执行它们
     struct softirq_action *h;
     local_bh_disable();  // 关闭中断下半部，也即在 preempt_count 中设置
```

SOFTIRQ_OFFSET 位，此时后续进入软中断的进程调用 in_interrupt()函数时，直接退出，保证软中断只有一个正在执行

```
restart:
        local_softirq_pending() = 0;      // 回复软中断处理变量，因为当前已经将原
来的软中断处理位保存在当前内核栈上
        local_irq_enable();  // local_softirq_pending 已经保存了，那么只需要遍
历执行即可，无须管其他进程是否在后续处理软中断过程中设置标志位，因为那是下一个软中断处
理轮次了，所以此时可以放心地开启硬中断（再一次表明了关闭硬中断以保证原子性）
        h = softirq_vec;              // 获取设置的软中断处理函数数组
        do {                          // 遍历所有待处理的软中断，回调它们的处理函数
            if (pending & 1)
                h->action(h);
            h++;
            pending >>= 1;
        } while (pending);
        local_irq_disable();      // 处理完本轮次的软中断，那么再次关闭硬中断以保证
原子性
        pending = local_softirq_pending();   // 获取下一轮次待处理的软中断
        if (pending && --max_restart)        // 若未达到最大次数且存在软中断，那
么继续执行软中断
            goto restart;
        if (pending)                  // 否则唤醒 softirqd
            wakeup_softirqd();
        __local_bh_enable();         // 处理完成后还原软中断的处理位，让其他进程得以处
理后续发生的软中断
    }
    local_irq_restore(flags);   // 开启硬中断
}
```

3.8 内核线程原理

内核线程是在操作系统内核中运行的一种线程，它独立于用户空间的进程，由内核负责创建、调度和管理。内核线程原理涉及内核线程的创建、调度和执行等方面。

3.8.1 sys_clone 函数

该函数用于在内核中创建线程，由于使用起来较为复杂，通常在应用程序中并不使用内核提供的 clone()函数，而是使用 pthread 线程库中的 pthread_create()函数进行线程创建，但 pthread_create()函数的底层实现依然是 clone()函数，因此对于内核线程原理，我们研究

sys_clone()函数。

```
// 代码路径：linux-2.6.0\init\main.c
asmlinkage int sys_clone(struct pt_regs regs)
{
    unsigned long clone_flags;
    unsigned long newsp;
    int __user *parent_tidptr, *child_tidptr;

    // 从 ebx 寄存器中获取 clone 标志
    clone_flags = regs.ebx;
    // 从 ecx 寄存器中获取 sp 栈顶指针
    newsp = regs.ecx;
    // 从 edx 寄存器中获取父进程 id 指针
    parent_tidptr = (int __user *)regs.edx;
    // 从 edi 寄存器中获取子进程 id 指针
    child_tidptr = (int __user *)regs.edi;
    // 如果未指定栈顶参数，从寄存器结构中获取 esp 属性
    if (!newsp)
        newsp = regs.esp;
    // 调用 do_fork 函数，其中 clone_flags 克隆标志不能是 CLONE_IDLETASK
    return do_fork(clone_flags & ~CLONE_IDLETASK, newsp, &regs, 0, parent_
tidptr, child_tidptr);
}
```

3.8.2　do_fork 函数

在 0.11 版本的内核中直接使用 sys_fork 的汇编函数调用_copy_process 函数创建子进程，到了 2.6 版本，内核提供了 do_fork 函数来获取 copy_process 函数所需参数，并供给 sys_clone 函数调用。

0.11 版本中我们已经分析了利用 copy_process 函数创建一个子进程的过程，而从以下源码中可以发现创建线程的函数依旧是 copy_process。

线程的创建与普通进程的创建十分类似，它不过是在创建过程中需要指定一些标志来指明需要共享的资源，也就是说，内核中并不区分线程和子进程，对于进程而言，它们只是父进程的副本。

copy_process 函数的重点在于 clone_flags，通过指定 clone 标志来决定父进程和子进程/线程所共享的资源。

```
// 代码路径:linux-2.6.0\include\linux\sched.h
#define CLONE_VM     0x00000100          // 父子进程共享地址空间
```

```
#define CLONE_FS    0x00000200          // 父子进程共享文件系统信息
#define CLONE_FILES 0x00000400          // 父子进程共享打开的文件
#define CLONE_SIGHAND  0x00000800        // 父子进程共享信号处理函数以及信号
#define CLONE_IDLETASK  0x00001000       // idle 进程（0 号进程）
...
```

copy_process 函数根据指定的 clone_flags 执行资源共享逻辑。

```
// 代码路径: linux-2.6.0\kernel\fork.c
long do_fork(unsigned long clone_flags,
        unsigned long stack_start,
        struct pt_regs *regs,
        unsigned long stack_size,
        int __user *parent_tidptr,
        int __user *child_tidptr)
{
    struct task_struct *p;
    long pid;                              // 进程 id
    p = copy_process(clone_flags, stack_start, regs, stack_size, parent_
tidptr, child_tidptr);                    // 完成实际控制块创建
    pid = IS_ERR(p) ? PTR_ERR(p) : p->pid; // 获取新进程的 pid
    ...
    return pid;
}

// 代码路径: linux-2.6.0\kernel\fork.c
struct task_struct *copy_process(unsigned long clone_flags,
            unsigned long stack_start,
            struct pt_regs *regs,
            unsigned long stack_size,
            int __user *parent_tidptr,
            int __user *child_tidptr)
{
    struct task_struct *p = NULL;
    ...
    p = dup_task_struct(current);   // 创建 task_struct 并复制当前 task_struct
中的数据，同时在这里创建了内核栈
    ...
    if ((retval = copy_files(clone_flags, p))) // 处理打开文件信息
        goto bad_fork_cleanup_semundo;
    if ((retval = copy_fs(clone_flags, p)))    // 处理文件系统信息
        goto bad_fork_cleanup_files;
    if ((retval = copy_sighand(clone_flags, p)))// 处理信号处理函数信息
        goto bad_fork_cleanup_fs;
    if ((retval = copy_mm(clone_flags, p)))     // 处理内存信息
```

```
        goto bad_fork_cleanup_signal;
    retval = copy_thread(0, clone_flags, stack_start, stack_size, p, regs);
// 处理进程 CPU 上下文寄存器信息
    ...

}
```

3.8.3 copy_files 函数

该函数用于处理父进程的文件信息。

```
// 代码路径: linux-2.6.0\kernel\fork.c
static int copy_files(unsigned long clone_flags, struct task_struct * tsk)
{
    struct files_struct *oldf, *newf;
    struct file **old_fds, **new_fds;
    int open_files, nfds, size, i, error = 0;
    oldf = current->files;
    if (!oldf)                          // 父进程没有打开文件, 那么直接返回 (对于一
些后台运行的进程来说, 可能没有打开的文件)
        goto out;
    if (clone_flags & CLONE_FILES) { // 若设置 CLONE_FILES 标志位, 那么直接增
加父进程 files_struct 的引用计数即可, 此时表明两者共享
        atomic_inc(&oldf->count);
        goto out;
    }
    // 否则, 给新进程创建新的 files_struct, 然后复制信息
    ...

}
```

3.8.4 copy_fs 函数

该函数用于处理父进程文件系统的信息。

```
// 代码路径: linux-2.6.0\kernel\fork.c
static inline int copy_fs(unsigned long clone_flags, struct task_struct * tsk)
{
    if (clone_flags & CLONE_FS) { // 若设置 CLONE_FS 标志位, 那么直接增加父进程
fs_struct 的引用计数即可, 此时表明两者共享
        atomic_inc(&current->fs->count);
        return 0;
    }                   // 否则创建新的 fs_struct 并将父进程的 fs 信息复制给子进程
    tsk->fs = __copy_fs_struct(current->fs);
    if (!tsk->fs)            // 创建失败, 可能由于内存不足而发生错误, 返回异常信息
```

```
        return -ENOMEM;
    return 0;
}
```

3.8.5 copy_sighand 函数

该函数用于处理父进程信号处理函数的信息。

```
// 代码路径：linux-2.6.0\kernel\fork.c
static inline int copy_sighand(unsigned long clone_flags, struct task_
struct * tsk)
{
    struct sighand_struct *sig;
    if (clone_flags & (CLONE_SIGHAND | CLONE_THREAD)) {  // 若 设 置
CLONE_SIGHAND 或者 CLONE_THREAD 标志位，那么直接增加父进程 sighand_struct 的引用
计数即可，此时表明两者共享
        atomic_inc(&current->sighand->count);
        return 0;
    }
    // 否则分配新的 sighand_struct 结构，同时将父进程的信号处理函数复制到子进程中
    sig = kmem_cache_alloc(sighand_cachep, GFP_KERNEL);
    tsk->sighand = sig;
    if (!sig)
        return -ENOMEM;
    // 上锁并复制（避免进程的信号发生变换）
    spin_lock_init(&sig->siglock);
    atomic_set(&sig->count, 1);
    memcpy(sig->action, current->sighand->action, sizeof(sig->action));
    return 0;
}
```

3.8.6 copy_mm 函数

该函数用于处理父进程内存信息。

```
// 代码路径：linux-2.6.0\kernel\fork.c
static int copy_mm(unsigned long clone_flags, struct task_struct * tsk)
{
    struct mm_struct * mm, *oldmm;
    int retval;
    ...
    oldmm = current->mm;
    if (!oldmm)                          // 当前进程没有内存信息，那么直接返回（这里
```

可能是由内核线程创建内核线程导致的,因为内核线程不访问用户进程的空间,所以没有独立的 mm,那么问题来了,内核访问自己的代码和数据肯定需要页表,这是由 CPU 的 MMU 单元指定的,这怎么实现?用上一个用户进程的 mm 结构的页表,因为所有用户进程的内核页表部分都是一样的)

```
        return 0;
    if (clone_flags & CLONE_VM) {  // 若设置 CLONE_VM 标志位,那么直接增加父进程
mm_struct 的引用计数即可,此时表明两者共享
        atomic_inc(&oldmm->mm_users);
        mm = oldmm;
        spin_unlock_wait(&oldmm->page_table_lock);
        goto good_mm;
    }
    // 否则分配新的 mm_struct,并将父进程的 mm_struct 信息复制到子进程中
    ...
}
```

3.8.7　copy_thread 函数

该函数用于初始化子进程的 CPU 上下文信息(寄存器),在 Linux 2.6 的内核中,不再使用 TSS 状态段描述符,同时注意进程的切换将由操作系统来完成,使用 thread_struct 结构来替代 tss_struct,此时不再由 CPU 来完成切换。

```
// 代码路径:linux-2.6.0\arch\i386\kernel\process.c
#define THREAD_SIZE (2*PAGE_SIZE) // i386 中内核进程栈大小为 2 页(一页 4KB)

// 替代 TSS,将进程的上下文信息保存在此(其他通用寄存器保存在内核栈中)
struct thread_struct {
// 缓存 TLS 线程局部存储信息
    struct desc_struct tls_array[GDT_ENTRY_TLS_ENTRIES];
    unsigned long   esp0;
    unsigned long   eip;
    unsigned long   esp;
    unsigned long   fs;
    unsigned long   gs;
    unsigned long   debugreg[8];                        // 硬件 debug 寄存器
    unsigned long   cr2, trap_no, error_code;           // 错误信息变量
    union i387_union    i387;
// 虚拟 8086 模式信息
    struct vm86_struct __user * vm86_info;
    unsigned long       screen_bitmap;
    unsigned long       v86flags, v86mask, saved_esp0;
    unsigned int        saved_fs, saved_gs;
    unsigned long   *io_bitmap_ptr;
```

```
};

// 代码路径：linux-2.6.0\arch\i386\kernel\process.c
int copy_thread(int nr, unsigned long clone_flags, unsigned long esp,
            unsigned long unused,
            struct task_struct * p, struct pt_regs * regs)
{
    struct pt_regs * childregs;
    struct task_struct *tsk;
    int err;
    childregs = ((struct pt_regs *) (THREAD_SIZE + (unsigned long)
p->thread_info)) - 1;    // 首先将子进程的寄存器信息放置在进程栈的栈顶（struct
thread_info 结构将放置在内核栈的栈底）
    struct_cpy(childregs, regs);                 // 将参数复制到指针指向的内存
中（注意：在内核线程创建中放入寄存器值时都会在该内存中）
    childregs->eax = 0;                          // 子进程的返回值为 0
    childregs->esp = esp;                        // 设置子进程栈指针
    ...
    p->thread.esp = (unsigned long) childregs; // 将子进程的用户态栈指针指向
childregs 地址，也即内核栈的栈顶
    p->thread.esp0 = (unsigned long) (childregs+1); // 将子进程的内核态栈指针
指向寄存器参数列表后的地址
    p->thread.eip = (unsigned long) ret_from_fork;// 设置返回 IP 为 ret_from_fork
    ...
}
```

3.8.8　ret_from_fork 函数

在进程被调度执行时，将会执行该函数。当完成 fork 后，父进程负责将子进程的状态设置为 RUNNABLE 状态，同时将其放入就绪队列中（run_queue），然后由调度器调度执行，在上面我们看到 IP 设置的地址为该函数，所以这是一个执行的代码。特别注意：此时运行的代码为子进程的代码。

```
// 代码路径：linux-2.6.0\include\asm-i386\thread_info.h
// 保存在进程内核栈底的结构,我们可以根据内核栈和该结构获取到进程的 PCB :task_struct
struct thread_info {
    struct task_struct *task;                   // 主进程
    struct exec_domain *exec_domain;            // 执行域
    unsigned long       flags;                  // 低等级标识
    unsigned long       status;                 // 线程同步状态标识
    __u32               cpu;                     // 当前 CPU
```

```
    __s32           preempt_count;  /* 0 => preemptable, <0 => BUG */

    mm_segment_t        addr_limit;          // 线程地址空间：
                                             // 0-0xBFFFFFFF——用户线程
                                             // 0-0xFFFFFFFF——内核线程

    struct restart_block    restart_block;

    __u8            supervisor_stack[0];
};

ENTRY(ret_from_fork)
    pushl %eax                   // 保存返回值 0
    call schedule_tail           // 调用 schedule_tail 函数，该函数主要完成一些清理操
作，了解即可
    GET_THREAD_INFO(%ebp)        // 获取当前进程 thread_info 指针，将其保存在 ebp 中
    popl %eax                    // 弹出上面保存的返回值 0
    jmp syscall_exit             // 跳转到该函数，退出系统调用
```

3.8.9　syscall_exit 函数

该函数用于从系统调用返回，可以看到，这里将上述保存的 do_fork()函数中的 regs 值弹出到寄存器中，此时完成了对内核线程的创建。

```
#define _TIF_ALLWORK_MASK   0x0000FFFF  // mask 掩码
syscall_exit:
    cli                                 // 关闭中断响应
    movl TI_FLAGS(%ebp), %ecx  // 将 thread_info 中的 flags 变量保存到 ecx 中
    testw $_TIF_ALLWORK_MASK, %cx       // 看看是否有其他未完成的工作（ecx 的低
16 位用于保存需要完成的操作位）
    jne syscall_exit_work   // 若存在未处理的工作，那么跳转到 syscall_exit_work
完成处理（了解即可，这里面涉及信号、重调度等处理）
restore_all:
    RESTORE_ALL

// 还原保存的寄存器
#define RESTORE_ALL
    RESTORE_REGS
    addl $4, %esp;
    iret;                               // 从中断返回

// 还原通用寄存器
#define RESTORE_INT_REGS
```

```
    popl %ebx;
    popl %ecx;
    popl %edx;
    popl %esi;
    popl %edi;
    popl %ebp;
    popl %eax

#define RESTORE_REGS
    RESTORE_INT_REGS;
1:  popl %ds;                        // 还原数据段寄存器
2:  popl %es;                        // 还原扩展段寄存器
```

3.9 信 号 原 理

信号通常被用于通知进程系统所发生的事件，也可以用于简化进程间的通信。信号与中断和异常不同，大多数信号对于用户进程而言都是可见的。

信号可以被发送到一个进程或一组进程，在 Linux 中，名字前缀为 SIG 的一组宏用来标识信号，其被定义在 signal.h 文件中。不同的系统可以对信号进行覆写，实现自己的定制化处理，但 SIGKILL 和 SIGSTOP 属于强制信号，不能被覆盖。当信号发生时，忽略信号几乎适用于所有的信号，但由于 SIGKILL 和 SIGSTOP 的特殊性，其无法被忽略或捕获，因此内核会为这两种信号定值优化。

使用信号的目的在于，让内核知道已经发生了某个特定的事件或强迫内核执行信号处理程序。SIGSEGV 信号用于程序访问内存页时，由于页不存在而导致的缺页异常，这便是让内核知道已经发生了某个特定的事件，告知内核接下来要去执行缺页异常函数。而我们最常使用 kill 命令来杀死进程，这是强迫内核执行信号处理程序。

信号处理机制理解起来并不困难，具体来说就是如何放入信号和如何取出信号。我们接下来会以 kill 命令作为示例，解释信号的处理过程。

当我们在终端执行 kill 命令时，内核根据系统调用，找到 sys_kill() 函数处理 kill 命令。我们通过 kill 命令传递给内核两个信息：pid 进程 id 和 sig 信号。内核通过 pid 可以找到对应的进程，将 sig 信号放入进程的 sigpending 信号队列并置位，这样就完成了放信号的过程。然后内核在 entry.S 汇编中通过系统调用，如果检测出有信号置位，那么就会调用 do_signal() 函数从进程的信号队列中取出信号并处理，如图 3.13 所示。

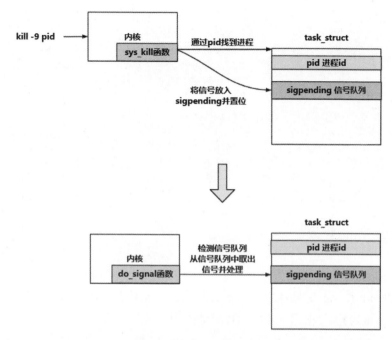

图 3.13　信号处理过程

以下为内核定义的所有信号：

```
// 代码路径:linux-2.6.0\include\asm-i386\signal.h
#define SIGHUP      1         // 在控制终端上挂起信号或者控制进程结束
#define SIGINT      2         // 从键盘输入中断
#define SIGQUIT     3         // 从键盘输入退出
#define SIGILL      4         // 无效硬件指令
#define SIGTRAP     5         // 陷阱信号（由断点指令或其他 trap 指令产生）
#define SIGABRT     6         // 非正常终止，可能来自 abort(3)
#define SIGIOT      6         // 硬件 I/O 异常信号
#define SIGbUS      7         // 总线错误（不正确的内存访问）
#define SIGFPE      8         // 浮点异常
#define SIGKILL     9         // 杀死进程信号
#define SIGUSR1     10        // 用户定义的信号 1
#define SIGSEGV     11        // 无效的内存引用
#define SIGUSR2     12        // 用户定义的信号 2
#define SIGPIPE     13        // 管道中止，写入无人读取的管道
#define SIGALRM     14        // 定时器终止信号
#define SIGTERM     15        // 终止信号
#define SIGSTKFLT   16        // 协处理器栈故障
#define SIGCHLD     17        // 子进程结束或者停止
#define SIGCONT     18        // 继续停止的进程
```

```
#define SIGSTOP    19        // 停止进程
#define SIGTSTP    20        // 终端上发出的停止信号
#define SIGTTIN    21        // 后台进程试图从控制终端（tty）输入
#define SIGTTOU    22        // 后台进程试图从控制终端（tty）输出
#define SIGURG     23        // 套接字上的紧急条件
#define SIGXCPU    24        // 超过 CPU 时限
#define SIGXFSZ    25        // 超过文件大小的闲置
#define SIGVTALRM  26        // 虚拟定时器时钟
#define SIGPROF    27        // 概况定时器时钟
#define SIGWINCH   28        // 窗口调整大小
#define SIGIO      29        // 现在发生的 I/O
#define SIGPOLL    SIGIO     // 等价于 SIGIO
```

3.9.1 sys_kill 函数

sys_kill()函数是 kill()函数的系统调用入口，该函数首先初始化 siginfo 信号结构体，将指定 pid 进程 id 和 sig 信号标志传入信号结构体，然后调用 kill_something_info()函数。kill_something_info()函数根据 pid 找到对应的进程。

```
// 代码路径：linux-2.6.0\kernel\signal.c
asmlinkage long
sys_kill(int pid, int sig)
{
    struct siginfo info;

    info.si_signo = sig;
    info.si_errno = 0;
    info.si_code = SI_USER;
    info.si_pid = current->tgid;
    info.si_uid = current->uid;

    return kill_something_info(sig, &info, pid);
}

// 该函数根据 pid 值选择指定进程发送信号
// pid 为 0，表示发送信号给当前进程的进程组
// pid 为-1，表示发送给除 1 号进程和当前进程组以外的所有进程
// pid 小于 0，表示信号被发送到目标进程组，进程 id 由 pid 的绝对值表示
// pid 大于 0，表示发送信号给目标进程
static int kill_something_info(int sig, struct siginfo *info, int pid)
{
    if (!pid) {
        return kill_pg_info(sig, info, process_group(current));
```

```
    } else if (pid == -1) {
        int retval = 0, count = 0;
        struct task_struct * p;

        read_lock(&tasklist_lock);
        for_each_process(p) {
            if (p->pid > 1 && p->tgid != current->tgid) {
                int err = group_send_sig_info(sig, info, p);
                ++count;
                if (err != -EPERM)
                    retval = err;
            }
        }
        read_unlock(&tasklist_lock);
        return count ? retval : -ESRCH;
    } else if (pid < 0) {
        return kill_pg_info(sig, info, -pid);
    } else {
        return kill_proc_info(sig, info, pid);
    }
}

int
kill_proc_info(int sig, struct siginfo *info, pid_t pid)
{
    int error;
    struct task_struct *p;

    read_lock(&tasklist_lock);
    // 通过 pid 找到对应的进程
    p = find_task_by_pid(pid);
    error = -ESRCH;
    if (p)
        // 根据信号、信号信息和进程发送信号
        error = group_send_sig_info(sig, info, p);
    read_unlock(&tasklist_lock);
    return error;
}

// 代码路径: linux-2.6.0\kernel\pid.c
task_t *find_task_by_pid(int nr)
{
    struct pid *pid = find_pid(PIDTYPE_PID, nr);
```

```
    if (!pid)
        return NULL;
    return pid_task(pid->task_list.next, PIDTYPE_PID);
}
```

3.9.2　group_send_sig_info 函数

该函数用于完成实际信号的发送，首先检查进程是否可以执行 kill 命令，检查通过后，使用 cli 指令进行关中断操作，以保证原子性，处理信号。

处理过程如下：

（1）处理 stop 停止信号。

（2）若信号被忽略，那么直接返回。

（3）若信号为非实时信号，且当前信号已经置位，那么直接返回。

（4）将该信号放入进程信号处理队列。

（5）唤醒进程。

```
// 代码路径：linux-2.6.0\kernel\pid.c
int group_send_sig_info(int sig, struct siginfo *info, struct task_struct *p)
{
    unsigned long flags;
    int ret;

    // 校验该进程是否可以执行 kill 指令
    ret = check_kill_permission(sig, info, p);
    if (!ret && sig && p->sighand) {
        spin_lock_irqsave(&p->sighand->siglock, flags);
        ret = __group_send_sig_info(sig, info, p);
        spin_unlock_irqrestore(&p->sighand->siglock, flags);
    }

    return ret;
}

static inline int
__group_send_sig_info(int sig, struct siginfo *info, struct task_struct *p)
{
    unsigned int mask;
    int ret = 0;

    // 处理 stop 停止信号
    handle_stop_signal(sig, p);
```

```
    // 信号被忽略, 那么直接返回
    if (sig_ignored(p, sig))
        return ret;

    // 非实时信号, 且当前信号已经置位, 那么直接返回
    if (LEGACY_QUEUE(&p->signal->shared_pending, sig))
        return ret;

    // send_signal 函数将信号放入进程信号属性的 shared-pending 信号队列。内核总是
使用 pending 信号队列来处理进程的信号, 这样可以避免多个竞争场景。注意: 这里的
shared-pending 就是 task_struct 里的 sigpending 结构体
    ret = send_signal(sig, info, &p->signal->shared_pending);
    if (unlikely(ret))
        return ret;

    // 唤醒进程
    __group_complete_signal(sig, p, mask);
    return 0;
}
```

3.9.3　handle_stop_signal 函数

该函数用于停止信号的相关处理。该函数可以看到 sig_kernel_stop 宏定义的停止信号、SIGCONT 和 SIGKILL 信号的处理。

```
// 代码路径: linux-2.6.0\kernel\signal.c
// 判断信号是否为停止信号, 信号数值小于 32 (通常使用的非实时信号均小于 32, 如 kill -9)
#define sig_kernel_stop(sig) \
        (((sig) < SIGRTMIN) && T(sig, SIG_KERNEL_STOP_MASK))

// 判断信号是否属于 SIGSTOP、SIGTSTP、SIGTTIN 和 SIGTTOU
#define SIG_KERNEL_STOP_MASK (\
    M(SIGSTOP)  | M(SIGTSTP)  | M(SIGTTIN)  | M(SIGTTOU)  )


static void handle_stop_signal(int sig, struct task_struct *p)
{
    struct task_struct *t;

    // 如果是停止信号, 那么将 SIGCONT 信号从所有进程组中的进程信号队列移出, 因为该信号
表示进程继续执行
    if (sig_kernel_stop(sig)) {
        // 首先移出共享信号队列
```

```
          rm_from_queue(sigmask(SIGCONT), &p->signal->shared_pending);
          t = p;
          // 遍历进程组，移出 SIGCONT 信号
          do {
              // 然后移出进程自己的队列
              rm_from_queue(sigmask(SIGCONT), &t->pending);
              // 该函数获取进程组中的进程
              t = next_thread(t);
          } while (t != p);
          // 如果当前为 SIGCONT 信号，那么从共享队列和进程自己的信号队列中移出所有停止信号
      } else if (sig == SIGCONT) {
          if (unlikely(p->signal->group_stop_count > 0)) {
              p->signal->group_stop_count = 0;
              if (p->ptrace & PT_PTRACED)
                  do_notify_parent_cldstop(p, p->parent);
              else
                  do_notify_parent_cldstop(
                      p->group_leader,
                      p->group_leader->real_parent);
          }
          rm_from_queue(SIG_KERNEL_STOP_MASK, &p->signal->shared_pending);
          t = p;
          // 遍历所有进程，移出停止信号
          do {
              unsigned int state;
              rm_from_queue(SIG_KERNEL_STOP_MASK, &t->pending);
              state = TASK_STOPPED;
```

// SIGCONT 定义了 SIGCONT 信号的处理函数，且当前进程没有阻塞 SIGCONT 信号（blocked 集用于标识阻塞信号），那么设置 TIF_SIGPENDING 标志，让当前进程在被唤醒后等待，信号设置成功才能处理（进程被唤醒后，将等待当前持有的自旋锁，所以不会立即处理信号，而是等到持有的自旋锁释放后）

```
              if (sig_user_defined(t, SIGCONT) && !sigismember(&t->blocked,
      SIGCONT)) {
                  set_tsk_thread_flag(t, TIF_SIGPENDING);
                  state |= TASK_INTERRUPTIBLE;
              }
              // 唤醒停止的进程
              wake_up_state(t, state);

              t = next_thread(t);
          } while (t != p);
```

// 当前进程已经被停止，那么此时被信号 SIGCONT 唤醒后，要求继续执行，此时通知父进程当前进程被唤醒。CLD_CONTINUED 用于表示唤醒父进程的原因，这里表示子进程被 SIGCONT

信号唤醒

```
    if (p->signal->flags & SIGNAL_STOP_STOPPED) {
        p->signal->flags = SIGNAL_STOP_CONTINUED;
        p->signal->group_exit_code = 0;
        spin_unlock(&p->sighand->siglock);
        if (p->ptrace & PT_PTRACED)
            do_notify_parent_cldstop(p, p->parent,
                        CLD_CONTINUED);
        else
            do_notify_parent_cldstop(
                p->group_leader,
                p->group_leader->real_parent,
                    CLD_CONTINUED);
        spin_lock(&p->sighand->siglock);
    } else {
        // 当前进程没有停止，但是处理的过程中可能会有停止信号，这里清除标志位
        p->signal->flags = 0;
    }
    // SIGKILL 信号也清除标志位，表示所有停止信号被 SIGKILL 清除
} else if (sig == SIGKILL) {
    p->signal->flags = 0;
}
}
}
```

3.9.4　sig_ignored 函数

该函数用于判断信号是否应该被忽略。

```
// 代码路径：linux-2.6.0\kernel\signal.c
static inline int sig_ignored(struct task_struct *t, int sig)
{
    void * handler;

    // 追踪进程将总是响应信号
    if (t->ptrace & PT_PTRACED)
        return 0;

    // 被阻塞的信号永远不会被忽略，因为在解除阻塞时，信号处理程序可能会发生变化
    if (sigismember(&t->blocked, sig))
        return 0;

    // 检查信号处理函数是否为 SIG_IGN 函数，或者信号处理函数是否为默认函数。并且判断信号是否
    // 为 SIGCONT、SIGCHLD、SIGWINCH、SIGURG。如果用户没有设置对应处理函数，则默认为忽略
```

```
handler = t->sighand->action[sig-1].sa.sa_handler;
return    handler == SIG_IGN ||
    (handler == SIG_DFL && sig_kernel_ignore(sig));
}
```

3.9.5 LEGACY_QUEUE 宏

该宏出现在 __group_send_sig_info 函数中，用于判断当前信号是否为实时信号。

☑ 若为实时信号（sig>SIGRTMIN 为实时信号，每个信号都会被处理），那么每个信号都会被处理，此时将会进入 send_signal 函数并添加到队列中。

☑ 若为非实时信号（sig<SIGRTMIN 为非实时信号，也就是只会响应一次），那么判断是否已经将信号添加到队列中，若已经添加，那么直接返回。

```
// 代码路径：linux-2.6.0\kernel\signal.c
#define LEGACY_QUEUE(sigptr, sig) \
    (((sig) < SIGRTMIN) && sigismember(&(sigptr)->signal, (sig)))


    if (LEGACY_QUEUE(&p->signal->shared_pending, sig))
        // 这是一个非实时信号，并且已经有一个信号队列
        return ret;

// 代码路径：linux-2.6.0\include\linux\signal.h
static inline int sigismember(sigset_t *set, int _sig)
{
    unsigned long sig = _sig - 1;
    if (_NSIG_WORDS == 1)
        return 1 & (set->sig[0] >> sig);
    else
        return 1 & (set->sig[sig / _NSIG_BPW] >> (sig % _NSIG_BPW));
}
```

3.9.6 send_signal 函数

该函数用于把信号添加到信号队列后，再将信号置位。由于 SIGSTOP 或 SIGKILL 信号是特殊信号，内核对其做出了优化，不用加入队列，直接将信号置位，表示内核优先处理特殊信号。其中，信号队列由双向链表和信号位图组成，在 i386 中 long 表示 32 位，因此可以标识 32 位的信号位图，只需要将信号对应位置为 1，即表示内核需要处理该信号，如图 3.14 所示。

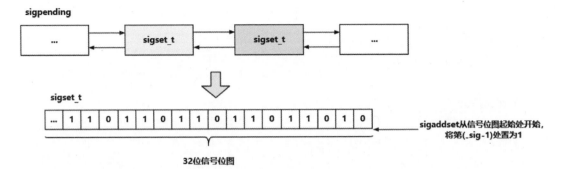

图 3.14　信号位图

```
// 代码路径: linux-2.6.0\kernel\signal.c
static int send_signal(int sig, struct siginfo *info, struct sigpending
*signals)
{
    struct sigqueue * q = NULL;
    int ret = 0;

    // 信号处理优化，如果是内核内部的信号如 SIGSTOP 或 SIGKILL，不用添加队列，直接将
信号置位
    if ((unsigned long)info == 2)
        goto out_set;

    if (atomic_read(&nr_queued_signals) < max_queued_signals)
        q = kmem_cache_alloc(sigqueue_cachep, GFP_ATOMIC);

    // 将信号信息放入信号队列中，根据不同的信号，初始化信号信息
    if (q) {
    atomic_inc(&nr_queued_signals);
    q->flags = 0;
    list_add_tail(&q->list, &signals->list);
    switch ((unsigned long) info) {
    case 0:
        q->info.si_signo = sig;
        q->info.si_errno = 0;
        q->info.si_code = SI_USER;
        q->info.si_pid = current->pid;
        q->info.si_uid = current->uid;
        break;
    case 1:
        q->info.si_signo = sig;
        q->info.si_errno = 0;
        q->info.si_code = SI_KERNEL;
```

```
            q->info.si_pid = 0;
            q->info.si_uid = 0;
            break;
        default:
            copy_siginfo(&q->info, info);
            break;
        }
    } else {
        if (sig >= SIGRTMIN && info && (unsigned long)info != 1
            && info->si_code != SI_USER)
            return -EAGAIN;
        if (((unsigned long)info > 1) && (info->si_code == SI_TIMER))
            ret = info->si_sys_private;
    }

    // 信号置位
out_set:
    sigaddset(&signals->signal, sig);
    return ret;
}

// 代码路径：linux-2.6.0\include\linux\signal.h
// 信号队列
struct sigpending {
    struct list_head list;
    sigset_t signal;
};

// 代码路径：linux-2.6.0\include\asm-i386\signal.h
#define _NSIG        64                     // 信号数量
#define _NSIG_BPW    32                     // long 数据位宽
#define _NSIG_WORDS (_NSIG / _NSIG_BPW) // 64/32=2，表示用 2 个 long 值保存所
有信号

typedef unsigned long old_sigset_t;      // i386 中 long 为 32 位

// 定义信号位图，由于 i386 为 32 位机，因此这里可以表示 32 位的信号位图。因为没有 0 号信
号，所以信号值和位值会错开一位，这也解释了下述汇编代码中 _sig-1 的含义
typedef struct {
    unsigned long sig[_NSIG_WORDS];
} sigset_t;

// 代码路径：linux-2.6.0\include\asm-i386\signal.h
// bts 表示 Bit Test and Set
```

```
// 该汇编等价于 btsl _sig-1,*set，表示从 sigset_t 信号位图的起始处开始，将(_sig-1)
号信号位置位
static __inline__ void sigaddset(sigset_t *set, int _sig)
{
    __asm__("btsl %1,%0"
        : "=m"(*set)
        : "Ir"(_sig - 1)
        : "cc");
}
```

3.9.7　group_complete_signal 函数

该函数在信号被成功添加到信号队列后调用，用于唤醒进程。首先遍历进程，找到能处理该信号的进程，比如没有屏蔽当前信号的进程。然后判断信号是否为致命信号，如果是，那么唤醒所有进程处理致命信号，让它们退出。

```
// 代码路径：linux-2.6.0\kernel\signal.c
// 判断当前进程是否需要唤醒
#define wants_signal(sig, p, mask)
    (!sigismember(&(p)->blocked, sig)     // 当前进程阻塞了当前信号
    && !((p)->state & mask)               // 进程状态存在
    && !((p)->flags & PF_EXITING)         // 进程正在退出
        && (task_curr(p) || !signal_pending(p)))  // 当前进程为正在执行的进程或者
进程没有在等待处理信号

// 判断当前信号是否为致命信号
// 不属于 SIG_KERNEL_IGNORE_MASK 和 SIG_KERNEL_STOP_MASK 信号的同时，信号处理动
作为默认动作，比如 SIGKILL 就满足该特征
#define sig_fatal(t, signr) \
    (!T(signr, SIG_KERNEL_IGNORE_MASK|SIG_KERNEL_STOP_MASK) && \
    (t)->sighand->action[(signr)-1].sa.sa_handler == SIG_DFL)


static inline void
__group_complete_signal(int sig, struct task_struct *p, unsigned int mask)
{
    struct task_struct *t;

    // 若当前进程需要被唤醒，那么把当前进程设置为唤醒进程
    if (wants_signal(sig, p, mask))
        t = p;
    // 只有一个进程，不需要唤醒它。它将在再次运行之前对未阻塞的信号进行出队处理（该条
件基于上述条件判断失败后才会执行，上一步的判断已经决定了当前进程不想被唤醒，比如阻塞了
```

信号）
```
    else if (thread_group_empty(p))
        return;
    // 唤醒一个合适的进程来处理该信号
    else {
        // 取当前进程组中用于开始查找合适的进程的起点
        t = p->signal->curr_target;
        // 如果起点不存在，把当前进程作为起始查找的进程
        if (t == NULL)
            t = p->signal->curr_target = p;
        BUG_ON(t->tgid != p->tgid);
        // 从 t 进程开始遍历找到一个能处理该信号的进程
        while (!wants_signal(sig, t, mask)) {
            t = next_thread(t);
            // 若遍历了一周后还是没有找到能处理该信号的进程，那么此时不需要唤醒进程。
任何符合条件的进程将在处理完自己的任务后，马上看到队列中的信号并进行处理
            if (t == p->signal->curr_target)
                return;
        }
        // 保存上一次查找的进程，下一次从该进程开始查找
        p->signal->curr_target = t;
    }

// 如果当前信号为致命信号，并且当前进程没有临时阻塞该信号，同时信号为 SIGKILL 或者没有
被追踪
    // 注意：致命信号将会导致整个进程组退出
    if (sig_fatal(p, sig) && !p->signal->group_exit &&
        !sigismember(&t->real_blocked, sig) &&
        (sig == SIGKILL || !(t->ptrace & PT_PTRACED))) {

        // 如果当前信号不需要 dump 进程的堆栈信息，设置进程信号的组信息
        if (!sig_kernel_coredump(sig)) {
            p->signal->group_exit = 1;
            p->signal->group_exit_code = sig;
            p->signal->group_stop_count = 0;
            t = p;
            // 遍历所有进程，向它们的信号集合中设置 SIGKILL 信号，并唤醒它们响应该信号
（该信号退出将会导致进程退出）
            do {
                sigaddset(&t->pending.signal, SIGKILL);
                signal_wake_up(t, 1);
                t = next_thread(t);
            } while (t != p);
            return;
        }
```

```
    // 此时需要做一个 core dump 导出进程组的堆栈信息，接下来需要让除选中的进程之
外的所有进程都进入组停止状态，这样在调度之前什么都不会发生，从共享队列中取出信号，并进
行 core dump
    // 从当前进程组共享信号队列中移出停止信号
    rm_from_queue(SIG_KERNEL_STOP_MASK, &t->pending);
    // 从当前进程组共享信号队列中移出停止信号
    rm_from_queue(SIG_KERNEL_STOP_MASK, &p->signal->shared_pending);
    p->signal->group_stop_count = 0;
    // 当前进程作为组退出
    p->signal->group_exit_task = t;

    t = p;
    // 唤醒进程组中的所有进程
    do {
        // 记录进程组需要停止的进程
        p->signal->group_stop_count++;
        signal_wake_up(t, 0);
        t = next_thread(t);
    } while (t != p);
    // 唤醒处理 core dump 的进程
    wake_up_process(p->signal->group_exit_task);
    return;
    }

    // 此时信号已经放入信号队列，那么通知当前进程处理该信号
    signal_wake_up(t, sig == SIGKILL);
    return;
}

// 该函数用于唤醒指定进程，如果是致命信号，那么设置 resume 为 1，当前进程属于 TASK_
STOPPED 时，是否仍然需要被唤醒来响应信号
inline void signal_wake_up(struct task_struct *t, int resume)
{
    unsigned int mask;

    // 设置线程处理信号标志位
    set_tsk_thread_flag(t, TIF_SIGPENDING);
    mask = TASK_INTERRUPTIBLE;
    // 当前进程属于 TASK_STOPPED 停止进程时，是否仍然唤醒
    if (resume)
        mask |= TASK_STOPPED;
    if (!wake_up_state(t, mask))
        kick_process(t);
}
```

3.9.8　信号处理汇编

CPU 在处理系统调用时会检查信号，然后通过 do_notify_resume()函数对信号进行处理。

```
// 代码路径: linux-2.6.0\arch\i386\kernel\entry.S
ENTRY(system_call)
    pushl %eax
    SAVE_ALL
    // 获取 thread_info 结构，其中可以获得当前进程的 task_struct 结构。也就是 ebp 寄
存器将保存 thread_info 的地址
    GET_THREAD_INFO(%ebp)
    cmpl $(nr_syscalls), %eax            // 检查系统调用号是否超出界限
    jae syscall_badsys
    testb $_TIF_SYSCALL_TRACE,TI_FLAGS(%ebp)
    jnz syscall_trace_entry
syscall_call:
    call *sys_call_table(,%eax,4)        // 调用系统调用
    movl %eax,EAX(%esp)                  // 将返回值保存在 eax 寄存器
syscall_exit:
    cli             // 关中断，以保证在设置 sigpending 时，获取信号集合和返回的安全性
    movl TI_FLAGS(%ebp), %ecx            // 获取进程标志位
    testw $_TIF_ALLWORK_MASK, %cx        // 检测当前进程是否需要执行下一步任务
    jne syscall_exit_work                // 如果需要，那么跳转
restore_all:                            // 否则还原寄存器，返回用户空间
    RESTORE_ALL

    ALIGN


work_pending:
    testb $_TIF_NEED_RESCHED, %cl        // 当前进程是否需要重新调度
    jz work_notifysig                   // 如果不存在重调度，那么跳转执行信号

work_notifysig:                         // 处理信号集合
    testl $VM_MASK, EFLAGS(%esp)
    movl %esp, %eax
    jne work_notifysig_v86
    xorl %edx, %edx
    call do_notify_resume               // 处理信号
    jmp restore_all

    ALIGN

...
```

```
syscall_exit_work:
    testb $_TIF_SYSCALL_TRACE, %cl
    jz work_pending                         // 如果存在任务，那么执行任务
    sti
    movl %esp, %eax
    movl $1, %edx
    call do_syscall_trace
    jmp resume_userspace                    // 跳转恢复，跳转到用户空间

    ALIGN
...

// 代码路径:\linux-2.6.0\arch\i386\kernel\signal.c
__attribute__((regparm(3)))
void do_notify_resume(struct pt_regs *regs, sigset_t *oldset,
             __u32 thread_info_flags)
{
    ...
    // 处理正在等待的信号
    if (thread_info_flags & _TIF_SIGPENDING)
        do_signal(regs,oldset);
...
}
```

3.9.9　do_signal 函数

该函数用于从进程的信号队列中检测信号是否置位，如果信号已经置位，那么就需要处理该信号。

```
// 代码路径: linux-2.6.0\arch\i386\kernel\signal.c
int do_signal(struct pt_regs *regs, sigset_t *oldset)
{
    siginfo_t info;
    int signr;

    // 获取信号
    signr = get_signal_to_deliver(&info, regs, NULL);
    if (signr > 0) {
        // 处理信号
        handle_signal(signr, &info, oldset, regs);
        return 1;
    }
    return 0;
}
```

```
// 代码路径: linux-2.6.0\kernel\signal.c
int get_signal_to_deliver(siginfo_t *info, struct pt_regs *regs, void *cookie)
{
...
relock:
    spin_lock_irq(&current->sighand->siglock);
    for (;;) {
    ...
        // 从信号队列中取出信号
        signr = dequeue_signal(current, mask, info);
    ...
    }
    spin_unlock_irq(&current->sighand->siglock);
    return signr;
}

// 代码路径: linux-2.6.0\kernel\signal.c
int dequeue_signal(struct task_struct *tsk, sigset_t *mask, siginfo_t *info)
{
    // &tsk->pending 从进程的信号等待队列中取出信号, 至此已经可以验证信号处理的全部
过程
    int signr = __dequeue_signal(&tsk->pending, mask, info);
    if (!signr)
        signr = __dequeue_signal(&tsk->signal->shared_pending,
                mask, info);
    if ( signr &&
        ((info->si_code & __SI_MASK) == __SI_TIMER) &&
        info->si_sys_private){
        do_schedule_next_timer(info);
    }
    return signr;
}
```

3.10　小　结

本章通过进程的相关背景，使读者理解单进程下如何处理多个程序。

进程描述符是进程在内核中的结构，其中保存了进程的元数据信息，内核通过切换进程描述符来达到进程切换的目的。

在 0.11 版本的内核中展示了 0 号进程创建的过程，其作为闲置进程常驻在内核中，而

1 号进程才是真正的进程母体，所有进程都需要依赖 1 号进程进行创建，也就是说 1 号进程掌管着所有的进程。

程序是由中断驱动的，理解中断的处理机制对于程序调用、进程切换、程序错误处理等非常有帮助，而硬中断和软中断在网络的收发数据过程中极为重要。

此外，我们在"内核线程原理"一节看到了线程的创建过程，内核并不区分子进程和线程，对于内核而言，它们只是父进程的副本，为了替代父进程，使用更小的调度单位执行资源而存在，重要的是 clone_flag，它决定了父进程与子进程/线程共享的资源。

最后，信号是影响进程执行的外因，"信号原理"一节展示了内核中对信号的处理过程。

第 4 章
内存管理分析

由于 CPU 并不会在磁盘中对数据进行修改，因此需要将磁盘中的数据读入内存中，才能对数据进行下一步操作。内存中的地址我们称为物理地址，即真实地址。早期程序通过实模式的方式访问内存，程序所及之处全部都是物理地址，在那个内存空间稀缺的年代，为了能更好地利用内存，诞生了分页。分页是虚拟内存的核心内容，程序通过分页的方式来复用内存空间。于是程序的寻址不再是指向物理地址，而是指向线性地址，即虚拟地址。由虚拟地址组成的空间便称为虚拟内存空间。虚拟地址并不代表真实的物理地址，它通过分页的方式与物理地址进行映射。这样一来，内存从整块进行存储的方式，细粒度到了以页为单位和磁盘交互，极大程度上减少了内存浪费的空间，并且以页为单位拼凑出空间供给程序使用，让每个程序都认为自己拥有独立的 4GB 内存空间用于运行程序。

在上述表达中，我们涉及了有关内存的两个概念，一个是真实的物理内存，一个是虚拟内存。对于程序而言，可见的永远只有虚拟内存部分，分页是个相对复杂的过程，这让用户几乎感知不到物理内存的存在。由于内核中存在父子进程、线程等概念，它们共用整个 4GB 虚拟内存，因此，程序需要区分所描述的是全部虚拟内存还是某个子进程或线程使用的虚拟内存。

进程作为资源调度的发起者，虚拟内存信息保存在进程描述符中是最合适的。我们知道进程描述符包含了进程的元数据信息，对于整个虚拟内存空间而言，也需要一个结构来描述虚拟内存的元数据信息，这个结构称为内存描述符 mm_struct。既然要区分全部虚拟内存空间和某段虚拟内存空间，那么还需要有一个结构来描述整个虚拟内存空间下的某段虚拟内存空间，这个结构称为虚拟内存区域 vm_area_struct。

因为 0.11 版本内核的内存管理相对简陋，为了能更好地体现内核中内存管理的思想，本章会以 2.6 版本内核的 mmap() 函数进行讲解。此外，由于分页知识过于重要，承接了进程的相关内容，作者担心读者在阅读过程中产生断层，因此将内存管理安排在本章进行讲解。但 2.6 版本内核的 mmap() 函数会涉及文件相关知识，因此作者建议，读者在阅读完内存描述符相关内容后，先进入下一章学习文件系统，在此之后，再返回来看 mmap() 函数

会更加易于理解（这个过程很像程序发起中断调用，中断处理函数完成后，返回执行后续
函数）。

4.1　分　页　概　述

分页是计算机操作系统中的一种内存管理技术，用于将物理内存划分为固定大小的
块，称为页面（page），同时将逻辑内存也划分为与页面大小相等的块，称为页（page）。
读者通过分页技术，操作系统可以将进程的逻辑地址空间映射到物理内存上，实现了虚拟
内存的概念。

4.1.1　分页的作用

还记得介绍 Linux 相关背景时，分页是如何诞生的吗？德国的一名程序员在使用 Linux
操作系统尝试编译内核时，由于内存空间不够而导致无法编译。为此，他发邮件给 Linus，
希望 Linux 可以使用一个较小的编译器来编译内核，以节约内存。但编译器要实现更多的
功能，是不可能仅仅为了节约内存而妥协的。因此需要想到一种方式对内存资源进行重复
利用。Linus 将早期被占用的内存挪到磁盘上，记录磁盘的地址，以便于下次使用的时候
可以根据地址找到需要的数据，然后将当前需要执行的数据从磁盘上挪到内存空间里，完
成置换。这就是分页的由来，分页起初的目的是节约内存，假如没有分页的话，在当时普
遍内存资源稀缺的情况下，甚至连一个程序都无法加载进来，更别提运行了。

但分页也并非一蹴而就，早在 1982 年的 Intel X86 架构下，CPU 就有了保护模式，并
且内存也采用了分段模型，当时为了复用内存资源，采取的是段交换机制，将内存中的数
据以段为单位与磁盘空间的数据进行置换。因为这样做的代价太大，CPU 资源损耗过多，
所以在 1985 年 Intel 支持了更细粒度的分页，一页 4KB，支持一次置换 4KB 的数据，可以
在内存中以页为单位与磁盘空间的数据进行置换。再到后来，开发人员发现在保护模式下
开启分页，还可以融入特权级的检查进行内核态与用户态的隔离，达到内存访问的权限控
制的目的。因此作为请求者的段选择子中携带请求特权级，而作为被访问者的段描述符中
携带描述符特权级，进行权限校验。

前面描述过，在实模式下，CPU 可以直接通过段基址+偏移量的方式直接找到真实地
址，这样对于操作系统而言太过危险，所以需要使用一种手段将操作系统保护起来，因此
保护模式诞生了。在保护模式下，为了将内核空间与用户空间进行隔离，使用特权级的方
式来表示程序运行在内核态还是用户态。每当用户程序需要执行内核代码时，都需要经过

特权级的校验，校验的方式就是比较 CPL、RPL 和 DPL。而 CPL、RPL 和 DPL 存在于段选择子和段描述符中，段选择子作为请求方被加载到 CS:IP 里指向想要访问的段描述符，通过将保存在段选择子的第 0 位和第 1 位中的 CPL、RPL 与保存在被访问的段描述符中的 DPL 进行比较，当特权级校验通过后，还需要经过门转换特权级，然后将得到的线性地址经过地址转换才能找到真正的代码执行地址，如图 4.1 所示。

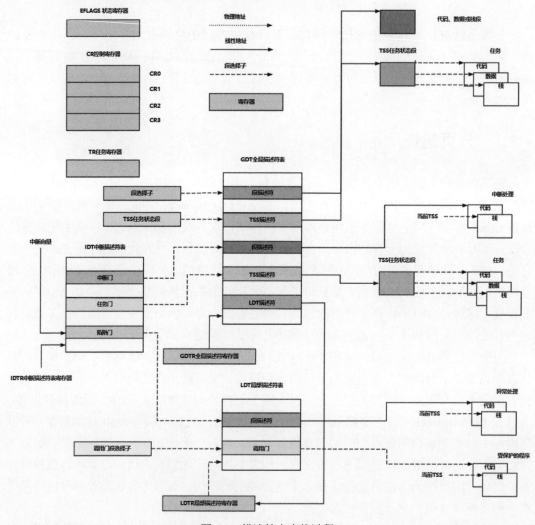

图 4.1　描述符表查找过程

在 Intel 中，必须先分段，再分页，所以分段是绕不开的一道坎。而分段的核心就是 GDT，不管是中断或者异常，肯定会通过某种方式提供权限校验+段选择子，查找 GDT 跳转执行。谁来查找 GDT 呢？通过 IDT 中断描述符表。

4.1.2 控制寄存器

控制寄存器（CR0、CR1、CR2、CR3）用于确定处理器的工作模式和当前执行的程序的特征。

CR0 包含控制处理器的操作模式和状态的系统控制标志，如图 4.2 所示。

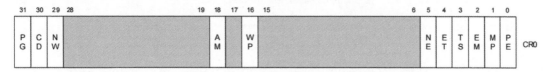

图 4.2　CR0 寄存器

☑ Protection enable（PE）——保护模式标志。设置时启用保护模式，清除时启用真实地址模式。此标志不能直接启用分页功能。它仅启用段级保护。若要启用分页，必须同时设置 PE 和 PG 标志。

☑ Monitor coprocessor（MP）——监控协处理器位，控制 WAIT（或 FWAIT）指令，与 TS 标志配合作用。如果设置 MP 标志的同时也设置了 TS 标志，则 WAIT 指令将生成一个设备不可用的异常（#NM）。如果 MP 标志被清除，则 WAIT 指令将忽略 TS 标志。

☑ Emulation（EM）——仿真位，设置时表示处理器没有内部或外部 x87 FPU。

☑ Task switched（TS）——任务切换位，设置时保存 x87 FPU 指令的上下文信息。

☑ Extension type（ET）——扩展类型位，设置时支持 Intel 387 DX 数学协处理器指令。

☑ Numeric error（NE）——设置时启用报告 x87 FPU 错误的原生（内部）机制；在清除时启用 PC 式的 x87 FPU 错误报告机制。

☑ Write protect（WP）——设置时禁止管理级程序写入只读页；清除时允许管理级程序写入只读页。

☑ Alignment mask（AM）——设置时启用自动对齐检查；清除时禁用对齐检查。只有当设置了 AM 标志，设置了 EFLAGS 寄存器中的 AC 标志，CPL 为 3，处理器以保护模式或虚拟 8086 模式运行时，才会执行对齐检查。

☑ Not write-through（NW）——当 NW 和 CD 标志被清除时，将启用写回（write-back）或直写（write-through），并启用无效周期。

☑ Cache disable（CD）——当 CD 和 NW 标志被清除时，将启用处理器内部和外部缓存中的整个物理内存的缓存。为了防止处理器访问和更新其缓存，必须设置

CD 标志，并且缓存必须无效，以避免发生缓存命中。

☑ Paging（PG）——设置时启用分页；清除时禁用分页。当禁用分页时，所有的线性地址都被视为物理地址。如果未设置 PE 标志（寄存器 CR0 的第 0 位），则 PG 标志无效；当 PE 标志被清除时设置 PG 标志会导致通用保护异常（#GP）。

CR2 包含页错误的线性地址（导致页错误的线性地址），如图 4.3 所示。

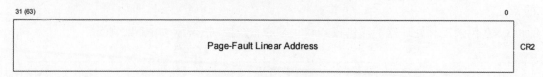

图 4.3　CR2 寄存器

CR3 包含分页结构的基地址和两个标志（PCD 和 PWT）。PCD 和 PWT 标志控制处理器内部数据缓存中该分页结构的缓存（它们不控制页面目录信息的 TLB 缓存），如图 4.4 所示。

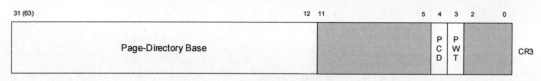

图 4.4　CR3 寄存器

☑ Page-level write-through（PWT）——控制 Cache 处理页表方式，指定 Cache 直写和回写策略。

☑ Page-level cache disable（PCD）——控制 Cache 处理页表方式，指定 Cache 是否禁用。

4.1.3　段选择子

段选择子是一个用于表示段的 16 位标识符，它不会直接指向段，而是指向定义段的段描述符。一个段选择子包含 Index 下标、TI（table indicator，表指示器）标识符和特权级标识。特权级标识用于表明请求特权级为 0~3 中的一个数字，TI 标识符用于表明当前指向的是全局描述符表（GDT）还是局部描述符表（LDT），Index 下标用于表明在全局描述符表或是局部描述符表中的一个索引值，处理器将索引值乘以 8（段描述符中的字节数），并将结果加到 GDT 或 LDT 的基地址，如图 4.5 所示。

☑ Index——索引值。GDT 或 LDT 中描述符的索引下标。

☑ Table indicator（TI）——表标识位。表明当前指向的表是全局描述符表还是局部描述符表。0 表示指向 GDT，1 表示指向 LDT。

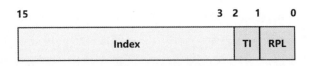

图 4.5　段选择子

☑　Requested privilege level（RPL）——请求特权级。表示当前段选择子的特权级别。

4.1.4　段描述符

段描述符是 GDT 或 LDT 中的一种数据结构，它为处理器提供段的大小和位置，以及访问控制和状态信息，如图 4.6 所示。

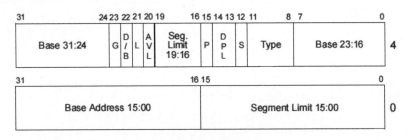

图 4.6　段描述符

☑　Base——段基址。

☑　Granularity（G）——粒度。用于确定线段界限的缩放比例。

☑　Default operation size/default stack pointer size and/or upper bound（D/B）——根据段描述符是可执行代码段、向下扩张数据段还是堆栈段，执行不同的函数。

☑　64-bit code segment（L）——64 位模式代码段标识。当 L 位为 0 时，表示代码段中的指令在兼容模式下执行；当 L 位为 1 时，表示代码段中的指令在 64 位模式下执行。

☑　Available for use by system software（AVL）——保留位。

☑　Segment limit——段界限。与 G 位配合使用，当 G 位为 0 时，段描述符可寻址的范围是 1B～1MB；当 G 位为 1 时，段描述符可寻址的范围是 4KB～4GB。

☑　Segment-present（P）——段是否存在。标识当前段是否在内存中存在，如果此标识被清除，那么当指向段描述符的段选择子被加载到段寄存器中的时候，处理器将生成一个段不存在的异常（#NP）。

☑　Descriptor privilege level（DPL）——描述符特权级。用于表示被访问的描述符的特权级。

- ☑ Descriptor type（S）——描述符类型。标识当前段是系统段还是非系统段。0 表示当前段为系统段，1 表示当前段为非系统段（代码段或数据段）。
- ☑ Type——类型。与 S 位配合使用。Type 有 4 位用于表示状态，也就是可以表示 $2^4=16$ 种场景。当 S 为 0 时，Type 可用于表示的场景如表 4.1 所示。当 S 为 1 时，Type 可用于表示的场景如表 4.2 所示。其中，一致性表示的是一致性代码段。

表 4.1　系统段下表示的类型

类 型 属 性					描　　　述
十进制	第 11 位	第 10 位	第 9 位	第 8 位	32 位模式
0	0	0	0	0	保留
1	0	0	0	1	16 位模式 TSS（可用）
2	0	0	1	0	LDT
3	0	0	1	1	16 位模式 TSS（繁忙）
4	0	1	0	0	16 位调用门
5	0	1	0	1	任务门
6	0	1	1	0	16 位中断门
7	0	1	1	1	16 位陷阱门
8	1	0	0	0	保留
9	1	0	0	1	32 位模式 TSS（可用）
10	1	0	1	0	保留
11	1	0	1	1	32 位模式 TSS（繁忙）
12	1	1	0	0	33 位调用门
13	1	1	0	1	保留
14	1	1	1	0	32 位中断门
15	1	1	1	1	32 位陷阱门

表 4.2　非系统段下表示的类型

	类 型 属 性				描　　　述
描述符类型	十进制	第 11 位	第 10 位 E	第 9 位 W	第 8 位 A	32 位模式
数据段	0	0	0	0	0	只读
	1	0	0	0	1	只读，可访问
	2	0	0	1	0	可读/可写
	3	0	0	1	1	可读/可写，可访问
	4	0	1	0	0	只读，向下扩张
	5	0	一	0	1	只读，向下扩张，可访问
	6	0	1	1	0	可读/可写，向下扩张
	7	0	1	H	1	可读/可写，向下扩张，可访问

续表

| 类 型 属 性 | | | | | 描　　述 |
描述符类型	十进制	第 11 位	第 10 位 E	第 9 位 W	第 8 位 A	32 位模式
			C	R	A	
代码段	8	1	0	0	0	只执行
	9	1	0	0	1	只执行，可访问
	10	1	0	1	0	可执行/可读
	11	1	0	1	1	可执行/可读，可访问
	12	1	1	0	0	只执行，一致性
	13	1	1	0	1	只执行，一致性，可访问
	14	1	1	1	0	可执行/可读，一致性
	15	1	1	1	1	可执行/可读，一致性，可访问

4.1.5　全局描述符表

全局描述符表寄存器的英文全称为 global descriptor table register（GDTR）。在 32 位模式下，全局描述符表寄存器有 48 位，高 32 位用于表示内存地址，低 16 位用于表示段界限，如图 4.7 所示。

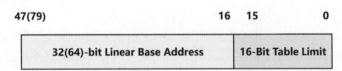

图 4.7　全局描述符表

☑　32(64)-bit linear base address——32 位/64 位线性地址。表示 32 位模式或 64 位模式下的线性地址。

☑　16-bit table limit——16 位表界限。可以表示 2^{16} 个描述符信息。

16 位的表界限限制了可寻址的范围为 2^{16}B，也就是 65 536 字节。一个段描述符 64 位，也就是 8 字节。因为段描述符存在于全局描述符表中，所以用全局描述符表的可寻址范围大小除以一个段描述符的大小，就能得到全局描述符表中可容纳的描述符为 65 536/8 = 8192 个。

段选择子中的高 13 位用作全局描述符表中的索引下标寻找段。索引下标可查找的段有 2^{13} = 8192 个，与全局描述符表中可容纳的段大小相符合。

全局描述符表中保存了段描述符、局部描述符表、TSS 描述符信息。

4.1.6 局部描述符表

局部描述符表寄存器的英文全称为 local descriptor table register（LDTR）。在 32 位模式下，局部描述符表寄存器有 48 位，高 32 位用于表示内存地址，低 16 位用于表示段界限，寄存器模型与 GDT 相同，如图 4.8 所示。

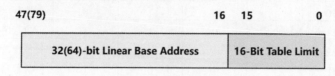

图 4.8 局部描述符表

☑ LDT 存在于 GDT 中。
☑ 在 Linux 0.11 版本中，一个 LDT 指向一个进程的数据段和代码段，而内核的数据段与代码段直接存在于 GDT 中。

4.1.7 分页过程

回顾已学知识，将通过段选择子+偏移量直接寻址物理地址的方式称为实模式，在这种模式下运行的程序与物理内存形成映射关系，等同于有多大的程序就需要占用多少物理内存用于运行。这种方式实现起来简单且易于用户理解，但缺点也很明显，在早期物理内存资源紧缺的情况下，实模式的做法实在太过浪费内存空间，假设一个程序的大小大于内存空间的大小，那么这个程序甚至无法从磁盘加载到内存中，就更不用提运行程序了。

因此，早期的解决办法就是将程序分块加载，每次从磁盘加载需要运行的部分到内存上，执行完成后，再整块放回磁盘，加载下一块需要运行的部分。

随着时间的推移，科技有了较大的进步，内存空间的大小也在逐步增大，当内存的空间大小足以加载多个进程时，这种整存整取的方式也就暴露出了问题，那就是内存碎片化严重。

什么是内存碎片化？程序在内存空间已申请分配的内存中还存在没有使用完的内存，就称为内存内碎片。而两个程序已申请分配的内存之间还存在没有使用完的内存，就称为内存外碎片，如图 4.9 所示。

既然内存碎片化严重，也就表示会有大量的内存空间浪费，因此，磁盘与内存间存取的数据大小为多大合适呢？如果申请分配的内存过大，就容易导致出现内存内碎片；如果申请分配的内存过小，就容易导致出现内存外碎片。在专业人员大量的试验下，最终定下以 4KB 为单位来进行数据的存取最为合适。因此，将整个 4GB 的内存空间划分为 4KB 的格子，而每个 4KB 的格子都与物理内存一一对应，这个格子就叫作页帧，如图 4.10 所示。

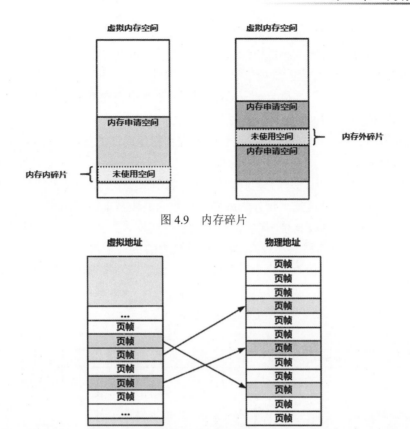

图 4.9　内存碎片

图 4.10　分页基本模型

既然 4GB 的内存空间被划分成 4KB 的页帧，那么就会有 4GB/4KB=4*1024*1024KB/ 4KB = 2^{20} =1M 个表项。在这个公式中，我们可以看到想要描述一个表项，就会用到 20 位来表示表项的信息。由于需要描述页帧的元数据信息，因此保存表项信息的位数一定会大于 20 位。保存描述信息的位数通常与机器位数相关，假设保存表项信息的位数为 32 位，也就是 4B 的话，将程序放入这个页表中作为线性地址查询对应的物理页帧，那么一个程序的页表大小也就为 1*1024*1024*4B=4MB。没错，用于描述程序地址信息的大小都有 4MB 了，那么一旦程序变多，就需要占用大量的内存空间来保存地址信息，而用于保存程序代码和数据的空间就会被挤压，这样也不可取。并且，我们还考虑到一个问题，程序一定会使用完全部 1M 大小的表项吗？由于程序在运行时一直没有访问某些指令和数据，也就导致了表项里的页没有映射到物理内存上，因此也不必为不需要的页保存空的表项。这个思考过程就如同最开始将程序分块从磁盘加载到内存，由于粒度太大，因此细化成了页帧。现在遇到了同样的问题，1M 对于程序而言还是太大，因此还要缩小粒度。

由于页表在内存中是连续分配的，因此不管是否能用完所有的页表项，每次申请内存，都必须分配 4MB 的内存空间。既然虚拟地址到物理地址的单一映射不可取，又考虑到一个程序也许不能使用完 1M 大小的表项，由此引入了二级页表。

在二级页表中，将 32 位的表项信息划分为了 3 个部分。

☑ DIR：前 10 位用于在页目录表（page directory）中查询页表（page table）的首地址。

☑ TABLE：中间 10 位用于查询对应物理地址的首地址。

☑ OFFSET：后 12 位用于根据页表中查询到物理地址的首地址+偏移量，获取到最终的物理地址。

从图 4.11 中可以看到，开启分页后，CPU 根据段选择子查找全局描述符表中的描述符信息，将描述符信息表述的地址作为线性地址空间的段基址，而偏移量则作为线性地址空间内段的偏移值，根据段基址+偏移值获取到线性地址。再将 32 位的线性地址分为页目录（10）+页表（10）+偏移量（12），其中页目录中的页目录项作为页表的基地址，而页表的值作为页表内的偏移量查找页表项。最后以页表项作为物理地址的基地址，把线性地址中的最后 12 位偏移量作为物理地址空间内的偏移值，找到最终的物理地址。

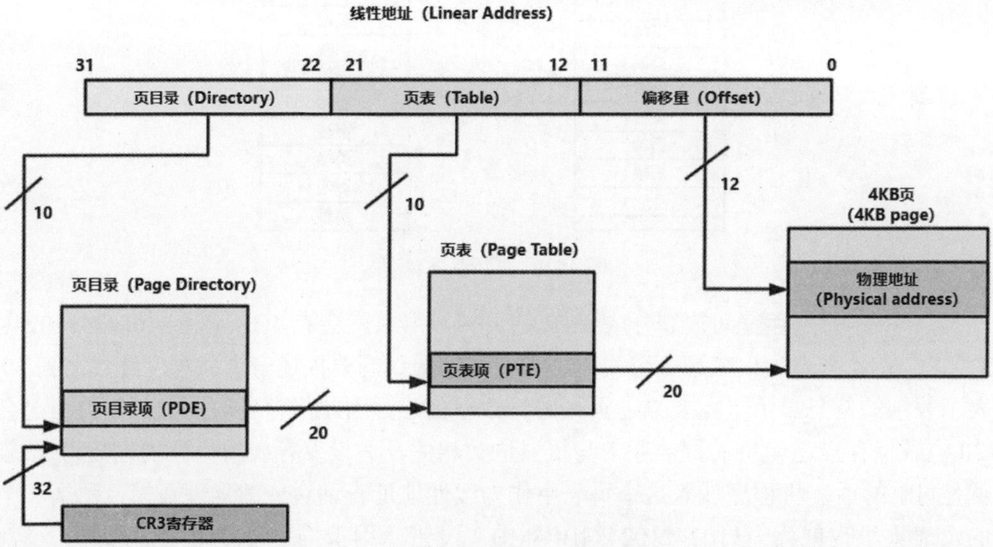

图 4.11　二级分页模型

虚拟地址正如其名，对于每一个进程而言，都仿佛自己拥有一整块内存用于运行（在 32 位机器运行下，可寻址的物理内存大小为 2^{32} = 4GB）。除了高地址的 1GB 用于运行内核程序外，剩下的 3GB 空间由用户进程使用。

如图 4.12 所示，虚拟地址的存在离不开分页的过程，虽说虚拟了地址，由于其只是在逻辑上存在，还需要通过 GDT 查表的方式进入线性地址空间，通过分页转换，最终找到可访问的物理地址。

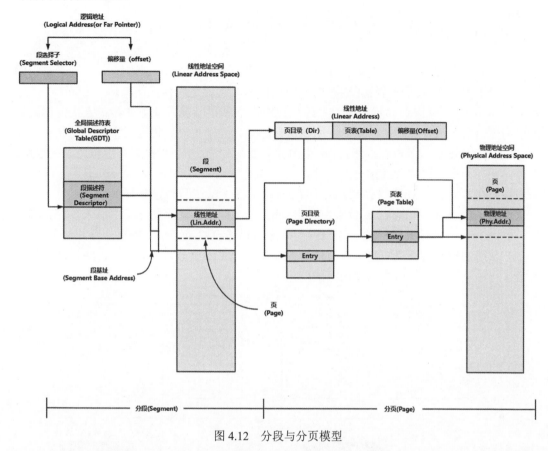

图 4.12　分段与分页模型

　　我们已知段描述符存在于 GDT 中，那么每个进程的执行都会在 GDT 中注册对应的段描述符，由于段描述符存在于 GDT 的位置并不相同，因此这里就已经保证了程序最终访问的物理地址不会重叠。

　　既然物理地址不会重叠，那么可重复使用的就是页。所以我们学习内存管理的重点就在于线性地址到物理地址之间如何进行分页，分页不仅可以节省内存空间，还可以减少磁盘的交互过程，对于程序执行的效率有了更大的提升。

　　虚拟地址和分页存在的意义就是为了让内存空间可重复利用，既然物理地址不重叠，那么就考虑页是否可以重复使用。对于已经使用过且无效的数据，我们称之为脏数据，那么对于已经使用过且无效的页，我们就称之为脏页。当我们需要访问内存某段信息时，通过页来获取这段数据，目的达到后，这个页就成为脏页，我们首先尝试能否获取新的页，如果无法获取更多的页，那么就将脏页刷新到磁盘后再重新使用这些页。

4.2　内存描述符

我们在第 3 章中提到了任务描述符，它被用作描述进程的元数据信息，管理着进程的执行。对于内存而言同样有描述内存的元数据信息，它就是内存描述符。在 Linux 0.11 版本中，仅使用段基址+偏移量的方式描述虚拟内存的使用状况，此方式简单直接，但缺点也很明显，即无法获取虚拟内存的使用状况。因此，为了更好地描述虚拟内存的状态，在 Linux 2.6 版本中引入了内存描述符。虚拟内存需要两种描述，一种是整个虚拟内存的描述，一个是正在使用虚拟内存的描述。因此，内存描述符也分为两种，mm_struct 用于描述整个虚拟内存，而 mm_struct 指向的 vma_struct 用于描述已使用的虚拟内存。

如图 4.13 所示，Linux 2.6 版本中，在 sched.h 文件下的进程描述符中引入了内存描述符。进程的状态可以通过进程描述符来表示，进程描述符中包含整个虚拟内存的使用状况，而正在使用的虚拟内存又与整个虚拟内存的使用状况密不可分，如此一来，我们通过找到某个进程，就可以获取所有虚拟内存的信息。

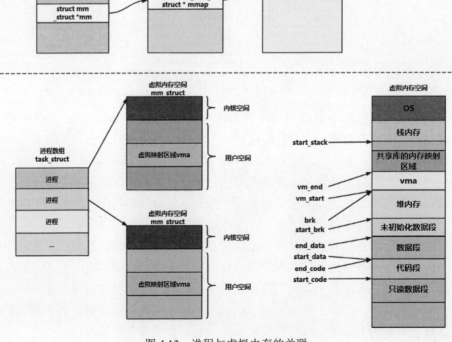

图 4.13　进程与虚拟内存的关联

```
// 代码路径：linux-2.6.0\include\Linux\sched.h
...
struct task_struct {
    ...
    struct mm_struct *mm
}
...
```

内存描述符在内核中的体现形式即为 mm_struct，mm_struct 描述了整个虚拟内存的使用情况。

```
// 代码路径：linux-2.6.0\include\Linux\sched.h
...
struct mm_struct {
    struct vm_area_struct * mmap;        // 虚拟内存区域
    struct rb_root mm_rb;                // 虚拟内存区域红黑树
    struct vm_area_struct * mmap_cache;  // 最近一次找到 vma 的缓存
    unsigned long free_area_cache;       // 第一个内存空洞
    pgd_t * pgd;                         // 页全局目录
    atomic_t mm_users;                   // 指明有多少进程共享了用户空间
    atomic_t mm_count;                   // 指明内存描述符的引用计数
    int map_count;                       // vma 的数量
    struct rw_semaphore mmap_sem;        // mmap 信号量
    spinlock_t page_table_lock;          // 页表锁

    struct list_head mmlist;// 所有的内存描述符都通过 mmlist 连接在一个双向链表中

    // 代码段的起始地址和结束地址，数据段的起始地址和结束地址
    unsigned long start_code, end_code, start_data, end_data;
    // brk（堆）的起始地址和结束地址，栈的起始地址
    unsigned long start_brk, brk, start_stack;
    // 参数字符串的起始地址和结束地址，环境变量的起始地址和结束地址
    unsigned long arg_start, arg_end, env_start, env_end;
    // 页框和虚拟内存的总页数，虚拟内存被锁住的页数
    unsigned long rss, total_vm, locked_vm;
    // 内存交换地址
    unsigned long swap_address;

    mm_context_t context;                // 特定处理器架构的内存管理上下文
    ...
};
...
```

vm_area_truct 用于表示某个进程所使用的虚拟内存信息，标识了虚拟内存的起始地

址、结束地址和虚拟内存所属的地址空间。

```c
// 代码路径: linux-2.6.0\include\Linux\mm.h
...
struct vm_area_struct {
    struct mm_struct * vm_mm;          // 虚拟内存所属的地址空间
    unsigned long vm_start;            // 虚拟内存空间的起始地址
    unsigned long vm_end;              // 虚拟内存空间的结束地址后第一个字节的地址

    // 每个进程的虚拟内存区域通过链表进行连接
    struct vm_area_struct *vm_next;

    pgprot_t vm_page_prot;             // 虚拟内存区域的访问权限
    unsigned long vm_flags;            // 虚拟内存标志（可读、可写、可执行、可共享）

    struct rb_node vm_rb;              // 虚拟内存区域的红黑树，每个内存描述符中都会创建
一颗红黑树，将 vma 作为一个节点挂接到红黑树上，用以提升搜索速度

    struct list_head shared;           // 使用双向链表来连接共享内存区域


    struct vm_operations_struct * vm_ops;    // 虚拟内存操作（打开一个区域、关闭
和解除映射）

    unsigned long vm_pgoff;            // 虚拟内存的页偏移量
    struct file * vm_file;             // 虚拟映射文件（表示内存映射里的文件映射，如果是
匿名映射就为 NULL）
    void * vm_private_data;            // 虚拟内存私有数据
};
...
```

4.3　mmap 函数原理

　　映射的定义是两个元素之间相互对应的关系。这种关系就好比钢琴上的琴键，每一个琴键都会发出不同的声音，为了区分这些声音，需要对每一个键起一个名字，当谈及某个音名时，我们自然能知道这个音所指代的声音。那么这种建立关系的方式就被称为映射。

　　在计算机领域中，通常会对某个变量或内存空间进行定义，我们可以通过定义来对这个变量或内存空间进行赋值，而变量或内存空间与我们定义的值之间建立了映射关系，因此，每当我们操作某个定义时，其实就是在操作定义背后的值。

　　理解了什么是映射后，我们需要了解计算机底层的两种映射方式：I/O 映射和内存映射。

I/O 在英文中直译为 input 和 output，顾名思义，I/O 表示输入与输出，想要完成输入与输出的操作，就需要通过某种介质，这个介质就是硬件设备。通常我们接触最多的就是通过键盘和鼠标给计算机下达指令，而计算机则把执行指令的结果回显到显示器上完成输出。

内存映射则通常表示虚拟内存到物理内存之间建立的对应关系。为什么是虚拟内存？因为对于处理器而言，它分配资源的最小单位是进程，而进程在运行过程中认为其独享整个 4GB 虚拟内存空间，因此程序员可见的部分就是虚拟内存地址。而虚拟内存到物理内存之间需要通过分页转换来达到真正意义上的映射关系，所以在创建内存映射时，首先会在虚拟内存空间分配一个虚拟内存区域 vma。内核采用的是延迟分配物理内存的策略，在进程第一次访问虚拟页时，由于没有页表映射，得到的是一个空页，因此产生缺页异常。程序根据 CR2 寄存器保存缺页异常的线性地址，调用 page fault() 函数，然后从 vma 虚拟内存区域中获取文件映射的操作符，让内核分配新页，再将页填入，此时完成虚拟页的创建。

内存映射分为两种方式：文件映射和匿名映射。

文件映射是由文件支持的内存映射，其作用是将文件的某个区间映射到进程的虚拟地址空间。由于有文件支持，因此程序可以通过文件映射将文件数据映射到缓冲区，以供其他进程读写，最终由缓冲区同步到磁盘。

匿名映射不需要提供文件，其作用是将物理内存映射到进程的虚拟地址空间，映射区不与任何文件关联，且映射区无法和其他进程共享（父子进程除外）。匿名映射通常用于映射进程的堆、栈、数据段等不需要以文件形式存在的空间，由于没有具体的文件，因此无法和磁盘交互。

文件映射与匿名映射的区别在于是否使用 fd（file descriptor，文件描述符）。

内存映射是通过 mmap 函数实现的，其有两种方式在堆上创建映射：mmap 与 mmap2，区别在于 mmap 指定的偏移单位是字节，而 mmap2 指定的偏移单位是页。

为保持简单，我们这里使用 Linux 2.6.0 的内核来分析 mmap 原理。有些参数只有超过该版本才支持，读者可以自行下载对应内核代码完成阅读。

4.3.1　sys_mmap 函数

我们先来看如下函数原型。

```
void *mmap(void *addr, size_t length, int prot, int flags,
        int fd, off_t offset);

int munmap(void *addr, size_t length);
```

mmap() 函数表示在调用进程的虚拟地址空间中创建一个新的映射，新映射的起始地址由参数 addr 指定，length 参数指定映射的长度。

如果 addr 为 NULL，则内核可以自由地选择创建映射的地址，这是创建新映射的最具备可移植性的方法（不同内核的实现对于地址选择可能存在某些约束）。如果 addr 不为 NULL，那么内核将它作为一个关于映射位置的提示，在 Linux 内核上，映射将在 addr 地址附近的页面边界上创建映射，新映射的地址作为调用的结果返回。

当我们需要映射文件的内容时（与匿名映射相反，参见下面的 MAP_ANONYMOUS），可以传入文件描述符 fd，并且指定参数 offset，表示从 fd 表示的文件内容偏移量处开始映射，其中 offset 必须是 sysconf(_SC_PAGE_SIZE)返回的页面大小的倍数，也即需要与页面对齐。

prot 参数描述映射所需的内存保护属性（并且不能与文件的打开模式冲突）。它可以由以下属性描述。

☑ PROT_EXEC：映射的页可以被执行。

☑ PROT_READ：映射的页只读。

☑ PROT_WRITE：映射的页只写。

☑ PROT_NONE：映射的页不能被访问。

flags 参数用于表示映射的页面更新对映射同一区域的其他进程是否可见，以及是否将更新传递到底层文件。它可以由以下属性描述。

☑ MAP_SHARED：在进程间共享此映射。映射的更新对于映射此文件的其他进程是可见的，并被传递到底层文件。在调用 msync()或 munmap()之前，磁盘文件内容实际上可能不会被更新（因为内容还缓存在映射页面中）。

☑ MAP_PRIVATE：创建一个进程私有的写时复制（COW）映射。对映射的更新对于映射同一文件的其他进程是不可见的，并且不会将修改传递到底层文件。

此外，以下值中的零个或多个可以用在 flag 参数中，用于指定一些特殊的标识。

☑ MAP_ANONYMOUS：创建一个匿名映射，该映射与底层文件无关，仅仅创建页面，页面中的内容被初始化为零。fd 和 offset 参数被忽略，但是，如果指定了 MAP_ANONYMOUS 标志位，一些内核实现要求 fd 为-1，创建可移植应用程序时应该确保这一点。从 Linux 2.4 内核开始，Linux 上才支持 MAP_ANONYMOUS 与 MAP_SHARED 结合使用，此时可以实现内存共享机制。

☑ MAP_FIXED：通知内核不要将 addr 参数解释为一个提示，此时必须将映射确切地放在 addr 参数指定的地址。addr 必须是页面大小的倍数。如果由 addr 和 length 指定的内存区域与任何现有映射的页面重叠，则将丢弃现有映射的重叠部分。如果指定的地址不能使用，mmap()将失败。由于映射固定地址的可移植性较差，因此不建议使用此选项。

☑ MAP_HUGETLB（从 Linux 2.6.32 开始支持）：从 HUGETLBFS 透明大页内存文件系统中分配内存。

☑ MAP_LOCKED（从 Linux 2.5.37 开始支持）：使用 mlock(2)函数将映射区域的页面锁定到内存中。在较旧的内核中，这个标志被忽略。

☑ MAP_NONBLOCK（从 Linux 2.5.46 开始支持）：只有与 MAP_POPULATE 标志位一起使用才有意义。不执行任何预读，仅为虚拟中已经存在的页创建页表项。从 Linux 2.6.23 开始，这个标志导致 MAP_POPULATE 不做任何事情。但相信总有一天 MAP_POPULATE 和 MAP_NONBLOCK 的组合可能会被重新实现。

☑ MAP_POPULATE（从 Linux 2.5.46 开始支持）：为文件映射填充页表，这将导致文件的预读。以后对映射的访问将不会被 page fault（缺页异常）阻塞，仅从 Linux 2.6.23 开始支持私有映射与该参数联合使用。

☑ MAP_STACK（从 Linux 2.6.27 开始支持）：表示进程或线程堆栈的地址分配映射。这个标志目前是无操作的，但是在 glibc 函数库中的 pthread 线程库实现中使用，因此如果某些架构需要对堆栈分配进行特殊处理，则标志以后可以透明地实现对 glibc 的支持。

☑ munmap()系统调用：删除指定地址范围的映射。当函数调用结束时，该映射区域也会自动解除映射，同时应该注意：关闭文件描述符 fd 不会解除该区域的映射。

4.3.2　sys_mmap2 函数

sys_mmap2 系统调用用于完成 mmap 的操作。流程较为简单：检测标志位与 fd，然后执行映射。

```
// 代码路径: linux-2.6.0\arch\i386\kernel\sys_i386.c
asmlinkage long sys_mmap2(unsigned long addr, unsigned long len,
   unsigned long prot, unsigned long flags,
   unsigned long fd, unsigned long pgoff)
{
   return do_mmap2(addr, len, prot, flags, fd, pgoff);
}

static inline long do_mmap2(
   unsigned long addr, unsigned long len,
   unsigned long prot, unsigned long flags,
   unsigned long fd, unsigned long pgoff)
{
```

```
    int error = -EBADF;
    struct file * file = NULL;
    // 当前内核不支持这两个标志位，所以将其清零
    flags &= ~(MAP_EXECUTABLE | MAP_DENYWRITE);
    // 若没有指定匿名映射，那么检测 fd 指定的 file 是否存在，如果不存在则直接推出
    if (!(flags & MAP_ANONYMOUS)) {
        file = fget(fd);
        if (!file)
            goto out;
    }
    // 以写者身份获取信号量
    down_write(&current->mm->mmap_sem);
    // 完成实际映射操作
    error = do_mmap_pgoff(file, addr, len, prot, flags, pgoff);
    // 以写者身份释放信号量
    up_write(&current->mm->mmap_sem);
    // 释放当前对 file 结构的引用
    if (file)
        fput(file);
out:
    return error;
}
```

4.3.3　do_mmap_pgoff 函数分析

该函数用于实现完整的映射。流程如下。

（1）检测文件映射 fd 的 file 结构是否支持 mmap 函数。

（2）检测映射长度、偏移量、映射次数是否超出限制。

（3）根据传入参数获取一个起始映射地址。

（4）将传入的 prot 和 flags 标志位转为 vm_flags 标志位。

（5）若指定 VM_LOCKED，那么检测锁定页的限制。

（6）检测文件映射属性并设置相关 vm_flags 标志位。

（7）找到一个可以进行映射的 vma 和它的红黑树父节点。

（8）检测映射空间总大小限制。

（9）尝试进行 vma 的地址空间合并，以减少空间碎片。

（10）若合并失败，那么分配一个新的 vma 结构，然后完成映射。

```
// 代码路径: linux-2.6.0\mm\mmap.c
unsigned long do_mmap_pgoff(struct file * file, unsigned long addr,
        unsigned long len, unsigned long prot,
```

```
                unsigned long flags, unsigned long pgoff)
{
    struct mm_struct * mm = current->mm;
    struct vm_area_struct * vma, * prev;
    struct inode *inode;
    unsigned int vm_flags;
    int correct_wcount = 0;
    int error;
    struct rb_node ** rb_link, * rb_parent;        //vma 映射结构体的红黑树节点
    unsigned long charged = 0;

    if (file) { // 文件映射，需要使用文件的 mmap 操作来完成，若文件不支持映射，那么
直接返回
        if (!file->f_op || !file->f_op->mmap)
            return -ENODEV;

        if ((prot & PROT_EXEC) && (file->f_vfsmnt->mnt_flags & MNT_NOEXEC))
            return -EPERM;
    }
    if (!len)                                    // 映射长度为 0，直接返回
        return addr;

    len = PAGE_ALIGN(len);
    if (!len || len > TASK_SIZE)                 // 映射长度超出用户态的内存范
围（映射长度不能超过用户态的内存大小，否则将会把内核态的信息进行映射）
        return -EINVAL;

    if ((pgoff + (len >> PAGE_SHIFT)) < pgoff) // 映射的文件偏移量溢出
        return -EINVAL;

    if (mm->map_count > MAX_MAP_COUNT)           // 当前进程的映射超出了最大映
射个数：#define MAX_MAP_COUNT    (65536)
        return -ENOMEM;

    addr = get_unmapped_area(file, addr, len, pgoff, flags); // 获取能够映
射的 addr 地址
    if (addr & ~PAGE_MASK)            //addr 没有对齐到页大小的边界处，直接返回
        return addr;

    vm_flags = calc_vm_prot_bits(prot) | calc_vm_flag_bits(flags) |
            mm->def_flags | VM_MAYREAD | VM_MAYWRITE | VM_MAYEXEC; // 将用
户传递的 prot 和 flags 参数转为 vma 的标志位

    if (flags & MAP_LOCKED) { // 若指定页面锁定操作，检测是否支持，若支持则合并上
```

```
VM_LOCKED 标志位
    if (!capable(CAP_IPC_LOCK))
        return -EPERM;
    vm_flags |= VM_LOCKED;
    }

    if (vm_flags & VM_LOCKED) { // 若指定了 VM_LOCKED 标志位，那么检测锁定的映射
页大小是否超出限制
        unsigned long locked = mm->locked_vm << PAGE_SHIFT;
        locked += len;
        if (locked > current->rlim[RLIMIT_MEMLOCK].rlim_cur)
            return -EAGAIN;
    }

    inode = file ? file->f_dentry->d_inode : NULL;  // 由于 VFS 中文件的实际
操作需要由 inode 来完成，因此这里取文件的 inode 结构

    if (file) {                              // 完成文件映射检查
        switch (flags & MAP_TYPE) {          // 取映射类型进行判断
        case MAP_SHARED:                             // 执行进程间 fd 映射的共享
            if ((prot&PROT_WRITE) && !(file->f_mode&FMODE_WRITE)) // 指定了
映射页可写，但文件当前不可写
                return -EACCES;

            if (IS_APPEND(inode) && (file->f_mode & FMODE_WRITE)) // 确保当
前文件不允许 append 追加内容，因为这会改变文件内容的大小
                return -EACCES;

            if (locks_verify_locked(inode))        // 当前 inode 没有存在任何锁
                return -EAGAIN;

            vm_flags |= VM_SHARED | VM_MAYSHARE; // 合并共享标志位
            if (!(file->f_mode & FMODE_WRITE))
                vm_flags &= ~(VM_MAYWRITE | VM_SHARED);

        case MAP_PRIVATE:                        // 私有映射
            if (!(file->f_mode & FMODE_READ))    // 文件不可读，直接退出
                return -EACCES;
            break;

        default:
            return -EINVAL;
        }
    } else { // 完成非文件的映射，此时用于创建内存页映射到当前进程的虚拟地址中
```

```
        vm_flags |= VM_SHARED | VM_MAYSHARE; // 先合并上共享标志位（作者觉得这
里没有必要先合并，因为实际上私有映射应用的场景很多）
        switch (flags & MAP_TYPE) {
        default:
            return -EINVAL;
        case MAP_PRIVATE:                        // 若用户指定私有映射，那么去掉标志位
            vm_flags &= ~(VM_SHARED | VM_MAYSHARE);
        case MAP_SHARED:
            break;
        }
    }

    error = security_file_mmap(file, prot, flags); // 检测权限的安全 file 映
射，这里忽略
    if (error)
        return error;

    error = -ENOMEM;
munmap_back:                                        // 开始执行映射
    vma = find_vma_prepare(mm, addr, &prev, &rb_link, &rb_parent);  // 首
先找到一个可以用于保存映射信息的 vma 结构
    if (vma && vma->vm_start <addr+ len) { // 若 vma 已经存在，同时映射长度大于
vma 管理的映射页，那么先将原有映射解除，然后再次尝试查找合适的 vma（造成这一现象是映射
的内存外碎片）
        if (do_munmap(mm, addr, len))
            return -ENOMEM;
        goto munmap_back;
    }

    // 检查映射的总地址空间限制
    if ((mm->total_vm << PAGE_SHIFT) + len
        > current->rlim[RLIMIT_AS].rlim_cur)
        return -ENOMEM;
```

// 若标志位没有设置不保留 SWAP 分区的页（MAP_NORESERVE）或者 overcommit_memory
参数为 2 时

// 注意：overcommit_memory 可以取值 0、1、2，当 overcommit_memory=0（默认值），
表示内核将检查是否有足够的可用内存供应用进程使用，如果有足够的可用内存，内存申请允许，
否则，内存申请失败，并把错误返回给应用进程；当 overcommit_memory=1，表示内核允许分
配所有的物理内存，而不管当前的内存状态如何；当 overcommit_memory= 2，表示内核允许分
配超过所有物理内存和交换空间总和的虚拟内存

```
    if (!(flags & MAP_NORESERVE) || sysctl_overcommit_memory > 1) {
        if (vm_flags & VM_SHARED) {
            // 进程共享页将在 shmem_file_setup 中检查内存可用性
```

```
                    vm_flags |= VM_ACCOUNT;
            } else if (vm_flags & VM_WRITE) {
                // 私有可写映射，检查内存可用性
                charged = len >> PAGE_SHIFT; // 映射长度对齐到 4KB，查看所需页面数
                if (security_vm_enough_memory(charged))
                    return -ENOMEM;
                vm_flags |= VM_ACCOUNT;
            }
    }
```

// 若当前不是文件映射，且不是进程间共享页映射，同时当前找到合适分配的 vma 的父节点
存在，那么尝试进行合并兄弟 vma 相连的虚拟地址

```
    if (!file && !(vm_flags & VM_SHARED) && rb_parent)
        if (vma_merge(mm, prev, rb_parent, addr,addr+ len,
                vm_flags, NULL, 0))
            goto out;
```

// 若混合失败，那么需要创建一个新的 vma 结构来表示这段新映射的虚拟地址空间

```
    vma = kmem_cache_alloc(vm_area_cachep, SLAB_KERNEL);
    error = -ENOMEM;
    if (!vma)
        goto unacct_error;
```

// 设置 vma 属性

```
    vma->vm_mm = mm;
    vma->vm_start = addr;
    vma->vm_end =addr+ len;
    vma->vm_flags = vm_flags;
    vma->vm_page_prot = protection_map[vm_flags & 0x0f];
    vma->vm_ops = NULL;
    vma->vm_pgoff = pgoff;
    vma->vm_file = NULL;
    vma->vm_private_data = NULL;
    vma->vm_next = NULL;
    INIT_LIST_HEAD(&vma->shared);
```

```
    if (file) { // 调用 file 文件的 mmap 回调函数处理文件映射
        error = -EINVAL;
        if (vm_flags & (VM_GROWSDOWN|VM_GROWSUP)) // 文件映射不支持这两个参数
            goto free_vma;
        if (vm_flags & VM_DENYWRITE) { // VM_DENYWRITE 标志位表示尝试对文件进
行写访问，若失败，则退出
            error = deny_write_access(file);
            if (error)
```

```
            goto free_vma;
        correct_wcount = 1;
    }
    vma->vm_file = file;
    get_file(file);                          // 增加当前 file 结构的引用计数
    error = file->f_op->mmap(file, vma);// 完成映射
    if (error)
        goto unmap_and_free_vma;
} else if (vm_flags & VM_SHARED) { // 共享页映射，那么调用 shmem_file_setup
函数完成映射，这里了解即可
    error = shmem_zero_setup(vma);
    if (error)
        goto free_vma;
}

    // 在共享映射的 vm_flags 中设置 VM_ACCOUNT，以通知 shmem_zero_setup（可能通过
/dev/zero->mmap 调用）必须检查内存预留空间，但是该预留属于共享内存对象，而不是 vma，
所以现在将其清除
    if ((vm_flags & (VM_SHARED|VM_ACCOUNT)) == (VM_SHARED|VM_ACCOUNT))
        vma->vm_flags &= ~VM_ACCOUNT;

    // 现在获取当前 vma 映射的起始地址
    addr = vma->vm_start;

// 非文件映射，或父节点不存在，或尝试对兄弟节点进行合并，减少地址空间碎片失败，那么将
其链入 vma 链表，同时插入红黑树
    if (!file || !rb_parent || !vma_merge(mm, prev, rb_parent, addr,
            addr + len, vma->vm_flags, file, pgoff)) {
        vma_link(mm, vma, prev, rb_link, rb_parent);
        if (correct_wcount)
            atomic_inc(&inode->i_writecount);
    } else {
        if (file) {
            if (correct_wcount)
                atomic_inc(&inode->i_writecount);
            fput(file);
        }
        kmem_cache_free(vm_area_cachep, vma);
    }
out: // 分配成功退出
    mm->total_vm += len >> PAGE_SHIFT;
    // 指定锁定页面，那么调用 make_pages_present 函数将物理页映射到虚拟地址空间中的
页表中
    if (vm_flags & VM_LOCKED) {
```

```
        mm->locked_vm += len >> PAGE_SHIFT;
        make_pages_present(addr,addr+ len);
    }
    // 对文件映射页进行预读, 之后再次访问时将不会导致 page fault (缺页异常)
if (flags & MAP_POPULATE) {
    up_write(&mm->mmap_sem);
    sys_remap_file_pages(addr, len, prot,
            pgoff, flags & MAP_NONBLOCK);
    down_write(&mm->mmap_sem);
    }
    return addr;

unmap_and_free_vma: // 发生错误解除映射并且释放 vma 结构
    ...
    return error;
}
```

4.3.4　get_unmapped_area 函数

该函数用于根据传入参数找到一个可以映射的 addr 地址。可以看到, 如果我们指定了 addr 的同时也指定了 MAP_FIXED, 那么检查没问题后直接返回, 否则我们将尝试从所有 vma 结构中找到一片空闲的没有 vma 映射的虚拟内存域进行映射。

```
// 代码路径: linux-2.6.0\mm\mmap.c
unsigned long get_unmapped_area(struct file *file, unsigned long addr,
        unsigned long len,unsigned long pgoff, unsigned long flags)
{
    // 指定固定映射 (也即必须从 addr 参数处映射)
    if (flags & MAP_FIXED) {
        unsigned long ret;
        if (addr > TASK_SIZE - len)
            return -ENOMEM;
        if (addr & ~PAGE_MASK)
            return -EINVAL;
        // 文件映射或者大页文件映射, 确保边界对齐
        if (file && is_file_hugepages(file)) {
            ret = is_aligned_hugepage_range(addr, len);
            // 确保正常的请求没有落在保留的大页范围内。对于 IA-64 平台来说, 有一个单独
保留的大页面区
        } else {
            ret = is_hugepage_only_range(addr, len);
        }
        // 若检测没什么问题, 那么将用户指定的 addr 地址返回即可
```

```
        if (ret)
            return -EINVAL;
        return addr;
    }

    // 文件对象本身设置了自己的 get_unmapped_area 函数，直接调用即可
    if (file && file->f_op && file->f_op->get_unmapped_area)
        return file->f_op->get_unmapped_area(file, addr,len, pgoff,flags);
    // 否则执行公用分配 addr 函数
    return arch_get_unmapped_area(file, addr, len, pgoff, flags);
}
```

```
// 代码路径：linux-2.6.0\mm\mmap.c
static inline unsigned long arch_get_unmapped_area(struct file *filp,
unsigned long addr,
        unsigned long len, unsigned long pgoff, unsigned long flags)
{
    struct mm_struct *mm = current->mm;
    struct vm_area_struct *vma;
    unsigned long start_addr;
    // 映射长度只能在用户态虚拟地址中
    if (len > TASK_SIZE)
        return -ENOMEM;
    // 若已经指定了 addr，那么将其对齐到页面边界处，然后调用 find_vma 查找红黑树，找
    到该地址落到的 vma 结构
    if (addr) {
        addr = PAGE_ALIGN(addr);
        vma = find_vma(mm, addr);
        // 没有超过用户态虚拟地址空间
        if (TASK_SIZE - len >=addr&&
        // vma 不存在，或该地址并没有被 vma 占用（addr + len <= vma->vm_start
    比较操作中，vm_start 表示该 vma 的起始地址，说明需要的地址映射还没有被 vma 持有），那
    么返回该地址
            (!vma ||addr+ len <= vma->vm_start))
            return addr;
    }
    start_addr =addr= mm->free_area_cache;

    // 否则从当前 addr 地址附近的 vma 结构开始遍历 vma 链表（通过 vma->vm_next 遍历），
    找到一个 vma 不存在，或该地址并没有被 vma 占用的地址返回
full_search:
    for (vma = find_vma(mm, addr); ;vma= vma->vm_next) {
        // 超出用户态虚拟地址
        if (TASK_SIZE - len < addr) {
            // 起始地址不为未映射的基地址，那么从 TASK_UNMAPPED_BASE 地址处重新查找
```

```
            // 在 i386 中#define TASK_UNMAPPED_BASE(PAGE_ALIGN(TASK_SIZE/3))
决定了内核在 mmap 过程中在哪里搜索空闲的 vma 空间块，其中#define TASK_SIZE (PAGE_OFFSET)
3GB

            if (start_addr != TASK_UNMAPPED_BASE) {
                start_addr =addr= TASK_UNMAPPED_BASE;
                goto full_search;
            }
            // 从未映射区中还是没有找到，那么返回缺少虚拟内存
            return -ENOMEM;
        }
        // vma 不存在，或该地址并没有被 vma 占用的地址，则返回
        if (!vma ||addr+ len <= vma->vm_start) {
            mm->free_area_cache =addr+ len;
            return addr;
        }
        // 每次循环没有找到时，将地址更新为当前 vma 映射的末尾虚拟地址，然后重新查找
        addr = vma->vm_end;
    }
}
```

4.3.5　find_vma_prepare 函数

该函数用于从指定 addr 处找到一个 vma 或者红黑树的父节点（在 Linux 内核中，vma 用于管理虚拟内存空间段，为了方便遍历，将其按照地址高低形成一个链表；为了方便查找，将其也组织成一棵红黑树）。

```
// 代码路径：linux-2.6.0\mm\mmap.c
static struct vm_area_struct * find_vma_prepare(struct mm_struct *mm,
unsigned long addr,
        struct vm_area_struct **pprev, struct rb_node ***rb_link,
        struct rb_node ** rb_parent)
{
    struct vm_area_struct * vma;
    struct rb_node ** __rb_link, * __rb_parent, * rb_prev;

    // 获取当前进程的根节点
    __rb_link = &mm->mm_rb.rb_node;
     // 初始化链表与红黑树父节点
    rb_prev = __rb_parent = NULL;
    vma = NULL;

    // 遍历直到找到一个合适的节点：*__rb_link 为 0，也即红黑树叶子节点（标准的红黑树
查找流程）
```

```
    while (*__rb_link) {
        struct vm_area_struct *vma_tmp;
        // 当前查找节点为父节点
        __rb_parent = *__rb_link;
        // 获取其中的 vm_area_struct 结构（该结构保存了完整的虚拟内存域信息：起始地
址、结束地址等）
        vma_tmp = rb_entry(__rb_parent, struct vm_area_struct, vm_rb);
        // 当前 vma 的虚拟地址的结束地址大于 addr
        if (vma_tmp->vm_end > addr) {
            vma = vma_tmp;
            // 若需要的虚拟地址包含在当前 vma 管理的地址中，那么返回该 vma
            if (vma_tmp->vm_start <= addr)
                return vma;
             // 否则查找左子树
            __rb_link = &__rb_parent->rb_left;
            // 否则查找右子树
        } else {
            rb_prev = __rb_parent;
            __rb_link = &__rb_parent->rb_right;
        }
    }
    *pprev = NULL;
    // 最终通过右子树还是没有找到包含需要地址的 vma，那么设置该 vma 为父节点，然后返
回 NULL
    if (rb_prev)
        *pprev = rb_entry(rb_prev, struct vm_area_struct, vm_rb);
    *rb_link = __rb_link;
    *rb_parent = __rb_parent;
    return vma;
}

// 标准红黑树定义，将内嵌于 vm_area_struct 结构中
struct rb_node
{
    struct rb_node *rb_parent;
    int rb_color;
#define RB_RED      0
#define RB_BLACK    1
    struct rb_node *rb_right;
    struct rb_node *rb_left;
};

struct vm_area_struct {
    struct mm_struct * vm_mm;            // 所属进程的内存结构
```

```
    unsigned long vm_start;                    // 起始虚拟地址
    unsigned long vm_end;                      // 结束虚拟地址
    struct vm_area_struct *vm_next;            // vma 链表
    struct rb_node vm_rb;                      // 内嵌红黑树属性
    ... // 省略其他属性
}
```

4.4　munmap 函数原理

munmap()函数是在 POSIX 操作系统中用于取消映射内存区域的系统调用。它的原理是取消指定的内存映射区域，使得该区域不再与进程的虚拟地址空间关联。

4.4.1　do_munmap 函数

该函数用于在指定固定映射时（必须从指定起始地址处映射），返回 vma 中覆盖的起始地址加上内容长度的虚拟内存域，再解除之前的映射。该函数较为简单，若找到需要映射的 vma，则将其中包含 start 至 start+len 的区间切割。然后，解除映射，将这段虚拟地址交给外部函数使用。

```
// 代码路径: linux-2.6.0\mm\mmap.c
int do_munmap(struct mm_struct *mm, unsigned long start, size_t len)
{
    unsigned long end;
    struct vm_area_struct *mpnt, *prev, *last;

// 映射起始地址必须页对齐，映射起始地址和映射长度不能超过用户态虚拟地址空间
    if ((start & ~PAGE_MASK) || start > TASK_SIZE || len > TASK_SIZE-start)
        return -EINVAL;

    // 映射长度为 0
    if ((len = PAGE_ALIGN(len)) == 0)
        return -EINVAL;

    // 找到第一个与起始地址重叠的 vma 结构（该函数返回时，若存在 addr 的映射地址被其他
vma 占据，那么该 addr 将可能在 prev -> end 与 mpnt-> end 的映射区间之间）
    mpnt = find_vma_prev(mm, start, &prev);
    // 若不存在重叠 vma，那么返回
    if (!mpnt)
        return 0;
```

```
// 此时 start < mpnt->vm_end，也即找到可能包含需要映射地址的 vma 结构
// 若使用 hugetlb 文件系统映射，那么检测对齐 range
if (is_vm_hugetlb_page(mpnt)) {
    int ret = is_aligned_hugepage_range(start, len);
    if (ret)
        return ret;
}
// 获取映射后的虚拟地址末尾，若当前找到的 vma 的起始地址大于映射后的结束地址，那么
表名需要映射的 start -> end 这一段虚拟地址没有被 vma 占有，直接返回即可
end = start + len;
if (mpnt->vm_start >= end)
    return 0;
// 此时 mpnt->vm_start < end，表明当前映射的地址区间已经被之前的 vma 占有，那么
此时需要解除映射
// 通知 exec_unmap_notifier 链马上解除当前映射
if (mpnt->vm_file && (mpnt->vm_flags & VM_EXEC))
    profile_exec_unmap(mm);

// 需要映射的起始地址包含在当前 vma 区间中，那么尝试对该 vma 切割
if (start > mpnt->vm_start) {
    if (split_vma(mm, mpnt, start, 0))
        return -ENOMEM;
    // 由于上面设置的 new_below 参数为 0，此时 mpnt 将表示切割后的低地址部分：
mpnt->vm_start ->addr，新切割的 vma 表示：addr -> mpnt->vm_end
    prev = mpnt;
}

// 切割后查看需要映射的 start -> end 区间是否已经切割完成，若没有，那么继续切割（这
是为了避免出现：找到的 vma(start 1 -> end 1)，需要映射的地址区间：start 2 -> end
2，end 2 > end 1 情况）
last = find_vma(mm, end);
// 当前需要映射区间结束地址仍然大于后面找到的 vma 区间，那么继续切割
if (last && end > last->vm_start) {
    if (split_vma(mm, last, end, 1))
        return -ENOMEM;
}
// 获取当前需要操作的 vma 结构，若存在包含映射地址的 vma，那么取该 vma 即可，否则操
作对象为全局 mmap 对象，因为需要解除映射的地址并没有被其他 vma 占有
mpnt = prev? prev->vm_next: mm->mmap;

// 当前进程页表自旋锁，将找到的 vma 区间解除映射
spin_lock(&mm->page_table_lock);
// 将需要解除映射的 vma 从当前进程的 vma 链表中移出
detach_vmas_to_be_unmapped(mm, mpnt, prev, end);
// 删除需要解除映射的页表信息，同时刷新 TLB（因为这些地址已经解除映射，其中缓存的
```

```
物理地址不再需要，所以必须刷新 MMU 的 TLB）
    unmap_region(mm, mpnt, prev, start, end);
    spin_unlock(&mm->page_table_lock);
    // 对当前解除映射的 vma 变量进行修正
    unmap_vma_list(mm, mpnt);
    return 0;
}
```

4.4.2　find_vma_prev 函数

该函数功能与 find_vma 相同，但会在设置*pprev 时，返回一个指向上一个 vma 的指针。

```
// 代码路径: linux-2.6.0\mm\mmap.c
struct vm_area_struct * find_vma_prev(struct mm_struct *mm, unsigned long
    addr, struct vm_area_struct **pprev)
{
    struct vm_area_struct *vma = NULL, *prev = NULL;
    struct rb_node * rb_node;
    if (!mm)
        goto out;

    // 防止 addr 地址低于第一个 vma
    vma = mm->mmap;
    rb_node = mm->mm_rb.rb_node;
    // 遍历红黑树，找到第一个可能包含 addr 的 vma
    while (rb_node) {
        struct vm_area_struct *vma_tmp;
        vma_tmp = rb_entry(rb_node, struct vm_area_struct, vm_rb);

        if (addr < vma_tmp->vm_end) {
            rb_node = rb_node->rb_left;
        } else {
            prev = vma_tmp;
            // 上一个 vma 是最后一个 vma 或者当前 addr 包含在下一个 vma 与当前 vma 之间
    (注意看上面的 addr< vma_tmp->vm_end，判断如果为 false，那么说明需要查找的 addr 在
    当前 vma 映射区间的上面，同时这里 addr< prev->vm_next->vm_end，表明在后面一个 vma
    的下面，所以可以判定该地址包含在这两个 vma 映射区域之间）
            if (!prev->vm_next || (addr < prev->vm_next->vm_end))
                break;
            rb_node = rb_node->rb_right;
        }
    }
out:
    // 保存找到的前一个 vma，也即 addr > vma_tmp->vm_end 的第一个 vma
```

```
    *pprev = prev;
    // 若 prev 存在，由于上述循环的 break 的定义，返回 prev->vm_next 即可，否则返回全
局 vma，也即整个虚拟地址空间
    return prev ? prev->vm_next : vma;
}
```

4.4.3　split_vma 函数

该函数将在地址 addr 处将 vma 拆分为两部分，同时将一个新的 vma 分配给第一部分或插入第一部分的后面。从源码中可以看到，根据 new_below 来决定新的 vma 和旧的 vma 分别用于管理哪一段地址，新创建的 vma 需要插入到链表和红黑树中。

```
// 代码路径：linux-2.6.0\mm\mmap.c
// 当我们调用该函数时的判断：start > mpnt->vm_start，然后 split_vma(mm, mpnt,
start, 0)，可以看到我们此时需要将 vma 切割为 mpnt->vm_start -> start、start ->
mpnt->vm_end 两部分
int split_vma(struct mm_struct * mm, struct vm_area_struct * vma,
        unsigned long addr, int new_below)
{
    struct vm_area_struct *new;
    struct address_space *mapping = NULL;

// 由于需要切分，会生成新的 vma 映射，所以这里需要再次检测是否超过映射数量限制
    if (mm->map_count >= MAX_MAP_COUNT)
        return -ENOMEM;
    // 新创建一个新的 vma 结构
    new = kmem_cache_alloc(vm_area_cachep, SLAB_KERNEL);
    if (!new)
        return -ENOMEM;

    // 由于分割的两段 vma 大部分属性都是一样的，所以这里直接全部复制，然后修正
    *new = *vma;
    // 对于共享链表节点，需要单独初始化
    INIT_LIST_HEAD(&new->shared);

    // 根据设置来决定新的 vma 代表被切割出的两部分中的哪一段，new_below 为 1 表明新的
vma 为低地址那一段，否则为高地址那一段
    // 若指定设置新 vma 的结束地址为 addr，此时新的 vma 的虚拟地址范围为旧的 vma start
->addr
    if (new_below)
        new->vm_end = addr;
    // 否则正常将区间起始地址设置为 addr，此时新的 vma 的虚拟地址范围为：addr -> 旧的
vma end
```

```
    else {
        new->vm_start = addr;
        // 用于处理文件映射，也即当前文件映射的这段区间映射到了新的 vma 中
        new->vm_pgoff += ((addr - vma->vm_start) >> PAGE_SHIFT);
    }
    // 存在文件映射，那么增加文件引用计数
    if (new->vm_file)
        get_file(new->vm_file);

    // 存在 open 函数，那么回调
    if (new->vm_ops && new->vm_ops->open)
        new->vm_ops->open(new);

    // open 函数回调后，保存对文件的 page cache（address_space）的引用
    if (vma->vm_file)
        mapping = vma->vm_file->f_dentry->d_inode->i_mapping;
    // 对 page cache 上锁
    if (mapping)
        down(&mapping->i_shared_sem);
    // 对当前进程的页表上锁
    spin_lock(&mm->page_table_lock);

    // 修正旧 vma 的起始地址或结束地址，让新的 vma 和旧的 vma 分别指向自己的那一段
    if (new_below) {
        vma->vm_start = addr;
        vma->vm_pgoff += ((addr - new->vm_start) >> PAGE_SHIFT);
    } else
        vma->vm_end = addr;
    // 将新的 vma 插入到 vma 链表和红黑树中
    __insert_vm_struct(mm, new);

    // 释放锁并返回
    spin_unlock(&mm->page_table_lock);
    if (mapping)
        up(&mapping->i_shared_sem);
    return 0;
}
```

4.4.4　find_vma 函数

该函数用于从红黑树中找到包含 addr 的 vma 返回，同时 Linux 为了加速访问，将最近查找使用的 vma 缓存在 mmap_cache 中，下一次使用时将避免查找过程。

```
// 代码路径：linux-2.6.0\mm\mmap.c
```

```
struct vm_area_struct * find_vma(struct mm_struct * mm, unsigned long addr)
{
    struct vm_area_struct *vma = NULL;

    if (mm) {
        vma = mm->mmap_cache;
        // 需要查找的地址没有被缓存命中，那么从红黑树中查找（为了加快访问速度，Linux
将最近访问的 vma 缓存到 mmap_cache 变量中）
        if (!(vma && vma->vm_end >addr&& vma->vm_start <= addr)) {
            struct rb_node * rb_node;
            rb_node = mm->mm_rb.rb_node;
            vma = NULL;
            // 遍历红黑树
            while (rb_node) {
                struct vm_area_struct * vma_tmp;
                vma_tmp = rb_entry(rb_node,
                        struct vm_area_struct, vm_rb);
                // 若需要查找的 addr 地址大于当前 vma 的结束地址，那么从左子树继续查找
                if (vma_tmp->vm_end > addr) {
                    vma = vma_tmp;
                    // 若当前 addr 正好包含在该 vma 中，那么结束循环
                    if (vma_tmp->vm_start <= addr)
                        break;
                    rb_node = rb_node->rb_left;
                    // 否则从右子树查找
                } else
                    rb_node = rb_node->rb_right;
            }
            // 缓存当前使用的 vma，下一次使用时不再需要查表
            if (vma)
                mm->mmap_cache = vma;
        }
    }
    return vma;
}
```

4.4.5 detach_vmas_to_be_unmapped 函数

该函数用于将 struct vm_area_struct *vma 到 end 区间的 vma 从红黑树中移出，同时修正 vma 链表。

```
// 代码路径：linux-2.6.0\mm\mmap.c
static void detach_vmas_to_be_unmapped(struct mm_struct *mm, struct
```

```
vm_area_struct *vma,
    struct vm_area_struct *prev, unsigned long end)
{
    struct vm_area_struct **insertion_point;
    struct vm_area_struct *tail_vma = NULL;
    // 将 vma 从链表中移出，那么需要修正 prev 的 vma
    insertion_point = (prev ? &prev->vm_next : &mm->mmap);
    do {
        // 从红黑树中移出当前 vma
        rb_erase(&vma->vm_rb, &mm->mm_rb);
        mm->map_count--;
        tail_vma = vma;
        // 由于链表按地址高低排序，因此这里直接遍历下一个 vma 即可
        vma = vma->vm_next;
        // 循环将 vma->start -> end 地址的 vma 从红黑树中移出
    } while (vma && vma->vm_start < end);
    // 修改链表的 next 引用
    *insertion_point = vma;
    // 释放下一个节点的引用
    tail_vma->vm_next = NULL;
    // 清理 vma 缓存
    mm->mmap_cache = NULL;
}
```

4.4.6 vma_merge 函数

该函数用于：给定一个新的映射请求（addr,end,vm_flags,file,pgoff），确定它是否可以与它的前一个虚拟地址空间或后一个虚拟地址空间的 vma 合并，用于减少内存空洞（memory hole），也即减少外碎片。我们可以看到这里合并的标准如下。

☑ 前驱 vma 的 prev->vm_end ==addr，也即与前驱 vma 地址相邻。

☑ 后继 vma 的 prev->vm_end == next->vm_start，也即前驱 vma 与后继 vma 地址相邻。

```
// 代码路径: linux-2.6.0\mm\mmap.c
static int vma_merge(struct mm_struct *mm, struct vm_area_struct *prev,
        struct rb_node *rb_parent, unsigned long addr,
        unsigned long end, unsigned long vm_flags,
        struct file *file, unsigned long pgoff)
{
    spinlock_t *lock = &mm->page_table_lock;
    struct inode *inode = file ? file->f_dentry->d_inode : NULL;
    struct semaphore *i_shared_sem;

    // 若当前 vma 的类型为特殊类型，那么不支持合并 (#define VM_SPECIAL (VM_IO |
```

VM_DONTCOPY | VM_DONTEXPAND | VM_RESERVED)，比如 vma 为 I/O 操作虚拟地址空间等）
```
    if (vm_flags & VM_SPECIAL)
        return 0;
```
// 若为文件映射，那么获取文件 inode 的共享锁，保证操作该 vma 所映射的文件时的线程安全
```
    i_shared_sem = file ? &inode->i_mapping->i_shared_sem : NULL;
```
// 若当前需要合并的 vma 前面不存在已经分配的虚拟地址空间，那么将红黑树的父节点作为
前驱节点，同时跳转到合并后继的 vma 虚拟地址空间
```
    if (!prev) {
        prev = rb_entry(rb_parent, struct vm_area_struct, vm_rb);
        goto merge_next;
    }
```
// 此时前驱 vma 存在，那么尝试进行合并。合并条件：
```
    if (prev->vm_end ==addr&&                      // 前驱 vma 与当前待分配的地址相邻
            is_mergeable_vma(prev, file, vm_flags) && // 前驱 vma 类型满足合并
条件
            can_vma_merge_after(prev, vm_flags, file, pgoff)) { // 查看前驱
vma 的文件映射是否可以合并后续的地址空间（主要用于检测文件映射）
        struct vm_area_struct *next;
        ...
            // 此时确定可以合并，直接将 prev 的结束地址修改为需要分配的地址空间的 end
地址即可，此时对 prev 进行扩容
        prev->vm_end = end;
        // 获取 prev 后继的 vma 并检测是否支持对后继的 vma 进行合并，合并条件：
        next = prev->vm_next;
        // 后继 vma 存在且与 prev 的 vma 相邻
        if (next && prev->vm_end == next->vm_start &&
                can_vma_merge_before(next, vm_flags, file,
                                 // 文件映射确定可以合并
                    pgoff, (end - addr) >> PAGE_SHIFT)) {
            // 那么继续将 prev 的 vma 的结束地址设置为 next->vm_end，此时继续对 prev
的 vma 进行扩容
            prev->vm_end = next->vm_end;
            // 然后将后继 vma 从链表和红黑树中移出
            __vma_unlink(mm, next, prev);
            // 移出后继 vma 对文件的引用
            __remove_shared_vm_struct(next, inode);
            ... // 释放资源并退出
            return 1;
        }
        ... // 释放资源并退出
        return 1;
    }
```

```
        // 此时不存在前驱 vma，那么直接尝试与后继 vma 进行合并，流程如上，这里不做过多赘述
        prev = prev->vm_next;
        if (prev) {
merge_next:
            if (!can_vma_merge_before(prev, vm_flags, file,
                    pgoff, (end - addr) >> PAGE_SHIFT))
                return 0;
            if (end == prev->vm_start) {
                if (file)
                    down(i_shared_sem);
                spin_lock(lock);
                prev->vm_start = addr;
                prev->vm_pgoff -= (end - addr) >> PAGE_SHIFT;
                spin_unlock(lock);
                if (file)
                    up(i_shared_sem);
                return 1;
            }
        }
    return 0;
}


// 检测 vma 是否可以合并
static inline int is_mergeable_vma(struct vm_area_struct *vma,
        struct file *file, unsigned long vm_flags)
{
    // 存在 close 操作，不能合并
    if (vma->vm_ops && vma->vm_ops->close)
        return 0;
    // 两个 vma 映射的文件与当前 file 不相同，不能合并
    if (vma->vm_file != file)
        return 0;
    // 两个 vma 的标志位不相同，不能合并
    if (vma->vm_flags != vm_flags)
        return 0;
    // vma 存在私有数据，不能合并
    if (vma->vm_private_data)
        return 0;
    return 1;
}

// 检测 vma 是否可以合并后继的地址空间
static int can_vma_merge_after(struct vm_area_struct *vma, unsigned long
    vm_flags, struct file *file, unsigned long vm_pgoff)
{
    // 必要条件：当前 vma 必须支持合并操作
```

```
    if (is_mergeable_vma(vma, file, vm_flags)) {
        unsigned long vma_size;
        // 随后检测是否为匿名映射，因为这里只检测文件映射
        if (!file)
            return 1;
        // 获取当前 vma 的大小
        vma_size = (vma->vm_end - vma->vm_start) >> PAGE_SHIFT;
        // 若当前 vma 映射的文件偏移正好等于扩容偏移量，那么返回 1（为了避免 vma 映射的
文件偏移小于扩容后的大小，访问不属于文件映射偏移的部分将会导致错误）
        if (vma->vm_pgoff + vma_size == vm_pgoff)
            return 1;
    }
    return 0;
}
```

4.5　小　　结

本章讲述了分页的全部过程，程序通过段选择子查询全局描述符表，根据基地址+偏移量的方式找到线性地址，内核将线性地址分成 3 段，根据前 10 位页目录+中 10 位页表+后 12 位偏移量的方式找到物理地址进行映射，在此过程中，分页信息会保存在 CR3 寄存器中。

本章还讲解了内核中对于虚拟内存结构的描述方式，通过 mm_struct 内存描述符来表示整个虚拟内存空间的元数据信息，通过 vm_area_struct 来表示整个虚拟内存空间下某段虚拟内存空间的使用信息。内核通过进程发起资源调度，根据进程找到内存描述符，内存描述符中包含虚拟内存区域的使用信息，而虚拟内存区域中又有文件的信息，这样一来，进程、虚拟内存和文件的信息就被绑定在了一起。

此外，应用程序通过 mmap 函数分配内存映射区域，了解 mmap 函数的执行流程也能对内存的分配方式有一定的理解。

第 5 章
I/O 原理分析

通常我们所说的 I/O 英文全称为 input 和 output，即输入/输出。I/O 必定会涉及代码，而代码又由进程来执行，所以进程与 I/O 互相关联，进程的一切均是 I/O 的基础。

由于 I/O 的涉及范围十分广泛，下到硬件（磁盘、网卡等设备），上到应用程序，只要是与读写相关的操作，均为 I/O。而 I/O 的核心关键在于操作系统如何进行接口间调用、数据如何在各层之间进行传递，重中之重即为内核里的内存管理模块、文件系统模块和块设备模块的相互配合。

因为进程是资源分配的最小单位，一切正在执行的程序都称之为进程；而内存管理是 I/O 的基础，其中分页原理十分重要，最常见的函数 mmap 便是通过页来分配内存的，作者在前文将它们单独划分出一章进行讲解。它们作为本章的基础内容，如读者尚有概念模糊的地方，可以重新翻阅相关章节内容。

作者认为，对于 I/O 而言，最为密不可分的就是文件系统模块和块设备模块。市面上大多关于操作系统的书籍对于文件系统模块与块设备模块已经分析得十分完善，但是缺少对 I/O 操作的整合。为了能更好地体现 I/O 操作的整体流程，作者决定将 I/O 原理作为独立的章节进行梳理和讲解。

本章从 I/O 的大体框架入手，讲述 I/O 的整体概念以及解决方案，然后分析 I/O 在块设备模块与文件系统模块中的应用，最后深入到源码中详细分析 I/O 的重点函数以及原理。相信读完本章的读者一定会对 I/O 有一定的理解。

如果想要对 I/O 有更加深入的了解，建议根据作者分析的重点函数，进入源码中自己再细细品读。如果您的时间不够充裕，无法再花费额外的时间研读源码，本章的知识也会帮助您在上层应用的相关使用中有所见解。

5.1　I/O 原理

I/O（输入/输出）是计算机系统与外部世界进行信息交换的过程。I/O 原理涉及数据的传输和处理，以及计算机系统如何与输入和输出设备进行交互。

5.1.1　提升 I/O 性能的基本思想

CPU 执行进程的代码，I/O 通常以读或写的形式来表现输出与输入，为了更加高效地完成读写操作，我们假设以下 3 种情况。

- ☑ 让进程在执行 I/O 操作时快速执行完成（CPU 没法执行同步代码，只能等待 I/O 操作完成，也就是同步阻塞）。
- ☑ 不由该进程完成，调用其他进程完成后续 I/O 操作，当前进程继续处理主流程（异步）。
- ☑ 不由该进程完成，调用其他进程完成后续 I/O 操作，在一段时间后，当前进程查询执行结果（同步非阻塞）。

其中的核心思想就是让 CPU 资源更多地去处理业务代码，而不是 I/O 操作。

如图 5.1 所示，在整个输入/输出过程中，我们可以大体地将数据流转抽象为 3 个层面：硬件、操作系统和应用程序。我们需要思考的问题是，不论是正向过程还是逆向过程，如何高效地处理 I/O 操作？为了更好地分析 I/O 操作的效能，我们划分 3 个部分用以提升 I/O 效率。

- ☑ 从硬件到操作系统提高 I/O 性能的方式。
- ☑ 从操作系统到应用程序提高 I/O 性能的方式。
- ☑ 从硬件到应用程序提高 I/O 性能的方式。

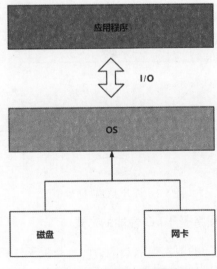

图 5.1　I/O 操作三层模型

1. 从磁盘到操作系统提升 I/O 性能的方式

在 I/O 操作中，大部分时间都处于操作系统到磁盘之间的过程，由于读写操作都会映射到磁盘中，但是磁盘的传输速率较慢，因此我们利用空间和时间局部性原理，在操作系统中引入缓存。这样做的好处有如下两方面。

☑ 对于读操作而言，如果磁盘中的某块位置被引用，那么将来它附近的位置也会被引用，因此将数据预先读取到缓存中以进行加速。

☑ 对于写操作而言，刚从操作系统写入磁盘里的数据可能在下一刻又会被修改，那么此时需要重新将磁盘读入内存中，等待修改完成后再放入磁盘。引入缓存后，将数据从操作系统写入缓存时，如果数据需要修改，直接从缓存中修改即可，等待调用后续刷新操作，再一起将缓存中的数据放入磁盘中。

2. 从磁盘到应用程序提升 I/O 性能的方式

我们在了解操作系统与磁盘之间引入缓存的原因之后，是否还有一种方式可以不经过缓存，直接将数据从磁盘读入应用程序呢？确实有，我们将这种方式称为 O_DIRECT，如图 5.2 所示。

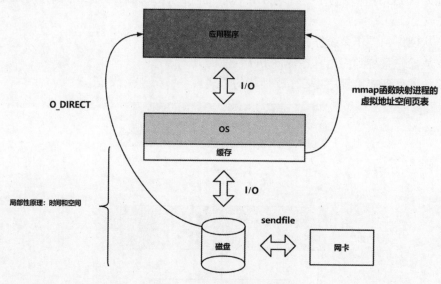

图 5.2　提升 I/O 性能模型图

3. 从操作系统到应用程序提升 I/O 性能的方式

由于用户空间与内核空间的数据是隔离的，两者数据无法相互访问（也即无法共享数据），因此从磁盘读到内核的数据还需要再复制一份到应用程序中去。那么为了减少从内核到应用程序的这一步复制操作，当数据被读入内核时，通过映射的方式将数据写到进程的虚拟地址空间就可以了。在上一章讲解 mmap 函数时我们提及到，使用 mmap 函数时通常使用页作为单位进行映射，这种方式与原来从内核将数据复制到应用程序的区别在于页的粒度比直接复制大的数据对于 CPU 资源的消耗更低，如图 5.2 所示。

4．从磁盘到网卡提升 I/O 性能的方式

如果想要将磁盘里的数据传输到网卡，通常需要将数据从磁盘读入操作系统中，由操作系统传递给应用程序，等待应用程序处理完成后，再将数据经过操作系统传输到网卡。为了提升性能，操作系统通过 fd 文件描述符直接将数据从磁盘传入网卡，这种方式使用 sendfile 函数实现，如图 5.2 所示。

CPU 执行一条指令，将磁盘的数据读入内存中的 3 种方式如下。

☑ CPU 告诉磁盘驱动器读数据并等待，磁盘驱动器读好后就告诉 CPU，CPU 告诉驱动将数据传入内存中，等待完毕后 CPU 继续执行（同步执行）。

☑ 引入中断，磁盘驱动器和内存交互读写数据时，CPU 继续执行指令，完毕后中断 CPU，让 CPU 回复 ack 即可。

☑ 引入 DMA，由一个 DMA 控制器与内存和磁盘驱动沟通，所有的数据传递完成后中断 CPU 即可。

5．DMA 原理

直接内存访问（direct memory access，DMA）是一种内存访问技术。它允许某些电脑内部的硬件子系统（电脑外设）独立地直接读写系统内存，而不需要 CPU 介入处理。在同等程度的处理器负担下，DMA 是一种快速的数据传送方式。

我们知道，计算机对于任何修改的操作都需要先将数据从磁盘加载到内存中，越靠近 CPU 的硬件设备传输速率越快，在不考虑网络传输的情况下，磁盘的存取速度是最慢的。假设遇到了 I/O 密集型操作，需要大量地将数据从内存写入磁盘（或从磁盘读入内存），此时 CPU 会浪费大量的时间用于等待 I/O（硬盘/内存）的读/写操作。为了能让 CPU 在进行 I/O 密集型操作时解放出来去处理别的指令，引入了 DMA。

CPU 在将要执行 I/O 密集型操作前先调度 I/O 控制器，由 I/O 控制器完成接下来的 I/O 操作，当 I/O 操作完成后，再通知 CPU 继续处理后续操作，以减少 CPU 资源的消耗，提升 CPU 的执行性能。

如果想要将数据从磁盘读入内存中，就需要经过如图 5.3 所示的 4 个步骤。

引入 DMA 之后，把某个内存段的数据交给 I/O 控制器进行磁盘交互，一次性操作完成之后，再返回给 CPU。CPU 只需要执行两次指令，即可从磁盘读入数据到内存中，减

少 CPU 资源的消耗，如图 5.4 所示。

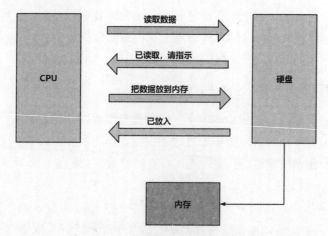

图 5.3　从硬盘读入数据到内存

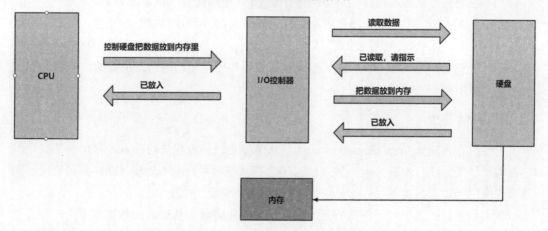

图 5.4　从硬盘读入数据到内存

总结来说，DMA 的目的就是让 CPU 资源执行更多的进程指令。

5.1.2　I/O 执行流程

在描述 I/O 执行流程之前，我们先回顾一下从应用程序执行系统调用的过程。因为应用程序执行系统调用需要从用户态进入内核态，涉及特权级切换，所以 CPU 会产生中断，根据指令流中的 int 0x80 指令进入中断门，找到中断地址，将其作为偏移值，再根据段选择子查找全局描述符表，获取段描述符作为基地址，最后根据基地址+偏移量的方式找到定义代码段的中断处理函数，执行中断处理。CPU 通过保存 ss、esp，可以在程序返回后找到处于 R3 用户态的程序，带入的 param 用于传递参数，而 cs、ip 则用于找到指令流的执行地址。

执行 I/O 操作的过程中通常需要先打开某个文件，对文件进行读或写操作，在读或写操作完成之后，再关闭文件。整个过程中都需要使用到文件。在 Linux 中，我们常常会听到非常经典的一句话：一切皆文件。因此文件会作为载体的形式在整个 I/O 过程中进行传递。

我们将 I/O 操作流程总结为以下 4 个步骤：打开文件、读文件、写文件、关闭文件。当然，如果是新的文件，还需要先创建文件。但用到最多的还是这 4 个关键步骤。我们需要紧抓这 4 个步骤，在 Linux 中找到对应的系统调用函数进行分析，进而弄明白 I/O 的执行流程。

I/O 整体的执行流程从应用程序执行系统调用开始，此时会进行特权级切换，从 R3 的用户态进入 R0 的内核态中，至此执行堆栈将会从用户堆栈切换到内核堆栈。

上一小节我们提到过，对于绝大部分的数据，CPU 并不会直接在内存与磁盘之间处理，为了提升效率，需要引入一个中间产物——buffer cache 缓冲区。如图 5.5 所示，内核通过调用 VFS（虚拟文件系统）来访问并处理缓冲区中的数据，再将处理好的数据传入块设备，通过 I/O 调度器分配 CPU 执行 I/O 调度，以决定何时将数据放入磁盘中。当 CPU 准备好要刷新缓冲区中的数据到磁盘中时，会先调用设备驱动，让内核与磁盘产生连接，连接成功后，将数据放入磁盘缓存中，最后磁盘读取磁盘缓存中的数据进行存储。

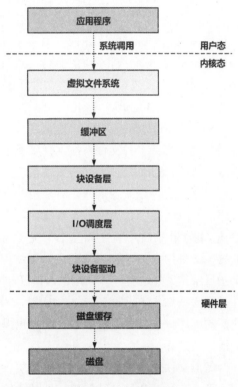

图 5.5　I/O 执行流程

5.2　文 件 系 统

通常来说，文件系统的类型一般分为 3 种：基于磁盘的文件系统（disk-based file system）、虚拟文件系统（virtual file system，VFS）和网络文件系统（net-work file system，NFS）。

进程管理、内存管理和文件系统是学习计算机网络的基础，作者建议读者在此先将设备与文件系统的 I/O 操作整理明白后，再深入学习计算机网络相关知识。

由于本书不涉及网络相关知识，且文件系统与设备系统紧密关联，因此作者会先让读者了解磁盘文件系统与虚拟文件系统的整体概念，再通过 0.11 版本内核和 2.6 版本内核比对学习，帮助读者更加深刻地理解 I/O 操作在文件系统中的具体表现。

5.2.1 虚拟文件系统

文件系统在操作系统中的职责是管理和存储文件，其负责的主要任务包括对文件权限的检查与修改、管理文件在内存与磁盘间的存储、建立虚拟内存与磁盘间的映射关系等。为了便于扩展不同文件系统的具体实现，操作系统对于文件系统的管理提供了 3 个抽象层：VFS 虚拟文件系统、NFS 网络文件系统和基于磁盘的文件系统。常见的文件系统实现有 ext2、ext3、ext4、proc、sysfs、nfs 等。

VFS（virtual file system，虚拟文件系统）是在文件系统上的一个抽象层，最重要的特征之一就是支持多种文件系统，使其更加灵活，从而与许多其他的文件系统共存。为了实现这一目的，Linux 对所有的文件系统采用统一的文件界面，用户通过文件的操作界面来实现对不同文件系统的操作。对于用户来说，我们不需要去关心不同文件系统的具体操作过程，而只是对一个虚拟的文件操作界面进行操作，这个操作界面就是 Linux 的虚拟文件系统。每一个文件系统之间互不干扰，Linux 只是调用相应的程序来实现其功能。在 Linux 的内核文件中，VFS 和具体的文件系统程序都放在 Linux 中，其中每一种文件系统对应一个子目录，另外还有一些共用的 VFS 程序。在具体的实现上，每个文件系统都有自己的文件操作数据结构 file_operations。所以，VFS 作为 Linux 内核中的一个软件层，用于给用户空间的程序提供文件系统接口，同时也提供了内核中的一个抽象功能，允许不同的文件系统很好地共存。

虚拟文件系统中的虚拟主要有两层含义。

☑ 在同一个目录结构中，可以挂载若干种不同的文件系统，VFS 隐藏了它们的实现细节，为使用者提供统一的接口。

☑ 目录结构本身并不是绝对的，每个进程可能会看到不一样的目录结构。目录结构是由"地址空间（namespace）"来描述的，不同的进程可能拥有不同的 namespace，不同的 namespace 可能有着不同的目录结构（因为它们可能挂载了不同的文件系统）。

虚拟文件系统提供的接口包括 open、release、read、write、lseek、sendfile 等，针对接口的不同实现由具体文件系统来决定。ext2 文件系统是 Linux 中最早的文件系统之一，其运用广泛且稳定，在 Linux 中得到了很好的支持，因此其也是 Linux 中最常用的文件系统之一。

如图 5.6 所示，以 Linux 2.6 版本为例，在 linux-2.6.0/fs 目录下包含了很多文件系统，不同目录下的源码即为不同文件系统的具体实现。

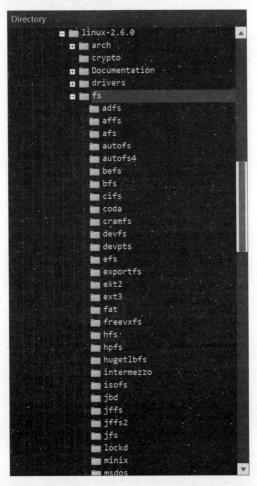

图 5.6　Linux 2.6 版本 fs 目录

5.2.2　文件系统概览

虚拟文件系统是文件系统提供的抽象层，既然是抽象层，对于不同文件系统的实现就需要归类存放在不同的目录中。但如图 5.7 所示，在 0.11 版本的内核里，fs 目录下已经有全部文件系统的源码，并没有额外的目录表示文件系统的扩展，因此对于 0.11 版本的内核而言，没有实现虚拟文件系统，也就是说，0.11 版本的内核还没有文件系统进行扩展。

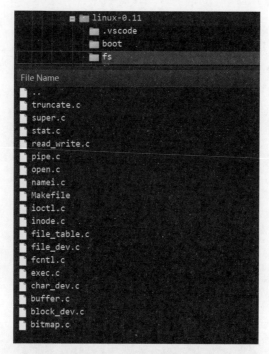

图 5.7　Linux 0.11 版本 fs 目录

因此我们在 0.11 版本的内核源码中学习到的文件系统更加纯粹，高版本的文件系统仅是在 0.11 版本文件系统源码的基础上进行扩展，但是整体流程和思想是不变的，学习低版本的文件系统更有利于我们理解高版本文件系统的改变。

虚拟文件系统在 0.11 版本的内核中进行了如下定义（后续代码路径均为 linux-0.11.h）：

```
#define NAME_LEN 14             // 文件名最大长度为14
#define ROOT_INO 1              // inode 根节点

#define I_MAP_SLOTS 8           // inode 位图插槽数量
#define Z_MAP_SLOTS 8           // 逻辑块位图插槽数量

#define NR_OPEN 20              // 一个进程打开的最大文件数
#define NR_INODE 32             // inode 的最大数量
#define NR_FILE 64              // 内核可打开的最大文件数
#define NR_SUPER 8              // 超级块的最大数量
#define NR_HASH 307             // 缓冲区中 hash 的最大数量，用于定义哈希表的数组下标
#define NR_BUFFERS nr_buffers   // 缓冲区的最大数量，在 main.c 函数中定义
#define BLOCK_SIZE 1024         // 数据区的长度
#define BLOCK_SIZE_BITS 10      // 数据区长度占用的比特位
```

虚拟文件系统由 4 个结构组成，具体如下。

1．super block——超级块

超级块用于存储文件系统的元数据信息。以 ext2 文件系统为例，硬盘分区会被划分成一个个的 block，每个 block 的大小都是相同的，通常来说一个 block 的大小为 1024B 或 4096B，block 的大小是在创建 ext2 文件系统时决定的。内核通常根据超级块来查找 inode 位图和逻辑块位图。通过 inode 位图可以找到对应的 inode，也即文件信息。通过逻辑块位图可以找到对应的缓冲块。

```
// 超级块结构体
struct super_block {
    unsigned short s_ninodes;               // inode 数量
    unsigned short s_nzones;                // 逻辑块数量
    unsigned short s_imap_blocks;           // inode 位图占用的数据块数量
    unsigned short s_zmap_blocks;           // 逻辑块位图占用的数据块数量
    unsigned short s_firstdatazone;         // 第一个数据逻辑块号
    unsigned short s_log_zone_size;
    unsigned long s_max_size;               // 文件最大长度
    unsigned short s_magic;                 // 文件魔数
    struct buffer_head * s_imap[8];         // inode 位图缓冲块指针数组
    struct buffer_head * s_zmap[8];         // 逻辑块位图缓冲块指针数组
    unsigned short s_dev;                   // 超级块所在的设备号
    struct m_inode * s_isup;                // 文件系统根目录的 inode
    struct m_inode * s_imount;              // 文件系统挂载的 inode
    unsigned long s_time;                   // 修改时间
    struct task_struct * s_wait;            // 等待超级块的进程
    unsigned char s_lock;                   // 是否上锁
    unsigned char s_rd_only;                // 是否只读
    unsigned char s_dirt;                   // 是否为脏
};

// 磁盘上的超级块结构体
struct d_super_block {
    unsigned short s_ninodes;               // inode 数量
    unsigned short s_nzones;                // 逻辑块数量
    unsigned short s_imap_blocks;           // inode 位图占用的数据块数量
    unsigned short s_zmap_blocks;           // 逻辑块位图占用的数据块数量
    unsigned short s_firstdatazone;         // 第一个数据逻辑块号
    unsigned short s_log_zone_size;         // log 以 2 为底，数据区的数量
    unsigned long s_max_size;               // 文件最大长度
    unsigned short s_magic;                 // 文件魔数
};
```

2．Inode——文件索引节点

inode 用于存储文件的元数据信息，其包含了文件的使用权限、文件大小、文件占用的逻辑块数组等信息。需要注意的是 inode 有两种形式，一种是 VFS 的 inode，存在于内存中；而另一种则是具体文件系统的 inode，存在于磁盘上。因此，内核需要将磁盘上的 inode 与内存中的 inode 进行关联，这样才算使用了磁盘上的 inode。

当创建一个文件时，内核会分配给文件一个 inode。每个 inode 仅对应一个文件，因此 inode 号是唯一的，用于表示不同的文件。我们所说的文件，对于内核而言就是 inode。0.11 版本内核定义的 NR_INODE 表示 inode 的最大数量，也是文件的最大数量。

在 Linux 中，一切皆文件，当文件需要访问磁盘进行数据读写时，就要规定文件与磁盘间的写入格式。磁盘由磁道、柱面和扇区组成，扇区用于存放数据，一个扇区的大小为512B。为了提升性能，内核一次读取 2 个扇区的数据，由于 2 个扇区需要标识成一个单位，于是有了逻辑块的概念。一个逻辑块表示 2 个缓冲区，因此一个逻辑块的大小为 1024B。因为是基于文件的读写，所以 inode 中需要保存所用逻辑块的信息。inode 通过逻辑块数组的形式来查找逻辑块，在 bmap() 函数中表示了 inode 逻辑块数组的前 7 项用于直接获取逻辑块号，第 7 项指向间接逻辑块数组获取逻辑块，第 8 项使用二次寻址的方式建立二级间接逻辑块数组来获取逻辑块，如图 5.8 所示。

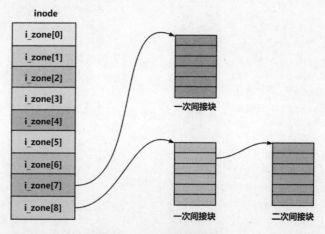

图 5.8　inode 逻辑块寻址

```
// 磁盘上的 inode 节点结构体
struct d_inode {
    unsigned short i_mode;// 用户的文件使用权限（r 表示可读，w 表示可写，x 表示可执行）
    unsigned short i_uid;          // 文件的用户 id
    unsigned long i_size;          // 文件大小
    unsigned long i_time;          // 文件的修改时间
```

```
    unsigned char i_gid;                  // 文件的组 id
    unsigned char i_nlinks;               // 文件的硬链接数（目录项指向该节点的数量）
    unsigned short i_zone[9];             // 文件占用的逻辑块数组
};

// 内存中的 inode 节点结构体
struct m_inode {
    unsigned short i_mode;// 用户的文件使用权限（r 表示可读，w 表示可写，x 表示可执行）
    unsigned short i_uid;                 // 文件的用户 id
    unsigned long i_size;                 // 文件大小
    unsigned long i_mtime;                // 文件的修改时间
    unsigned char i_gid;                  // 文件的组 id
    unsigned char i_nlinks;               // 文件的链接数（目录项指向该节点的数量）
    unsigned short i_zone[9];             // 文件占用的逻辑块数组
    struct task_struct * i_wait;          // 等待当前 inode 的进程
    unsigned long i_atime;                // 访问当前 inode 的时间
    unsigned long i_ctime;                // 修改当前 inode 的时间
    unsigned short i_dev;                 // 当前 inode 所属的设备
    unsigned short i_num;                 // 当前 inode 的所属设备的号
    unsigned short i_count;               // 使用当前 inode 的进程数
    unsigned char i_lock;                 // 当前 inode 是否上锁
    unsigned char i_dirt;                 // 当前 inode 是否为脏（被修改过）
    unsigned char i_pipe;                 // 当前 inode 是否为管道文件
    unsigned char i_mount;                // 当前 inode 是否挂载了文件系统
};
```

3. dentry——目录项

在 Linux 中，我们常说一切皆文件，目录对于内核而言同样也是文件，也使用 inode 来表示。如路径/usr/home/demo.txt 中的 usr、home、demo.txt，还有根目录'/'、上级目录'..'和当前目录'.'都是文件，区别在于 demo.txt 是普通文件，10 位文件权限的第一位用'-'来表示，如-rwxrwxrwx。而其他目录则是目录文件，10 位文件权限的第一位用'd'来表示，如drwxr-xr-x。

目录项的组成结构非常简单，只有一个无符号的短整型 inode 和一个字节类型的文件名。目录项只存在于内存中，在磁盘上并没有关于目录项的描述，因此目录项更像是为了方便查找文件而产生的用于缓存文件的中间产物。

不论是目录文件还是普通文件，都可以使用目录项来表示，因此目录项也是 inode 的另外一种体现形式。

```
// 目录项结构体
struct dir_entry {
    unsigned short inode;                 // inode
```

```
    char name[NAME_LEN];                    // 文件名
};
```

4. file——文件

文件结构体用于描述文件信息，包括用户的文件使用权限、文件表示、文件引用次数、文件指针、文件偏移量信息。

在 0.11 版本的内核中，文件通常使用 file_table[]文件数组来进行管理。进程通过调用 open()函数返回 fd 文件描述符来表示已有文件，如果进程想要对此文件进行后续操作，就需要将 fd 文件描述符放入文件数组中找到具体的文件。换言之，进程需要通过 fd 文件描述符来操作文件。

由于 0.11 版本内核中的文件是通过数组的形式实现的，因此检查文件是否存在的逻辑也就变成了判断某个数组下标在数组中是否为空。如果此数组下标在数组中为空，说明文件不存在，反之则存在。我们在日常交流中不能以文件数组下标来表达，因此将文件数组下标称为 fd 文件描述符。

当然，高版本的文件实现必然不是数组这么简陋的形式。

```
// 文件结构体
struct file {
    unsigned short f_mode;// 用户的文件使用权限（r 表示可读，w 表示可写，x 表示可执行）
    unsigned short f_flags;            // 文件访问标识
    unsigned short f_count;            // 文件引用次数
    struct m_inode * f_inode;          // 文件指针
    off_t f_pos;                       // 文件偏移量
};
```

5.2.3 文件系统布局

图 5.9 描述了 Minix 文件系统对于磁盘空间的管理模型，由于文件数据被存储在磁盘的"块"中，因此我们需要元数据来描述存储在磁盘块中的文件数据，这个元数据信息即为 inode。

在内核中操作文件的核心在于 inode，每个文件和目录都有且只有一个对应的 inode，而 inode 包含文件的类型、访问权限、修改时间、文件大小等信息。由于元数据也需要占用磁盘空间，因此内核需要将磁盘空间划分出两个区域，一个是 inode 区，用于存放 inode 信息；而另一个区域则为数据区，用于存放文件数据。

既然说每个文件和目录都有且只有一个对应的 inode，那么就需要维护一张表用于查找 inode，这张 inode 表即为 inode 位图。除了需要找到对应的文件，还需要知道当前文件对应的数据区，因此逻辑块位图用于标识文件相应数据区。

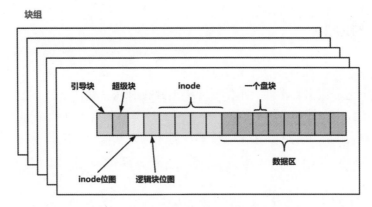

图 5.9 Minix 文件系统对于磁盘空间的管理图

现在我们有了两张表，一张表用于查找 inode，另一张表用于查找文件数据区信息，接下来我们就需要通过某个数据结构将其放在一起，以便表示所有文件的 inode 和数据区信息。这个数据结构就是磁盘空间中的超级块，超级块保存了 inode 信息、逻辑块信息、数据块起始地址和数据块位图地址等信息。这样一来，我们便可以通过超级块来查找某个 inode 的数据块。

在第 2 章我们提到了操作系统的启动过程，该小节里我们了解到计算机开机加电自检后，会读取磁盘中固定位置的数据用以引导启动程序，因此磁盘空间的第 0 个柱面第 0 个扇区第 1 个磁道的 512 字节处存放着引导块。

在了解了上述磁盘空间里各个区域间的推理过程后，如果读者能第一时间想到内存管理中的分页过程，那么您对于内核的套路已经有了一些感悟。我们回顾一下，在分页过程中，内核将线性地址拆分成 3 部分（页目录、页表、偏移量），将页目录项作为页表的基地址，并将页表项作为偏移量找到物理地址的基地址，再根据偏移量找到绝对地址（如果有不太清楚的读者，可以返回 4.1.7 小节对比学习）。

对于磁盘空间，也可以看作线性地址，将其拆分成超级块、inode 位图、逻辑块位图、inode、文件数据。整个查找过程和分页十分相似。通过超级块查找 inode 位图，inode 位图用以查找 inode。通过超级块查找逻辑块位图，逻辑块位图用以查找文件数据，最终组合得到的地址即为文件数据的地址。

假设数据区特别大而导致 inode 位图和逻辑块位图变多的情况下，为了方便管理和提升性能，我们就可以利用上述思想继续嵌套。为了能描述更多的 inode 位图和逻辑块位图，考虑将磁盘结构用数组的形式划分为块组，再使用一个新的数据结构作为元数据描述块组信息。这样一来，每个块组仅存放少量 inode 和数据区，通过元数据来查找块组，再利用块组查找 inode 和数据区，就可以避免在大量数据中遍历并减少 CPU 消耗。

5.2.4 用户权限

通过 ls -l 命令可以查询当前目录下所有文件的描述信息，其中包含文件的使用权限、链接计数、用户名、组名、文件大小、文件最后修改时间、文件名。

其中，使用权限由 10 位组成，第 1 位表示文件类型，后面 9 位分别以 3 位为一组：前 3 位表示用户权限；中间 3 位表示组权限；后 3 位表示他人权限。

```
drwxr-xr-x  7 root root 4096 3月  12 12:09 linux-headers-5.15.0-67-generic
```

1. 用户

Linux 有两种用户——超级用户和普通用户。一台计算机中的超级用户拥有所有文件的读写和执行权限，由于计算机往往并不是一个人使用，除了计算机主人拥有超级用户权限外，其他访问者如果也能以超级用户的形式使用计算机，就会存在安全问题，因此普通用户常用于访客登录。超级用户可以通过 adduser 或 deluser 命令来创建和删除新的普通用户。

普通用户可以读、写或执行自身创建的文件，通常来说，也可以读其他用户和超级用户的文件，但写和执行操作往往会涉及安全问题，因此普通用户对于访问超级用户或系统的文件而言，往往是没有写或执行的权限。

2. 群组

当访问计算机的用户变多，权限管理就会变得复杂起来。文件所有者对于他人访问文件的权限如果以个体为单位进行赋值，就会变得异常烦琐，为了便于管理，出现了群组的概念。超级用户可以为某个文件以群组的方式进行权限赋值，使群组中的成员可以对此文件进行读、写和执行操作。

3. 文件类型

- ☑ '-'——表示普通文件。
- ☑ 'd'——directory，表示当前文件为目录文件。
- ☑ 's'——symbol，表示符号链接文件。
- ☑ 'p'——pipe，表示命名管道文件。
- ☑ 'c'——char，表示字符设备文件。
- ☑ 'b'——block，表示块设备文件。

4．权限表示

☑　'-'——没有权限。

☑　'r'——read，表示可读权限。

☑　'w'——write，表示可写权限。

☑　'x'——execute，表示可执行权限。

5．权限示例

☑　-rw-------(600)——只有所有者才有读和写的权限。

☑　-rw-r--r--(644)——只有所有者才有读和写的权限，组群和其他人只有读的权限。

☑　-rwx------(700)——只有所有者才有读、写、执行的权限。

☑　-rwxr-xr-x(755)——只有所有者才有读、写、执行的权限，组群和其他人只有读和执行的权限。

☑　-rwx--x--x(711)——只有所有者才有读、写、执行的权限，组群和其他人只有执行的权限。

☑　-rw-rw-rw- (666)——所有用户都有读和写的权限。

☑　-rwxrwxrwx (777)——所有用户都有读、写和执行的权限。

6．修改文件访问权限

用户可以通过 chmod 命令来修改文件的访问权限，Linux 对于 r、w 和 x 都分配了对应的数字。r 权限对应着数字 4，w 权限对应着数字 2，x 权限对应着数字 1，如表 5.1 所示。

表 5.1　读、写、执行权限计算

权　　限	二 进 制 数	十 进 制 数	计 算 过 程
--	000	0	0+0+0
r--	100	4	4+0+0
-w-	010	2	0 +2+0
--x	001	H	0+0+1
rw-	110	6	4 +2+0
-wx	011	3	0 +2+1
r-x	101	5	4+0+1
rwx	111	7	4+2+1

r、w、x 只是定义出方便用户阅读的标志，以人类的习惯而言，通常十进制数用到的最多，因此在修改文件权限时，通常以十进制形式进行修改，如最常使用的命令 chmod 777。而计算机只认识 0 和 1，因此还需要将十进制数转化为二进制作为指令流输入 CPU 中执行。

当我们将 r、w、x 以二进制数表示的时候，已经可以很清楚地表明使用 3 位来表示权限刚好够用，0 用于表示不可，1 表示可，而"不可"在日常用语中常省略。例如，r--用二进制数表示为 100，读作可读即可；-w-用二进制数表示为 010，读作可写即可。

修改文件的最高权限 chmod 777 刚好可以转换为 9 位的二进制数 111 111 111，前 3 位 111 表示用户权限，中间 3 位 111 表示组权限，后 3 位 111 表示他人权限。

5.3 open 函数原理

open()函数是在 POSIX 操作系统中用于打开文件或创建文件的系统调用。它的原理是通过给定的文件路径和访问模式，在文件系统中查找文件并返回一个文件描述符，以便后续对文件进行读取、写入或其他操作。

5.3.1 sys_open 函数

该函数通过传入文件路径、访问标志和该文件的使用权限来打开文件，如果执行成功则返回 0，执行失败则返回-1。

对于 0.11 版本的内核代码，sys_create()创建文件函数调用的也是 sys_open()函数，需要传入的是文件路径和用户使用的文件权限，而访问标志则由内核定义为 O_CREAT | O_TRUNC 来表明是新建文件。因此，sys_open()函数中既有创建文件的逻辑，也有打开文件的逻辑。

```
// 代码路径: linux-0.11\fs\open.c

int sys_creat(const char * pathname, int mode)
{
    return sys_open(pathname, O_CREAT | O_TRUNC, mode);
}
```

在 sys_open()函数中，如果是新建文件，那么还需要添加新的 inode，并对此目录添加目录项后返回 inode，再根据目录项的 inode 和目录的设备号进行匹配，匹配通过后返回 inode。

整个 sys_open 流程理解起来较为简单，在 Linux 0.11 版本中，定义一个进程最大可以打开 20 个文件，内核最大可以打开 64 个文件，因此需要先校验打开文件数量是否超出上限。然后从文件数组中遍历出一个未使用的 fd，如果找到了，则此 fd 对应文件的引用计数+1。最后根据文件路径找到 inode，fd 表示 file[20]文件数组下标，此时返回 fd 下标，后续对于读、写、关闭文件的操作，传入 fd 即可在文件数组中找到对应文件。

```c
// 代码路径：linux-0.11\fs\open.c

...
#define NR_OPEN 20
#define NR_FILE 64
...

int sys_open(const char * filename,int flag,int mode)
{
    struct m_inode * inode;
    struct file * f;
    int i,fd;

    mode &= 0777 & ~current->umask;

    // NR_OPEN 定义为 20 ，表示一个进程最大可以打开 20 个文件
    for(fd=0 ; fd<NR_OPEN ; fd++)

        // 遍历文件数组，找到一个未使用的文件，找到了就继续往后执行
        if (!current->filp[fd])
            break;

    // 文件数量超过 20 时，返回错误号
    if (fd>=NR_OPEN)
        return -EINVAL;

    // current 被定义为当前进程
    // 此处表示设置当前进程关闭文件的标识
    current->close_on_exec &= ~(1<<fd);

    // file_table 被定义为 file_table[NR_FILE]，其中 NR_FILE 为 64
    // f 表示文件数组的首地址
    f=0+file_table;

    // 从文件数组中找到一个空闲文件，内核最大支持打开 64 个文件
    for (i=0 ; i<NR_FILE ; i++,f++)
        if (!f->f_count) break;

    // 文件数量超过 64 时，返回错误号
    if (i>=NR_FILE)
        return -EINVAL;

    // 如果找到了空闲文件，将此文件的引用计数+1
```

```
    (current->filp[fd]=f)->f_count++;

    // open_namei 需要传入文件路径、访问标志和文件权限，需要关注的是第 4 个参数&inode,
调用此函数的关键就是获取返回的 inode，在后续初始化文件结构时，需要将此 inode 赋值到文
件 inode 上
    // 此外，如果调用 open_namei 成功则返回 0，直接执行初始化文件结构流程
    // 如果调用 open_namei 返回负数，则表示失败，需要设置当前进程的 fd 在文件数组中获
取的文件为空，设置文件的引用数量为 0
    // 由于 i 返回的是错误码，因此直接返回 i 表示调用失败即可
    if ((i=open_namei(filename,flag,mode,&inode))<0) {
        current->filp[fd]=NULL;
        f->f_count=0;
        return i;
    }

    ...
    // 初始化文件结构
    f->f_mode = inode->i_mode;
    f->f_flags = flag;
    f->f_count = 1;
    f->f_inode = inode;
    f->f_pos = 0;
    return (fd);
}
```

5.3.2　open_namei 函数

此函数是 sys_open()中的重点调用函数，完整打开文件程序的逻辑都在 open_namei()
函数中。

首先校验文件的访问标志、使用权限、用户所给文件路径的目录是否存在、文件名长
度是否为 0。

通过校验后根据目录、文件名、文件名长度、目录项确定目录项，根据目录项中的 inode
和目录中的设备号进行校验匹配，如果匹配失败则返回错误码，如果成功则返回 inode。

如果无法通过目录、文件名、文件名长度、目录项找到合适的目录项，则判断文件标
志是否为新建文件、用户在该目录中是否有写权限。在校验通过的情况下，申请新的 inode
并对其初始化，然后对此 inode 添加新的目录项。如果失败，释放目录并返回错误码。如
果添加成功则返回 inode。

```
// 代码路径: linux-0.11\fs\namei.c
```

```
...
#define O_ACCMODE    00003               // 文件访问标志
#define O_RDONLY     00                  // 文件只读标志
#define O_WRONLY     01                  // 文件只写标志
#define O_RDWR       02                  // 文件读写标志
#define O_CREAT      00100               // 文件创建标志
#define O_EXCL       00200               // 进程独占文件标志
#define O_NOCTTY     00400               // 不分配终端标志
#define O_TRUNC      01000               // 文件长度截 0 标志
#define O_APPEND     02000               // 文件添加至末端标志
#define O_NONBLOCK   04000               // 文件非阻塞打开标志
#define O_NDELAY     O_NONBLOCK
...

int open_namei(const char * pathname, int flag, int mode,
    struct m_inode ** res_inode)
{
    const char * basename;
    int inr,dev,namelen;
    struct m_inode * dir, *inode;        // 文件目录，文件索引节点
    struct buffer_head * bh;             // 缓冲头
    struct dir_entry * de;               // 目录项

    // 检查文件长度截取为 0 且文件访问模式为只读（与运算表示二进制截断，截断低位后只有
    // 0 取反为真，而 O_RDONLY 被定义为 00，因此表示只读标志）
    // O_TRUNC 标志表示将文件原本的内容全部丢弃，文件大小变为 0
    // 因为 O_TRUNC 标志的存在，已经将文件原本内容全部丢弃且文件大小为 0，因此修改文件
    // 标志为文件只写标志
    if ((flag & O_TRUNC) && !(flag & O_ACCMODE))
    // 或运算表示无进位相加，这里表示设置文件标志为文件只写标志
        flag |= O_WRONLY;
    mode &= 0777 & ~current->umask;
    // 设置当前文件为普通文件
    mode |= I_REGULAR;

    // 分析文件路径、文件名长度、文件名，查找目录，如果未找到对应目录，返回错误码
    if (!(dir = dir_namei(pathname,&namelen,&basename)))
        return -ENOENT;

    // 如果文件名长度为 0 并且文件标志不为新建文件标志或截 0 标志，获取 inode
    if (!namelen) {
        if (!(flag & (O_ACCMODE|O_CREAT|O_TRUNC))) {
            *res_inode=dir;
            return 0;
```

```
    }
        // 释放 inode，返回错误码
    iput(dir);
    return -EISDIR;
    }

    // 根据目录、文件名、文件名长度确定目录项，此函数会在指定的目录中找到一个与文件名
相匹配的目录项返回给 de
    bh = find_entry(&dir,basename,namelen,&de);
    // 如果遍历完所有目录后还是没有找到匹配的目录项，表明可能是新建文件，以下执行新建
文件逻辑
    if (!bh) {
        // 如果文件标志不是新建文件标志，则释放目录并返回错误码
        if (!(flag & O_CREAT)) {
            iput(dir);
            return -ENOENT;
        }
        // 如果检查用户在该目录没有写权限，那么释放该目录的 inode 并返回错误码
        if (!permission(dir,MAY_WRITE)) {
            iput(dir);
            return -EACCES;
        }
        // 在目录对应设备上申请新的 inode，如果申请失败，就释放该目录的 inode 并返回错
误码
        inode = new_inode(dir->i_dev);
        if (!inode) {
            iput(dir);
            return -ENOSPC;
        }
        // 初始化新的 inode，设置用户的 id、inode 访问模式并置脏
        inode->i_uid = current->euid;
        inode->i_mode = mode;
        inode->i_dirt = 1;
        // 对 inode 添加目录项
        bh = add_entry(dir,basename,namelen,&de);
        // 如果添加目录项失败，那么设置该 inode 的引用计数-1 并释放该 inode 和目录，返
回错误码
        if (!bh) {
            inode->i_nlinks--;
            iput(inode);
            iput(dir);
            return -ENOSPC;
        }
        // 初始化新目录项，设置 inode 号并对 bh 缓冲区置脏
```

```
        de->inode = inode->i_num;
        bh->b_dirt = 1;
        // 释放缓冲区
        brelse(bh);
        iput(dir);
        *res_inode = inode;
        return 0;
    }

    // 获取目录项的 inode 和目录的设备号后，释放缓冲区和目录
    inr = de->inode;
    dev = dir->i_dev;
    brelse(bh);
    iput(dir);
    // 如果文件标志为进程独占文件，返回错误码
    if (flag & O_EXCL)
        return -EEXIST;
    // 如果获取目录项对应的 inode 失败，返回错误码
    if (!(inode=iget(dev,inr)))
        return -EACCES;

    // 根据传入的 inode 和访问标志，检查文件的读、写、执行权限
    if ((S_ISDIR(inode->i_mode) && (flag & O_ACCMODE)) ||
        !permission(inode,ACC_MODE(flag))) {
        iput(inode);
        return -EPERM;
    }
    inode->i_atime = CURRENT_TIME;
    if (flag & O_TRUNC)
        truncate(inode);
    *res_inode = inode;
    return 0;
}
```

5.3.3　dir_namei 函数

　　此函数用于分析用户给出的文件路径，遍历路径下所有目录文件 inode，获取最后一个目录文件的 inode。

　　此函数会返回指定文件名的目录 inode 和目录名。

```
// 代码路径：linux-0.11\fs\namei.c

static struct m_inode * dir_namei(const char * pathname,
```

```
                int * namelen, const char ** name)
{
    char c;
    const char * basename;
    struct m_inode * dir;

    // 根据路径名，获取目录
    if (!(dir = get_dir(pathname)))
        return NULL;
    basename = pathname;

    // 遍历文件路径，找到最后的'/'后面的文件名
    // 以 /usr/src/test.txt 为例子，找到最后一个'/'，然后计算"test.txt"名字的长
度，返回目录指针
    while (c=get_fs_byte(pathname++))
        if (c=='/')
            basename=pathname;
    *namelen = pathname-basename-1;
    *name = basename;
    return dir;
}
```

5.3.4　get_dir 函数

此函数用于查找指定文件路径的目录，根据给出的路径名进行搜索，直到到达最顶级
目录。首先确定目录项，再通过目录项获取 inode。

```
// 代码路径：linux-0.11\fs\namei.c

static struct m_inode * get_dir(const char * pathname)
{
    char c;
    const char * thisname;
    struct m_inode * inode;
    struct buffer_head * bh;
    int namelen,inr,idev;
    struct dir_entry * de;

    // 如果匹配用户输入的第一个字节是'/'，表示路径为绝对路径，设置 inode 为进程的根节点
    if ((c=get_fs_byte(pathname))=='/') {
        inode = current->root;
        pathname++;
        // 否则用户输入的是相对路径，设置 inode 为进程的目录
```

```
} else if (c)
    inode = current->pwd;
// 否则表示用户输入的路径名为空
else
    return NULL;
// 设置 inode 引用计数+1
inode->i_count++;

while (1) {
    thisname = pathname;
    // 如果 inode 不是目录或没有可执行的权限，那么释放 inode
    if (!S_ISDIR(inode->i_mode) || !permission(inode,MAY_EXEC)) {
        iput(inode);
        return NULL;
    }
    // 从用户输入的路径名开始循环遍历，直到获取到的字节为空或'/'
    for(namelen=0;(c=get_fs_byte(pathname++))&&(c!='/');namelen++);
    if (!c)
        return inode;
    // 如果获取目录项返回的 bh 缓冲区为空，那么释放 inode
    if (!(bh = find_entry(&inode,thisname,namelen,&de))) {
        iput(inode);
        return NULL;
    }
    // 从目录项中获取 inode
    inr = de->inode;
    // 从 inode 中获取设备号
    idev = inode->i_dev;
    // 使用完毕后释放缓冲区和 inode，避免浪费内存空间
    brelse(bh);
    iput(inode);
    // 如果根据设备号和 inode 获取 inode 失败，则返回空
    if (!(inode = iget(idev,inr)))
        return NULL;
}
}
```

5.3.5　find_entry 函数

此函数用于确定目录项，它会在指定的目录中找到一个与名字相匹配的目录项。然后将返回找到的目录项的缓冲区和目录项本身。此函数并不会读取目录项的 inode。

如果遍历完所有目录后还是没有找到匹配的目录项，表明可能是新建文件，返回空，

由 open_namei 函数继续执行后续新建文件逻辑。

```c
// 代码路径：linux-0.11\fs\namei.c
static struct buffer_head * find_entry(struct m_inode ** dir,
    const char * name, int namelen, struct dir_entry ** res_dir)
{
    int entries;
    int block,i;
    struct buffer_head * bh;
    struct dir_entry * de;
    struct super_block * sb;

    // 计算目录中的目录项
    entries = (*dir)->i_size / (sizeof (struct dir_entry));
    *res_dir = NULL;
    if (!namelen)
        return NULL;
// 对目录项中的".."进行特殊处理
    if (namelen==2 && get_fs_byte(name)=='.' && get_fs_byte(name+1)=='.') {
// 如果当前进程的根节点就是用户输入的目录，设置文件名长度为 1
        if ((*dir) == current->root)
            namelen=1;
        // 如果目录中的 inode 号为 1，表明当前 inode 为根节点，获取超级块
        else if ((*dir)->i_num == ROOT_INO) {
// 在挂载点上的'..'会使目录被交换，它会被挂载到目录 inode 上。因为设置了 mounted，所
以会释放新的目录
            sb=get_super((*dir)->i_dev);
            // 获取到的超级块上的挂载点存在，那么释放原来的目录节点，使新的目录节点指
向超级块中的挂载点
            // 新的目录节点引用计数+1
            if (sb->s_imount) {
                iput(*dir);
                (*dir)=sb->s_imount;
                (*dir)->i_count++;
            }
        }
    }
    // 检查取出目录的第一个逻辑块，如果为 0，返回空
    if (!(block = (*dir)->i_zone[0]))
        return NULL;
    // 如果目录所在的逻辑块读入缓冲区失败，返回空
    if (!(bh = bread((*dir)->i_dev,block)))
        return NULL;
    i = 0;
```

```
    // 使目录项指向缓冲区中的数据区
    de = (struct dir_entry *) bh->b_data;
    while (i < entries) {
        // 如果遍历完缓冲区后，还未找到目录项，释放当前目录项的缓冲区
        if ((char *)de >= BLOCK_SIZE+bh->b_data) {
            brelse(bh);
            bh = NULL;
            // 如果获取下一个目录项的数据区为空，则跳出循环
            if (!(block = bmap(*dir,i/DIR_ENTRIES_PER_BLOCK)) ||
                !(bh = bread((*dir)->i_dev,block))) {
                i += DIR_ENTRIES_PER_BLOCK;
                continue;
            }
            de = (struct dir_entry *) bh->b_data;
        }
        // 如果找到了匹配的目录项，返回找到的目录项的缓冲区和目录项本身
        if (match(namelen,name,de)) {
            *res_dir = de;
            return bh;
        }
        // 如果没有找到匹配的目录项，则继续查询下一个目录项
        de++;
        i++;
    }
    // 如果将用户输入的目录中所有目录项都遍历完后，还是没有找到匹配的目录项，释放目录
项数据块，返回空
    brelse(bh);
    return NULL;
}
```

5.3.6 new_inode 函数

此函数用于获取一个新的 inode。首先获取一个空闲的 inode，再根据设备号获取对应的超级块，有了超级块之后就可以获取超级块中的 inode 位图，从 inode 位图中找到一个空闲的 inode，将此 inode 初始化后返回即可。

```
// 代码路径：linux-0.11\fs\bitmap.c

struct m_inode * new_inode(int dev)
{
    struct m_inode * inode;
    struct super_block * sb;
    struct buffer_head * bh;
```

```
    int i,j;

    // 获取一个空闲的 inode
    if (!(inode=get_empty_inode()))
        return NULL;
    // 获取传入设备的超级块
    if (!(sb = get_super(dev)))
        panic("new_inode with unknown device");

    // 8192 位表示 1024B，即数据区的大小
    j = 8192;
    // 因为 super_block 结构体中定义 s_imap[8]，所以 i<8
    for (i=0 ; i<8 ; i++)
        // 根据 i 下标查找 inode 位图
        if (bh=sb->s_imap[i])
            // find_first_zero 汇编函数在缓冲区中数据区的起始地址处开始查找第一个为
0 的比特位，返回距离指定地址的偏移值
            // 如果偏移值小于 8192，说明在数据区的范围里，退出循环
            if ((j=find_first_zero(bh->b_data))<8192)
                break;

    // 如果缓冲区为空，表示超级块中找到的 i 下标的 inode 位图返回的缓冲区无效
    // 或数据区大小大于或等于 8192
    // 或到 i 位置的全部数据区大小大于超级块的已有 inode 可容纳的数据区大小，则释放
inode，返回空
    if (!bh || j >= 8192 || j+i*8192 > sb->s_ninodes) {
        iput(inode);
        return NULL;
    }

    // 检查新的 inode 是否已经被设置
    if (set_bit(j,bh->b_data))
        // panic 函数用于显示内核中出现的重大错误信息，将文件同步刷新到磁盘后死机，进
入死循环
        panic("new_inode: bit already set");

    // 将缓冲区置脏
    bh->b_dirt = 1;

    // 初始化 inode
    inode->i_count=1;
    inode->i_nlinks=1;
    inode->i_dev=dev;
    inode->i_uid=current->euid;
```

```
    inode->i_gid=current->egid;
    inode->i_dirt=1;
    inode->i_num = j + i*8192;
    inode->i_mtime = inode->i_atime = inode->i_ctime = CURRENT_TIME;
    return inode;
}
```

5.3.7　add_entry 函数

此函数用于在目录文件中查找空闲项，如果找到了，就在空闲项上加载新的目录项；如果找不到空闲项，就在外设上创建新的数据块来加载。首先根据设备号和逻辑块获取对应的缓冲区，通过缓冲区获取数据区，将数据区赋值给目录项，然后对此目录项进行校验，在目录文件中遍历一个空闲的目录项，最后初始化目录项和目录结构，返回缓冲区和目录项。

```
// 代码路径：linux-0.11\fs\namei.c
static struct buffer_head * add_entry(struct m_inode * dir,
    const char * name, int namelen, struct dir_entry ** res_dir)
{
    int block,i;                  // block 表示逻辑块，i 用来记录空闲项
    struct buffer_head * bh;
    struct dir_entry * de;

    *res_dir = NULL;

    // 如果定义了 NO_TRUNCATE，且文件名长度超过定义文件名长度 14，那么返回空
#ifdef NO_TRUNCATE
    if (namelen > NAME_LEN)
        return NULL;
     // 否则，如果文件名长度超过定义文件名长度 14，那么截取到长度为 14 的文件名
#else
    if (namelen > NAME_LEN)
        namelen = NAME_LEN;
    // 如果文件名长度为 0，则返回空
#endif
    if (!namelen)
        return NULL;
    // 如果目录指向的第一个数据区为 0，则返回空
    if (!(block = dir->i_zone[0]))
        return NULL;

    // 读取指定逻辑块并返回包含此逻辑块的缓冲区。如果逻辑块无法读取，则返回空
    if (!(bh = bread(dir->i_dev,block)))
```

```
        return NULL;
    i = 0;
    // 将缓冲区中指向数据区的指针返回给目录项
    de = (struct dir_entry *) bh->b_data;
    // 在目录文件中查找空闲的目录项
    while (1) {
        // 缓冲区的 b_data 指针指向数据区的起始处，BLOCK_SIZE 的大小被定义为 1024，
        而数据区的大小为 1024B，那么 BLOCK_SIZE+bh->b_data 正好表示数据区的大小
        // 因此，这里表示如果目录项大小超出了数据区大小，则释放缓冲区，重新创建逻辑块
        if ((char *)de >= BLOCK_SIZE+bh->b_data) {
            brelse(bh);
            bh = NULL;
            block = create_block(dir,i/DIR_ENTRIES_PER_BLOCK);
            if (!block)
                return NULL;
            // 如果根据逻辑块获取到的缓冲区为空，则跳过该逻辑块，继续搜索
            if (!(bh = bread(dir->i_dev,block))) {
                i += DIR_ENTRIES_PER_BLOCK;
                continue;
            }
            // 使目录项指向缓冲区中数据区的起始地址
            de = (struct dir_entry *) bh->b_data;
        }

        // 如果当前目录项的序号 i*目录项的大小大于目录的 inode 大小，则表明当前 i 为空
    闲项，可以将此空闲项设置为目录项
        // 初始化目录项和目录结构
        if (i*sizeof(struct dir_entry) >= dir->i_size) {
            de->inode=0;
            dir->i_size = (i+1)*sizeof(struct dir_entry);
            dir->i_dirt = 1;
            dir->i_ctime = CURRENT_TIME;
        }

        // 如果此目录项的 inode 为空，表示找了一个未使用的目录项。设置目录的 inode 以
    修改时间为当前时间。设置目录项的文件名。置缓冲区为脏。返回目录项指针和缓冲区
        if (!de->inode) {
            dir->i_mtime = CURRENT_TIME;
            for (i=0; i < NAME_LEN ; i++)
                de->name[i]=(i<namelen)?get_fs_byte(name+i):0;
            bh->b_dirt = 1;
            *res_dir = de;
            return bh;
        }
```

```
        // 如果没找到空闲项，则继续搜索下一个空闲项
        de++;
        i++;
    }
    brelse(bh);
    return NULL;
}
```

5.4 close 函数原理

close()函数是在 POSIX 操作系统中用于关闭文件的系统调用。它的原理是关闭之前打开的文件，并释放与该文件相关的资源。

5.4.1 sys_close 函数

close 函数整体逻辑十分简单，首先校验 fd 文件描述符的大小是否超出进程可打开文件的最大数量，再判断当前进程的文件是否为空，如果当前进程的文件不为空，表明文件存在，此时需要先将此文件置空。最后根据文件的引用计数作为条件，判断直接返回还是释放 inode。

```
// 代码路径: linux-0.11\fs\open.c

int sys_close(unsigned int fd)
{
    struct file * filp;

    // 如果传入文件下标大于进程可打开文件的最大数量，返回错误码
    if (fd >= NR_OPEN)
        return -EINVAL;
    current->close_on_exec &= ~(1<<fd);
    // 判断当前进程的文件是否为空，如果为空，说明当前进程的文件不存在，因此需要返回错误号
    if (!(filp = current->filp[fd]))
        return -EINVAL;
    // 如果当前进程的文件不为空，表明文件存在，将此文件置空
    current->filp[fd] = NULL;
    // 如果在释放 inode 文件之前，文件的引用计数就已经为 0，表示系统错误，调用 panic 函数打印文件数量为 0 后，将文件同步刷新到磁盘后死机
    if (filp->f_count == 0)
```

```
        panic("Close: file count is 0");
    // 将文件的引用计数-1 后不为 0，表示还有进程在引用此文件，因此直接返回 0，表示成功
    if (--filp->f_count)
        return (0);
    // 将文件的引用计数-1 后为 0，表示没有进程引用此文件了，因此释放 inode
    iput(filp->f_inode);
    return (0);
}
```

5.4.2　iput 函数

此函数用于释放一个 inode。首先判断当前 inode 是否为管道文件，如果是管道文件，将 inode 引用页面释放后，即可重置 inode。如果当前 inode 是块设备，则需要在释放 inode 前，将 inode 中的数据同步到磁盘上。如果当前 inode 为脏，就需要将 inode 的信息写入缓冲区，等待内核下一次刷新缓冲区时将缓冲区的数据同步到磁盘。

```
// 代码路径：linux-0.11\fs\inode.c

void iput(struct m_inode * inode)
{
    if (!inode)
        return;
    // 如果 inode 上锁的话，等待 inode 进行解锁
    wait_on_inode(inode);
    // 如果需要释放的 inode 已经为空，死机
    if (!inode->i_count)
        panic("iput: trying to free free inode");
    // 如果当前要释放的 inode 是管道文件
    if (inode->i_pipe) {
        // 唤醒等待此管道文件的进程
        wake_up(&inode->i_wait);
        // 如果 inode 引用计数-1 成功，表示还有文件引用此 inode，返回
        if (--inode->i_count)
            return;
        // 如果没有文件引用此 inode，释放 inode 占用的内存页，并重置此 inode，返回
        free_page(inode->i_size);
        inode->i_count=0;
        inode->i_dirt=0;
        inode->i_pipe=0;
        return;
    }
    // 如果当前 inode 对应的设备号为 0，将此 inode 引用计数-1 并返回
    if (!inode->i_dev) {
```

```
        inode->i_count--;
        return;
    }
    // 如果是块设备上的 inode，则将 inode 的数据区同步到磁盘上并等待 inode 解锁
    if (S_ISBLK(inode->i_mode)) {
        sync_dev(inode->i_zone[0]);
        wait_on_inode(inode);
    }
repeat:
    // 如果 inode 引用计数大于 1，递减 inode 引用计数
    if (inode->i_count>1) {
        inode->i_count--;
        return;
    }
    // 如果 inode 链接数为 0，重置并释放 inode
    if (!inode->i_nlinks) {
        truncate(inode);
        free_inode(inode);
        return;
    }
    // 如果 inode 为脏，将 inode 信息写入缓冲区，等待缓冲区刷新时写入磁盘
    if (inode->i_dirt) {
        write_inode(inode);
        wait_on_inode(inode);
        goto repeat;
    }
    inode->i_count--;
    return;
}
```

5.5 read 函数原理

读/写函数通常可以通过 4 种方式来实现：基于管道类型的 inode、基于字符类型的 inode、基于块设备的 inode 和基于目录文件的 inode。一般基于块设备和基于目录文件的 inode 的读/写函数使用最多，因此我们以这两种类型的读/写函数展开分析。

5.5.1 sys_read 函数

该函数首先对用户传入的文件描述符、字节缓冲区和要写入的字节数进行判断，然后

验证存放的缓冲区的内存限制。通过获取到的文件 inode 判断读取的方式。

```c
// 代码路径: linux-0.11\fs\read_write.c

int sys_read(unsigned int fd,char * buf,int count)
{
    struct file * file;
    struct m_inode * inode;

    // 如果传入的文件描述符大于一个进程可打开的最大进程数
    // 或用户传入要读取的字节数小于 0
    // 或当前进程根据文件描述符获取的文件为空
    // 返回错误码
    if (fd>=NR_OPEN || count<0 || !(file=current->filp[fd]))
        return -EINVAL;
    // 如果用户传入要读取的字节数小于 0，返回 0
    if (!count)
        return 0;
    // 根据用户传入的字节缓冲区和字节数，验证存放的缓冲区的内存限制
    verify_area(buf,count);
    // 获取当前进程的文件 inode
    inode = file->f_inode;
    // 如果 inode 是管道类型，判断文件是否可读，通过管道读取文件
    if (inode->i_pipe)
        return (file->f_mode&1)?read_pipe(inode,buf,count):-EIO;
    // 如果 inode 是字符文件，通过字符设备读取字符
    if (S_ISCHR(inode->i_mode))
        return rw_char(READ,inode->i_zone[0],buf,count,&file->f_pos);
    // 如果 inode 是块设备文件，通过块设备读取字节
    if (S_ISBLK(inode->i_mode))
        return block_read(inode->i_zone[0],&file->f_pos,buf,count);
    // 如果 inode 是目录文件或常规文件
    if (S_ISDIR(inode->i_mode) || S_ISREG(inode->i_mode)) {
        // 如果从文件的位置开始读取的字节数超出了文件大小，截取未超出部分的 count 值
        if (count+file->f_pos > inode->i_size)
            count = inode->i_size - file->f_pos;
        if (count<=0)
            return 0;
        return file_read(inode,file,buf,count);
    }
    printk("(Read)inode->i_mode=%06o\n\r",inode->i_mode);
    return -EINVAL;
}
```

5.5.2　block_read 函数

该函数用于读取块设备的字节。根据用户传入的字节数进行遍历，首先判断用户读取的数据是否只在一个块中，如果用户读取的数据只在一个块中，则仅读取一个块的字节。如果用户读取的数据不只在一个块中，则需要将多个块的字节放入用户传入的缓冲区中。

然后进行预读，读取当前缓冲块和后两个缓冲块，但是并不会读入到用户传入的缓冲区。

根据用户传入的字节数读取完成后，释放缓冲区，返回已读字节数。

```
// 代码路径：linux-0.11\fs\block_dev.c

int block_read(int dev, unsigned long * pos, char * buf, int count)
{
    // 根据文件位置计算出进行写的块号和写第一个字节距离 block 的偏移量 offset
    int block = *pos >> BLOCK_SIZE_BITS;
    int offset = *pos & (BLOCK_SIZE-1);
    int chars;
    int read = 0;
    struct buffer_head * bh;
    register char * p;

    while (count>0) {
        // 如果要读的字节数未超出一个块大小，读取 chars 大小的字节
        chars = BLOCK_SIZE-offset;
        if (chars > count)
            chars = count;
        // 预读当前块和后两个块的数据，如果失败，返回错误号
        if (!(bh = breada(dev,block,block+1,block+2,-1)))
            return read?read:-EIO;
        block++;
        // 根据获取缓冲区的数据区的首地址和偏移量得到要读取数据的起始位置
        p = offset + bh->b_data;
        offset = 0;
        // 每次移动已经读取的字节数
        *pos += chars;
        // 记录已经读取的字节数
        read += chars;
        // 记录未写字节数
        count -= chars;
        // 从缓冲区中读取数据的起始位置并将字符放入缓冲区
        while (chars-->0)
            put_fs_byte(*(p++),buf++);
```

```
        // 释放缓存区
        brelse(bh);
    }
    return read;
}
```

5.5.3 file_read 函数

该函数用于文件类型的读取数据。通过 inode 和文件所处位置获取对应的逻辑块号，通过设备号和逻辑块号获取对应的缓冲块，将数据区的内容赋值到缓冲区中，返回已读字数。

```c
// 代码路径：linux-0.11\fs\file_dev.c

// 块的大小为 1024
#define BLOCK_SIZE 1024

int file_read(struct m_inode * inode,struct file * filp,char * buf,int count)
{
    int left,chars,nr;
    struct buffer_head * bh;

    // 如果要读取的字节数量小于或等于 0，返回 0
    if ((left=count)<=0)
        return 0;

    while (left) {
        // 根据 inode 和文件位置所处的块获取对应的逻辑块号
        if (nr = bmap(inode,(filp->f_pos)/BLOCK_SIZE)) {
            if (!(bh=bread(inode->i_dev,nr)))
                break;
        } else
            bh = NULL;
        // 获取文件在缓冲块中的偏移值
        nr = filp->f_pos % BLOCK_SIZE;
        chars = MIN( BLOCK_SIZE-nr , left );
        filp->f_pos += chars;
        left -= chars;
        // 复制数据区中的数据到缓冲区中
        if (bh) {
            // p 指向数据区要读的起始地址
            char * p = nr + bh->b_data;
            while (chars-->0)
                put_fs_byte(*(p++),buf++);
```

```
        brelse(bh);
    } else {
        while (chars-->0)
            put_fs_byte(0,buf++);
    }
}
inode->i_atime = CURRENT_TIME;
return (count-left)?(count-left):-ERROR;
}
```

5.5.4　bmap 函数

该函数用于创建 inode 的逻辑块。在 inode 的 i_zone 逻辑块数组中，前 7 项用于直接获取逻辑块号，第 7 项指向间接逻辑块数组获取逻辑块，第 8 项使用二次寻址的方式建立二级间接逻辑块数组来获取逻辑块。

```
// 代码路径：linux-0.11\fs\inode.c

int bmap(struct m_inode * inode,int block)
{
    return _bmap(inode,block,0);
}

static int _bmap(struct m_inode * inode,int block,int create)
{
    struct buffer_head * bh;
    int i;

    // 如果传入的块号超出范围，死机
    if (block<0)
        panic("_bmap: block<0");
    if (block >= 7+512+512*512)
        panic("_bmap: block>big");

    if (block<7) {
        // 如果 inode 的逻辑块数组为 0，将 inode 的逻辑块数组指向新建逻辑块，初始化
inode 并返回
        if (create && !inode->i_zone[block])
            if (inode->i_zone[block]=new_block(inode->i_dev)) {
                inode->i_ctime=CURRENT_TIME;
                inode->i_dirt=1;
            }
        return inode->i_zone[block];
```

```
    }

    // 如果逻辑块号大于或等于 7 且小于 512，表示该逻辑块是一级间接块，先将 inode 逻辑块
数组中第 7 项指向新建的逻辑块，初始化 inode
    block -= 7;
    if (block<512) {
        if (create && !inode->i_zone[7])
            if (inode->i_zone[7]=new_block(inode->i_dev)) {
                inode->i_dirt=1;
                inode->i_ctime=CURRENT_TIME;
            }
        // 校验 inode 逻辑块数组第 7 项是否存在、能否根据 inode 的设备号和块号获取对应
缓冲块
        if (!inode->i_zone[7])
            return 0;
        if (!(bh = bread(inode->i_dev,inode->i_zone[7])))
            return 0;
        // 获取间接逻辑块数组第 block 项的逻辑块号
        i = ((unsigned short *) (bh->b_data))[block];
        // 如果逻辑块号为 0，将 i 指向新建逻辑块，设置间接逻辑块数组第 block 项的逻辑块
号为新逻辑块号
        if (create && !i)
            if (i=new_block(inode->i_dev)) {
                ((unsigned short *) (bh->b_data))[block]=i;
                bh->b_dirt=1;
            }
        brelse(bh);
        return i;
    }

    // 程序执行到这里，表示为二级间接块，先将 inode 逻辑块数组第 8 项指向新建的逻辑块，
初始化 inode
    block -= 512;
    if (create && !inode->i_zone[8])
        if (inode->i_zone[8]=new_block(inode->i_dev)) {
            inode->i_dirt=1;
            inode->i_ctime=CURRENT_TIME;
        }
// 校验 inode 逻辑块数组第 8 项是否存在、能否根据 inode 的设备号和块号获取对应缓冲块
if (!inode->i_zone[8])
    return 0;
if (!(bh=bread(inode->i_dev,inode->i_zone[8])))
    return 0;
// 获取间接逻辑块数组第 block/512 项的逻辑块号
```

```
    i = ((unsigned short *)bh->b_data)[block>>9];
    // 如果逻辑块号为 0，将 i 指向新建逻辑块，设置间接逻辑块数组第 block/512 项的逻
辑块号为新逻辑块号
    if (create && !i)
        if (i=new_block(inode->i_dev)) {
            ((unsigned short *) (bh->b_data))[block>>9]=i;
            bh->b_dirt=1;
        }
    brelse(bh);
    // 校验逻辑块号是否存在、能否根据 inode 设备号和块号获取缓冲块
    if (!i)
        return 0;
    if (!(bh=bread(inode->i_dev,i)))
        return 0;
    // 再次创建新的逻辑块
    i = ((unsigned short *)bh->b_data)[block&511];
    if (create && !i)
        if (i=new_block(inode->i_dev)) {
            ((unsigned short *) (bh->b_data))[block&511]=i;
            bh->b_dirt=1;
        }
    brelse(bh);
    return i;
}
```

5.5.5　new_block 函数

该函数用于创建新的超级块。搜索逻辑块位图，找到一个空闲的逻辑块，将逻辑块对应的缓冲块数据清空后，初始化缓冲块并返回。

```
// 代码路径：linux-0.11\fs\bitmap.c

int new_block(int dev)
{
    struct buffer_head * bh;
    struct super_block * sb;
    int i,j;

    // 根据指定设备获取超级块，如果失败，死机
    if (!(sb = get_super(dev)))
        panic("trying to get new block from nonexistant device");

    j = 8192;
    // 搜索逻辑块位图，找到一个空闲的逻辑块
```

```
    for (i=0 ; i<8 ; i++)
        if (bh=sb->s_zmap[i])
            if ((j=find_first_zero(bh->b_data))<8192)
                break;
    // 如果超出逻辑块范围或根据逻辑块找到的缓冲块不存在，返回 0
    if (i>=8 || !bh || j>=8192)
        return 0;
    // 设置新的逻辑块的比特位，如果该比特位已存在，死机
    if (set_bit(j,bh->b_data))
        panic("new_block: bit already set");
    bh->b_dirt = 1;
    // 获取逻辑块号
    j += i*8192 + sb->s_firstdatazone-1;
    // 如果逻辑块号大于超级块中已有逻辑块的数量，返回 0
    if (j >= sb->s_nzones)
        return 0;
    // 根据设备号和块号获取对应缓冲块，如果失败，死机
    if (!(bh=getblk(dev,j)))
        panic("new_block: cannot get block");
    // 如果缓冲块引用计数不为 1，死机
    if (bh->b_count != 1)
        panic("new block: count is != 1");
    // 将缓存块的数据区清零，然后初始化缓冲块，释放缓冲区并返回逻辑块号
    clear_block(bh->b_data);
    bh->b_uptodate = 1;
    bh->b_dirt = 1;
    brelse(bh);
    return j;
}
```

5.5.6　get_super 函数

该函数用于获取指定设备的超级块。搜寻整个超级块数组，如果找到了指定设备的超级块就返回，如果超级块被别的设备使用了，就重新搜索超级块数组。

```
// 代码路径：linux-0.11\fs\super.c

// 定义超级块的最大数量为 8
#define NR_SUPER 8

struct super_block * get_super(int dev)
{
    struct super_block * s;
```

```
    // 如果传入设备不存在，返回空
    if (!dev)
        return NULL;
    // 获取超级块的起始地址
    s = 0+super_block;

    // 搜索整个超级块数组，找到指定设备的超级块并返回
    while (s < NR_SUPER+super_block)
        // 如果搜寻的超级块是传入设备的超级块，等待超级块解锁
        if (s->s_dev == dev) {
            wait_on_super(s);
            // 在超级块解锁的瞬间，可能有别的设备已经使用了该超级块，因此需要再次进行
判断。如果当前设备还是用户传入的设备，返回超级块，否则从超级块数组的起始处再次搜索
            if (s->s_dev == dev)
                return s;
            s = 0+super_block;
            // 如果搜寻的超级块不是传入设备的超级块，继续搜索下一个超级块
        } else
            s++;
    return NULL;
}
```

5.6　write 函数原理

当应用程序进行写操作时将会经历以下步骤：通过 fd 传入一个缓冲区，放入要读的数据，然后通过 fd 找到 file，通过 file 找到 inode，通过 inode 找到对应的缓冲块。如果缓冲块存在，将数据放入缓冲区；如果不存在，分配一个缓冲块到磁盘里读取，读取到缓冲块后，把缓冲块数据放入用户缓冲区，然后返回。

5.6.1　sys_write 函数

根据用户指定写入的文件、写入的字节和写入的字节数，调用 write()函数进行写操作。内核通过 fd 文件下标获取文件，再根据文件获取 inode，通过判断 inode 是管道文件、字节文件、设备文件还是普通文件，执行不同的写入逻辑。

```
// 代码路径：linux-0.11\fs\read_write.c

int sys_write(unsigned int fd,char * buf,int count)
{
```

```
struct file * file;
struct m_inode * inode;

// 如果 fd 文件下标超出进程可打开的最大文件数，或指定写入字节数小于 0，或当前进程指
向的文件为空，返回错误号
if (fd>=NR_OPEN || count <0 || !(file=current->filp[fd]))
    return -EINVAL;
if (!count)
    return 0;
// 获取文件的 inode
inode=file->f_inode;
if (inode->i_pipe)
    return (file->f_mode&2)?write_pipe(inode,buf,count):-EIO;
if (S_ISCHR(inode->i_mode))
    return rw_char(WRITE,inode->i_zone[0],buf,count,&file->f_pos);
// 如果是块设备，根据 inode 的数据区、文件的偏移量、缓冲区和写入字节数进行块设备写
操作
if (S_ISBLK(inode->i_mode))
    return block_write(inode->i_zone[0],&file->f_pos,buf,count);
if (S_ISREG(inode->i_mode))
    return file_write(inode,file,buf,count);
printk("(Write)inode->i_mode=%06o\n\r",inode->i_mode);
return -EINVAL;
}
```

5.6.2 block_write 函数

该函数用于将用户传入的字节以块为单位写入缓冲区中，如图 5.10 所示。需要注意的是，字节写入缓冲区后，并不会立即同步到磁盘上，而是等待内核调用缓冲区同步函数 sync_dev 后，才会刷新缓冲区中的数据并同步到磁盘。

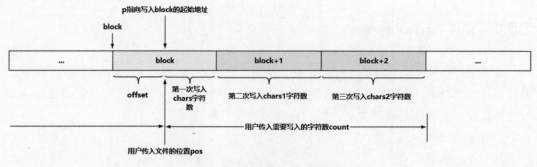

图 5.10　图解字节写入缓冲区

该函数首先需要根据文件的位置 pos 确定要写入的块号，找到要写入的块后，还需要根据 pos 确定距离写入块的起始地址的偏移量 offset。有了块的起始地址和偏移量，就可以确定当前写入 block 的地址。

然后对用户传入的字节进行分析，如果一个块的大小可以容纳用户传入的字节，那么调用 getblk 获取一个块的缓冲区即可。如果一个块的大小不够容纳用户传入的字节，那么为了提升性能，采取 breada 预读的方式，利用空间转换时间的思想，一次性多读两块进行填写。

在写入完成后，因为修改了缓冲区的数据，所以需要将当前已用缓冲区置脏，然后释放缓冲区。最后返回记录的已写字节数。

```
// 代码路径: linux-0.11\fs\block_dev.c

int block_write(int dev, long * pos, char * buf, int count)
{
    // 根据文件位置计算出进行写的块号和写第一个字节距离 block 的偏移量 offset
    int block = *pos >> BLOCK_SIZE_BITS;
    int offset = *pos & (BLOCK_SIZE-1);
    int chars;
    int written = 0;
    struct buffer_head * bh;
    register char * p;

    // 循环执行写入操作，直到要写入的字节数为 0
    while (count>0) {
        // 计算一个块可容纳的字节数
        chars = BLOCK_SIZE - offset;
        // 一个块可容纳的字节数大于用户传入的字节数，则将块容纳字节数设置为用户传入字
节数
        if (chars > count)
            chars=count;
        // 如果用户传入的字节数正好是一个块大小，根据设备号和块读取对应一个块的缓冲区
        if (chars == BLOCK_SIZE)
            bh = getblk(dev,block);
        // 否则预读当前块和后两个块对应缓冲区，然后将块号+1
        else
            bh = breada(dev,block,block+1,block+2,-1);
        block++;
        // 如果获取缓冲区失败，返回已经写入的字节数，如果写入字节数为 0，返回错误号
        if (!bh)
            return written?written:-EIO;
        // 根据缓冲区的数据区起始地址和偏移量，获取要写入的地址
        p = offset + bh->b_data;
```

```
        offset = 0;
        // 每次移动已写字节数
        *pos += chars;
        // 记录已经写入的字节数
        written += chars;
        // 记录未写字节数
        count -= chars;
        // 将用户传入的字节 buf 写入 p 指向的缓冲区
        while (chars-->0)
            *(p++) = get_fs_byte(buf++);
        // 置缓冲区为脏并释放缓冲区
        bh->b_dirt = 1;
        brelse(bh);
    }
    // 返回已写字节数
    return written;
}
```

5.6.3　file_write 函数

该函数用于文件类型的写入数据。通过 inode 和文件所处位置获取对应的逻辑块号，通过设备号和逻辑块号获取对应的缓冲块，将用户传入的字节缓冲区内容复制到高速缓冲区中，返回已写字节数。

```
// 代码路径: linux-0.11\fs\file_dev.c

int file_write(struct m_inode * inode,struct file * filp,char * buf,int count)
{
    off_t pos;
    int block,c;
    struct buffer_head * bh;
    char * p;
    int i=0;

// 如果文件的访问标志为 O_APPEND,即向文件末尾添加数据,那么将写入位置移到 inode 尾部。
否则,获取文件位置写入
    if (filp->f_flags & O_APPEND)
        pos = inode->i_size;
    else
        pos = filp->f_pos;
    // 循环写入
    while (i<count) {
        // 如果创建逻辑块失败或获取缓冲块失败,退出写操作
```

```
    if (!(block = create_block(inode,pos/BLOCK_SIZE)))
        break;
    if (!(bh=bread(inode->i_dev,block)))
        break;
    // 获取要写入数据块的偏移值和起始位置
    c = pos % BLOCK_SIZE;
    p = c + bh->b_data;
    bh->b_dirt = 1;
    c = BLOCK_SIZE-c;
    if (c > count-i) c = count-i;
    pos += c;
    if (pos > inode->i_size) {
        inode->i_size = pos;
        inode->i_dirt = 1;
    }
    i += c;
    // 将用户传入的字节缓冲区复制到高速缓冲区
    while (c-->0)
        *(p++) = get_fs_byte(buf++);
    brelse(bh);
}
inode->i_mtime = CURRENT_TIME;
if (!(filp->f_flags & O_APPEND)) {
    filp->f_pos = pos;
    inode->i_ctime = CURRENT_TIME;
}
return (i?i:-1);
}
```

5.7　高速缓冲区

如果我们想要计算机修改磁盘中的数据，那么 CPU 需要先将磁盘里的文件数据读入内存中才能进行修改操作。在没有缓存的情况下，CPU 的每次读写操作都需要经历从磁盘到内存（或从内存到磁盘）的过程。众所周知，越靠近 CPU 的硬件存取速度越快。对于单体主机而言，在不考虑网络的情况下，磁盘是存取速度最慢的。在 I/O 密集型的操作下，大量的读写在内存与磁盘中循环往复，极易出现同一文件刚从磁盘读入内存进行修改，放入磁盘的不久后，又需要被再次修改。这会使系统响应的时间加长，吞吐率降低。因此，内核通过一个高速缓冲区（buffer cache）来减小系统对磁盘的存取频率。系统将最近被使用过的磁盘里的数据块放入高速缓冲区中，每次批量读取磁盘里用户可能用到的数据并修改完成后，不直接放入磁盘，而是等待一批数据完成修改后，再刷入磁盘中。

当系统从磁盘中读取数据时，首先尝试从高速缓冲区中读取，如果高速缓冲区中已经存在想要的数据，那么内核就不用再去磁盘上读取了。如果高速缓冲区中不存在想要的数据，此时内核再从磁盘中读取数据并将其放入高速缓冲区。

同理，内核要往磁盘上写入的数据也被暂时存放在高速缓冲区中，便于内核随后又试图读取它时，能迅速在高速缓冲区中找到它。内核也会通过判断数据是否很快会被修改或数据是否真的需要被写入磁盘，来减少磁盘写入操作的频率。内核通过让高速缓冲区预读或延迟写的方式提升性能。

一个缓冲区由两部分组成：缓冲头（buffer head）和数据区。缓冲头用来标识缓冲区，而数据区则用来存储磁盘上的数据。由于缓冲头与数据有一一对应的映射关系，因此通常说的缓冲区就是这两部分的统称。

一个缓冲区中的数据与一个逻辑块中的数据相对应，内核通过缓冲头中的标识字段来识别缓冲区中的内容。

系统将逻辑块中的内容映射到缓冲区，但缓冲区里存储的数据仅仅是临时的，经过一段时间后，内核就会将另一个逻辑块中的内容映射到该缓冲区，因此有限的缓冲区是会被无限次复用的。

5.7.1　buffer_head 结构体

缓冲区存在于内存和磁盘之间，它存在的意义是为了提升 I/O 性能。通过缓冲区来暂存数据，避免程序重复修改或读取文件时频繁访问磁盘。等待调用磁盘同步函数时，再将缓冲区中的数据写入磁盘。

缓冲区与磁盘之间存在映射关系，因为内核代码里的磁盘有磁盘块，所以为了与磁盘块对应，缓冲区也被划分为一个个的缓冲块。在内核中，用 b_dev 来表示磁盘的设备号，用 b_blocknr 来表示磁盘块号，通过设备号和块号来确定对应缓冲块。读者在后面会发现，在如 bread()、getblk()、get_hash_table() 等函数中，都会要求传入 dev 设备号和 block 块号来确定唯一缓冲块。逆向亦是如此，只要将传入的 dev 和 block 转换为 buffer_head 缓冲头的 b_dev 和 b_blocknr 即可确定唯一磁盘块。

由于缓冲区是共享资源，因此同一个缓冲块可能被多个进程共享使用，为了避免缓冲区中数据被篡改的风险，引入了 b_uptodate 和 b_dirt 属性。

☑　b_uptodate 属性会在新建缓冲块时被置为 1，程序通过 b_uptodate 来判断当前缓冲块是否为最新的，如果缓冲块是最新的，就可以放心使用。当 b_uptodate 属性为 0 时，则表明缓冲块中的数据并不是磁盘上的最新数据，如果进行读写的话，可能会引发错误。

☑　b_dirt 属性用于表示缓冲块是否为脏，脏的含义为缓冲块被其他进程修改过。因此程序在执行代码时，会根据 b_dirt 属性来判断是否需要将缓冲块的数据同步到磁盘。

脏的概念并非缓冲区独有，共享资源如文件和超级块，也会有标识是否为脏的属性。在文件 m_inode 结构体中，使用 i_dirt 表示文件是否为脏；在超级块 super_block 结构体中，使用 s_dirt 表示超级块是否为脏。由于数据的读写都需要经过缓冲区，因此文件和超级块中没有再提供 uptodate 属性。

另外，磁盘只有磁道、扇区和柱面的概念，没有磁盘块。块是内核独有的，是为了方便数据管理而产生的，正因为磁盘中没有磁盘块，仅在逻辑上存在，所以称之为逻辑块。因此，当数据从缓冲块写入磁盘时，还需要通过逻辑块号换算成磁盘中的磁盘、扇区和柱面。

对于缓冲头结构而言，位于高端地址的属性相对好理解，位于低端地址的两个双向链表则需要读者仔细琢磨理解。在缓冲区中存在两个双向链表，一个是数组加链表实现的 hash 队列，另一个则是 free_list 空闲链表。

hash 队列的作用是通过设备号和块号来锁定唯一缓冲块。而空闲链表的作用是在调用 getblk() 函数的时候进行遍历查找，获取可用缓冲块。

这两个链表在后续代码中都会遇到，对于使用方法也要反复研读才能理解。

```
// 文件路径：linux-0.11\include\linux\fs.h

// 缓冲头
struct buffer_head {
    char * b_data;                      // 指向数据区的指针（1024B）
    unsigned long b_blocknr;            // 逻辑块号
    unsigned short b_dev;               // 逻辑块设备号
    unsigned char b_uptodate;          // 缓冲块是否更新
    unsigned char b_dirt;              // 缓冲块是否为脏（0 为脏块，1 为干净块）
    unsigned char b_count;             // 缓冲区引用计数
    unsigned char b_lock;              // 缓冲区是否上锁（0 为无锁，1 为上锁）
    // 缓冲区双向链表
    struct task_struct * b_wait;        // 在缓冲区中等待释放的进程
    struct buffer_head * b_prev;        // hash 表的前驱节点
    struct buffer_head * b_next;        // hash 表的后继节点
    struct buffer_head * b_prev_free;   // 缓冲区空闲链表的前驱节点
    struct buffer_head * b_next_free;   // 缓冲区空闲链表的后继节点
};
```

5.7.2　bread 函数

该函数根据指定的设备号和块号读取缓冲区。

```c
// 文件路径: linux-0.11\fs\buffer.c

struct buffer_head * bread(int dev,int block)
{
    struct buffer_head * bh;
// 获取一个可用的缓冲块，如果失败，死机
    if (!(bh=getblk(dev,block)))
        panic("bread: getblk returned NULL\n");
    // 如果缓冲块已更新，返回缓冲块
    if (bh->b_uptodate)
        return bh;
    // 调用低等级读写块函数
    ll_rw_block(READ,bh);
    // 等待缓冲块解锁
    wait_on_buffer(bh);
    // 如果缓冲块已更新，返回缓冲块
    if (bh->b_uptodate)
        return bh;
    // 如果程序执行到这里，表明读取缓冲块失败，释放缓冲块，返回空
    brelse(bh);
    return NULL;
}
```

5.7.3　breada 函数

该函数根据传入的设备号和可变参数列表的块号来预读 n 个逻辑块上的内容，将读取内容放入缓冲块中并返回。

```c
// 文件路径: linux-0.11\fs\buffer.c

struct buffer_head * breada(int dev,int first, ...)
{
    va_list args;
    struct buffer_head * bh, *tmp;

    // 获取传入的可变参数列表中的第一个参数，也就是块号
    va_start(args,first);
```

```
    // 根据设备号和块号读取对应缓冲块，如果失败，死机
    if (!(bh=getblk(dev,first)))
        panic("bread: getblk returned NULL\n");
    // 如果缓冲块未更新，调用低等级读写块函数，将磁盘数据读入缓冲区
    if (!bh->b_uptodate)
        ll_rw_block(READ,bh);
    // 遍历获取可变参数列表中的其他块号，依次获取 tmp 缓冲区
    while ((first=va_arg(args,int))>=0) {
        tmp=getblk(dev,first);
        // 如果缓冲块存在，但是未更新，调用低等级读写块函数，将磁盘数据读入缓冲区。将
缓冲区的引用计数-1
        if (tmp) {
            if (!tmp->b_uptodate)
                ll_rw_block(READA,bh); // 这里传入的应该是 tmp
            tmp->b_count--;
        }
    }
    va_end(args);
    // 等待缓冲块解锁，如果缓冲块已更新，返回缓冲块。否则释放缓冲块并返回空
    wait_on_buffer(bh);
    if (bh->b_uptodate)
        return bh;
    brelse(bh);
    return (NULL);
}
```

5.7.4　brelse 函数

该函数用于释放缓冲块。首先判断传入的缓冲块是否存在，然后等待缓冲块解锁，将缓冲块的引用计数-1 后，唤醒等待在空闲链表上的进程。

```
// 文件路径: linux-0.11\fs\buffer.c

void brelse(struct buffer_head * buf)
{
    if (!buf)
        return;
    wait_on_buffer(buf);
    if (!(buf->b_count--))
        panic("Trying to free free buffer");
    wake_up(&buffer_wait);
}
```

5.7.5 getblk 函数

此函数是缓冲区文件 buffer.c 中最重要的函数，核心逻辑都在此函数中。该函数用于获取缓冲块，首先尝试根据设备号和块号从缓冲区的哈希表中找到一个缓冲块，如果没有找到可用的缓冲区，再尝试从空闲链表中找到一个合适的缓冲块并返回。

```c
// 代码路径: linux-0.11\fs\buffer.c

// 定义 BADNESS 宏，用于判断当前缓冲区是否为脏和上锁。缓冲区脏为 1，不脏为 0。缓冲区上
锁为 1，未上锁为 0。因此 BADNESS 末两位排列组合可以表示 4 种状态
// 缓冲区不脏，未上锁：00
// 缓冲区脏，未上锁：10
// 缓冲区不脏，上锁：01
// 缓冲区脏，上锁： 11
// 由此可发现，缓冲区为脏的权重大于上锁的权重
#define BADNESS(bh)  (((bh)->b_dirt<<1)+(bh)->b_lock)
struct buffer_head * getblk(int dev,int block)
{
    struct buffer_head * tmp, * bh;

repeat:
    // 根据设备号和块搜索哈希表，如果从哈希表中找到缓冲块，说明此缓冲块已经在使用，返
回缓冲块指针
    if (bh = get_hash_table(dev,block))
        return bh;
    // 定义一个临时变量指向缓冲区链表的首地址，这里定义 free_list 是为了从缓冲区链表
中找到一个空闲的缓冲块
    tmp = free_list;
    // 要找一个不为脏、未上锁并且未被引用的空闲缓冲区
    do {
        // 如果缓冲区链表的引用计数不为 0，说明当前缓冲块正在被使用，继续从链表找未使
用的缓冲块
        if (tmp->b_count)
        continue;
        // 如果缓冲区为空，或者获取到的缓冲块权重小于上一个缓冲块的权重，说明获取到的
缓冲块要么不脏，要么未上锁
        if (!bh || BADNESS(tmp)<BADNESS(bh)) {
            // 将 bh 指向获取到的缓冲块地址
            bh = tmp;
            // 如果判断缓冲块不脏且未上锁（即状态为 00），说明找到了可用的空闲缓冲块，退出
            if (!BADNESS(tmp))
                break;
        }
```

```
// 遍历整个缓冲区的空闲链表
    } while ((tmp = tmp->b_next_free) != free_list);
    // 遍历空闲链表，找到一个可用的缓冲块
    // 1：空闲链表为空，此时需要当前进程阻塞，所以调用 sleep_on()函数阻塞当前进程
    // 2：空闲链表不为空
    // 2.1：空闲链表中存在不脏的缓冲块（也即没有缓存写入的数据和没有被锁定的数据），
那么直接调用
    // 2.2：空闲链表中存在脏的缓冲块，那么找到一个不是特别脏的缓冲块（要么被锁定
b_block，要么是被写过数据 b_dirt）
    if (!bh) {
        // 如果缓冲块为空，将当前进程置为不可中断的等待状态，睡眠在缓冲区的等待队列上
        sleep_on(&buffer_wait);
        goto repeat;
    }
    // 使用原子性指令，等待缓冲块解锁。将等待队列上的进程置为睡眠状态
    wait_on_buffer(bh);
    // 如果在执行 wait_on_buffer()函数时，开中断的一瞬间有新的进程使用了此缓冲块，
则重新查找缓冲块
    if (bh->b_count)
        goto repeat;
    // 当找到的缓冲块为脏时，将设备所属的缓冲块中的数据同步到磁盘，然后等待同步完毕
    while (bh->b_dirt) {
        sync_dev(bh->b_dev);
        wait_on_buffer(bh);
        // 如果在执行 wait_on_buffer()函数时，开中断的一瞬间有新的进程使用了此缓冲
块，则重新查找缓冲块
        if (bh->b_count)
            goto repeat;
    }
// 当进程为了等待缓冲块而睡眠时，其他进程也可能会将此块加入缓冲块，因此要根据设备号和
块号检查缓冲区的 hash 表，确定此块是否已经被加入缓冲区，如果是，则需要重新查找缓冲区
    if (find_buffer(dev,block))
        goto repeat;
    // 当程序执行到这里时，就已经找到了合适的缓冲区，这个缓冲区未被使用、未上锁、未被
修改
    // 初始化缓冲块
    bh->b_count=1;
    bh->b_dirt=0;
    bh->b_uptodate=0;
    // 将缓冲块从空闲链表中移出，绑定缓冲块对应的设备号和块号后，再插入空闲链表
    remove_from_queues(bh);
    bh->b_dev=dev;
    bh->b_blocknr=block;
    insert_into_queues(bh);
    return bh;
}
```

5.7.6　get_hash_table 函数

该函数根据设备号和块号，从缓冲区的 hash 表中找到一个对应的缓冲块并返回。其实在调用 find_buffer()函数时，就已经确定了唯一缓冲块，但是这里又封装了一次 get_hash_table()函数，其目的在于缓冲区是公共资源，除了进程在读取缓冲块时会上锁，在未上锁的情况下，如果有别的进程使用了该缓冲块，并修改了其对应的设备号和块号，那么这个缓冲块是无法使用的，为了以防万一，需要再次判断缓冲块的设备号和块号是否与当前进程传入的值相同。

```c
// 文件路径：linux-0.11\fs\buffer.c

struct buffer_head * get_hash_table(int dev, int block)
{
    struct buffer_head * bh;

    for (;;) {
        // 根据设备号和块号找到对应缓冲块
        if (!(bh=find_buffer(dev,block)))
            return NULL;
        // 缓冲块的引用计数+1
        bh->b_count++;
        // 等待缓冲块解锁
        wait_on_buffer(bh);
        // 如果缓冲块的设备号和块号与传入的值相对应，表示找到了缓冲块，返回
        if (bh->b_dev == dev && bh->b_blocknr == block)
            return bh;
        // 否则引用计数-1
        bh->b_count--;
    }
}
```

5.7.7　wait_on_buffer 函数

该函数通过 CPU 提供的 cli 指令清除 eflags 寄存器的中断标志位进行开中断，当执行 cli 指令时，处理器会忽略可屏蔽的外部响应中断，此时不再接收程序中断响应，保证此函数执行的原子性。

然后一直等待缓冲区的锁被释放后，将缓冲区中等待的进程置为睡眠状态，再关中断。

当缓冲区未上锁时，此函数仅相当于开一次中断，再关一次中断，无实际意义。

```
// 文件路径: linux-0.11\fs\buffer.c
static inline void wait_on_buffer(struct buffer_head * bh)
{
    cli();
    while (bh->b_lock)
        sleep_on(&bh->b_wait);
    sti();
}
```

5.7.8　sync_dev 函数

该函数用于将传入设备的缓冲块数据同步到磁盘上。

```
// 文件路径: linux-0.11\fs\buffer.c
int sync_dev(int dev)
{
    int i;
    struct buffer_head * bh;

    bh = start_buffer;
    // 遍历所有的缓冲块，找到传入设备对应的缓冲块
    for (i=0 ; i<NR_BUFFERS ; i++,bh++) {
        // 如果遍历到的缓冲块对应的设备号不是传入的设备号，继续查找下一个缓冲块
        if (bh->b_dev != dev)
            continue;
        // 等待缓冲块解除锁定
        wait_on_buffer(bh);
        // 如果缓冲块的设备号是传入的设备号，并且缓冲块为脏，调用 ll_rw_block 函数，
将缓冲块数据写入磁盘
        if (bh->b_dev == dev && bh->b_dirt)
            ll_rw_block(WRITE,bh);
    }
    // 将文件的信息也写入磁盘
    sync_inodes();

    ...
    return 0;
}
```

5.7.9　find_buffer 函数

该函数根据指定设备号和块号，在缓冲区中找到对应的缓冲块并返回。

该函数证实了内核通过设备号和逻辑块号绑定唯一缓冲块。

缓冲区通过数组加链表的形式实现。首先根据设备号和逻辑块号计算出 hash 表项（横向确定坐标），再从缓冲区中查找对应的缓冲块（纵向确定坐标），直到缓冲区中某个缓冲块的设备号和块号与用户传入的值相同，则表示找到了对应的缓冲块，如图 5.11 所示。

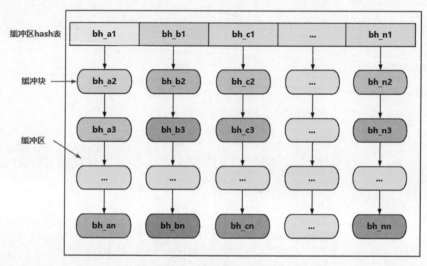

图 5.11　缓冲区 hash 结构

```c
// 文件路径：linux-0.11\fs\buffer.c

// 定义 hash 表共有 307 项
#define NR_HASH 307
// 定义 hash 表（hash 数组）
struct buffer_head * hash_table[NR_HASH];
// 将 dev 与 block 进行异或操作（异或表示无进位相加），再跟定义的 NR_HASH 取模，计算出
hash 表的数组下标
#define _hashfn(dev,block) (((unsigned)(dev^block))%NR_HASH)
// 通过 hash 表的数组下标，确定 hash 表项
#define hash(dev,block) hash_table[_hashfn(dev,block)]

static struct buffer_head * find_buffer(int dev, int block)
{
    struct buffer_head * tmp;
// 将设备号和逻辑块号计算的 hash 值作为起始值，在缓冲区中一直查找，直到找到对应的缓冲
块并返回。如果没找到则返回空
    for (tmp = hash(dev,block) ; tmp != NULL ; tmp = tmp->b_next)
        if (tmp->b_dev==dev && tmp->b_blocknr==block)
            return tmp;
    return NULL;
}
```

5.7.10　remove_from_queues 函数

该函数用于从 hash 队列和空闲链表中移除缓冲块。

不管是 hash 队列还是空闲链表，移除缓冲块的操作中都是一样的，需要区分的情况是移除缓冲块是否为头节点，如图 5.12 所示。0.11 版本的链表还是写的略显简陋，既没有将移除缓冲块释放，也没有将移除缓冲块断开连接。

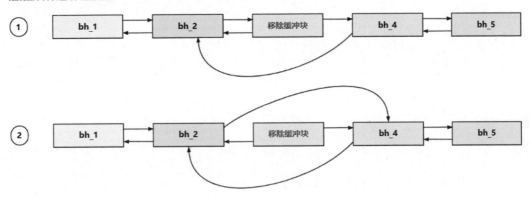

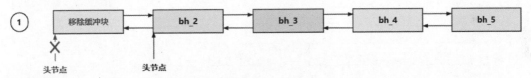

图 5.12　队列移除缓冲块的过程

```
// 文件路径：linux-0.11\fs\buffer.c

static inline void remove_from_queues(struct buffer_head * bh)
{
    // 从 hash 队列中移除缓冲块
// 如果 hash 队列中的缓冲块有后继节点，将缓冲块的后继节点的前驱节点连接到当前缓冲块的
前驱节点上
    if (bh->b_next)
        bh->b_next->b_prev = bh->b_prev;
    // 如果 hash 队列中的缓冲块有前驱节点，将缓冲块前驱节点的后继节点连接到当前缓冲块
的后继节点上
    if (bh->b_prev)
```

```
        bh->b_prev->b_next = bh->b_next;
    // 根据设备号和块号计算 hash，如果当前缓冲块是 hash 队列的头节点，则将其下一个缓冲
块设置为头节点
    if (hash(bh->b_dev,bh->b_blocknr) == bh)
        hash(bh->b_dev,bh->b_blocknr) = bh->b_next;

    // 从空闲链表中移除缓冲块
    // 由于空闲链表是双向循环链表，如果空闲链表中的缓冲块没有前驱节点或后继节点，表示
空闲链表错误，死机
    // 因为空闲链表是双向循环链表，所以不判断移除缓冲块是否为头节点
    if (!(bh->b_prev_free) || !(bh->b_next_free))
        panic("Free block list corrupted");
    // 将当前缓冲块前驱节点的后继节点连接到当前缓冲块的后继节点上
    bh->b_prev_free->b_next_free = bh->b_next_free;
    // 将当前缓冲块后继节点的前驱节点连接到当前缓冲块的前驱节点上
    bh->b_next_free->b_prev_free = bh->b_prev_free;
    // 如果当前缓冲块是空闲链表的头节点，则将其下一个缓冲块设置为头节点
    if (free_list == bh)
        free_list = bh->b_next_free;
}
```

5.7.11　insert_into_queues 函数

该函数用于将缓冲块插入空闲链表的尾端，并放入 hash 队列中，如图 5.13 所示。

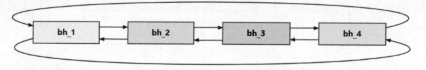

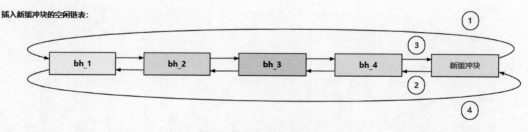

图 5.13　插入队列过程

在 remove_from_queues()函数中，我们以 hash 队列为例，展示了从 hash 队列中删除缓

冲块的图示。与数组加链表来实现的 hash 队列不同的是，空闲链表采用的是双向循环链表，将链表的头尾进行相连形成一个环。双向循环链表的优点在于，从任何一个节点出发跑一圈都可以回到起点，遍历完所有在循环链表上的节点，不需要从头或从尾开始遍历。这种形式更加适合空闲链表中以任意缓冲块出发，查找一个合适的缓冲块。

```
// 文件路径：linux-0.11\fs\buffer.c

static inline void insert_into_queues(struct buffer_head * bh)
{
// 插入空闲链表的尾端
    // 将新缓冲块后继节点连接到空闲链表的头节点
    bh->b_next_free = free_list;
    // 将新缓冲块的前驱节点连接到空闲链表头节点的前驱节点
    bh->b_prev_free = free_list->b_prev_free;
    // 将空闲链表头节点的前驱节点的后继节点连接到新缓冲块
    free_list->b_prev_free->b_next_free = bh;
    // 将空闲链表的前驱节点连接到新缓冲块
    free_list->b_prev_free = bh;

// 如果缓冲块有对应的设备号，那么放入新的 hash 队列中
    // 将缓冲块的前驱节点和后继节点置空
    bh->b_prev = NULL;
    bh->b_next = NULL;
    // 如果缓冲块没有对应的设备号，返回
    if (!bh->b_dev)
        return;
    // 将新缓冲块的后继节点连接到 hash 队列
    bh->b_next = hash(bh->b_dev,bh->b_blocknr);
    // 将 hash 队列的头节点设置为新缓冲块
    hash(bh->b_dev,bh->b_blocknr) = bh;
    // 将新缓冲块的后继节点的前驱节点连接到新缓冲块
    bh->b_next->b_prev = bh;
}
```

5.8　块设备驱动

　　块设备驱动是操作系统中的一个组件，用于管理和控制块设备的访问和操作。块设备是以固定大小的块（通常是几千字节）为单位进行读写的设备，如硬盘、固态硬盘（SSD）或闪存设备等。

5.8.1　块设备定义

blk 头文件用于定义块在不同设备上的定义。之前提到过，块是内核的概念，如果要将块中的数据读写到设备上，还需要将块转换成不同设备的磁道、扇区、柱面等信息。

```
// 代码路径: linux-0.11\kernel\blk_drv\blk.h

#define NR_BLK_DEV  7                    // 块设备的数量

// 系统所含设备的定义
 0 - unused (nodev)                      // 未使用
 1 - /dev/mem                            // 内存设备
 2 - /dev/fd                             // 软盘设备
 3 - /dev/hd                             // 硬盘设备
 4 - /dev/ttyx                           // ttyx 串行终端设备
 5 - /dev/tty                            // tty 终端设备
 6 - /dev/lp                             // lp 打印设备
 7 - unnamed pipes                       // 未命名的管道




// NR_REQUEST 用于表示 request-queue 请求队列的项数，写操作会使用到请求队列中 2/3
部分的请求项，并且读操作会被优先处理。32 项是一个合理的数组项，这样可以从电梯算法中获得
最大的效率，当请求进入队列的时候，不会锁住大量的缓冲区。而如果设定为 64 项，就显得太大
了（当大量的读操作或同步操作被执行时，很容易导致长时间的暂停）
#define NR_REQUEST  32

// request 结构体是一种扩展形式，因此我们从分页请求中使用相同的 request 结构。在分页
过程中, 'bh' 是 NULL，而 waiting 用于读操作或写操作的实现
struct request {
    int dev;                             // 设备号
    int cmd;                             // READ 或 WRITE 命令
    int errors;                          // 产生错误的次数
    unsigned long sector;                // 起始扇区（1 个缓冲块 = 2 个扇区）
    unsigned long nr_sectors;            // 读或写的扇区数
    char * buffer;                       // 读或写的缓冲区
    struct task_struct * waiting;        // 等待执行的进程
    struct buffer_head * bh;             // 缓冲头
    struct request * next;               // 下一个请求项
};

// 块设备结构
```

```
struct blk_dev_struct {
    void (*request_fn)(void);           // 指向处理请求的函数
    struct request * current_request;   // 指向当前请求
};

#ifdef MAJOR_NR                          // 主设备号

// 需要时加入以下项，当前的块设备仅支持硬盘和软盘
// 根据不同的 MAJOR_NR 进行宏定义。包括定义设备名称、设备请求函数、设备数量、开启设备
和关闭设备
// 如果 MAJOR_NR 主设备号为 1，表示的是 RAM 盘，进行 RAM 盘的宏定义
#if (MAJOR_NR == 1)
#define DEVICE_NAME "ramdisk"
#define DEVICE_REQUEST do_rd_request
#define DEVICE_NR(device) ((device) & 7)
#define DEVICE_ON(device)
#define DEVICE_OFF(device)

// 如果 MAJOR_NR 主设备号为 2，表示的是软盘，进行软盘的宏定义
#elif (MAJOR_NR == 2)
#define DEVICE_NAME "floppy"
#define DEVICE_INTR do_floppy
#define DEVICE_REQUEST do_fd_request
#define DEVICE_NR(device) ((device) & 3)
#define DEVICE_ON(device) floppy_on(DEVICE_NR(device))
#define DEVICE_OFF(device) floppy_off(DEVICE_NR(device))

// 如果 MAJOR_NR 主设备号为 3，表示的是硬盘，进行硬盘的宏定义
#elif (MAJOR_NR == 3)
#define DEVICE_NAME "harddisk"
#define DEVICE_INTR do_hd
#define DEVICE_REQUEST do_hd_request
#define DEVICE_NR(device) (MINOR(device)/5)
#define DEVICE_ON(device)
#define DEVICE_OFF(device)
```

5.8.2　ll_rw_block 函数

　　该函数是缓冲区数据向硬盘发起读写请求的起始处，ll_rw_block 表示低等级读写块设备，这里面仅调用了 make_request()函数，一旦进入 make_request()函数，就到了硬件设备层。

```
// 宏定义主设备号，将传入的设备号右移，取设备号的高端地址
#define MAJOR(a) (((unsigned)(a))>>8)
```

```
// 宏定义次设备号，截取传入设备号的低 8 位，取设备号的低端地址
#define MINOR(a) ((a)&0xff)

// 请求结构体中包含所有加载扇区数据到内存中的信息
// 定义请求数组，包含 32 个请求项，后面称作请求队列
struct request request[NR_REQUEST];

// 当请求队列中没有空闲的请求项可以放入时，使用 wait_for_request 等待队列存放等待的
请求项
struct task_struct * wait_for_request = NULL;

// blk_dev_struct 块设备结构中定义了 2 个属性，一个是处理请求的函数，一个是当前请求
的 request
// 这里定义了一个 blk_dev 数组，内核会在不同设备初始化时，根据定义的数组下标，设定不同
设备的请求处理函数。因此后续函数可以传入数组下标来查找相应的执行函数
struct blk_dev_struct blk_dev[NR_BLK_DEV] = {
    { NULL, NULL },                 // 无设备
    { NULL, NULL },                 // 内存设备
    { NULL, NULL },                 // 软盘设备
    { NULL, NULL },                 // 硬盘设备
    { NULL, NULL },                 // ttyx 设备
    { NULL, NULL },                 // tty 设备
    { NULL, NULL }                  // lp 打印设备
};

// 文件路径：linux-0.11\kernel\blk_drv\ll_rw_blk.c
void ll_rw_block(int rw, struct buffer_head * bh)
{
    unsigned int major;             // 根据设备号获取设备标识

    // 如果设备标识超出了已定义的设备数或者处理请求的函数为空，打印"尝试读取不存在的
块设备"，返回
    if ((major=MAJOR(bh->b_dev)) >= NR_BLK_DEV ||
    !(blk_dev[major].request_fn)) {
        printk("Trying to read nonexistent block-device\n\r");
        return;
    }
    make_request(major,rw,bh);
}
```

5.8.3　make_request 函数

该函数用于处理缓冲区对于硬盘的读写请求。预读和预写都不是必要操作，仅是对于

性能的优化，首先保证必要的读写操作完成，再考虑预读和预写。请求队列中不能全部是读操作或写操作，内核分配前 2/3 处用于写操作，后 1/3 处用于读操作，由于请求队列是从后往前遍历，因此读操作总会被优先处理。

```c
// 文件路径: linux-0.11\kernel\blk_drv\ll_rw_blk.c
static void make_request(int major,int rw, struct buffer_head * bh)
{
    struct request * req;
    int rw_ahead;

    // WRITEA/READA 预写或预读操作是一种特殊情况，它们并不是必要操作，如果缓冲区已经
被上锁，我们就忽略预写或预读操作，否则就执行一般的读写操作
    if (rw_ahead = (rw == READA || rw == WRITEA)) {
        if (bh->b_lock)
            return;
        if (rw == READA)
            rw = READ;
        else
            rw = WRITE;
    }
    // 如果传入的读写标识不是 READ/WRITE，死机
    if (rw!=READ && rw!=WRITE)
        panic("Bad block dev command, must be R/W/RA/WA");
    // 将缓冲区上锁
    lock_buffer(bh);
    // 如果是写标识并且缓冲区不为脏，或是读标识且设备已经更新，对缓冲区解锁后返回
    if ((rw == WRITE && !bh->b_dirt) || (rw == READ && bh->b_uptodate)) {
        unlock_buffer(bh);
        return;
    }
repeat:
    // 内核不允许写请求全部充满队列，还应该为读请求保留一些空间，并且读操作还应该是优
先执行的。请求队列最后 1/3 部分的请求项是为读请求保留的
    // 如果是读请求，从请求队列的起始地址开始，加上 32 个请求项，指针指向请求队列尾部，
表示从尾部向前添加读请求项
    if (rw == READ)
        req = request+NR_REQUEST;
    // 如果是写请求，从请求队列的起始地址开始，加上 2/3 个请求项，指针指向请求队列的 2/3
处，表示从请求队列的 2/3 处向前添加写请求项
    else
        req = request+((NR_REQUEST*2)/3);
// 从后向前搜索空闲的请求项
    while (--req >= request)
        if (req->dev<0)
```

```
        break;

    // 如果没有找到空闲的请求项，让新的请求项睡眠。需要检查是否为预读或预写
    // 如果请求队列的头部地址大于请求项的地址，表示请求项的指针已经越过请求队列
    if (req < request) {
        // 如果当前是预读或预写操作，解锁缓冲块，返回
        if (rw_ahead) {
            unlock_buffer(bh);
            return;
        }
        // 否则将当前请求项睡眠，直到请求队列中有空闲项后再插入
        sleep_on(&wait_for_request);
        goto repeat;
    }
    // 在新的请求项中填写请求信息，然后添加到请求队列中
    // 填写请求项指向的缓冲块设备号
    req->dev = bh->b_dev;
    // 填写请求项的命令（READ/WRITE）
    req->cmd = rw;
    // 填写请求项操作失败的次数
    req->errors=0;
    // 填写请求项的起始扇区，根据缓冲块的块号换算成扇区号，左移表示乘 2，即 1 块=2 扇区
    req->sector = bh->b_blocknr<<1;
    // 填写请求项的扇区数
    req->nr_sectors = 2;
    // 填写请求项指向的缓冲块数据区
    req->buffer = bh->b_data;
    // 填写请求项指向等待操作的进程
    req->waiting = NULL;
    // 填写请求项指向的缓冲块
    req->bh = bh;
    // 填写请求项指向的下一个请求项
    req->next = NULL;
    // 将请求项添加到请求队列中
    add_request(major+blk_dev,req);
}
```

5.8.4 lock_buffer 函数

该函数用于将传入的缓冲块上锁，如果缓冲块已经被别的进程上锁，让缓冲块的进程陷入睡眠，直到缓冲块被解锁。

```
// 文件路径：linux-0.11\kernel\blk_drv\ll_rw_blk.c
```

```
static inline void lock_buffer(struct buffer_head * bh)
{
    cli();
    while (bh->b_lock)
        sleep_on(&bh->b_wait);
    bh->b_lock=1;
    sti();
}
```

5.8.5 unlock_buffer 函数

该函数用于将传入的缓冲块解锁，并唤醒缓冲块中等待的进程。

```
// 文件路径: linux-0.11\kernel\blk_drv\ll_rw_blk.c

static inline void unlock_buffer(struct buffer_head * bh)
{
    if (!bh->b_lock)
        printk("ll_rw_block.c: buffer not locked\n\r");
    bh->b_lock = 0;
    wake_up(&bh->b_wait);
}
```

5.8.6 add_request 函数

该函数会调用 cli()函数关闭中断，这样就可以安全地将请求项加入请求队列中。

如果请求项中存在缓冲块，就说明它已经在调度队列里了，那么将缓冲块里的 b_dirt 置 0，代表不脏了，可以写入了。

设备只有一个队列，该队列缓存了待执行的读写请求。

☑ 若队列为空，表示当前进程是第一个操作这个设备的进程，它得负责处理该队列。

☑ 若队列不为空，表示已经有进程正在处理这个请求队列，只需要将请求放入其中即可。

```
// 文件路径: linux-0.11\kernel\blk_drv\ll_rw_blk.c

static void add_request(struct blk_dev_struct * dev, struct request * req)
{
    struct request * tmp;

    req->next = NULL;
    cli();
```

```
    // 如果请求项中存在缓冲块，就说明它已经在调度队列里了，所以将缓冲块的 b_dirt 属性
置为 0，表示不脏了，可以写入了
    if (req->bh)
        req->bh->b_dirt = 0;
    // 如果设备里的请求项为空，将传入的请求项置为设备的当前请求项
    if (!(tmp = dev->current_request)) {
        dev->current_request = req;
        sti();
        // 调用硬盘的请求处理函数 do_hd_request()
        (dev->request_fn)();
        return;
    }

    // 使用梯度算法
    for ( ; tmp->next ; tmp=tmp->next)
        if ((IN_ORDER(tmp,req) ||
            !IN_ORDER(tmp,tmp->next)) &&
            IN_ORDER(req,tmp->next))
            break;
    req->next=tmp->next;
    tmp->next=req;
    sti();
}

// 电梯算法
// IN_ORDER 用于电梯算法里排序的定义，读操作总是在写操作之前进行，读操作相对写操作而
言，对时间有更严格的要求
#define IN_ORDER(s1,s2)
((s1)->cmd<(s2)->cmd || (s1)->cmd==(s2)->cmd &&
((s1)->dev < (s2)->dev || ((s1)->dev == (s2)->dev &&
(s1)->sector < (s2)->sector)))
```

5.8.7　do_hd_request 函数

该函数用于处理缓冲区读写硬盘数据的请求。通过将逻辑块转换为磁道、柱面和扇区，进行缓冲块与硬盘间的数据映射。内核与硬盘交互需要建立连接，当检测硬盘状态置位时，才可以通过端口向硬盘发送读写请求。

```
// 代码路径：linux-0.11\kernel\blk_drv\hd.c
// 宏定义当前请求项
#define CURRENT (blk_dev[MAJOR_NR].current_request)

// 宏定义当前设备号
```

```
#define CURRENT_DEV DEVICE_NR(CURRENT->dev)

// 计算硬盘数量
#define NR_HD ((sizeof (hd_info))/(sizeof (struct hd_i_struct)))

// 宏定义初始化请求
#define INIT_REQUEST
repeat:
// 如果设备的当前请求项为空, 返回
    if (!CURRENT)
        return;
// 如果当前请求项的设备不是硬盘, 死机
    if (MAJOR(CURRENT->dev) != MAJOR_NR)
        panic(DEVICE_NAME ": request list destroyed");
// 如果当前请求项的缓冲块存在, 但是没有被上锁, 死机
    if (CURRENT->bh) {
        if (!CURRENT->bh->b_lock)
            panic(DEVICE_NAME ": block not locked");
    }


// 代码路径: linux-0.11\kernel\blk_drv\hd.c
void do_hd_request(void)
{
    int i,r;
    unsigned int block,dev;
    unsigned int sec,head,cyl;
    unsigned int nsect;

    // 初始化请求
    INIT_REQUEST;
    // 从请求中获取次设备号和块号
    dev = MINOR(CURRENT->dev);
    block = CURRENT->sector;
    // 如果次设备号超出硬盘数量或者当前请求项的扇区号+2大于硬盘设备的扇区数,结束请求,
// 返回 repeat 标识, 重新初始化请求
    // 1 个逻辑块 (1024B) = 2 个扇区 (2 * 512B)
    if (dev >= 5*NR_HD || block+2 > hd[dev].nr_sects) {
        end_request(0);
        goto repeat;            // repeat 标识在 INIT_REQUEST 中, 表示重新初始化请求
    }
    // 起始扇区号 + 偏移扇区号, 获取要读写的块对应的扇区
    block += hd[dev].start_sect;
    dev /= 5;
```

```
    // 通过逻辑块号，换算成磁盘中的磁盘、扇区和柱面
    __asm__("divl %4":"=a" (block),"=d" (sec):"0" (block),"1" (0),
        "r" (hd_info[dev].sect));
    __asm__("divl %4":"=a" (cyl),"=d" (head):"0" (block),"1" (0),
        "r" (hd_info[dev].head));
    sec++;
    // 获取要读或写的扇区数
    nsect = CURRENT->nr_sectors;
    // 如果 reset 重置标志存在，进行复位操作
    if (reset) {
        reset = 0;
        recalibrate = 1;
        reset_hd(CURRENT_DEV);
        return;
    }
    // 如果 recalibrate 重新校正标志存在，将磁盘的磁头移动到第 0 柱面
    if (recalibrate) {
        recalibrate = 0;
        hd_out(dev,hd_info[CURRENT_DEV].sect,0,0,0,
            WIN_RESTORE,&recal_intr);
        return;
    }
    // 如果当前请求是写操作，调用 hd_out()函数，根据磁头、柱面、扇区等信息，向硬盘控
制器发送写命令
    if (CURRENT->cmd == WRITE) {
        hd_out(dev,nsect,sec,head,cyl,WIN_WRITE,&write_intr);
        // 循环判断硬盘状态，如果磁盘请求服务状态置位，表示可以连接磁盘写入，退出循环。
否则循环结束，硬盘连接失败
        for(i=0 ; i<3000 && !(r=inb_p(HD_STATUS)&DRQ_STAT) ; i++)
            ;
        // 如果硬盘连接失败，无法写入，调用 bad_rw_intr()函数结束本次请求，回到 repeat
标识，重新初始化请求
        if (!r) {
            bad_rw_intr();
            goto repeat;
        }
        // 将缓冲区中的数据通过 HD_DATA 端口写入磁盘
        port_write(HD_DATA,CURRENT->buffer,256);
        // 如果当前请求是读操作，向硬盘控制器发送读命令
    } else if (CURRENT->cmd == READ) {
        hd_out(dev,nsect,sec,head,cyl,WIN_READ,&read_intr);
    } else
        panic("unknown hd-command");
}
```

5.9　高版本文件写入原理

2.6 版本内核的写入流程与 0.11 版本内核的写入流程差别不大。本节的主要目的是帮助读者从低版本过渡到高版本的内核代码中，如果读者对于 0.11 版本的内核代码已经有了较为深刻的理解，那么本节的内容阅读起来将会十分轻松。如果读者对于文件写入还有些许疑惑，那么以下流程也能帮助大家梳理高版本中文件写入的逻辑。

5.9.1　sys_open 函数

该函数用于打开指定路径的文件，首先根据用户空间传入的文件路径获取 fd 文件描述符，调用 filp_open()函数根据 fd 获取文件 file，然后将 fd 与 file 关联。

```
// 代码路径：linux-2.6.0\fs\open.c

asmlinkage long sys_open(const char __user * filename, int flags, int mode)
{
    char * tmp;
    int fd, error;
    tmp = getname(filename); // 将用户空间的 filename 复制到内核空间，此时 tmp 指
向的内存为内核内存
    fd = PTR_ERR(tmp);   // 检查 tmp 是否包含了错误码，因为错误码范围将会在(0xffff
f000, 0xffff ffff)之间（注意：在内核中，将最高地址的最后一页保留，用作错误码表示)
    if (!IS_ERR(tmp)) {       // 返回值为正常指针
        fd = get_unused_fd();
        if (fd >= 0) {        // 成功获取 fd，那么调用 filp_open 打开文件 file
            struct file *f = filp_open(tmp, flags, mode);
            error = PTR_ERR(f);
            if (IS_ERR(f))
                goto out_error;
            fd_install(fd, f);    // 随后将 fd 与 file 文件关联
        }
        out:
        putname(tmp);
    }
    return fd;
    out_error:
    put_unused_fd(fd);
    fd = error;
```

```
        goto out;
}
```

5.9.2   filp_open 函数

该函数用于打开文件。

```
// 代码路径：linux-2.6.0\fs\open.c
/*
 * 在 sys_open 函数中，flag 值的低两位表示如下：
 *  00: read-only, 只读
 *  01: write-only, 只写
 *  10: read-write, 读写
 *  11: special, 特殊值
 * 将会被改变为如下含义：
 *  00: no permissions needed, 不需要权限
 *  01: read-permission, 只读权限
 *  10: write-permission, 只写权限
 *  11: read-write, 读写权限
 */
struct file *filp_open(const char * filename, int flags, int mode)
{
    ...
    error = open_namei(filename, namei_flags, mode, &nd); // 尝试直接通过文
件路径获取 file 目录
    if (!error)                        // 目录获取成功，那么通过目录对象打开文件
        return dentry_open(nd.dentry, nd.mnt, flags);
    return ERR_PTR(error);
}
```

5.9.3   open_namei 函数

该函数用于根据 pathname 来查找文件，注意：有时候我们传入的 filename 可能携带路径，也可能不携带路径，该函数主要调用 path_lookup()函数来完成查找。Linux 允许在文件不存在时传入 O_CREAT 标志，以自动创建文件，但是为了保证主流程顺畅，这里读者只需要观察文件存在情况即可。

```
// 代码路径：linux-2.6.0\fs\namei.c

int open_namei(const char * pathname, int flag, int mode, struct nameidata *nd)
{
    int acc_mode, error = 0;
```

```
    struct dentry *dentry;          // 文件目录
    struct dentry *dir;
    int count = 0;
    ...
        if (!(flag & O_CREAT)) { // 不需要创建文件，我们主要观察文件存在情况
            error = path_lookup(pathname,lookup_flags(flag)|LOOKUP_OPEN,nd);
                                    // 根据路径查找
            if (error)
                return error;
            // 查找成功
            dentry = nd->dentry;
            goto ok;
        }
    // 不存在该文件，那么创建（这里不考虑）
    error=path_lookup(pathname,LOOKUP_PARENT|LOOKUP_OPEN|LOOKUP_CREATE,nd);
    if (error)
        return error;
    ...
        ok:
    error = may_open(nd, acc_mode, flag);    // 检擦文件是否可以打开
    if (error)
        goto exit;
    return 0;
    ...
}

// 根据 name 查找文件，将文件信息放入 nameidata *nd 中
int path_lookup(const char *name, unsigned int flags, struct nameidata *nd)
{
    ...
    if (*name=='/') {               // 以路径符传入，说明此时打开的文件以绝对路径查找
        ...
        // 设置查找路径为根目录
        nd->mnt = mntget(current->fs->rootmnt);
        nd->dentry = dget(current->fs->root);
    }
    else{                           // 否则设置当前进程所处的路径（pwd）为查找路径
        nd->mnt = mntget(current->fs->pwdmnt);
        nd->dentry = dget(current->fs->pwd);
    }
    ...
    return link_path_walk(name, nd);            // 开始查找
}
```

```
// 根据当前 nd 设置的 mnt 和 dentry 查找 name 文件的目录
int link_path_walk(const char * name, struct nameidata *nd)
{
    struct path next;
    struct inode *inode;
    int err;
    unsigned int lookup_flags = nd->flags;

    while (*name=='/') // 移动 name 指针到最后一个 '/' 分隔符, 此时 name 指针指向文件名
        name++;
    if (!*name)                          // 不存在文件名, 直接退出
        goto return_reval;

    inode = nd->dentry->d_inode;         // 获取目录的 inode
    ...
    for(;;) {                            // 循环查找
        unsigned long hash;
        struct qstr this;                // 保存文件名信息
        unsigned int c;
        ...
        this.name = name;                // 保存文件名
         // 根据文件名计算 hash 值
        c = *(const unsigned char *)name;
        hash = init_name_hash();
        do {
            name++;
            hash = partial_name_hash(c, hash);
            c = *(const unsigned char *)name;
        } while (c && (c != '/'));
         // 保存文件名长度与 hash 值
        this.len = name - (const char *) this.name;
        this.hash = end_name_hash(hash);
        ...
        // 修正"."和".."分别表示当前目录和上一级目录
        if (this.name[0] == '.') switch (this.len) {
            default:
                break;
            case 2:
                if (this.name[1] != '.')
                    break;
                follow_dotdot(&nd->mnt, &nd->dentry);
                inode = nd->dentry->d_inode;
            case 1:
                continue;
```

```
        }
        ...
        err = do_lookup(nd, &this, &next);    // 执行实际搜索
        if (err)
            break;
        ...
        inode = next.dentry->d_inode;
        if (!inode)               // 找到目录（最后一个目录便包含了所查找文件的 inode）
            goto out_dput;
        err = -ENOTDIR;
        if (!inode->i_op)      // 查找到最后一个 inode，但不是目录，所以没有 i_op 操
作，直接退出
            goto out_dput;
        ...
        // 继续查找下一个目录
        dput(nd->dentry);
        nd->mnt = next.mnt;
        nd->dentry = next.dentry;
        err = -ENOTDIR;
        ...
    }
    ...
}

// 实际查找过程
static int do_lookup(struct nameidata *nd, struct qstr *name,
        struct path *path)
{
    struct vfsmount *mnt = nd->mnt;                          // 获取挂载点
    struct dentry *dentry = __d_lookup(nd->dentry, name); // 从设置的目录
dentry 处查找
    if (!dentry)
        goto need_lookup;
    ...
done:                                                        // 查找成功
    path->mnt = mnt;
    path->dentry = dentry;
    return 0;

need_lookup:       // 注意：当内存中的 dentry 不存在时，因为初始化时内存中将不会存在
dentry，dentry 只是对磁盘上的数据进行缓存优化，所以此时将会陷入 FS 文件系统中读取磁盘
数据进行查找
    dentry = real_lookup(nd->dentry, name, nd);
    if (IS_ERR(dentry))
```

```
        goto fail;
    goto done;
...
fail:
    return PTR_ERR(dentry);
}

// 代码路径：linux-2.6.0\fs\dcache.c
// 从 parent 目录处查找 name 所述的 dentry
struct dentry * __d_lookup(struct dentry * parent, struct qstr * name)
{
    unsigned int len = name->len;
    unsigned int hash = name->hash;
    const unsigned char *str = name->name;
    struct hlist_head *head = d_hash(parent,hash); // 根据目录和文件名在
hash 表找到目录下的文件头部指针
    struct dentry *found = NULL;
    struct hlist_node *node;
    ...
    hlist_for_each (node, head) {                    // 遍历该链表
        struct dentry *dentry;
        unsigned long move_count;
        struct qstr * qstr;
        dentry = hlist_entry(node, struct dentry, d_hash); // 获取当前 node
处的 dentry 目录信息
        ...
        if (dentry->d_name.hash != hash)             // hash 值不同则继续查找
            continue;
        if (dentry->d_parent != parent)              // 父目录不同则继续查找
            continue;
        qstr = dentry->d_qstr;
        // 进行名字比较
        if (parent->d_op && parent->d_op->d_compare) {
            if (parent->d_op->d_compare(parent, qstr, name))
                continue;
        } else {
            if (qstr->len != len)
                continue;
            if (memcmp(qstr->name, str, len))
                continue;
        }
        ...                                          // 成功查找
        break;
    }
```

```
    return found;
}
```

5.9.4 dentry_open 函数

dentry 的作用是当创建或第一次访问 inode 时，将文件经过的 inode 全部维护在一个 hash 表或一棵目录树上，这样再次查找 inode 时就不需要从头遍历到尾。dentry 主要起到缓存的作用。

```
struct dentry {
    atomic_t d_count;                          // 目录项引用计数
    unsigned long d_vfs_flags;
    spinlock_t d_lock;                         // 目录项的自旋锁
    struct inode  * d_inode;                   // 与目录项关联的 inode
    struct list_head d_lru;                    // 长时间未使用的目录项链表
    struct list_head d_child;                  // 同一父目录下的子目录链表
    struct list_head d_subdirs;                // 子目录链表
    struct list_head d_alias;                  // 目录别名链表
    unsigned long d_time;                      // 由 d_revalidate 调用
    struct dentry_operations  *d_op;           // 目录项操作符
    struct super_block * d_sb;                 // 目录项根节点
    unsigned int d_flags;                      // 目录项标志
    int d_mounted;                             // 目录项挂载点
    void * d_fsdata;                           // 文件依赖数据
    struct rcu_head d_rcu;                     // 回收目录项对象时，由 RCU 描述符使用
    struct dcookie_struct * d_cookie;          // 保存 kmem_cache 信息
    unsigned long d_move_count;                // 在无锁状态下查找移动的目录数量
    struct qstr * d_qstr;                      // 在无锁状态下快速查找指向的元数据信息
    struct dentry * d_parent;                  // 父目录
    struct qstr d_name;                        // 快速查找目录名
    struct hlist_node d_hash;                  // 查找 dentry hash 表
    struct hlist_head * d_bucket;              // 查找 hash 桶
    unsigned char d_iname[DNAME_INLINE_LEN_MIN]; // 存放短文件名
} ____cacheline_aligned;
```

在 open_namei 中，通过 dentry 遍历找到文件所述的目录 dentry 信息，那么 dentry_open 函数将会根据 dentry 找到该目录下的 name 文件。

```
// 代码路径：linux-2.6.0\fs\open.c

struct file *dentry_open(struct dentry *dentry,struct vfsmount *mnt,int flags)
{
    struct file * f;
    struct inode *inode;
```

```
    int error;
    error = -ENFILE;
    f = get_empty_filp();      // 分配一个新的 file 结构，注意：在该函数中将会检查打
开的文件的计数，读者可以自行查看
    ...
    inode = dentry->d_inode;              // 获取目录 inode 信息
    ...
    // 保存文件的元数据信息
    f->f_dentry = dentry;
    f->f_vfsmnt = mnt;
    f->f_pos = 0; // 初始文件操作点从 offset 偏移量为 0 处开始
    f->f_op = fops_get(inode->i_fop);   // 从 inode 中获取操作文件的函数指针
    file_move(f, &inode->i_sb->s_files);// 将打开文件信息绑定到 super_block
中，此时可以根据超级块看到该文件系统打开的所有文件
    if (f->f_op && f->f_op->open) {      // 若 inode 操作存在 open 函数，那么进行
回调（对于 ext2 来说，这里对文件长度进行了校验）
        error = f->f_op->open(inode,f);
        if (error)
            goto cleanup_all;
    }
    ...
}
```

5.9.5　fd_install 函数

该函数用于将 fd 与打开文件 file 进行关联，这里就是将其放入当前进程 task_struct 的 files 数组对应 fd 下标处。源码描述如下。

```
// 代码路径：linux-2.6.0\fs\open.c
void fd_install(unsigned int fd, struct file * file)
{
    struct files_struct *files = current->files;
    spin_lock(&files->file_lock);
    if (unlikely(files->fd[fd] != NULL))
        BUG();
    files->fd[fd] = file;          // 在对应 fd 下标处放置 file，将 fd 返回给用户
    spin_unlock(&files->file_lock);
}
```

5.9.6　sys_write 函数

该系统调用将根据传入的 fd 下标，找到对应的 file 结构，然后执行写入操作。

```
// 代码路径: linux-2.6.0\fs\read_write.c
asmlinkage ssize_t sys_write(unsigned int fd, const char __user * buf, size_t
count)
{
    struct file *file;
    ssize_t ret = -EBADF;
    int fput_needed;
    file = fget_light(fd, &fput_needed);      // 根据 fd 找到 file
    if (file) {                               // 文件存在，那么开始调用 vfs 接口写入
        ret = vfs_write(file, buf, count, &file->f_pos);
        fput_light(file, fput_needed);
    }

    return ret;
}

// 代码路径: linux-2.6.0\fs\file_table.c
struct file *fget_light(unsigned int fd, int *fput_needed)
{
    struct file *file;
    struct files_struct *files = current->files;    // 获取进程打开文件结构
    *fput_needed = 0;
    if (likely((atomic_read(&files->count) == 1))) { // 原子性增加 file 引用
计数
        file = fcheck(fd);                    // 从 fd 数组下标处获取 file 结构
    } else {                                  // 否则失败，那么上锁获取
        spin_lock(&files->file_lock);
        file = fcheck(fd);
        if (file) {
            get_file(file);
            *fput_needed = 1;
        }
        spin_unlock(&files->file_lock);
    }
    return file;
}

// 代码路径: linux-2.6.0\include\linux\file.h
#define fcheck(fd)  fcheck_files(current->files, fd)
static inline struct file * fcheck_files(struct files_struct *files,
unsigned int fd)
{
    struct file * file = NULL;
    if (fd < files->max_fds)                  // 直接从下标处获取即可
        file = files->fd[fd];
```

```
    return file;
}
```

5.9.7　vfs_write 函数

该函数将会调用 vfs 接口向 file 文件中写入数据。首先根据 file 获取到 inode，然后执行写入。

```
// 代码路径：linux-2.6.0\fs\read_write.c
ssize_t vfs_write(struct file *file, const char __user *buf, size_t count,
loff_t *pos)
{
    struct inode *inode = file->f_dentry->d_inode; // 通过 file 结构获取到文
件 inode 节点
    ssize_t ret;
    ...
    if (!ret) {
        ret = security_file_permission (file, MAY_WRITE); // 检测权限
        if (!ret) {
            if (file->f_op->write)
                // 若文件存在 write 函数，那么直接调用
                ret = file->f_op->write(file, buf, count, pos);
            else
                // 否则尝试使用 aio_write 并等待完成，因为有些设备文件只支持异步写入
                ret = do_sync_write(file, buf, count, pos);
            ...
        }
    }

    return ret;
}
```

5.9.8　generic_file_write 函数

generic_file_write 函数将会作为 write 函数在 ext2 文件系统的实现，所以我们关注该函数的实现过程即可。

```
// 代码路径：linux-2.6.0\fs\ext2\file.c

// ext2 文件系统注册的文件写入操作
struct file_operations ext2_file_operations = {
    ...
```

```
    .write        = generic_file_write,
    ...
};

// 代码路径：linux-2.6.0\mm\filemap.c

ssize_t generic_file_write(struct file *file, const char __user *buf, size_t
count, loff_t *ppos)
{
    struct inode    *inode = file->f_dentry->d_inode->i_mapping->host;
// 获取文件 inode
    ssize_t     err;
    struct iovec local_iov = { .iov_base = (void __user *)buf, .iov_len =
count };                      // 构建写入向量信息
    down(&inode->i_sem);        // 上锁并开始写入
    err = generic_file_write_nolock(file, &local_iov, 1, ppos);
    up(&inode->i_sem);
    return err;
}

// 代码路径：linux-2.6.0\mm\filemap.c
ssize_t generic_file_write_nolock(struct file *file, const struct iovec *iov,
            unsigned long nr_segs, loff_t *ppos)
{
    struct kiocb kiocb;        // I/O 控制块，用于表示一次 I/O 操作
    ssize_t ret;
    init_sync_kiocb(&kiocb, file);
    ret = generic_file_aio_write_nolock(&kiocb, iov, nr_segs, ppos); // 调
用该函数完成写入
    if (-EIOCBQUEUED == ret) // IOCB 控制块已经进入调度队列，那么等待其执行完成
        ret = wait_on_sync_kiocb(&kiocb);
    return ret;
}

// 代码路径：linux-2.6.0\include\linux\aio.h

// 初始化 I/O 控制块
#define init_sync_kiocb(x, filp)
    do {
        struct task_struct *tsk = current;
        (x)->ki_flags = 0;
        (x)->ki_users = 1;
        (x)->ki_key = KIOCB_SYNC_KEY;
        (x)->ki_filp = (filp);
```

```
    (x)->ki_ctx = &tsk->active_mm->default_kioctx;
    (x)->ki_cancel = NULL;
    (x)->ki_user_obj = tsk;
} while (0)
```

5.9.9　generic_file_aio_write_nolock 函数

该函数将实现真正文件数据写入流程。我们看到将会根据文件打开的类型来选择写入方式，如果是 O_DIRECT，那么直接写入调度层；如果是 O_SYNC，那么等待数据落盘，否则我们写入 page cache，并且由于 buffer_head 的数据区存在于 page 中，当函数 filemap_copy_from_user 复制成功时，表明写入完成。

```
// 代码路径：linux-2.6.0\mm\filemap.c
ssize_t generic_file_aio_write_nolock(struct kiocb *iocb, const struct
iovec *iov, unsigned long nr_segs, loff_t *ppos)
{
    ...
    for (seg = 0; seg < nr_segs; seg++) { // 循环计算写入数量，注意：这里由于是
单次写入，所以在上述函数中 nr_segs 为1
        const struct iovec *iv = &iov[seg];
        ocount += iv->iov_len;              // 增加计数
        if (unlikely((ssize_t)(ocount|iv->iov_len) < 0))
            return -EINVAL;
        if (access_ok(VERIFY_READ, iv->iov_base, iv->iov_len)) // 检测地址
是否可读
            continue;
        if (seg == 0)
            return -EFAULT;
        nr_segs = seg;
        ocount -= iv->iov_len;              // 当前写入段有误，那么减少增加的计数
        break;
    }
    ...
    if (unlikely(file->f_flags & O_DIRECT)) { // 文件打开类型为 O_DIRECT，那
么不经过 page cache，直接写入
        ...
        written = generic_file_direct_IO(WRITE, iocb,
                                    iov, pos, nr_segs);      // 直接写入
        ...
        if (written >= 0 && file->f_flags & O_SYNC)          // 文件打开类型
为 O_SYNC，那么将写入的文件数据落盘
            status = generic_osync_inode(inode, OSYNC_METADATA);
    ...
```

```
}
    // 否则执行数据写入 page cache 中
    buf = iov->iov_base;
    do { // 循环写入
        ...
        page = __grab_cache_page(mapping,index,&cached_page,&lru_pvec);
// 获取当前写入文件的 page 页（过程暂时省略，这里了解流程即可）
        ...
        status = a_ops->prepare_write(file, page, offset, offset+bytes);
        ...
        if (likely(nr_segs == 1))    // 从用户空间 buf 中将数据复制到 page 页中，
由于 buffer_head 的数据便存在于 page 中，当该函数执行完成，那么就完成了写入操作
            copied = filemap_copy_from_user(page, offset,
                                    buf, bytes);
        else
            copied = filemap_copy_from_user_iovec(page, offset,
                                        cur_iov, iov_base, bytes);
        ...
        status = a_ops->commit_write(file, page, offset, offset+bytes);
                                    // 提交写入结果
        ....
    } while (count);
    ...
}
```

5.9.10　generic_commit_write 函数

在 ext2 中可以看到是该函数完成了提交写操作，这里将会把映射到 page 中的 buffer_head 高速缓冲区设置为 dirty（脏）。

```
// 代码路径：linux-2.6.0\fs\ext2\inode.c

struct address_space_operations ext2_aops = {
    ...
    .commit_write        = generic_commit_write,
    ...
};

// 代码路径：linux-2.6.0\fs\buffer.c
int generic_commit_write(struct file *file, struct page *page, unsigned from,
unsigned to)
{
    ...
```

```
        // 提交写
    __block_commit_write(inode,page,from,to);
    // 写入成功，那么标记 inode 为脏，表明内存中的数据尚未落盘
    if (pos > inode->i_size) {
        i_size_write(inode, pos);
        mark_inode_dirty(inode);
    }
    return 0;
}


// 代码路径：linux-2.6.0\fs\buffer.c
static int __block_commit_write(struct inode *inode, struct page *page,
        unsigned from, unsigned to)
{
    ...
        // 从页结构中获取 buffer_head 高速缓冲区块，然后遍历写入
    for(bh = head = page_buffers(page), block_start = 0;
        bh != head || !block_start;
        block_start=block_end, bh = bh->b_this_page) {
        block_end = block_start + blocksize;
        // 部分写入
        if (block_end <= from || block_start >= to) {
            if (!buffer_uptodate(bh))
                partial = 1;
            // 写入整个高速缓冲区块，并标记为脏
        } else {
            set_buffer_uptodate(bh);
            mark_buffer_dirty(bh);
        }
    }
    ...
    return 0;
}
```

5.10　小　　结

本章基于如何提升 I/O 性能入手，从内存到缓存、从缓存到磁盘间进行了拆解分析。
为了适配更多的文件系统，内核将文件系统模块化，通过虚拟文件系统达到解耦合和
高扩展的目的。用户层定义统一接口函数，当函数经过系统调用到达内核态时，内核函数
sys_xxx 根据系统所加载的不同文件系统执行不同的函数实现。

0.11 文件系统中最重要的概念包括 super block、inode 位图、逻辑块位图、inode 和缓冲块，而到了 2.6 版本的内核则扩展了 vfs_mount 文件树（用于挂载文件系统），但是实际文件的查找过程还是不变的，通过文件路径获取 fd 文件描述符，通过 fd 查找 dentry，如果 dentry 中有缓存的 inode 则直接获取，否则从根节点开始查找文件。获取文件通常是为了读写文件，因此根据文件的 inode 和逻辑块找到对应的缓冲区，进行读写。当缓冲区写完后，并不会立即同步到磁盘，而是需要等待程序调用 sync 同步函数，才会将数据刷新到磁盘中。当缓冲区数据刷新到磁盘时，需要先将逻辑块转换成对应扇区，然后对磁盘发送请求，尝试与磁盘进行连接，如果连接成功，则通过磁盘端口将数据写入扇区。

以下为文件系统布局的推理过程。

要研究 I/O，就需要有文件系统的前置知识，我们先从磁盘入手，了解磁盘布局后，再推理到内存。磁盘由一组连续的空间组成，为了方便管理这一组连续的空间（避免外碎片问题，有利于快速分配），就将一系列的连续空间划分为一个个的数据块（盘块）。

如何找到空数据块？我们知道位图是以 bit 为单位存储数据并建立映射关系来查找位置，而 bit 的表现形式就是 0 和 1，因此可以大大减少存储空间，缩短在大量数据中查询的时间。磁盘正好可以利用这一特征，使用 0 表示当前块为空闲块，使用 1 表示当前块已分配。这样一来，当数据想要插入磁盘某个数据块时，在扫描磁盘的过程中一旦发现标识为 0 的数据块，即可立即插入，因此使用逻辑块位图的方式表示是否为空数据块。

如何找到所需要的文件？文件由元数据和数据块组成，描述数据块的元数据称之为 inode，因此可以通过 inode 索引节点找到文件。

如何找到 inode？提前将 inode 生成一张表，通过 inode 位图找到空的 inode 即可。那么又如何找到这张 inode 表、数据块起始地址和数据块位图地址呢？超级块中保存了这些信息，可以通过超级块来查找 inode 表、数据块起始地址和数据块位图地址。因此通过 inode 位图找到 inode 索引节点，通过逻辑块位图找到空的数据块。

如何找到操作系统引导信息？约定将 OS 的引导信息放在固定位置：磁盘的第 0 个柱面第 0 个扇区第 1 个磁道的 512 字节处，后面跟着的就是超级块信息。

如果数据区无限大，那么 inode 节点就无限大。解决方法：引入块组，类似页表查找过程（多级分页），实现无限嵌套。

数据区是为了把盘块分割，为什么要分成一块块的？减少碎片，方便管理。

内存内碎片怎么解决？磁盘空间不值钱，想怎么用就怎么用。所以使用避免外碎片的方式规整化管理，允许有内碎片，因为空间特别大，带来的收益高。如果要找到的那些块是空的，就需要一个位图。逻辑块位图用于标识哪一个块不是空闲的。

文件有元数据信息和数据块信息，元数据信息描述了这个文件由谁来创建、在什么时间创建、被引用了几次。这个元数据块就称为 inode。预先构建一张表，用 inode 号（类似索引）找到 inode，用 inode 找到数据块信息。

为什么需要 inode 位图？因为需要从 inode 表里找到没有被占用的数据块，位图只有 0 和 1 两个状态，用于标识有或无，所以遍历位图即可。

那么如何知道位图在哪？inode 节点在哪？就需要有描述 inode 位图、逻辑块位图、inode 节点的元数据信息。约定第二个块为超级块，超级块可以拥有 inode 位图、逻辑块位图、inode 节点的信息。

如果数据区无限大，那么 inode 表、位图会很大。此时将此结构分为块组，只需要知道这个文件在那个块组，块组保存少量数据区、节点、位图即可。

文件如何写入磁盘？用户空间传入一个 fd 文件描述符和要写的数据，然后放入内核态，内核通过 fd 下标找到对应的 file，通过 file 找到 inode，通过 inode 找到对应的缓冲块，把数据写入缓冲块即可。

文件如何读取磁盘数据？通过 fd 文件描述符和一个缓冲区，放入要读取的数据。流程依旧是通过 fd 下标找到 file，通过 file 找到 inode，通过 inode 找到对应的缓冲块。如果缓冲块存在，将数据放入缓冲区；如果不存在，分配一个缓冲块到磁盘里读取，读取到缓冲块后，把缓冲块数据放入用户缓冲区，然后返回。

第 6 章
数据同步机制

6.1 同步机制概览

同步机制是计算机系统中用于协调多个并发执行的进程或线程之间的操作顺序和访问资源的一种机制。它的作用是确保多个并发执行的实体按照一定规则和顺序进行操作，避免出现竞态条件和数据不一致等并发问题。

6.1.1 同步函数介绍

应用程序可以通过 write()或 mmap()函数将数据写入缓冲区，由缓冲区递交给基础块层，再历经 I/O 调度层和块设备层抵达硬件设备层，完成数据持久化。

在前面的章节我们已经详细介绍过高速缓冲区的作用。在没有高速缓冲区的情况下，每次读写数据都会直接在内存与磁盘间交互，由于数据极有可能在短时间内再次被修改，反复读写硬盘会极大程度地消耗 CPU 资源，因此内核采用延迟写入的策略，在内存与磁盘之间引入了高速缓冲区，这意味着每次读写的文件都会先保存在缓冲区，等到程序调用同步函数的时候才会刷新到磁盘中。

高速缓冲区带来的好处非常明显，从原来的单次读写变成了批量读写，减少了磁盘的交互，并且根据局部性原理可以预读数据到缓冲区中。但凡事有好就有坏，坏处就在于程序相较之前多经历了一次缓冲区，并且还要等待程序调用同步函数才能刷新到磁盘中。

那么现在的问题就变成了程序是否必须经过缓冲区和怎样刷新缓冲区。

对于本就只需要一次性写入磁盘且短时间内不会再做修改的文件，当然不需要经过缓冲区，因此内核提供了 O_DIRECT 标识。由于此标志在内核中使用的是异步写入，因此无法保证数据落盘。通常数据库实现的写操作不需要经过缓冲区，会使用此标志。

解决了第一个问题后，我们来思考第二个问题，怎样刷新缓冲区？

我们首先能想到的就是将缓冲区的数据全部同步到磁盘当中，对于这种方式，内核提供了 sync()函数。

此外，内核还提供了 O_SYNC 标志，当文件指定 flag 标志为 O_SYNC 时，等待 I/O 调度执行，同步缓冲区数据到磁盘中，可以保证数据被存储到持久化设备。

fsync()函数与文件标志为 O_SYNC 的场景相似，用于将文件的数据和文件的元数据一起同步到磁盘。区别在于 O_SYNC 是文件标志，而 fsync()是执行函数。

在某些场景下，为了提升性能，我们并不希望缓冲区的数据被全部同步到磁盘中，文件的元数据信息如 inode 的创建时间、访问时间和修改时间，即使不准确也无关紧要，因此内核提供 fdatasync()函数，在保证文件数据有效性的情况下同步缓冲区中文件的数据信息到磁盘，不同步缓冲区中文件的元数据信息。为了保证文件数据有效，内核一旦发现文件大小发生变化，还是会同步文件的元数据信息。

我们之前提到过，对于数据写入的方式，不仅有 write()函数，还有 mmap()函数进行区间映射。回顾一下 mmap()函数，内存映射分为文件映射和匿名映射，由于匿名映射没有文件支持，因此无法与磁盘交互，那么在此我们只讨论文件映射。文件映射是将文件指定区间映射到缓冲区后，由缓冲区同步到磁盘。

文件映射与常规写操作的不同处在于，映射只会将文件的区间数据写入缓冲区，而常规写操作则会以文件为单位写入缓冲区。如果此时我们只想刷新映射到缓冲区的数据，那么内核提供的 msync()函数就可以派上用场了。

以上关于内核同步函数的描述中，我们发现以 f 开头（file）的 sync 函数用于表示文件写入缓冲区的同步函数，而以 m 开头（memory）的 sync 函数用于表示 mmap 映射到缓冲区的同步函数。

这些函数没有任何一种办法能够做到在保证数据有效性的同时还能节省执行时间，读者在实际运用中，还需要根据具体场景来选择合适的函数进行调用。

以下为同步函数的官方介绍。

1．sync()

同步缓存区，将数据写入持久化存储设备。如果一个或多个文件被指定，那么仅仅只同步被指定的文件或者指定文件所包含的文件系统。

Synchronize cached writes to persistent storage.If one or more files are specified, sync only them, or their containing file systems.

2．fsync()

将所有修改的核心数据（如 buffer cache 里的数据）同步到 fd 所在的磁盘中，因此当系统宕机或重启之后，所有改变的信息都能拿到。这也包括只写和刷新当前磁盘上存在的缓存。这个调用可能会被阻塞，直到所有的设备报告已经将所有的文件都持久化到底层。设备如何报告？磁盘将当前执行的进程中断，转而去执行硬盘中断上下文，判断所有数据全部写入完成后，通过将等待在 freelist 上的进程置为 running 状态唤醒，放到运行时队列里。

fsync() transfers ("flushes") all modified in-core data of (i.e., modified buffer cache pages for) the file referred to by the file descriptor fd to the disk device (or other permanent storage device) so that all changed information can be retrieved even if the system crashes or is rebooted. This includes writing through or flushing a disk cache if present.The call blocks until the device reports that the transfer has completed.

3．fdatasync()

fdatasync 类似于 fsync，但是它不刷新文件的元数据信息，除非文件的元数据信息在允许随后的数据被正确处理后刷新。例如，改变最后一次访问时间和最后一次修改时间，这不是必须被刷新的，因为它们对于文件数据信息的正确性没有影响。能影响文件数据信息并导致出现问题的，只有数据块和权限信息。另外，文件的大小如果发生改变，此时就需要刷新文件的元数据信息。如果没有刷新文件的元数据信息，那么下一次访问的时候，就无法找到文件的数据信息地址。fdatasync 的目的就是通过不刷新文件的元数据信息的方式减少磁盘交互。

fdatasync() is similar to fsync(), but does not flush modified metadata unless that metadata is needed in order to allow a subsequent data retrieval to be correctly handled.For example, changes to st_atime or st_mtime (respectively, time of last access and time of last modification; see inode(7)) do not require flushing because they are not necessary for a subsequent data read to be handled correctly.   On the other hand, a change to the file size, would require a metadata flush.

4．msync()

msync 对使用 mmap()函数映射到高速缓冲区的数据刷新到磁盘。如果不使用此调用，则不能保证在调用 munmap()函数之前将更改写回。更准确地说，文件中对应于从长度为 length 内存区域将被刷新。

msync() flushes changes made to the in-core copy of a file that was mapped into memory using mmap(2) back to the filesystem. Without use of this call, there is no guarantee that changes are written back before munmap(2) is called.To be more precise, the part of the file that corresponds to the memory area starting ataddrand having length length is updated.

msync 的标识位可以是 MS_ASYNC、MS_SYNC、MS_INVALIDATE。

☑ 如果 MS_ASYNC 被置位，指定刷新的区域只能通过进程调度来更新，将页提交到调度层后就返回。

```
MS_ASYNC
  Specifies that an update be scheduled, but the call returns immediately.
```

☑ 使用 MS_SYNC 被置位，请求刷新的区域会等待写入磁盘完成后返回。

```
MS_SYNC
  Requests an update and waits for it to complete.
```

☑ 使用 MS_INVALIDATE 被置位，会询问是否将同一文件的其他映射区域置为失效（这样可以使用最新写入的值来替代它们）。

```
MS_INVALIDATE
  Asks to invalidate  other  mappings of the same file (so that they can be
updated with the fresh values just written).
```

因此 msync 不一定保证数据落盘。当指定 msync 为 MS_ASYNC 时，是不保证数据落盘的。

6.1.2　同步流程

图 6.1 已经很好地展示了同步机制的整体流程，首先应用程序向内核发起 write 或 mmap 请求，write 请求需要经过内核的系统调用 sys_write 将数据写入高速缓冲区，而 mmap 函数则可以直接将数据映射到高速缓冲区。标志为 O_DIRECT 的文件较为特殊，其不经过缓冲区。接下来，不论是 O_DIRECT 标志还是其他操作，皆会将数据从基础块层、I/O 调度层、块设备驱动层依次传递，直到抵达磁盘缓冲区，再由磁盘缓冲区写入磁盘。

我们对于高速缓冲区的延迟写入策略已经非常熟悉，将其思想放到块层的请求提交上也是如此。在 0.11 版本的内核中，我们接触到了 make_request() 函数用于向块设备提交写入请求，这种单个请求队列提交的方式放到现在已然不适用了，借鉴于高速缓冲区，内核将块设备的提交请求分为了 3 个阶段：构造请求、合并请求并排序、提交请求。如果把写入请求比作搬运很大的一桶水，那么第一步就是需要找到一个容器用来承载水；第二步将水装入容器中，装水的过程可以有多人来帮忙，这样就可以快速将水桶装满，为了防止水在搬运途中洒出，还需要一个塞子将其阻塞；最后一步就是打开塞子，让水在一瞬间大量涌出。这样做最直观的目的就是减少了来回搬运的次数，在某个阶段专注于做某一件事情。内核很形象地使用了 plug（阻塞队列）和 unplug（解除阻塞）来描述提交请求的中间过程，其使用蓄流（合并请求并将其排序）/泄流（提交请求）的思想来提升 I/O 的吞吐量。

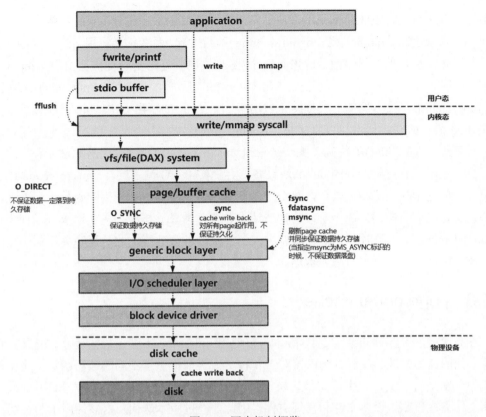

图 6.1　同步机制概览

　　在 0.11 版本的内核中引入两个队列，一个用于存放执行提交读写请求的请求队列，另一个用于存放执行缓存块的等待队列。我们描述了基于块和文件的 I/O 过程，由读/写函数发起，当数据转发到缓冲区后，将缓冲区上锁，然后把缓冲块作为请求项插入请求队列，使用电梯算法进行排序，待排序完成后，由加入请求队列的第一个进程负责处理该队列，调用硬盘处理函数，将数据写入磁盘。如果执行完请求处理函数后，缓冲块依旧处于上锁状态，需要将处理该缓冲块的进程置为不可中断的等待状态，然后执行调度函数，直到缓冲区解锁才唤醒等待在缓冲块上的进程，完成写入流程。

　　回顾 0.11 版本的写入过程后，我们发现其核心的步骤与 2.6 版本相差无几。只不过在 2.6 版本中，文件数据的写入操作由早期的同步写逐步演变成了现在的异步提交。程序通过回调函数来进行异步解耦，一旦数据被提交到等待队列，程序直接返回，继续执行后续流程，不再关心其结果，待回调函数执行完成后，由 bh->b_end_io 接收异步执行结果。

　　由于 2.6 版本的内核将页和缓冲块进行了绑定，统一使用 address space 结构体来表示高速缓冲区，内核构造请求时，不再直接调用 make_request()函数，而是使用 submit_xx()

函数区分基于页的请求还是基于缓冲块的请求，并在此函数中进行 bio 的组装。

构造请求由 submit_bh()或 dio_bio_submit()函数发起，两者都会调用 submit_bio()函数，该函数是进入块层的边界函数，bio(block io)是与块层交互的基础结构。由于 submit_bh()函数以缓冲块的形式提交，需要其转换为 bio 后才能执行 submit_bio()函数。而 dio_bio_submit()函数以页的形式提交，被用于 direct_io()的子函数中，bio 已经被整理好并放在 dio(direct io)中，因此可以直接执行 submit_bio()函数。

接下来 submit_bio()函数就会执行 generic_make_request()函数，该函数象征着程序真正执行到了块层，它将整理好的 bio 和块设备一并提交给 I/O 调度层。__make_request()函数中执行的就是 I/O 调度相关函数，整个 I/O 调度函数围绕以 blk 开头的函数进行处理，其核心也就是我们所描述的 3 个阶段：构造请求、合并请求并排序、提交请求。当程序执行到 do_hd_request()函数时，也就意味着进入到了块设备驱动层，此时程序会检测磁盘的连接状态，然后通过磁盘端口写入数据。

6.1.3 page/buffer cache

在高速缓冲区一章介绍了 0.11 版本内核使用 buffer_head 进行数据缓存，提升内存与磁盘之间的读写性能。我们看到内核对于 4 种文件类型提供了不同的读写函数，这 4 种文件类型分别是管道文件、字符文件、块设备文件和常规文件（目录文件）。而用到最多的读写文件类型就是块设备文件和常规文件，因此，经过版本迭代，内核使用了两种缓存来应对这两种常用文件类型的读写：page cache 用于缓存文件的页数据，而 buffer cache 用于缓存块设备的块数据。

我们之前提到过，为了便于数据管理，缓冲块需要与磁盘空间进行映射，因此引入逻辑块来表示磁盘中的数据。在 0.11 版本内核中，一个逻辑块表示两个扇区，一个扇区大小为 512B，因此一个逻辑块的大小为 1024B，而逻辑块与缓冲块又被绑定在了一起，于是内核通过这种方式来维持缓冲区与磁盘间的等价关系。

理解了块设备与磁盘空间的关系后，那么文件的页数据与磁盘空间的关系也是相通的，内核将文件数据以页为单位放入缓存，再由缓存与磁盘交互。一页 4KB，不管读写超出还是少于一页大小的数据，内核都会分配一页进行数据存取。如同 buffer cache 由缓冲块组成一样，page cache 同样由页组成，为了数据规整、便于存取，page cache 的大小也为 4KB 的整数倍，如图 6.2 所示。

我们知道，在 Linux 里，一切皆文件，即使是块设备的读写，也要通过文件来获取数据。但缓存需要占用内存空间，既然不论是块设备还是文件设备，都需要通过文件来获取数据，那么在相通的数据下却走了两套缓存，这样的设计属实浪费内存，因此内核最终决定将两个 cache 合二为一。

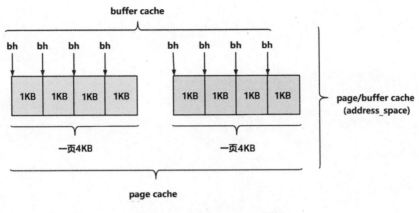

图 6.2　page/buffer cache 图解

6.1.4　create_buffers 函数

该函数在创建缓冲区时，根据页的基地址和偏移量，设置缓冲块的起始位置。其中一页 4KB，一个缓冲块大小为 1KB。此函数验证了页中包含缓冲块，内核将 page/buffer cache 合并为了 address_space。

```
// 代码路径：linux-2.6.0\fs\buffer.c

static struct buffer_head *
create_buffers(struct page * page, unsigned long size, int retry)
{
    struct buffer_head *bh, *head;
    long offset;

try_again:
    head = NULL;
    // 设置偏移量为 4KB
    offset = PAGE_SIZE;
    // 每次用偏移量减去一页的大小进行移动
    while ((offset -= size) >= 0) {
        // 分配缓冲块
        bh = alloc_buffer_head(GFP_NOFS);
        if (!bh)
            goto no_grow;

        // 初始化缓冲块
```

```
        bh->b_bdev = NULL;
        bh->b_this_page = head;
        bh->b_blocknr = -1;
        head = bh;
        bh->b_state = 0;
        atomic_set(&bh->b_count, 0);
        // 设置缓冲块大小为1KB
        bh->b_size = size;

        // 设置缓冲块
        set_bh_page(bh, page, offset);
        bh->b_end_io = NULL;
    }
    return head;
...
    free_more_memory();
    goto try_again;
}


void set_bh_page(struct buffer_head *bh,
        struct page *page, unsigned long offset)
{
    // 设置缓冲区中页的基址
    bh->b_page = page;
    if (offset >= PAGE_SIZE)
        BUG();
    if (PageHighMem(page))
        bh->b_data = (char *)(0 + offset);
    else
        // 设置缓冲块的数据区为页的基地址+偏移量
        bh->b_data = page_address(page) + offset;
}
```

于是我们最终看到的 page/buffer cache 在内核中也就变成了 address_space 结构体。

```
struct address_space {
    struct inode        *host;              // 持有者: inode 或 block_device
    struct radix_tree_root  page_tree;      // 维护页的基数树
    spinlock_t      page_lock;              // 页的自旋锁
    struct list_head    clean_pages;        // 干净页链表
    struct list_head    dirty_pages;        // 脏页链表
    struct list_head    locked_pages;       // 被锁住的页链表
    struct list_head    io_pages;           // 准备进行 I/O 操作的页链表
    unsigned long       nrpages;            // 页的总数
```

```
    struct address_space_operations *a_ops; // address_space 操作符
    struct list_head    i_mmap;            // 使用映射链表
    struct list_head    i_mmap_shared;     // 共享映射链表
    struct semaphore    i_shared_sem;      // 信号量
    atomic_t            truncate_count;    // 页截取的次数，用于实现竞争条件
    unsigned long       dirtied_when;      // 页被修改的时间
    unsigned long       flags;
    struct backing_dev_info *backing_dev_info; // 备份页的信息
    spinlock_t          private_lock;      // address_space 的自旋锁
    struct list_head    private_list;
    struct address_space *assoc_mapping;
};
```

6.2　O_DIRECT 标志

在高版本文件写入原理一节中，我们看到 generic_file_aio_write_nolock()函数里出现了两个关键的标志：O_DIRECT 和 O_SYNC。如果是 O_DIRECT，不写缓冲区，直接写入调度层，但由于是异步写入，不保证数据一定落盘；如果是 O_SYNC，需要等待 I/O 调度，可以保证数据落盘。kiocb 用于提供传入基础块层的 I/O 元数据信息，包含了文件信息、上下文信息、用户数据等，因此必须使用 kiocb 与块层交互。

这里我们看到 O_SYNC 被放在了 O_DIRECT 的判断代码块中，因此文件可以指定 O_DIRECT | O_SYNC 的形式联合写入，表示先将文件异步写入磁盘后，等待 I/O 调度执行，最终将数据同步到持久化设备。在这种情况下可保证数据一定落盘。

```
if (unlikely(file->f_flags & O_DIRECT)) {
    ...
    // 文件打开类型为 O_DIRECT，那么不经过 page cache，直接写入，不保证数据持久化
    written = generic_file_direct_IO(WRITE, iocb,
                             iov, pos, nr_segs);
    ...
    // 文件打开类型为 O_SYNC，等待写入的文件数据落盘，保证数据持久化
    if (written >= 0 && file->f_flags & O_SYNC)
        status = generic_osync_inode(inode, OSYNC_METADATA);
    ...
}
```

在本章中，我们将要接触到携带 O_DIRECT 标志的文件写入函数。整体流程如图 6.3 所示，图中横向表示同层级的函数调用，纵向表示某个函数内的函数调用。

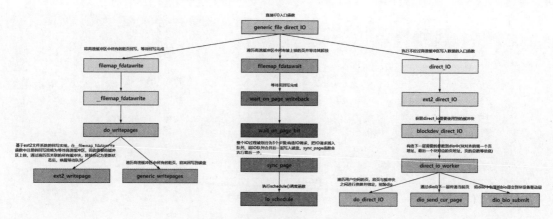

图 6.3 O_DIRECT 标志执行流程

generic_file_direct_IO()是直接 I/O 的入口函数，该函数整个过程分为 3 个步骤。

☑ filemap_fdatawrite()函数将高速缓冲区中的脏页提交到块层，构造请求，然后将页同步到磁盘，等待 I/O 调度。

☑ filemap_fdatawait()函数进行扫尾工作，检查未写入的页（是否上锁），再次将其同步到磁盘，等待 I/O 调度。

☑ sync_page() 函 数 会 和 schedule() 函 数 联 用 ， sync_page() 函 数 中 会 调 用 blk_run_queues()函数来启动所有阻塞的请求队列，一瞬间向磁盘提交大量请求，并将数据写入磁盘。

读者在后续小节中可能会看到函数里多次执行相同的 I/O 操作（如 filemap_fdatawrite() 和 filemap_fdatawrite()函数），这是因为内核总是会把整个 I/O 流程拆分成不同的阶段，首次执行的 I/O 操作总是最快的，可能是先同步未上锁的脏页，也可能是将脏页进行归类整理（或标记）。到了第二阶段，为了保证数据的完整性，它会执行 I/O 操作的全部流程，并等待 I/O 调度执行完成，因此这一步的 I/O 操作就会相对较慢。而最后的阶段则是进行扫尾工作，程序会再检查一遍整个脏页链表，如果还有未处理的脏数据，再将其进行处理。

6.2.1 generic_file_direct_IO 函数

在 0.11 版本，内核的同步过程分为了两个步骤。

☑ 将要写入的缓冲块提交到块层后，需要对该缓冲块进行上锁，然后再将其插入请求队列，等待进程写入磁盘。

☑ 判断缓冲块是否解锁，如果没有解锁，需要把当前进程置为不可中断的等待状态，将其睡眠在缓冲块的等待队列上，直到该缓冲块被解锁。

在该版本中会运用同样的思路来处理数据从高速缓冲区写入磁盘的过程，filemap_fdatawrite()函数负责执行写入流程，而 filemap_fdatawait()函数判断缓冲块是否解锁，如果未解锁，将进程阻塞直到缓冲块解锁。

直接写入操作由 direct_IO()函数执行，direct_IO()函数会调用 blockdev_direct_IO()函数，表示文件进入块设备直接写 I/O。

```
ssize_t
generic_file_direct_IO(int rw, struct kiocb *iocb, const struct iovec *iov,
    loff_t offset, unsigned long nr_segs)
{
    // 获取 kiocb 的文件信息
    struct file *file = iocb->ki_filp;
    // 获取 inode 的 page/buffer cache
    struct address_space *mapping = file->f_dentry->d_inode->i_mapping;
    ssize_t retval;

    // 如果高速缓冲区中存在页，将高速缓冲区中的所有脏页刷新到磁盘并等待 I/O 调度
    if (mapping->nrpages) {
        retval = filemap_fdatawrite(mapping);
        if (retval == 0)
            retval = filemap_fdatawait(mapping);
        if (retval)
            goto out;
    }

    // 根据 a_ops 操作符找到 direct_IO 接口函数，将 kiocb 和 iovec 传递到 direct_IO
函数
    retval = mapping->a_ops->direct_IO(rw, iocb, iov, offset, nr_segs);
    if (rw == WRITE && mapping->nrpages)
        invalidate_inode_pages2(mapping);
out:
    return retval;
}
```

6.2.2　filemap_fdatawrite 函数

该函数注册了 wbc 回写控制块的回写策略，2.6 版本的内核提供了 3 种回写策略。

☑ WB_SYNC_NONE——不等待同步高速缓冲区。

☑ WB_SYNC_ALL——等待同步高速缓冲区。

☑ WB_SYNC_HOLD——将写入的 inode 等待在 sb->s_dirty 上。

这里内核已经指定了 WB_SYNC_ALL 标志，也就意味着后续的写入操作需要等待执

行 I/O 调度。

do_writepages()函数中检查了高速缓冲区的 writepages()是否有被注册，如果内核所用的文件系统注册了该函数，那么具体实现由文件系统完成，否则执行内核默认的函数实现。这里以 ext2 文件系统为例，其实现为 ext2_writepages()函数，在后续代码中我们会看到，ext2_writepages()函数和 generic_writepages()函数做了相同的操作，都会调用 mpage_writepages()函数将脏页写入磁盘并等待 I/O 调度。

```c
// 代码路径：linux-2.6.0\mm\filemap.c
int filemap_fdatawrite(struct address_space *mapping)
{
    // WB_SYNC_ALL 提供了 wbc 的回写策略为等待高速缓冲区同步完成
    return __filemap_fdatawrite(mapping, WB_SYNC_ALL);
}

// 代码路径：linux-2.6.0\mm\filemap.c
static int __filemap_fdatawrite(struct address_space *mapping,int sync_mode)
{
    int ret;
    // 注册回写策略
    struct writeback_control wbc = {
        .sync_mode = sync_mode,
        .nr_to_write = mapping->nrpages * 2,
    };
    // memory_backed 用于表示当前文件系统是否支持通过 writepage 来刷新页
    // 如果 memory_backed 置位，表示不支持通过 writepage 来刷新页，返回
    if (mapping->backing_dev_info->memory_backed)
        return 0;
    ret = do_writepages(mapping, &wbc);
    return ret;
}

// 代码路径：linux-2.6.0\mm\page-writeback.c
int do_writepages(struct address_space *mapping, struct writeback_control *wbc)
{
    // 如果文件系统注册了 writepages，根据具体文件系统的代码来实现。在 ext2 文件系统
    中，ext2_writepages()的实现函数还是 generic_writepages()，本质上无差别
    if (mapping->a_ops->writepages)
        // 以 ext2 文件系统为例，后续会追踪到 ext2_writepages()函数
        return mapping->a_ops->writepages(mapping, wbc);
    return generic_writepages(mapping, wbc);
}
```

6.2.3　mpage_writepages 函数

从下列代码中我们已经看到 ext2_writepages()函数和 generic_writepages()的实现是一样的，二者的实现都由 mpage_writepage()函数来完成，因此本节主要分析 mpage_writepages()函数。

该函数将高速缓冲区中的页划分成了 3 个链表：被上锁的页链表、脏页链表和干净页链表。该函数会将 dio 中的所有 io_pages 归类整理到相应的链表中，然后将当前已处理的页进行上锁。干净的页无须再处理，而脏页则需要同步到磁盘。

```
// 代码路径：linux-2.6.0\fs\buffer.c
static int
ext2_writepages(struct address_space *mapping,struct writeback_control *wbc)
{
    return mpage_writepages(mapping, wbc, ext2_get_block);
}


// 代码路径：linux-2.6.0\include\linux\mpage.h
static inline int
generic_writepages(struct address_space *mapping, struct writeback_control
*wbc)
{
    return mpage_writepages(mapping, wbc, NULL);
}


// 代码路径：linux-2.6.0\fs\mpage.c
int
mpage_writepages(struct address_space *mapping,
        struct writeback_control *wbc, get_block_t get_block)
{
    ...
    // 遍历高速缓冲区中的页
    while (!list_empty(&mapping->io_pages) && !done) {
        // 从高速缓冲区的页链表中获取页
        struct page *page = list_entry(mapping->io_pages.prev,
                struct page, list);
        // 将当前页项从链表中移出
        list_del(&page->list);
        // 如果当前页需要回写并且回写策略为不等待同步高速缓冲区，将页归类整理到不同的
页链表后，执行下一个页
```

```
if (PageWriteback(page) && wbc->sync_mode == WB_SYNC_NONE) {
    // 如果当前页为脏页，将其加入脏页链表
    if (PageDirty(page)) {
        list_add(&page->list, &mapping->dirty_pages);
        continue;
    }
    // 否则将其加入上锁的页链表
    list_add(&page->list, &mapping->locked_pages);
    continue;
}

// 如果该页不为脏，将其加入干净页链表
if (!PageDirty(page)) {
    list_add(&page->list, &mapping->clean_pages);
    continue;
}
// 将页加入上锁的页链表
list_add(&page->list, &mapping->locked_pages);

page_cache_get(page);
spin_unlock(&mapping->page_lock);

lock_page(page);
// 如果回写策略为等待同步高速缓冲区
if (wbc->sync_mode != WB_SYNC_NONE)
    // 调用 sync_page() 函数，将页同步到磁盘，执行进程调度
    wait_on_page_writeback(page);
if (page->mapping == mapping && !PageWriteback(page) &&
        test_clear_page_dirty(page)) {
    if (writepage) {
        // 执行 ext2_writepage() 函数
        ret = (*writepage)(page, wbc);
        ...
    } else {
        // 该函数判断传入的页是否存在于缓冲区，如果存在就提交请求，否则为其分
配缓冲区
        bio = mpage_writepage(bio, page, get_block,
            &last_block_in_bio, &ret, wbc);
    }
    ...
} else {
    unlock_page(page);
}
page_cache_release(page);
```

```
        spin_lock(&mapping->page_lock);
    }
```

// 对于遗留的脏页（可能当前进程执行该函数的过程中，还会有别的进程产生新的脏页），
将其添加到 dio 的 io_pages 中

```
    spin_unlock(&mapping->page_lock);
    if (bio)
        // 该函数会调用 submit_bio() 将 bio 提交到块设备驱动层,然后调用 generic_make_
request() 函数提交请求
        mpage_bio_submit(WRITE, bio);
    return ret;
}
```

6.2.4　ext2_writepage 函数

由于注册的回写策略为 WB_SYNC_ALL，该函数先将缓冲块进行上锁，然后将缓冲块标记为异步写入。当标记完成后，遍历所有缓冲块，将持有异步写入标记的缓冲块提交到块层，通过 make_request() 函数构造请求。

```
// 代码路径: linux-2.6.0\fs\buffer.c
static int ext2_writepage(struct page *page, struct writeback_control *wbc)
{
    return block_write_full_page(page, ext2_get_block, wbc);
}

// 代码路径: linux-2.6.0\fs\buffer.c
static int __block_write_full_page(struct inode *inode, struct page *page,
        get_block_t *get_block, struct writeback_control *wbc)
{
    ...
    // 根据指定的页获取对应的缓冲块
    block = page->index << (PAGE_CACHE_SHIFT - inode->i_blkbits);
    head = page_buffers(page);
    bh = head;

        // 遍历页关联的所有缓冲块
    do {
        get_bh(bh);
        // 如果获取到的当前缓冲块为脏
        if (buffer_mapped(bh) && buffer_dirty(bh)) {
            // 这里 wbc 的回写策略为 WB_SYNC_ALL，因此需要将缓冲块上锁
            if (wbc->sync_mode != WB_SYNC_NONE) {
                lock_buffer(bh);
```

```
        }
        ...
        if (test_clear_buffer_dirty(bh)) {
            // 将缓冲块的更新状态置位
            if (!buffer_uptodate(bh))
                buffer_error();
            // 标记缓冲块异步写入
            mark_buffer_async_write(bh);
        } else {
            unlock_buffer(bh);
        }
    }
} while ((bh = bh->b_this_page) != head);


...
// 遍历所有缓冲块，对标记了异步写入的缓冲块进行提交
do {
    struct buffer_head *next = bh->b_this_page;
    // 检测当前缓冲块的标记
    if (buffer_async_write(bh)) {
        // 将缓冲块转化成 bio 形式后，调用 submit_bio()函数将数据提交到块层，构造
请求
        submit_bh(WRITE, bh);
        nr_underway++;
    }
    put_bh(bh);
    bh = next;
} while (bh != head);
...
}
```

6.2.5 filemap_fdatawait 函数

该函数与 filemap_fdatawrite()函数进行联用，filemap_fdatawrite()函数将脏页写入磁盘并等待 I/O 调度，而该函数则进行扫尾。内核通常会以页（缓冲块）是否上锁来判断该页（缓冲块）是否回写完成，程序执行到此函数时，仍被锁住的页表示其尚未完成同步工作，需要再次将页同步到磁盘并进行 I/O 调度。其作用等同于 0.11 版本的 wait_on_buffer()函数，循环等待处理被上锁的页，直到高速缓冲区中所有上锁的页都被解锁，即表示同步工作完成。

```
int filemap_fdatawait(struct address_space * mapping)
{
```

```
    int ret = 0;
    int progress;

restart:
    progress = 0;
    spin_lock(&mapping->page_lock);
    // 循环处理已上锁的页
    while (!list_empty(&mapping->locked_pages)) {
        struct page *page;
        // 从上锁的页链表中取出页项
        page = list_entry(mapping->locked_pages.next,struct page,list);
        list_del(&page->list);
        // 将页进行归整
        if (PageDirty(page))
            list_add(&page->list, &mapping->dirty_pages);
        else
            list_add(&page->list, &mapping->clean_pages);
        ...
        progress = 0;
        page_cache_get(page);
        spin_unlock(&mapping->page_lock);
        // 调用 sync_page() 函数，将页同步到磁盘，执行进程调度
        wait_on_page_writeback(page);
        if (PageError(page))
            ret = -EIO;

        page_cache_release(page);
        spin_lock(&mapping->page_lock);
    }
    spin_unlock(&mapping->page_lock);

    ...
    return ret;
}

// 代码路径: linux-2.6.0\include\linux\pagemap.h
static inline void wait_on_page_writeback(struct page *page)
{
    if (PageWriteback(page))
        // 指定函数的传入标志为 PG_writeback，表示该页需要被回写
        wait_on_page_bit(page, PG_writeback);
}

// 代码路径: linux-2.6.0\mm\filemap.c
```

```
void wait_on_page_bit(struct page *page, int bit_nr)
{
    // 从 hash 表中找到与指定页关联的等待队列
    wait_queue_head_t *waitqueue = page_waitqueue(page);
    DEFINE_WAIT(wait);

    do {
        // 将需要同步的脏页放入等待队列
        prepare_to_wait(waitqueue, &wait, TASK_UNINTERRUPTIBLE);
        // 如果指定页的标志为 PG_writeback
        if (test_bit(bit_nr, &page->flags)) {
            // 将页同步到磁盘
            sync_page(page);
            // 重新调度进程
            io_schedule();
        }
    } while (test_bit(bit_nr, &page->flags));
    // 将当前进程设置为就绪态，并从等待队列中移出，完成等待
    finish_wait(waitqueue, &wait);
}
```

6.2.6 ext2_direct_IO 函数

我们之前描述过，VFS（虚拟文件系统）提供了一系列的接口用于根据不同的文件系统进行实现。以 ops 结尾的结构在内核中用于表明当前结构提供的 operations 操作，如 a_ops、file_ops 等，由于此类操作是接口，因此通常需要根据具体的文件系统进行注册并实现。在 generic_file_direct_IO() 函数中我们已经看到获取操作符的方式了，通过 inode 获取对应的高速缓冲区后，由于要对高速缓冲区进行操作，因此取其操作符，执行 direct_IO() 函数，这里我们选择 ext2 文件系统进行分析，所以找到 ext2_direct_IO() 函数。

该函数获取了 kiocb 的文件信息，继续调用 blockdev_direct_IO() 函数，至此我们已经看到在 O_DIRECT 标志下的文件写入直接进入了块层，并没有写入高速缓冲区中，在 dio 的 is_async 标志开启时，虽然写入了块层，但是并不能保证数据一定落盘，而 dio 的 is_async 标志关闭时，还是会执行 I/O 调度，等待所有 bio 执行完成。

在 Linux 0.11 版本中我们接触到了 i_zone[] 用于标识高速缓冲区的缓冲块，到了 Linux 2.6 版本 i_zone 属性已经不存在了，这里使用 iovec 来标识对应的缓冲块，iovec 结构体中包含了两个属性，即 iov_base 和 iov_len，分别表示缓冲块和缓冲块大小。

```
// 代码路径: linux-2.6.0\fs\ext2\inode.c
static int
```

```
ext2_direct_IO(int rw, struct kiocb *iocb, const struct iovec *iov,
         loff_t offset, unsigned long nr_segs)
{
    struct file *file = iocb->ki_filp;
    struct inode *inode = file->f_dentry->d_inode->i_mapping->host;

    return blockdev_direct_IO(rw, iocb, inode, inode->i_sb->s_bdev, iov,
            offset, nr_segs, ext2_get_blocks, NULL);
}

// 代码路径：linux-2.6.0\fs\direct-io.c
int
blockdev_direct_IO(int rw, struct kiocb *iocb, struct inode *inode,
    struct block_device *bdev, const struct iovec *iov, loff_t offset,
    unsigned long nr_segs, get_blocks_t get_blocks, dio_iodone_t end_io)
{
    ...
    retval = direct_io_worker(rw, iocb, inode, iov, offset,
            nr_segs, blkbits, get_blocks, end_io);
out:
    return retval;
}

// 代码路径：linux-2.6.0\fs\direct-io.c
static int
direct_io_worker(int rw, struct kiocb *iocb, struct inode *inode,
    const struct iovec *iov, loff_t offset, unsigned long nr_segs,
    unsigned blkbits, get_blocks_t get_blocks, dio_iodone_t end_io)
{
    // 此处省略 dio 初始化的过程
    ...

    // 遍历所有缓冲块，将缓冲块转换为页后，写入磁盘
    for (seg = 0; seg < nr_segs; seg++) {
        // 获取 iovec 中的数据区和长度
        user_addr = (unsigned long)iov[seg].iov_base;
        bytes = iov[seg].iov_len;

        // 获取页中第一个块的地址
        dio->first_block_in_page = (user_addr & ~PAGE_MASK) >> blkbits;
        dio->final_block_in_request = dio->block_in_file +
                    (bytes >> blkbits);
        // 初始化 dio 中页的相关信息
        dio->head = 0;
```

```
        dio->tail = 0;
        dio->curr_page = 0;
        dio->total_pages = 0;

        // 如果缓冲块未刚好分配到一页的空间，将页的总数+1
        if (user_addr & (PAGE_SIZE-1)) {
            dio->total_pages++;
            // 4096 - 缓冲块占用大小 = 一页剩余大小
            bytes -= PAGE_SIZE - (user_addr & (PAGE_SIZE - 1));
        }
        // 计算页的数量
        dio->total_pages += (bytes + PAGE_SIZE - 1) / PAGE_SIZE;
        // 获取用户空间地址
        dio->curr_user_address = user_addr;

        // do_direct_IO() 函数将缓冲块转换为页，然后以页为单位写入磁盘，由于被放在了
循环中处理，因此 do_direct_IO() 函数将会直接影响到 I/O 效率
        ret = do_direct_IO(dio);

        // 计算已经写入的字节数
        dio->result += iov[seg].iov_len -
            ((dio->final_block_in_request - dio->block_in_file) <<
                blkbits);

        // 如果 do_direct_IO() 函数执行失败，释放所有资源
        if (ret) {
            dio_cleanup(dio);
            break;
        }
    }

    dio_zero_block(dio, 1);

    // 其实在 do_direct_IO() 函数中已经执行过 dio_send_cur_page() 函数和 dio_
bio_submit() 函数，这里再次判断 dio 中是否还有页存在、是否还有 bio 存在（位于缓冲块末
尾的文件可能还没有被写入磁盘）
    if (dio->cur_page) {
        ret2 = dio_send_cur_page(dio);
        if (ret == 0)
            ret = ret2;
        page_cache_release(dio->cur_page);
        dio->cur_page = NULL;
    }
    if (dio->bio)
```

```
        dio_bio_submit(dio);

    // 检测 dio 异步标识，如果异步标志为 1
    if (dio->is_async) {
        if (ret == 0)
            ret = dio->result;
        // 如果 bio_count 为 0，表示 I/O 操作完成，向 AIO 发送信号
        finished_one_bio(dio);
        blk_run_queues();
        // 如果异步标志为 0
    } else {
        finished_one_bio(dio);
        // 再次执行 dio_bio_submit()函数，如果此时 bio_count 不为 0，执行 I/O 调度，
直到 bio 全部完成
        ret2 = dio_await_completion(dio);
        ...
        dio_complete(dio, offset, ret);
        kfree(dio);
    }
    return ret;
}
```

6.2.7　do_direct_IO 函数

　　该函数用于遍历 dio 中的所有缓冲块，并将缓冲块与页进行绑定。在设置完 dio 之后，调用 submit_page_section()函数以页为单位写入磁盘。整个绑定过程如图 6.4 所示。

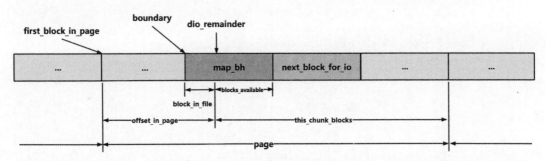

图 6.4　缓冲块与页的对应关系

```
static int do_direct_IO(struct dio *dio)
{
```

```
    const unsigned blkbits = dio->blkbits;          // 一个扇区 512 字节, 一个块包
含两个扇区, 大小为 1024 字节
    const unsigned blocks_per_page = PAGE_SIZE >> blkbits;        // 一个块包
含 4096/1024=4 字
    struct page *page;
    unsigned block_in_page;
    struct buffer_head *map_bh = &dio->map_bh;  // 从 dio 中获取缓冲块
    int ret = 0;



    // 通过 dio 获取页中第一个缓冲块的地址
    block_in_page = dio->first_block_in_page;

    // 遍历 dio 中所有块
    while (dio->block_in_file < dio->final_block_in_request) {
        // 获取用户空间的页
        page = dio_get_page(dio);
        if (IS_ERR(page)) {
            ret = PTR_ERR(page);
            goto out;
        }

        // 遍历页中所有缓冲块
        while (block_in_page < blocks_per_page) {
            // 获取块在页中的偏移值
            unsigned offset_in_page = block_in_page << blkbits;
            unsigned this_chunk_bytes;
            unsigned this_chunk_blocks;
            unsigned u;

            // 如果没有剩余的块, 那么获取一个新的块并初始化 dio
            if (dio->blocks_available == 0) {
                unsigned long blkmask;
                unsigned long dio_remainder;

                ret = get_more_blocks(dio);
                if (ret) {
                    page_cache_release(page);
                    goto out;
                }
                if (!buffer_mapped(map_bh))
                    goto do_holes;

                // 设置 dio 中剩余块大小, 用缓冲块的大小除以 dio 中的块大小
```

```
              dio->blocks_available =
                  map_bh->b_size >> dio->blkbits;
```
// 设置 dio 下一个使用的块，用缓冲块的数量除以块因子。blkfactor 是一个定值，当 blkfactor=2 时表示指向 1/4 块处，更加精细地描述了块的位置
```
              dio->next_block_for_io =
                  map_bh->b_blocknr << dio->blkfactor;
```
// 如果当前缓冲块是新的缓冲块，清除 blockdev 映射中的所有脏缓冲区
```
              if (buffer_new(map_bh))
                  clean_blockdev_aliases(dio);

              if (!dio->blkfactor)
                  goto do_holes
```

// 要写入的数据可能并不会占用整个块，因此需要 dio_remainder 来标记已经使用了一个块的大小
```
              blkmask = (1 << dio->blkfactor) - 1;
              dio_remainder = (dio->block_in_file & blkmask);
```

// 如果不是新的缓冲块，下个缓冲块需要加上已使用的空间，而剩余块则需要减去已使用的空间
```
              if (!buffer_new(map_bh))
                  dio->next_block_for_io += dio_remainder;
              dio->blocks_available -= dio_remainder;
          }

          ...

       // unlikely 用于编译器优化，这里检测是否必须从块的起始处置 0
       if (unlikely(dio->blkfactor && !dio->start_zero_done))
           dio_zero_block(dio, 0);
```

// 通过块剩余大小计算可以向这个页添加多少块
```
       this_chunk_blocks = dio->blocks_available;
```
// blkbits 表示一个缓冲块的大小，这里用页大小减去偏移值后再除以缓冲块大小，算出一个页还能容纳多少块
```
       u = (PAGE_SIZE - offset_in_page) >> blkbits;
       if (this_chunk_blocks > u)
           this_chunk_blocks = u;
```
// 用 dio 中最后一个块的地址减去已经使用块，获取一页中剩余大小
```
       u = dio->final_block_in_request - dio->block_in_file;
       if (this_chunk_blocks > u)
           this_chunk_blocks = u;
```
// 用一页中剩余大小除以块大小，
```
       this_chunk_bytes = this_chunk_blocks << blkbits;
```

```
                    BUG_ON(this_chunk_bytes == 0);

                    // 设置当前块处于上一个块边界处
                    dio->boundary = buffer_boundary(map_bh);
                    // 提交已经处理好的页
                    ret = submit_page_section(dio, page, offset_in_page,
                        this_chunk_bytes, dio->next_block_for_io);
                    if (ret) {
                        page_cache_release(page);
                        goto out;
                    }

                    // 设置 dio 的 block 相关属性
                    dio->next_block_for_io += this_chunk_blocks;
                    dio->block_in_file += this_chunk_blocks;
                    block_in_page += this_chunk_blocks;
                    dio->blocks_available -= this_chunk_blocks;
next_block:
                    if (dio->block_in_file > dio->final_block_in_request)
                        BUG();
                    if (dio->block_in_file == dio->final_block_in_request)
                        break;
                }

                // 将当前页从高速缓冲区中释放
                page_cache_release(page);
                block_in_page = 0;
    }
out:
    return ret;
}
```

6.2.8　submit_page_section 函数

该函数以页为单位向磁盘提交写入请求，具体写入动作由 dio_bio_submit()函数来完成。

```
static int
submit_page_section(struct dio *dio, struct page *page,
        unsigned offset, unsigned len, sector_t blocknr)
{
    int ret = 0;

    // 校验块和页是否对应上
    if (    (dio->cur_page == page) &&
```

```
        (dio->cur_page_offset + dio->cur_page_len == offset) &&
        (dio->cur_page_block +
            (dio->cur_page_len >> dio->blkbits) == blocknr)) {
    dio->cur_page_len += len;
```

// 如果缓冲块的边界存在，表示当前提交的缓冲块正好全部使用完，那么为了避免元数
据的查找，直接将当前页写入磁盘，然后返回。这一步用于优化性能

```
    if (dio->boundary) {
        ret = dio_send_cur_page(dio);
        page_cache_release(dio->cur_page);
        dio->cur_page = NULL;
    }
    goto out;
}
```

// 如果 dio 中存在页，调用 dio_send_cur_page() 函数将该页写入磁盘，然后将该页从
高速缓冲区中释放

```
if (dio->cur_page) {
    ret = dio_send_cur_page(dio);
    page_cache_release(dio->cur_page);
    dio->cur_page = NULL;
    if (ret)
        goto out;
}
```

// 将页从高速缓冲区中释放后，初始化 dio 关于页的信息

```
page_cache_get(page);
dio->cur_page = page;
dio->cur_page_offset = offset;
dio->cur_page_len = len;
dio->cur_page_block = blocknr;
out:
    return ret;
}

// 代码路径: linux-2.6.0\fs\direct-io.c
static int dio_send_cur_page(struct dio *dio)
{
    int ret = 0;

    if (dio->bio) {
        // 检查新的请求与旧请求是否相邻
        if (dio->final_block_in_bio != dio->cur_page_block)
            dio_bio_submit(dio);
```

```
        // 如果底层文件将要执行读取元数据信息，那么现在提交请求
        if (dio->boundary)
            dio_bio_submit(dio);
    }
    ...
out:
    return ret;
}
```

6.2.9　dio_bio_submit 函数

该函数从 dio 中获取 bio 信息，然后进入块设备驱动层，准备将数据写入硬盘。该函数由于 dio 设置了 is_async 标志，表示异步写入，因此仅将 bio 中的页置脏。之后调用 submit_bio()函数，我们在 submit_bio()函数中看到了在 Linux 0.11 版本中熟悉的 generic_make_request()函数。回顾一下，该函数用于处理缓冲块对于硬盘的读写请求，将请求加入请求队列中，如果队列为空，表示当前进程是第一个操作这个设备的进程，它需要负责处理该队列；如果队列不为空，那么表示已经有进程正在处理这个请求队列，只需要将请求放入其中即可。由于块是内核的概念，因此还需要将块转换成硬盘中对应的扇区，在内核与硬盘连接成功后，向硬盘发送请求，根据硬盘对应的端口将数据写入。

```
// 代码路径: linux-2.6.0\fs\direct-io.c
static void dio_bio_submit(struct dio *dio)
{
    struct bio *bio = dio->bio;

    bio->bi_private = dio;
    atomic_inc(&dio->bio_count);
    atomic_inc(&dio->bios_in_flight);
    if (dio->is_async && dio->rw == READ)
        bio_set_pages_dirty(bio);
    submit_bio(dio->rw, bio);

    dio->bio = NULL;
    dio->boundary = 0;
}

// 代码路径: linux-2.6.0\drivers\block\ll_rw_blk.c
int submit_bio(int rw, struct bio *bio)
{
    int count = bio_sectors(bio);
```

```
BIO_BUG_ON(!bio->bi_size);
BIO_BUG_ON(!bio->bi_io_vec);
bio->bi_rw = rw;
if (rw & WRITE)
    mod_page_state(pgpgout, count);
else
    mod_page_state(pgpgin, count);
// 向块设备驱动层发起请求
generic_make_request(bio);
return 1;
}
```

6.3　O_SYNC 标志

本节研究的是 O_SYNC 标志，在 generic_file_aio_write_nolock()函数中我们看到如果文件的标志是 O_SYNC，那么接下来就会调用 generic_osync_inode()函数，该函数需要传入 inode 和 O_SYNC 的子标志，程序根据不同的子标志执行不同的处理流程。

O_SYNC 的子标志有 3 个。

☑　OSYNC_METADATA——同步高速缓冲区中的元数据信息。

☑　OSYNC_DATA——同步高速缓冲区中的数据信息。

☑　OSYNC_INODE——同步 inode。

```
#define OSYNC_METADATA  (1<<0)
#define OSYNC_DATA  (1<<1)
#define OSYNC_INODE (1<<2)

// 代码路径: linux-2.6.0\mm\filemap.c
if (unlikely(file->f_flags & O_DIRECT)) {
    ...
    // 文件打开类型为 O_SYNC，等待写入的文件数据落盘，保证数据持久化
    if (written >= 0 && file->f_flags & O_SYNC)
        // 指定同步标志为 OSYNC_METADATA，表示同步高速缓冲区中的元数据信息
        status = generic_osync_inode(inode, OSYNC_METADATA);
    ...
    }
```

从这里我们就可以得到结论，即使文件标志为 O_SYNC，在内核函数中也会区分出 3 种同步机制，如图 6.5 所示。

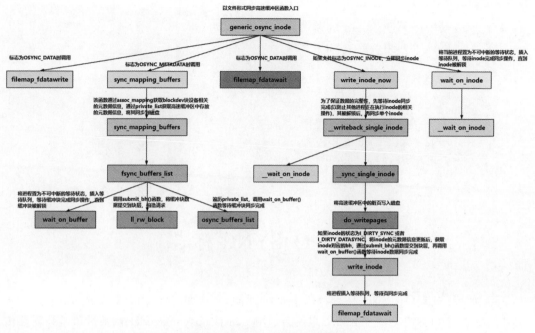

图 6.5　O_SYNC 标志执行流程

☑ 当 O_SYNC 的子标志被设置为 OSYNC_DATA 时，表示同步高速缓冲区中的数据信息，调用 filemap_fdatawrite() 和 filemap_fdatawait() 函数，将高速缓冲区中的脏页写入磁盘，等待 I/O 调度。

☑ 当 O_SYNC 的子标志被设置为 OSYNC_METADATA 时，表示同步高速缓冲区中的元数据信息，调用 sync_mapping_buffers() 处理 private_list，将高速缓冲区上的脏数据以缓冲块的形式写入磁盘，等待 I/O 调度。

☑ 当 O_SYNC 的子标志被设置为 OSYNC_INODE 时，表示同步高速缓冲区中的 inode，包含元数据信息和数据信息，由于 super block（超级块）维护了 inode 位图和逻辑块位图，因此需要通过 super block 获取 inode，将其转换成缓冲块的形式后，再提交到块设备驱动层，等待 I/O 调度。

6.3.1　generic_osync_inode 函数

该函数根据不同的 O_SYNC 子标志进行相应的函数处理。

对于 OSYNC_DATA 标志，generic_osync_inode() 使用 filemap_fdatawrite() 函数将脏页进行整理后，写入磁盘，而 filemap_fdatawait() 函数等待页执行完成。这两个函数已经在

O_DIRECT 标志中详细分析过，相信读者也有了印象，其用于处理高速缓冲区中的数据信息，后续代码中还会出现。

内核使用 sync_mapping_buffers() 函数来处理高速缓冲区中的元数据信息，该函数引用了 mapping->private_list 并执行相关函数，此链表用于存储高速缓冲区中的元数据信息。

关于 inode 本身，既包含 inode 的元数据信息，也包含 inode 的数据信息，因此在指定 OSYNC_INODE 标志时，会立即同步 inode 信息，其调用 __writeback_single_inode() 函数更新 inode 的元数据信息，并根据 inode 获取其缓冲块信息，通过 submit_bh() 函数提交到块层，构造请求，等待 I/O 调度。

由于 inode 即文件，inode 被上锁，表示文件可能正在被某个进程修改，因此为了保证数据完整性，不论标志是否为 OSYNC_INODE，最终都会执行 wait_on_inode() 函数等待 inode 完成。该函数与 wait_on_buffer() 函数的执行逻辑几乎一样，先获取 inode 的等待队列，将其插入全局等待队列后，把当前进程置为不可中断的等待状态，等待 inode 解锁。

需要注意，该函数的执行判断条件为 what & (OSYNC_METADATA|OSYNC_DATA)。

OSYNC_METADATA 标志的二进制表示为 0001，OSYNC_DATA 标志的二进制表示为 0010。|表示或运算，或运算用于二进制组合，0001 | 0010 相或结果为 0011。&表示与运算，与运算用于二进制截断，传入的参数 what 为 OSYNC_METADATA，把 what 和 (OSYNC_METADATA|OSYNC_DATA)执行与运算，0001 & 0011 相与结果为 0001，二进制的 0001 就是 OSYNC_METADATA 标志，因此 what & (OSYNC_METADATA|OSYNC_DATA) 表达式其实就是用于判定是否为 OSYNC_METADATA 标志。

```
//      O_SYNC 子标志            位运算          十进制          二进制
#define OSYNC_METADATA          (1<<0)           1             0001
#define OSYNC_DATA              (1<<1)           2             0010
#define OSYNC_INODE             (1<<2)           4             0100

// 代码路径：linux-2.6.0\mm\filemap.c
int generic_osync_inode(struct inode *inode, int what)
{
    int err = 0;
    int need_write_inode_now = 0;
    int err2;

    current->flags |= PF_SYNCWRITE;
    // 如果指定标志为 OSYNC_DATA，将脏页写入磁盘
    if (what & OSYNC_DATA)
        err = filemap_fdatawrite(inode->i_mapping);

    // 如果指定标志为 OSYNC_METADATA，同步高速缓冲区中的元数据信息
```

```
        if (what & (OSYNC_METADATA|OSYNC_DATA)) {
            err2 = sync_mapping_buffers(inode->i_mapping);
            if (!err)
                err = err2;
        }
        // 如果指定标志为 OSYNC_DATA，等待脏页执行完成
        if (what & OSYNC_DATA) {
            err2 = filemap_fdatawait(inode->i_mapping);
            if (!err)
                err = err2;
        }
        current->flags &= ~PF_SYNCWRITE;

        spin_lock(&inode_lock);
        // 如果当前 inode 为脏，其状态为需要同步脏数据，并且用户指定的标志就是 OSYNC_INODE，
    表示当下就要同步 inode，设置标志 need_write_inode_now，立刻将脏的 inode 数据写入磁盘
        if ((inode->i_state & I_DIRTY) &&
            ((what & OSYNC_INODE) || (inode->i_state & I_DIRTY_DATASYNC)))
                need_write_inode_now = 1;
        spin_unlock(&inode_lock);

        if (need_write_inode_now)
            write_inode_now(inode, 1);
        else
            // 如果并非立刻要将脏的 inode 写入磁盘，那么将 inode 放入等待队列后，执行进程调度
            wait_on_inode(inode);

        return err;
}
```

6.3.2 sync_mapping_buffers 函数

该函数用于执行同步高速缓冲区中的元数据信息，其较为重要的函数如 wait_on_buffer()、ll_rw_block()，我们已经在 0.11 版本接触过，整体流程在 2.6 版本中也相差不大，更多的是对低版本的补充和边界条件的检查。

我们在此函数中看到了两个循环。

☑ 遍历高速缓冲区中的缓冲块链表。在该循环中尽可能地将脏的或上锁的缓冲块处理完成。对于脏的缓冲块，先调用 wait_on_buffer()，该函数将进程置为不可中断的等待状态，一直等待到缓冲块解锁，这一步确保了上锁的缓冲块完成其操作。然后调用 ll_rw_block()低等级读写块设备函数，把传入的缓冲块通过 submit_bh()

函数提交到块层，构造请求，插入请求队列并排序。

☑　遍历该函数中构造的临时链表。由于在执行遍历脏的缓冲块时，可能会有文件引用该缓冲块进行修改，而临时链表用的还是原来缓冲块链表的地址，因此文件的修改可能会导致临时链表重新归档。该函数为了确保临时链表中的缓冲块全部放入等待队列，又判断了一次临时链表不为空的情况下，调用 wait_on_buffer()函数。

在这段代码中，我们注意到 list_del_init()函数先将缓冲块移出链表，这一步很好理解，因为接下来要处理的就是这个缓冲块。但在遍历缓冲块链表的循环中，还维护了一个临时链表，如果将要处理的缓冲块为脏或者被上锁，就会将缓冲块链表加入临时链表。

临时链表的作用就像是一个新的容器，用来装载需要处理的缓冲块。因为缓冲块链表是共享的，即使现在我们需要处理该缓冲块链表，但是为了效率，也不能阻止其他进程继续将脏的缓冲块接入此缓冲块链表。当进程开始执行此函数时，就表示需要写入磁盘的缓冲块已经在此刻截止了，我们只能处理当前阶段的所有脏的缓冲块，对于随后接入的缓冲块不能一并处理。如果不使用临时链表将当前为止需要处理的所有缓冲块打包起来，一旦用户执行 I/O 密集型操作，不断地向磁盘写入数据，那么此函数就会一直执行下去。再者，脏的缓冲块并不代表其无用，毕竟高速缓冲区出现的意义就是为了解决某段数据被多次修改时重复请求磁盘，如果一直将脏缓冲块写入磁盘，反而会打破原来的初衷。

最后，osync_buffers_list()函数再次遍历缓冲块链表，其核心函数还是 wait_on_buffer()，用于最终确认被上锁的脏缓冲块在等待 ll_rw_block()函数写入磁盘后全部完成。整个同步过程尽可能地将所有被上锁的脏缓冲块全部写入磁盘。

```
// 代码路径：linux-2.6.0\fs\buffer.c
int sync_mapping_buffers(struct address_space *mapping)
{
    // 高速缓冲区中关于 blockdev 块设备的数据，与 blockdev 相关的通常是文件的元数据
    struct address_space *buffer_mapping = mapping->assoc_mapping;
    // private_list 存放了高速缓冲区中的元数据信息
    // 如果高速缓冲区为空，或者高速缓冲区链表为空，返回 0
    if (buffer_mapping == NULL || list_empty(&mapping->private_list))
        return 0;
    return fsync_buffers_list(&buffer_mapping->private_lock,
                &mapping->private_list);
}

// 代码路径：linux-2.6.0\fs\buffer.c
int fsync_buffers_list(spinlock_t *lock, struct list_head *list)
{
    struct buffer_head *bh;
    struct list_head tmp;
```

```
int err = 0, err2;

INIT_LIST_HEAD(&tmp);

spin_lock(lock);
// 遍历高速缓冲区中的缓冲块链表
while (!list_empty(list)) {
    // 获取缓冲块
    bh = BH_ENTRY(list->next);
    // 将当前缓冲块从链表中移出
    list_del_init(&bh->b_assoc_buffers);
    // 如果当前缓冲块为脏或者被上锁
    if (buffer_dirty(bh) || buffer_locked(bh)) {
        // 将缓冲块链表添加到临时链表中
        list_add(&bh->b_assoc_buffers, &tmp);
        if (buffer_dirty(bh)) {
            get_bh(bh);
            spin_unlock(lock);
            // 将缓冲块放入等待队列
            wait_on_buffer(bh);
            // 低等级读写块设备
            ll_rw_block(WRITE, 1, &bh);
            brelse(bh);
            spin_lock(lock);
        }
    }
}

// 如果临时链表不为空
while (!list_empty(&tmp)) {
    // 获取临时链表的前一个缓冲块
    bh = BH_ENTRY(tmp.prev);
    // 将当前缓冲块从链表中移出
    __remove_assoc_queue(bh);
    get_bh(bh);
    spin_unlock(lock);
    // 再次将缓冲块放入等待队列
    wait_on_buffer(bh);
    if (!buffer_uptodate(bh))
        err = -EIO;
    brelse(bh);
    spin_lock(lock);
}
```

```
    spin_unlock(lock);
    // 该函数会将缓冲块链表上锁，并再次调用wait_on_buffer()函数，等待缓冲块执行完成
    err2 = osync_buffers_list(lock, list);
    if (err)
        return err;
    else
        return err2;
}
```

6.3.3　wait_on_buffer 函数

该函数在 0.11 版本的实现是将进程设置为不可中断的等待状态后，插入等待队列，循环等待缓冲块解锁。

到了 2.6 版本，不同的缓冲块需要根据 hash 来获取对应的等待队列，如果全局的等待队列为空，表示没有等待执行的任务，那么将通过缓冲块获取的等待队列插入全局等待队列中，设置当前进程状态为不可中断的等待状态。

将其插入进程的等待队列后，依旧循环等待缓冲块解锁，其过程中还调用了 blk_run_queues()函数，把阻塞的请求队列瓶口的"塞子"拔掉进行"泄流"，使请求进入磁盘，执行大量 I/O 操作。

```
// 代码路径: linux-2.6.0\fs\buffer.c
void __wait_on_buffer(struct buffer_head * bh)
{
    // 根据缓冲块查找hash表，获取对应的等待队列
    wait_queue_head_t *wqh = bh_waitq_head(bh);
    DEFINE_WAIT(wait);

    if (atomic_read(&bh->b_count) == 0 &&
            (!bh->b_page || !PageLocked(bh->b_page)))
        buffer_error();

    // 阻塞循环处理，直到缓冲块被解锁
    do {
        // 将进程插入等待队列并置为不可中断的等待状态
        prepare_to_wait(wqh, &wait, TASK_UNINTERRUPTIBLE);
        if (buffer_locked(bh)) {
            // 启动阻塞的请求队列执行I/O操作
            blk_run_queues();
            // 重新调度进程
            io_schedule();
        }
```

```
    } while (buffer_locked(bh));
    finish_wait(wqh, &wait);
}


// 代码路径：linux-2.6.0\kernel\fork.c
void prepare_to_wait(wait_queue_head_t *q, wait_queue_t *wait, int state)
{
    unsigned long flags;

    wait->flags &= ~WQ_FLAG_EXCLUSIVE;
    spin_lock_irqsave(&q->lock, flags);
    // 如果全局等待队列为空，表示当前没有待执行的任务，将缓冲块对应的等待队列插入全局
等待队列
    // 如果全局等待队列不为空，等待全局等待队列中的任务执行完成后，再将其插入等待队列
    if (list_empty(&wait->task_list))
        __add_wait_queue(q, wait);
    // 设置当前进程为不可中断的等待状态，一旦设置完成，该进程将进入睡眠状态，无法再被
调度，直到其他进程调用 wake_up() 函数唤醒该进程
    set_current_state(state);
    spin_unlock_irqrestore(&q->lock, flags);
}
```

6.3.4　ll_rw_block 函数

0.11 版本的 ll_rw_block()直接调用了 make_request()函数执行构造请求、请求排序和提交请求的过程。

到了 2.6 版本，该函数不再直接调用 make_request()函数，而是使用 submit_bh()来表示基于缓冲块的请求构造。该函数会把缓冲块的信息组装到 bio 上，通过 bio 传递块设备数据到 generic_make_request()函数中。

```
// 代码路径：linux-2.6.0\fs\buffer.c
void ll_rw_block(int rw, int nr, struct buffer_head *bhs[])
{
    int i;
    for (i = 0; i < nr; i++) {
        struct buffer_head *bh = bhs[i];

        if (test_set_buffer_locked(bh))
            continue;

        get_bh(bh);
        if (rw == WRITE) {
```

```
        // 异步写入磁盘的结果最终记录到 b_end_io
        // end_buffer_write_sync()函数把缓冲块标记为最新的，将其解锁并唤醒等
待在缓冲块上的进程
        bh->b_end_io = end_buffer_write_sync;
        if (test_clear_buffer_dirty(bh)) {
            // 该函数会通过 submit_bio()来执行 generic_make_request()函数，
之前提到过进入块层需要组装 bio 结构体，bio 结构体包含了扇区、设备、页等信息，因此
submit_bh()函数会创建一个新的 bio 并将其初始化
            submit_bh(WRITE, bh);
            continue;
        }
    }
    ...
    unlock_buffer(bh);
    put_bh(bh);
    }
}
```

6.3.5　write_inode_now 函数

write_inode_now()和 write_inode()函数从字面上理解，一个是将 inode 立即同步到磁盘，而另一个则是将 inode 放入等待队列，等待其他进程来处理，其实现上的区别就在于是否会调用 writeback_single_inode()函数。对于文件系统而言，同步整个超级块中所有的脏 inode 耗时过久，有时候用户的要求仅是同步某个 inode 文件的数据，此时就需要调用 writeback_single_inode()函数来支持同步单个 inode 文件，在 sync()函数中，我们会看到对于整个超级块的脏 inode 是如何同步的。

write_inode_now()函数首先会调用 mpage_writepages()函数尝试将页写入磁盘，但是页写入磁盘并不能代表 inode 数据一定会全部同步到磁盘中，inode 表示文件，而文件必须具备完整性，即使在同步过程中，也无法预知该时刻用户是否会修改文件。为了确保 inode 的准确性，通过 super block 找到 inode 位图后，获取原生 inode 最新的元数据信息，遍历所有块号，通过 inode 和块号获取其对应的缓冲块，然后以缓冲块的形式提交到块设备驱动层，再将缓冲块放入等待队列后，执行 I/O 调度。

不论是否立即写入 inode，最终都会执行 wait_on_inode()函数，该函数用于将 inode 加入等待队列，重复执行调度函数，直到 inode 的锁被释放。表示必须等待该 inode 的所有操作全部完成后，才能退出。

```
// 代码路径：linux-2.6.0\fs\inode.c
void write_inode_now(struct inode *inode, int sync)
```

```
{
    // 注册回写策略
    struct writeback_control wbc = {
        .nr_to_write = LONG_MAX,
        .sync_mode = WB_SYNC_ALL,
    };
    __writeback_single_inode(inode, &wbc);
    if (sync)
        wait_on_inode(inode);
}

// 代码路径：linux-2.6.0\fs\fs-writeback.c
static void
__writeback_single_inode(struct inode *inode,
        struct writeback_control *wbc)
{
    // 由于 write_inode_now() 函数注册的回写策略为 WB_SYNC_ALL，因此该判断条件不执行
    if ((wbc->sync_mode != WB_SYNC_ALL) && (inode->i_state & I_LOCK)) {
        list_move(&inode->i_list, &inode->i_sb->s_dirty);
        return;
    }
    // 如果 inode 为上锁状态，表示当前有对 inode 的修改操作，那么要阻塞等待 inode 被解锁
    while (inode->i_state & I_LOCK) {
        __wait_on_inode(inode);
    }
    // 同步单个 inode
    __sync_single_inode(inode, wbc);
}

// 代码路径：linux-2.6.0\fs\fs-writeback.c
static void
__sync_single_inode(struct inode *inode, struct writeback_control *wbc)
{
    unsigned dirty;
    struct address_space *mapping = inode->i_mapping;
    struct super_block *sb = inode->i_sb;

    // 由于 wbc 注册的策略就是 WB_SYNC_ALL，因此 wait 为 1
    int wait = wbc->sync_mode == WB_SYNC_ALL;

    BUG_ON(inode->i_state & I_LOCK);

    // 获取 I_DIRTY 位数
    dirty = inode->i_state & I_DIRTY;
```

```
// 设置 inode 为上锁状态
inode->i_state |= I_LOCK;
// 重置 inode 的 I_DIRTY 状态
inode->i_state &= ~I_DIRTY;

spin_lock(&mapping->page_lock);
if (wait || !wbc->for_kupdate || list_empty(&mapping->io_pages))
    list_splice_init(&mapping->dirty_pages, &mapping->io_pages);
spin_unlock(&mapping->page_lock);
spin_unlock(&inode_lock);
// 该函数最终会调用 mpage_writepages()函数将页写入磁盘
do_writepages(mapping, wbc);

// 如果 inode 为脏，将 inode 写入磁盘
if (dirty & (I_DIRTY_SYNC | I_DIRTY_DATASYNC))
    write_inode(inode, wait);

// wait 置位，等待高速缓冲区中上锁的页全部执行完
if (wait)
    filemap_fdatawait(mapping);

spin_lock(&inode_lock);
...
// 唤醒所有等待在 inode 链表上的进程
wake_up_inode(inode);
}
```

6.3.6　write_inode 函数

该函数用于将 inode 写入磁盘。在 0.11 版本的时候，我们提到过 super block（超级块）用于维护 inode 位图和逻辑块位图信息，因此 ext2_update_inode()函数通过 super block 来获取 inode 信息，此时获取到的 inode 为原生 inode，使用 raw_inode 来表示，我们知道 inode 中保存了文件的元数据信息，包括用户 id、组 id、修改时间、访问时间等信息，所以 ext2_update_inode()函数中还需要对原生 inode 进行数据同步，同步完成后，根据已经记载的块数量信息，遍历所有块，通过 inode 获取对应缓冲块，将缓冲块置脏后同步缓冲块。

le 表示小端序，即高位地址存储值的高位；be 表示大端序，即高位地址存储值的低位。如 ARM 和 x86 架构的 CPU 使用小端模式，而 PowerPC 系列的 CPU 则采用了大端模式。因此内核使用 cpu_to_le16()函数，将 CPU 的字节序转换成目标字节序；使用 le16_to_cpu()函数，将目标字节序转换成 CPU 的字节序。le16 表示小端序 16 位，而 32 位则用 le32 表示。

```
// 代码路径：linux-2.6.0\fs\ext2\inode.c
void ext2_write_inode (struct inode * inode, int wait)
{
    ext2_update_inode (inode, wait);
}

// 代码路径：linux-2.6.0\fs\ext2\inode.c
static int ext2_update_inode(struct inode * inode, int do_sync)
{
    struct ext2_inode_info *ei = EXT2_I(inode); // 获取基于 ext2 文件系统的
inode 信息
    struct super_block *sb = inode->i_sb;       // 获取 indoe 的超级块
    ino_t ino = inode->i_ino;                   // 获取 indoe 号
    uid_t uid = inode->i_uid;                   // 获取 indoe 用户 id
    gid_t gid = inode->i_gid;                   // 获取 indoe 组 id
    struct buffer_head * bh;
    // 通过超级块、inode 号和缓冲块获取 inode
    struct ext2_inode * raw_inode = ext2_get_inode(sb, ino, &bh);
    int n;
    int err = 0;

    ...
    // 获取原 inode 元数据
    raw_inode->i_links_count=cpu_to_le16(inode->i_nlink);   // inode 链接数
    raw_inode->i_size=cpu_to_le32(inode->i_size);           // inode 大小
    raw_inode->i_atime=cpu_to_le32(inode->i_atime.tv_sec);// inode 访问时间
    raw_inode->i_ctime=cpu_to_le32(inode->i_ctime.tv_sec);// inode 创建时间
    raw_inode->i_mtime=cpu_to_le32(inode->i_mtime.tv_sec);// inode 修改时间

    raw_inode->i_blocks = cpu_to_le32(inode->i_blocks);// inode 块数据
    raw_inode->i_dtime = cpu_to_le32(ei->i_dtime);      // inode 删除时间
    raw_inode->i_flags = cpu_to_le32(ei->i_flags);      // inode 标志
    raw_inode->i_faddr = cpu_to_le32(ei->i_faddr);      // inode 文件地址
    // 忽略常规文件和字符文件，仅展示块设备文件的执行流程
    ...
    // 遍历所有块
    for (n = 0; n < EXT2_N_BLOCKS; n++)
        // 将 raw_inode 的缓冲块指向 ext2 文件系统 inode 信息的数据区
        raw_inode->i_block[n] = ei->i_data[n];
    // 将缓冲块置脏
    mark_buffer_dirty(bh);
    // 这里的 do_sync 就是传递进来的 wait 标志，上一小节我们已经得到传递进来的 wait =
1，表示同步所有高速缓冲区中的数据
    if (do_sync) {
```

```
                // 同步脏缓冲块
                sync_dirty_buffer(bh);
                if (buffer_req(bh) && !buffer_uptodate(bh)) {
                        printk ("IO error syncing ext2 inode [%s:%08lx]\n",
                            sb->s_id, (unsigned long) ino);
                        err = -EIO;
                }
        }
        // 重置 inode 的 EXT2_STATE_NEW 状态
        ei->i_state &= ~EXT2_STATE_NEW;
        brelse (bh);
        return err;
}

// 代码路径: linux-2.6.0\fs\buffer.c
void sync_dirty_buffer(struct buffer_head *bh)
{
        WARN_ON(atomic_read(&bh->b_count) < 1);
        lock_buffer(bh);
        if (test_clear_buffer_dirty(bh)) {
                get_bh(bh);
                // 将缓冲块标记为最新的, 将其解锁并唤醒等待在缓冲区上的进程
                bh->b_end_io = end_buffer_write_sync;
                // 通过组装 bio, 将其提交到块设备驱动层
                submit_bh(WRITE, bh);
                // 将缓冲块放入等待队列, 执行 I/O 调度, 循环等待缓冲块解锁
                wait_on_buffer(bh);
        } else {
                unlock_buffer(bh);
        }
}
```

6.3.7　wait_on_inode 函数

该函数与 wait_on_buffer() 函数执行逻辑相似, 根据 inode 获取对应的等待队列, 将其插入全局等待队列中, 然后把当前进程置为不可中断的等待状态, 循环等待 inode 执行完成, 直到 inode 解锁后, 把 inode 的等待队列从全局等待队列中移出, 设置当前进程状态为就绪态。

```
// 代码路径: linux-2.6.0\fs\inode.c
void __wait_on_inode(struct inode *inode)
{
        DECLARE_WAITQUEUE(wait, current);
```

```
    // 根据缓冲块查找 hash 表，获取对应的等待队列
    wait_queue_head_t *wq = i_waitq_head(inode);
    // 将 inode 的等待队列插入全局等待队列
    add_wait_queue(wq, &wait);
repeat:
    // 设置当前进程为不可中断的等待状态
    set_current_state(TASK_UNINTERRUPTIBLE);
    // 如果 inode 为上锁状态，重复执行进程调度，直到 inode 被解锁
    if (inode->i_state & I_LOCK) {
        schedule();
        goto repeat;
    }
    // 将 inode 的等待队列从全局等待队列中移出
    remove_wait_queue(wq, &wait);
    // 设置当前进程为就绪态
    __set_current_state(TASK_RUNNING);
}
```

6.4 sync 函数

内核提供 sync()函数来同步高速缓冲区中的所有数据，由于同步的范围过大、覆盖面过广，为了能提升同步效率，该函数首先会通过 wakeup_bdflush()函数唤醒 pdflush 线程。pdflush 线程用于定时刷新数据，周期性扫描脏页链表，根据页变脏的时间，选择性回写数据，有了 pdflush 的帮助，相当于多个线程在执行同步数据。

该函数会执行两次 sync_inodes()函数和一次 sync_filesystems()函数。第一次调用 sync_inodes()函数时，遍历超级块中等待回写的 inode 链表，对于被锁住的 inode，将其放入 sb_dirty 超级块脏链表后直接返回，而未上锁的页则快速执行。

第二次调用 sync_inodes()函数时，则等待 inode 被解锁，尽可能地将等待回写的脏 inode 全部执行完成。

内核将 sync_inodes()函数分为两次调用的意图也很清楚，如果两次调用合并成一次，那么可以快速被写入磁盘的 inode 和需要等待解锁才能写入磁盘的 inode 就会被混杂在一起。等待 inode 解锁是一个相对漫长的过程，即使未上锁的 inode 可以快速发起请求，也要等着别的 inode 解锁后才能执行。而且无法保证在等待 inode 的过程中，是否还会有别的 inode 被上锁，这样一来等待的时间就更长了。

sys_sync()是一个全面同步高速缓冲区的函数，其耗时久，内核需要尽可能地对其进行优化。因此 sync_inodes()函数就被分为了两次调用，在第一次执行过程中，被上锁的 inode

也在被执行，当第一次执行完成时，可能已有一部分 inode 被解锁了。那么在第二次执行时，遍历剩下的 inode，反正总是要等待 inode，此时就要尽可能地保证 inode 的数据同步完成，因此会多次判断 inode 的上锁状态，确保其数据准确性，如图 6.6 所示。

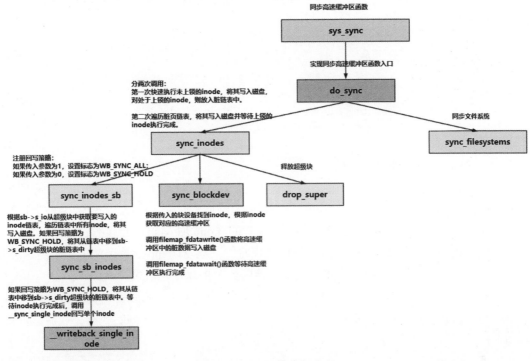

图 6.6　sync 函数执行流程

6.4.1　sys_sync 函数

该函数分两次执行 sync_inodes()函数和 sync_filesystems()函数。同步文件系统函数多用于日志文件系统，如 jfs 文件系统和 xfs 文件系统，2.6 版本的内核中并没有对 sync_filesystems()函数进行注册实现，因此本章不分析此函数。

```
// 代码路径：linux-2.6.0\fs\buffer.c
asmlinkage long sys_sync(void)
{
    do_sync(1);
    return 0;
}

// 代码路径：linux-2.6.0\fs\buffer.c
```

```
static void do_sync(unsigned long wait)
{
    // 唤醒 pdflush 线程，帮忙回写数据
    wakeup_bdflush(0);
    sync_inodes(0);              // 同步高速缓冲区中所有的 inode 和块设备
    DQUOT_SYNC(NULL);
    sync_supers();               // 同步超级块
    sync_filesystems(0);         // 同步文件系统
    sync_filesystems(wait);      // 等待同步文件系统
    sync_inodes(wait);           // 等待同步高速缓冲区中的 inode 和块设备
    if (!wait)
        printk("Emergency Sync complete\n");
}
```

6.4.2 sync_inodes 函数

该函数根据传入的 wait 参数决定是否执行完整性同步，第一次进入的时候，注册回写策略为 WB_SYNC_HOLD，表示将需要等待执行的 inode 加入 sb_dirty 超级块的脏页链表中，因此在遍历超级块中等待回写的 inode 链表时，一旦发现 inode 被锁住了，即刻返回。而没有被锁住的 inode，则可以在第一次执行该函数时快速发起请求。

当第二次进入的时候，注册回写策略为 WB_SYNC_ALL，表示等待高速缓冲区同步完成。为了防止正在修改的 inode 被提交，需要先等待被锁住的 inode 执行完成后，再将其写入磁盘。

```
// 代码路径：linux-2.6.0\fs\fs-writeback.c
void sync_inodes(int wait)
{
    struct super_block *sb;

    set_sb_syncing(0);
    // 遍历所有超级块
    while ((sb = get_super_to_sync()) != NULL) {
        // 根据超级块获取 inode 并同步
        sync_inodes_sb(sb, 0);
        // 根据超级块获取块设备并同步
        sync_blockdev(sb->s_bdev);
        // 将超级块释放
        drop_super(sb);
    }
    if (wait) {
        set_sb_syncing(0);
        while ((sb = get_super_to_sync()) != NULL) {
```

```
        sync_inodes_sb(sb, 1);
        sync_blockdev(sb->s_bdev);
        drop_super(sb);
      }
   }
}
```

```
// 代码路径: linux-2.6.0\fs\fs-writeback.c
void sync_inodes_sb(struct super_block *sb, int wait)
{
   struct page_state ps;
   struct writeback_control wbc = {
      .bdi        = NULL,
      // 注册回写控制块, 如果 wait 置位, 那么同步高速缓冲区中所有脏数据, 否则将写入
的 inode 等待在 sb->s_dirty
      .sync_mode  = wait ? WB_SYNC_ALL : WB_SYNC_HOLD,
      .older_than_this = NULL,
      .nr_to_write    = 0,
   };
   // 同步超级块上的所有 inode
   sync_sb_inodes(sb, &wbc);
}
```

```
// 代码路径: linux-2.6.0\fs\fs-writeback.c
static void
sync_sb_inodes(struct super_block *sb, struct writeback_control *wbc)
{
   ...
   // 遍历在超级块上等待回写的 inode
   while (!list_empty(&sb->s_io)) {
      // 从超级块中获取 inode
      struct inode *inode = list_entry(sb->s_io.prev,
                  struct inode, i_list);
      struct address_space *mapping = inode->i_mapping;
      struct backing_dev_info *bdi = mapping->backing_dev_info;
      ...
      // 回写单个 inode 数据
      __writeback_single_inode(inode, wbc);
      // 如果回写策略为 WB_SYNC_HOLD, 将 inode 项移到 s_dirty 链表中
      if (wbc->sync_mode == WB_SYNC_HOLD) {
         mapping->dirtied_when = jiffies|1;
         list_move(&inode->i_list, &sb->s_dirty);
      }
      ...
   return;
```

```
}

// 代码路径：linux-2.6.0\fs\fs-writeback.c
static void
__writeback_single_inode(struct inode *inode,
        struct writeback_control *wbc)
{
    // 当 sync_inodes() 函数第一次调用时，注册的回写策略为 WB_SYNC_HOLD，在 inode
被锁住的情况下执行此段逻辑，将 inode 从本身链表中移动到超级块的脏链表并返回
    // 当 sync_inodes() 函数第二次调用时，由于 write_inode_now() 函数注册的回写策略
为 WB_SYNC_ALL，因此该判断条件不执行
    if ((wbc->sync_mode != WB_SYNC_ALL) && (inode->i_state & I_LOCK)) {
        list_move(&inode->i_list, &inode->i_sb->s_dirty);
        return;
    }
    // 如果 inode 为上锁状态，表示当前有对 inode 的修改操作，那么要阻塞等待 inode 被解锁
    while (inode->i_state & I_LOCK) {
        __wait_on_inode(inode);
    }
    // 同步单个 inode
    __sync_single_inode(inode, wbc);
}

// 代码路径：linux-2.6.0\fs\buffer.c
int sync_blockdev(struct block_device *bdev)
{
    int ret = 0;
// 如果块设备存在，将高速缓冲区中的数据写入磁盘并等待执行完成
    if (bdev) {
        int err;
        ret = filemap_fdatawrite(bdev->bd_inode->i_mapping);
        err = filemap_fdatawait(bdev->bd_inode->i_mapping);
        if (!ret)
            ret = err;
    }
    return ret;
}
```

6.4.3 sync_supers 函数

该函数用于同步超级块中的脏数据。首先遍历所有的超级块，如果超级块被标记为脏，根据超级块获取缓冲块，将缓冲块通过 submit_bh() 函数提交到块设备驱动层后，等待写入完成。

```
// 代码路径：linux-2.6.0\fs\super.c
void sync_supers(void)
{
    struct super_block * sb;
restart:
    spin_lock(&sb_lock);
    // 从链表中获取超级块项
    sb = sb_entry(super_blocks.next);
    // 遍历所有超级块
    while (sb != sb_entry(&super_blocks))
        // 如果该超级块为脏，则将超级块中的数据写入磁盘中，否则执行下一个超级块
        if (sb->s_dirt) {
            sb->s_count++;
            spin_unlock(&sb_lock);
            down_read(&sb->s_umount);
            // 调用 ext2_write_super 函数写入超级块
            write_super(sb);
            goto restart;
        } else
            sb = sb_entry(sb->s_list.next);
}

// 代码路径：linux-2.6.0\fs\super.c
void ext2_write_super (struct super_block * sb)
{
    struct ext2_super_block * es;
    lock_kernel();
    // 如果当前超级块不是以只读方式挂载文件系统（在此文件系统上既不能创建文件，也不能
修改现有文件）
    if (!(sb->s_flags & MS_RDONLY)) {
        es = EXT2_SB(sb)->s_es;
        // 当前文件系统上的超级块文件为有效数据
        if (le16_to_cpu(es->s_state) & EXT2_VALID_FS) {
            // 省略超级块同步当前元数据过程（更新状态、剩余块的数量、剩余 inode 的数量、
访问时间等信息）
            ...
            // 将超级块中脏缓冲块标记为脏后，通过 submit_bh() 函数将缓冲块数据提
交到块设备驱动层，然后调用 wait_on_buffer() 函数等待缓冲块同步完成
            ext2_sync_super(sb, es);
        } else
            // 仅将超级块中脏缓冲块标记为脏
            ext2_commit_super (sb, es);
    }
    sb->s_dirt = 0;
    unlock_kernel();
}
```

6.5　fsync/fdatasync 函数

至此，我们已经将所有关于文件的同步函数都分析完毕。fsync/fdatasync 函数与 O_SYNC 标志的作用几乎相同，其区别在于前者以函数形式使用，后者以文件标志形式使用。它们都可以用于文件的数据同步和元数据同步，如图 6.7 所示。

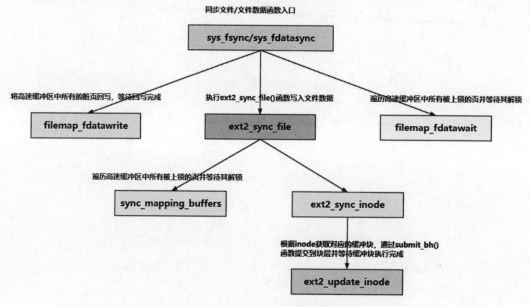

图 6.7　fsync/fdatasync 函数执行流程

6.5.1　sys_fsync/sys_fdatasync 函数

sys_fsync/sys_fdatasync 函数的整体流程完全一样，其区别在于执行 fsync()操作符时传入的 datasync 标志不同。datasync 标志决定了 ext2_sync_file()函数的返回值，这取决于是同步高速缓冲区中的元数据信息和 inode 信息，还是仅同步高速缓冲区中的元数据信息。至于高速缓冲区中的元数据信息，在执行 fsync()操作符之前就已经调用 filemap_fdatawrite() 回写脏页数据了，并且后续还会执行 filemap_fdatawrite()等待脏页回写完成。

第 5 章已经分析过文件的查找过程了，这里再回顾一下，如图 6.8 所示。首先通过 fd 文件描述符从 fd array 文件数组中拿到 file 文件，根据 file 就可以获取 dentry 目录项，dentry 中保存有 inode 的信息，而 inode 有对应的缓冲区，因此从 fd 查找到高速缓冲区的整个过程就描述完了。

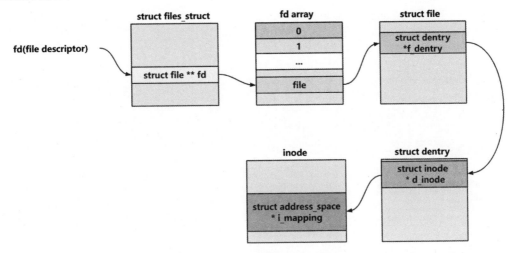

图 6.8　根据 fd 获取高速缓冲区流程

down()和 up()函数用于处理信号量，也就是我们所说的 P、V 原语，其通过操作信号量来处理进程间的同步与互斥问题。

☑　P 原语为阻塞原语，采用荷兰语 Proberen（试图）的首字母。负责把当前进程由运行状态转换为阻塞状态，直到另外一个进程唤醒它。其申请一个空闲资源（把信号量减 1），若成功，则退出；若失败，则该进程被阻塞。

☑　V 原语为唤醒原语，采用荷兰语 Verhogen（增加）的首字母。负责把一个被阻塞的进程唤醒，它有一个参数表，存放着等待被唤醒的进程信息。其释放一个被占用的资源（把信号量加 1），如果发现有被阻塞的进程，则选择一个唤醒。

```
// 代码路径：linux-2.6.0\fs\buffer.c
asmlinkage long sys_fsync(unsigned int fd)
{
    struct file * file;
    struct dentry * dentry;
    struct inode * inode;
    int ret, err;

    ret = -EBADF;
    // 通过 fd 文件描述符找到 file
    file = fget(fd);
    if (!file)
        goto out;
```

```
    // 通过 file 找到 dentry
    dentry = file->f_dentry;
    // 通过 dentry 找到 indoe
    inode = dentry->d_inode;

    ret = -EINVAL;
    // 如果文件的操作符不存在，或者文件的 fsync 同步函数未注册（相应的文件系统没有对其
进行实现）
    if (!file->f_op || !file->f_op->fsync) {
        goto out_putf;
    }

    // 如果信号量大于 0 ，表示当前空闲资源的数量，执行 -1 操作；如果信号量等于 0，表
示当前已经没有空闲的资源，将当前进程置为睡眠状态，等待信号量大于 0
    down(&inode->i_sem);
    // 将 PF_SYNCWRITE(Process Flag SYNCWRITE)标志置位，表示当前进程正在执行同
步写操作
    current->flags |= PF_SYNCWRITE;
    // 将高速缓冲区的脏页回写，等待回写完成
    ret = filemap_fdatawrite(inode->i_mapping);
    // 执行 ext2_sync_file()函数写入文件数据信息
    err = file->f_op->fsync(file, dentry, 0);
    if (!ret)
        ret = err;
    // 遍历高速缓冲区中被上锁的页并等待其解锁
    err = filemap_fdatawait(inode->i_mapping);
    if (!ret)
        ret = err;
    // 重置 PF_SYNCWRITE 标志
    current->flags &= ~PF_SYNCWRITE;
    // 对信号量执行 +1 操作，唤醒睡眠的进程
    up(&inode->i_sem);

    // 释放文件
out_putf:
    fput(file);
out:
    return ret;
}

// 代码路径：linux-2.6.0\fs\buffer.c
asmlinkage long sys_fdatasync(unsigned int fd)
{
    ...
    // 执行 ext2_sync_file()函数写入文件元数据信息
```

```
      err = file->f_op->fsync(file, dentry, 1);
      ...
      return ret;
}
```

6.5.2　ext2_sync_file 函数

datasync 标志决定了该函数的返回值。对于 sys_fsync()函数，其既同步高速缓冲区中的元数据信息，也同步高速缓冲区中的 inode 信息；而 sys_fdatasync()函数则仅同步高速缓冲区中的元数据信息。

```
// 代码路径: linux-2.6.0\fs\ext2\fsync.c
int ext2_sync_file(struct file * file, struct dentry *dentry, int datasync)
{
    struct inode *inode = dentry->d_inode;
    int err;

    // 获取同步高速缓冲区中元数据信息的返回值
    err = sync_mapping_buffers(inode->i_mapping);
    // 如果 inode 的状态不为脏，同步高速缓冲区中的元数据信息
    if (!(inode->i_state & I_DIRTY))
        return err;
    // 如果由 sys_fsync()函数进入，不执行返回逻辑，继续往下执行 ext2_sync_inode()
函数同步 inode
    // 如果由 sys_fdatasync()函数进入，执行返回逻辑
    if (datasync && !(inode->i_state & I_DIRTY_DATASYNC))
        return err;

    // 与操作表示二进制组合，其结果就是获取 ext2_sync_inode()的返回值
    err |= ext2_sync_inode(inode);
    return err ? -EIO : 0;
}
```

6.5.3　ext2_sync_inode 函数

该函数已经在 O_SYNC 标志的 write_inode 函数一节详细分析过，ext2_update_inode()函数根据 inode 获取对应的缓冲块，通过 submit_bh()函数提交到块层并等待缓冲块执行完成。

```
// 代码路径: linux-2.6.0\fs\ext2\inode.c
int ext2_sync_inode (struct inode *inode)
{
    return ext2_update_inode (inode, 1);
}
```

6.6 msync 函数

由于 msync() 函数基于虚拟内存，因此会涉及分页的相关知识，如图 6.9 所示。在内存管理分析一章，我们分析了基于 Intel x86 架构下分页的整个过程，其采用两级页表的形式进行寻址。CR3 中保存了分页结构的基地址，根据基地址+偏移值的形式逐级查找。完整的两级分页结构将 32 位分割成 PGD(10)+PTE(10)+Offset(12)，高端 PGD 和 PTE 的 10 位用于作为入口项，可表示 2^{10}=1024 项，低端 Offset 作为查找物理地址的偏移值，可表示 2^{12}=4096 项，因此总共可以寻址$(2^{10})*(2^{10})*(2^{12})$=4GB 大小的内存空间。

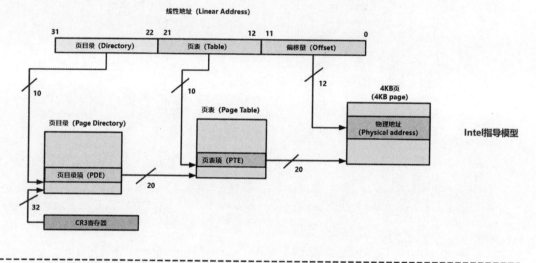

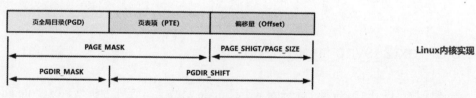

图 6.9 分页过程对比图

不同的处理器所支持的页表级数也是不一样的，如 Intel 早期 32 位的 IA-32 和 x86 架构仅支持 2 级分页，随着时代的发展，64 位的处理器架构逐步成为主流，内核也慢慢从 2 级分页演变成 4 级甚至 5 级分页。但本节为了保持简单，仍分析基于 i386 的 2 级分页形式。相信认真阅读完本章的读者，在了解了两级分页的实现过程后，也能快速上手多级分页。

6.6.1　sys_msync 函数

该函数通过指定虚拟内存的起始地址和长度进行同步操作并可以指定 3 种标志：MS_ASYNC、MS_INVALIDATE 和 MS_SYNC。

其中，MS_ASYNC 标志会同步整个文件，包括高速缓冲区，并等待 I/O 调度。MS_ASYNC 标志仅会对映射的虚拟内存区域所关联的页进行置脏，但不发起 I/O 操作，等到内核发起 pdflush 线程周期性刷新或其他程序调用 sync()/fsync()函数时，再将其写入磁盘。如果程序需要将脏页写出，也可以主动调用 fsync()。MS_INVALIDATE 标志在同步虚拟内存区域时会判断该区域是否处于上锁状态，对于正在执行操作的虚拟内存区域，可以避免被刷新。

如图 6.10 所示，该函数仅同步 vma 范围内的数据，而对于超出 vma 范围的地址，将会对其进行修正。如果指定起始地址或者计算出的结束地址大于 vma 区域，内核将会设置起始地址或结束地址为 vma 的起始地址和结束地址，这样就表明用户指定需要同步的区域其实超出了 vma 的范围，而超出 vma 范围的数据并不会被同步。内核对于[start, end)区间内所覆盖的任何未映射的地址空间，都会在执行调用前先忽略错误，但是最后返回 -ENOMEM，ENOMEM 就是我们常说的 OOM（out of memory，内存泄漏）。

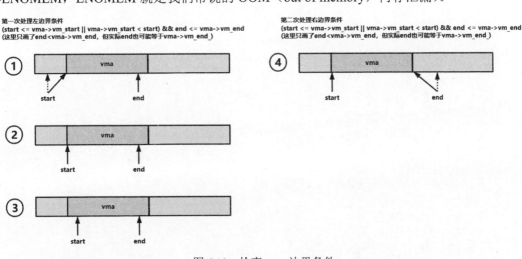

图 6.10　检查 vma 边界条件

```
#define MS_ASYNC       1                // 以异步的方式同步内存
#define MS_INVALIDATE  2                // 使缓存失效
#define MS_SYNC        4                // 以同步的方式同步内存

#define PAGE_SHIFT    12                // 偏移值为 12 位
```

```
#define PAGE_SIZE   (1UL << PAGE_SHIFT)      // 1<<12 = 2^12 = 4096
// ~(4096 - 1) = ~4095，4095 的二进制形式为 1111 1111 1111，取反后为 0000 0000 0000
#define PAGE_MASK   (~(PAGE_SIZE-1))

// 代码路径：linux-2.6.0\mm\msync.c
asmlinkage long sys_msync(unsigned long start, size_t len, int flags)
{
    unsigned long end;
    struct vm_area_struct * vma;
    int unmapped_error, error = -EINVAL;

    // 以读者身份获取信号量
    down_read(&current->mm->mmap_sem);

    // 指定标志必须为 MS_ASYNC、MS_INVALIDATE、MS_SYNC，否则退出
    if (flags & ~(MS_ASYNC | MS_INVALIDATE | MS_SYNC))
        goto out;
    // 如果低 12 位不为 0，表示页没有对齐，退出
    if (start & ~PAGE_MASK)
        goto out;
    // MS_ASYNC 与 MS_SYNC 标志为互斥关系，不能同时存在
    if ((flags & MS_ASYNC) && (flags & MS_SYNC))
        goto out;
    error = -ENOMEM;
    // 长度需要是页的整数倍，~PAGE_MASK 表示不足一页时，需要补齐一页
    len = (len + ~PAGE_MASK) & PAGE_MASK;
    // 获取结束地址
    end = start + len;
    // 结束地址小于起始地址，退出
    if (end < start)
        goto out;
    error = 0;
    if (end == start)
        goto out;
    // 根据 start 从虚拟内存中找到虚拟内存区域
    vma = find_vma(current->mm, start);
    unmapped_error = 0;
    for (;;) {
        error = -ENOMEM;
        // vma 不存在，退出
        if (!vma)
            goto out;
        // 当 vma 的起始地址大于指定起始地址，必须从 vma 的起始地址开始计算
        if (start < vma->vm_start) {
            // 设置未映射的错误为 ENOMEM
```

```
            unmapped_error = -ENOMEM;
            // 将指定 start 地址移动到 vma->vm_start
            start = vma->vm_start;
        }
        // 当 vma 的结束地址大于指定的结束地址
        // 处理(start <= vma->vm_start || vma->vm_start < start) && end <=
vma->vm_end 的情况
        if (end <= vma->vm_end) {
            // 程序执行到这里时，vma 的起始地址≤指定起始地址 < vma 的结束地址
            if (start < end) {
                error = msync_interval(vma, start, end, flags);
                // 执行成功后退出
                if (error)
                    goto out;
            }
            error = unmapped_error;
            goto out;
        }
        // 程序执行到这里时，vma 的起始地址≤指定起始地址 < vma 的结束地址 < 结束地址
        // 注意该函数传入的 end 参数为 vma->vm_end，程序对超出 vm_end 范围的数据并不
会执行同步
        error = msync_interval(vma, start, vma->vm_end, flags);
        if (error)
            goto out;

        // 重置起始地址
        start = vma->vm_end;
        // 获取下一块 vma 虚拟内存区域
        vma = vma->vm_next;
    }
out:
    // 以读者身份释放信号量
    up_read(&current->mm->mmap_sem);
    return error;
}
```

6.6.2　msync_interval 函数

在 I/O 原理一章中我们分析过文件的查找过程，其通过 fd 文件描述符查找 fd 数组，从中获取 file 文件，根据 file 找到 dentry。dentry 的作用相当于文件查找的缓存，在文件查找或创建的过程中就会建立缓存，因此 dentry 中会保存 inode 的信息，而 inode 需要有自己的高速缓冲区，通过 inode 就可以获取它指向的高速缓冲区了。

如图 6.11 所示，对于以 vma 形式查找高速缓冲区的过程与上述流程无异，区别在于需要先通过当前进程所在的虚拟内存处和指定的起始地址找到相应的 vma，由于 vma 虚拟内存区域是基于文件的引用，vma 与文件关联，因此可以从 vma 中获取文件。

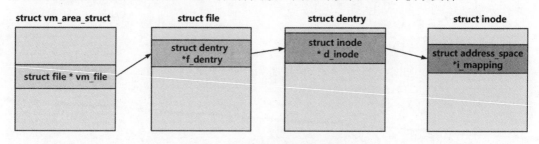

图 6.11　vma 查找高速缓冲区过程

该函数首先对 MS_INVALIDATE 标志进行处理，此标志并无特定的函数处理，仅用作辅助判断虚拟内存区域是否被上锁。如果指定的虚拟内存区域被锁住了，那么持有此标志的 msync() 函数就会返回 EBUSY 状态，以告知应用程序不能将此 vma 置为失效，也就是不能执行刷新操作。

如果虚拟内存区域是可共享的，那么调用 filemap_sync() 函数通过 vma 查找其对应页，将页本身、其关联的缓冲块和 inode 置脏后返回，这一步完成了 MS_ASYNC 标志的操作。

然后判断指定标志，如果为 MS_SYNC，则需要调用 filemap_fdatawrite() 和 filemap_fdatawait() 函数将高速缓冲区中的脏页进行回写并等待执行完成。此外，该函数还会调用 ext2_sync_file() 函数来同步文件的元数据信息。

```c
static int msync_interval(struct vm_area_struct * vma,
    unsigned long start, unsigned long end, int flags)
{
    int ret = 0;
    // 根据虚拟映射区找到文件
    struct file * file = vma->vm_file;
    // 当指定标志为 MS_INVALIDATE 时，表示将虚拟内存区域置为失效。如果虚拟内存区域被
锁住了，表示当前正在执行操作，此时就不能使其失效
    if ((flags & MS_INVALIDATE) && (vma->vm_flags & VM_LOCKED))
        return -EBUSY;
    // 如果文件位于可共享的虚拟内存区域，执行同步操作
    if (file && (vma->vm_flags & VM_SHARED)) {
        // 通过传递 vma 虚拟内存区域、起始地址、虚拟内存区域大小和执行标志来同步数据
        ret = filemap_sync(vma, start, end-start, flags);

        if (!ret && (flags & MS_SYNC)) {
            // 根据文件找到 dentry，根据 dentry 找到 inode
            struct inode *inode = file->f_dentry->d_inode;
```

```
        int err;

        down(&inode->i_sem);
        // 将高速缓冲区的脏页回写，等待回写完成
        ret = filemap_fdatawrite(inode->i_mapping);
        if (file->f_op && file->f_op->fsync) {
        // fsync 操作符调用 ext2_sync_file() 函数，由于指定 datasync 标志为 1，
因此仅同步高速缓冲区中的元数据信息
            err = file->f_op->fsync(file,file->f_dentry,1);
            if (err && !ret)
                ret = err;
        }
        // 遍历高速缓冲区中被上锁的页并等待其解锁
        err = filemap_fdatawait(inode->i_mapping);
        if (!ret)
            ret = err;
        up(&inode->i_sem);
    }
    }
    return ret;
}
```

6.6.3　filemap_sync 函数

　　该函数将虚拟内存区域通过分页的形式转化成真实的物理页框，如图 6.12 所示。首先根据 vma 获取页目录的基地址+由 address 截取的 pgd_index 值找到 pmd 的基地址，由于在 2 级分页中将 pmd 折叠起来，其返回的地址还是 pgd，因此越过 pmd，将其结果用于查找 pte。依旧采用基地址+index 的方式找到 pte，再将其从虚拟地址转化成物理页。

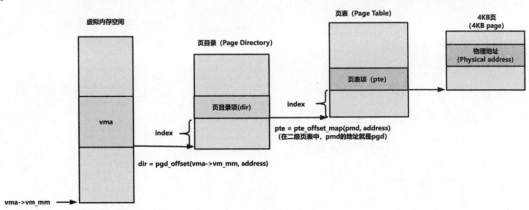

图 6.12　分页寻址过程

```
// 通过 pgd 基地址+偏移值，获取页全局目录项
#define pgd_offset(mm, address) ((mm)->pgd+pgd_index(address))
// PTRS_PER_PGD - 1 = 1024 - 1 =1023，其二进制形式为 1111 1111 11
// 将 32 位的 address 右移 22 位以获取高端 10 位，与操作表示二进制截断，截取高端 10 位的
pgd 值
#define pgd_index(address) (((address) >> PGDIR_SHIFT) & (PTRS_PER_PGD-1))

#define PGDIR_SHIFT 22                       // 定义 pgd 偏移值
#define PGDIR_SIZE  (1UL << PGDIR_SHIFT)     // 1<<22 = 2^22 = 4,194,304
// ~(4 194 304 - 1) = ~4 194 303，4 194 303 的二进制形式为 11 1111 1111 1111 1111 1111
// 取反后为 0000 0000 0000 0000 0000 00
#define PGDIR_MASK (~(PGDIR_SIZE-1))
// 定义 pgd 的可描述范围为 2^10 = 1024
#define PTRS_PER_PGD    1024

// 代码路径: linux-2.6.0\mm\msync.c
static int filemap_sync(struct vm_area_struct * vma, unsigned long address,
    size_t size, unsigned int flags)
{
    pgd_t * dir;
    unsigned long end = address + size;
    int error = 0;

    spin_lock(&vma->vm_mm->page_table_lock);

    // 获取页目录偏移值
    dir = pgd_offset(vma->vm_mm, address);
    // i386 下没有对此函数进行逻辑处理
    flush_cache_range(vma, address, end);
    if (address >= end)
        BUG();
    do {
        // 同步 pmd
        error |= filemap_sync_pmd_range(dir, address, end, vma, flags);
        address = (address + PGDIR_SIZE) & PGDIR_MASK;
        dir++;
    } while (address && (address < end));
    // 刷新 CR3 寄存器
    flush_tlb_range(vma, end - size, end);

    spin_unlock(&vma->vm_mm->page_table_lock);

    return error;
}

// 此处定义等同 PGD 定义
```

```
#define PMD_SHIFT   22
#define PMD_SIZE    (1UL << PMD_SHIFT)
#define PMD_MASK    (~(PMD_SIZE-1))

// 代码路径: linux-2.6.0\mm\msync.c
static inline int filemap_sync_pmd_range(pgd_t * pgd,
    unsigned long address, unsigned long end,
    struct vm_area_struct *vma, unsigned int flags)
{
    pmd_t * pmd;
    int error;

    if (pgd_none(*pgd))
        return 0;
    if (pgd_bad(*pgd)) {
        pgd_ERROR(*pgd);
        pgd_clear(pgd);
        return 0;
    }
    // 获取 pmd 的地址, 在 2 级页表中就是 pgd 的地址
    pmd = pmd_offset(pgd, address);
    if ((address & PGDIR_MASK) != (end & PGDIR_MASK))
        end = (address & PGDIR_MASK) + PGDIR_SIZE;
    error = 0;
    do {
        // 同步 pte
        error |= filemap_sync_pte_range(pmd, address, end, vma, flags);
        address = (address + PMD_SIZE) & PMD_MASK;
        pmd++;
    } while (address && (address < end));
    return error;
}

// 代码路径: linux-2.6.0\include\asm-i386\pgtable-2level.h
static inline pmd_t * pmd_offset(pgd_t * dir, unsigned long address)
{
    // 在 2 级页表的实现当中, 直接返回传入的 dir, 也就是 pgd 的地址
    return (pmd_t *) dir;
}
```

6.6.4　filemap_sync_pte_range

该函数将获取到的 pte 页表项地址转换成 pfn 页框号地址，再根据页框号地址找到对应的页。有了页就可以对其进行置脏操作了。

```
// 代码路径：linux-2.6.0\include\asm-i386\mmzone.h
// 通过 pgd 基地址 + 偏移值，获取页表项
#define pte_offset_map(dir, address)
    ((pte_t *)kmap_atomic(pmd_page(*(dir)),KM_PTE0) + pte_index(address))

// 代码路径：linux-2.6.0\mm\msync.c
static int filemap_sync_pte_range(pmd_t * pmd,
    unsigned long address, unsigned long end,
    struct vm_area_struct *vma, unsigned int flags)
{
    pte_t *pte;
    int error;

    if (pmd_none(*pmd))
        return 0;
    if (pmd_bad(*pmd)) {
        pmd_ERROR(*pmd);
        pmd_clear(pmd);
        return 0;
    }
    // 获取前页表项的偏移值
    pte = pte_offset_map(pmd, address);
    if ((address & PMD_MASK) != (end & PMD_MASK))
        end = (address & PMD_MASK) + PMD_SIZE;
    error = 0;
    do {
        // 同步 pte
        error |= filemap_sync_pte(pte, vma, address, flags);
        address += PAGE_SIZE;
        pte++;
    } while (address && (address < end));

    pte_unmap(pte - 1);

    return error;
}

// 代码路径：linux-2.6.0\mm\msync.c
static int filemap_sync_pte(pte_t *ptep, struct vm_area_struct *vma,
    unsigned long address, unsigned int flags)
{
    pte_t pte = *ptep;

    if (pte_present(pte) && pte_dirty(pte)) {
        struct page *page;
        // 根据页表项获取页框号
```

```
        unsigned long pfn = pte_pfn(pte);
    if (pfn_valid(pfn)) {
        // 根据页框号获取对应页结构
        page = pfn_to_page(pfn);
        if (!PageReserved(page) && ptep_test_and_clear_dirty(ptep)) {
            // 刷新 CR3 寄存器
            flush_tlb_page(vma, address);
            // 设置脏页
            set_page_dirty(page);
        }
    }
}
    return 0;
}
```

6.6.5 虚拟地址转换为物理地址

将虚拟地址转换为物理地址的步骤如下。

（1）将传入的 pte 右移 12 位获取 pfn 页框号地址。

（2）通过页框号地址计算出其所属的 nodeid。

（3）将 nodeid 作为下标查找 node_data[]以获取对应的 node，用 pfn 页框号地址- node 起始 pfn 起始地址计算出 pfn 页框号。

（4）将 pfn 页框号作为下标查找 node_data 里的 node_mem_map[]，以取出对应 page 结构，如图 6.13 所示。

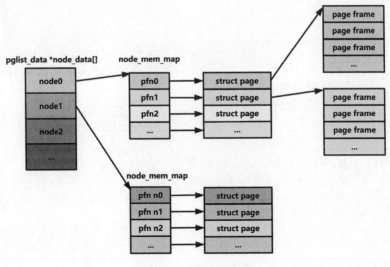

图 6.13　页的转化过程

```
// 虚拟地址转换为物理地址过程

// 步骤 1: 获取 pfn 地址

// pte(page table entry)表示页表项, pfn(page frame number)表示页框号
// 通过将 pte 的低位右偏移 12 位, 获取页框号地址
#define pte_pfn(x)        ((unsigned long)(((x).pte_low >> PAGE_SHIFT)))

------------------------------------------------------------------------
// 步骤 2: 通过 pfn 地址获取 nodeid

// 从 pfn 中获取页结构
#define pfn_to_page(pfn)
({
    unsigned long __pfn = pfn;
    // 根据页框地址找到对应的 node 号
    int __node = pfn_to_nid(__pfn);
    // &node_mem_map(__node)用于获取 node_mem_map[], node_localnr(__pfn,
__node)用于计算 pfn 页框号
    // 将 pfn 页框号作为下标查找 node_mem_map[], 获取对应 page
    &node_mem_map(__node)[node_localnr(__pfn, __node)];
})
```

// Linux 对 32 位机定义的最大内存为 64GB, 64GB 物理内存下共有 64GB/4096B = 16 777 216 个页

```
#define MAX_NR_PAGES 16777216
```
// 内存以 256MB 连续块的形式出现, 这些块要么存在, 要么不存在。那么使用 64GB / 256MB = 256 个节点
```
#define MAX_ELEMENTS 256
```
// 定义每个节点下可支持 16 777 216/256 = 65 536 个页
```
#define PAGES_PER_ELEMENT (MAX_NR_PAGES/MAX_ELEMENTS)
```
// 定义 physnode_map[256]来存储节点编号, 每个节点对应 256MB 大小的物理存储块
```
extern u8 physnode_map[];

// 通过页框号获取 node
static inline int pfn_to_nid(unsigned long pfn)
{
    // 通过(pte).pte_low >> PAGE_SHIFT 计算出 pfn 地址, 根据 pfn / 65 536 计算出
所属节点。用节点查找 physnode_map[]以获取 node
    return(physnode_map[(pfn) / PAGES_PER_ELEMENT]);
}

------------------------------------------------------------------------
// 步骤 3: 计算 pfn 页框号
```

```
// 根据 nodeid 获取对应的 node_data，用传入的 pfn 地址 - 当前 node_data 的 pfn 起始
地址计算出页框号
#define node_localnr(pfn, nid)    ((pfn) - node_data[nid]->node_start_pfn)
// 定义 nodes 偏移值为 4
#define NODES_SHIFT 4
// NUMA（非一致性内存访问）架构下存在多节点管理内存，这里表示共存在 16 个节点
#define MAX_NUMNODES    (1 << NODES_SHIFT)
// 根据 nodeid 找到对应 node
struct pglist_data *node_data[MAX_NUMNODES];
typedef struct pglist_data {
    ...
    struct page *node_mem_map;          // 页结构
    unsigned long node_start_pfn;       // node 下起始 pfn 地址
    ...
} pg_data_t;

-----------------------------------------------------------
// 步骤 4：将 pfn 页框号放入 node_mem_map[] 中以取出 page 结构
#define node_mem_map(nid)    (NODE_DATA(nid)->node_mem_map)
```

6.6.6　set_page_dirty

该函数在指定页存在高速缓冲区的情况下，将页本身、其所关联的高速缓冲区和关联
的 inode 加入脏链表，等待同步函数执行时写入磁盘。

```
// 代码路径：linux-2.6.0\include\linux\mm.h
static inline int set_page_dirty(struct page *page)
{
    if (page->mapping) {
        int (*spd)(struct page *);
        // ext2 文件系统并未对此操作符进行实现
        spd = page->mapping->a_ops->set_page_dirty;
        if (spd)
            return (*spd)(page);
    }
    return __set_page_dirty_buffers(page);
}

// 代码路径：linux-2.6.0\fs\buffer.c
int __set_page_dirty_buffers(struct page *page)
{
    struct address_space * const mapping = page->mapping;
```

```
        int ret = 0;
        // 如果指定页中没有分配高速缓冲区，将该页置脏后退出
    if (mapping == NULL) {
        SetPageDirty(page);
        goto out;
    }

    spin_lock(&mapping->private_lock);
    if (page_has_buffers(page)) {
        // 通过页获取缓冲块链表
        struct buffer_head *head = page_buffers(page);
        struct buffer_head *bh = head;

        // 遍历缓冲块链表
        do {
            // 如果缓冲块更新状态置位，将其置脏（如果本身就是脏的，也就没必要置脏了）
            if (buffer_uptodate(bh))
                set_buffer_dirty(bh);
            else
                buffer_error();
            bh = bh->b_this_page;
        } while (bh != head);
    }
    spin_unlock(&mapping->private_lock);

    if (!TestSetPageDirty(page)) {
        spin_lock(&mapping->page_lock);
        if (page->mapping) {
            // memory_backed 用于表示当前文件系统是否支持通过 writepage 来刷新页
            // 当其为 0，表示支持通过 writepage 来刷新页
            if (!mapping->backing_dev_info->memory_backed)
                // 将脏页数+1
                inc_page_state(nr_dirty);
            // 将指定页从页链表中移动到脏页链表
            list_del(&page->list);
            list_add(&page->list, &mapping->dirty_pages);
        }
        spin_unlock(&mapping->page_lock);
        // 将脏的 indoe 移动到 sb->dirty
        __mark_inode_dirty(mapping->host, I_DIRTY_PAGES);
    }

out:
    return ret;
```

```
}

// 代码路径: linux-2.6.0\fs\fs-writeback.c
void __mark_inode_dirty(struct inode *inode, int flags)
{
    struct super_block *sb = inode->i_sb;
    ...

    spin_lock(&inode_lock);
    if ((inode->i_state & flags) != flags) {
        // 通过 inode 状态位判断是否为脏
        const int was_dirty = inode->i_state & I_DIRTY;
        // 通过 inode 获取高速缓冲区
        struct address_space *mapping = inode->i_mapping;

        // 将指定标志加入 inode 状态中
        inode->i_state |= flags;

        // 如果当前 inode 正在执行操作，退出
        if (inode->i_state & I_LOCK)
            goto out;

        // 如果 inode 为脏，将其从自身链表中移动到 sb->s_dirty 超级块的脏链表中
        if (!was_dirty) {
            mapping->dirtied_when = jiffies|1;
            list_move(&inode->i_list, &sb->s_dirty);
        }
    }
out:
    spin_unlock(&inode_lock);
}
```

6.7　小　　结

本章分析了两种基于文件标志的同步方式，即 O_DIRECT 和 O_SYNC；三种基于文件的函数调用的同步方式，即 sync()、fsync()和 fdatasync()；一种基于内存的函数调用的同步方式，即 msync()。

不论以什么方式进行数据同步，其内容总是基于文件发起的，即使是内存映射，也要通过文件的形式才能写入磁盘，这是匿名映射所不具备的条件（匿名映射仅用于进程的临

时存储，其映射区除了父子进程外，无法被其他进程共享，没有同步的意义），而文件需要围绕页和缓冲块向下传递。页和缓冲块是内核组织存储的基本单位，在低版本的内核中，对于两者的概念是分开的，页以 page cache 的形式进行缓存，缓冲块以 buffer cache 的形式进行缓存。到了较高的版本中，内核的开发人员发现不论是页还是缓冲块，都需要先写入缓存中后再与磁盘交互，对于同一文件而言，相通的数据下维护了两套缓存，十分冗余，因此将 page cache 和 buffer cache 合二为一，统一使用 address space 进行缓存。

如何同步缓冲区是本章的重点，从同步过程来看分为基于文件的同步和基于内存的同步。

基于文件的同步又分为同步文件数据、同步文件元数据和同步缓冲区。

基于内存的同步通常会指定文件的某一段映射区域来同步缓冲区。

第 7 章
网络相关函数分析

计算机能有如此迅速的发展，得益于网络，在互联网时代，网络已经成为我们生活中不可或缺的一部分。

在网络中，保证连接的可靠性极为重要，我们无法忍受浏览器中长期出现连接异常的情况，更无法想象重要的数据在网络传输中丢失所带来的后果。

本章将基于 TCP/IP 协议讲解网络编程相关的基础源码内容，通过源码来分析 TCP/IP 协议是如何保证网络传输的可靠性以及网络编程的相关流程。

7.1 TCP/IP 流程概览

网络通信类似于生活中两人拨打电话的过程，如图 7.1 模拟了双方通话过程。

说明如下。

（1）手机通信的基础是双方都有注册好的唯一手机号。

（2）小方想要跟小明进行通话，那么小明的电话需要处于开机且空闲状态。

（3）当电话拨通时，双方需要确认身份。

（4）身份确认完毕后，开始沟通本次通话的主要内容。

（5）沟通完毕后，结束本次通话。

7.1.1 TCP 流程

我们通过手机通信的例子了解了通信的基本过程，计算机网络的设计模型也是如此。手机通话的过程中，用手机号和姓名标识唯一通信对象，如图 7.1 所示，双方会进行身份的确认，当身份确认成功后，才会向对方发送并接收数据。

在计算机网络中，使用 socket 四元组的模型来标识并确认对端的唯一身份：源 IP 地址、源端口号、目标 IP 地址、目标端口号。

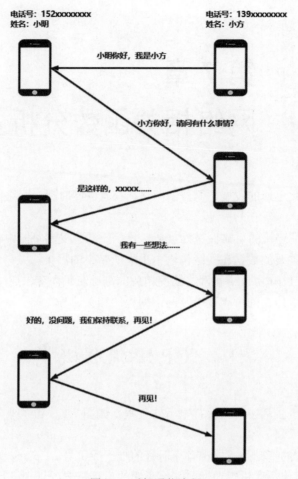

图 7.1　手机通信流程

站在服务端的角度，其通过暴露 IP 地址和端口号，向外提供服务，此时的服务端应处于等待连接的状态，一旦客户端根据 IP 地址和端口号找到服务端并向其发起连接请求，服务端应当响应客户端，在经历三次握手后返回客户端所请求的资源。

站在客户端的角度，目标 IP 地址和目标端口号标识了唯一的服务端，一旦连接建立成功，它会向服务端发送数据，那么在服务端响应资源时，客户端所携带的源 IP 地址和源端口号就成为服务端响应请求的目标 IP 地址和目标端口号。

执行 socket 网络编程的流程如图 7.2 所示，在 Linux 中一切皆文件，数据的接收与发送也是需要基于文件作为载体，才能更加方便地在各个模块间进行转换并存储。

不论是服务端还是客户端，首先要有数据承载的实体，才能执行后续步骤，因此先创建 sockfd，当 sockfd 创建完成后，就需要进行身份的标识，设置它的地址、协议等相关信息。

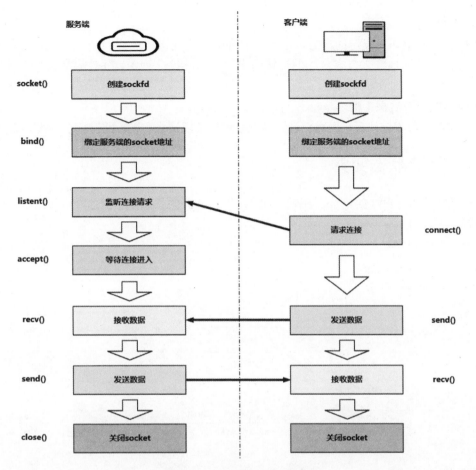

图 7.2 TCP 网络编程流程图

作为服务端，在监听连接请求、等待连接进入的过程中，此时的 socket 应处于 LISTEN 监听状态，被动等待客户端的连接。而客户端则作为请求发起方，主动向服务端进行连接尝试，连接过程中会经历三次握手的阶段，用以确认双方连接正常，一旦三次握手成功，即更改双方 socket 为 ESTABLISHED 数据传送状态，然后进行双方的数据收发。当数据传输完毕后，开始进入四次挥手阶段，客户端发出结束请求进行主动关闭，关闭过程中，置 socket 为 CLOSED 状态。

图 7.2 展示了 TCP 网络编程的双端处理过程。

说明如下。

（1）创建 socket 结构用于在后续流程中传递数据载体。

（2）绑定地址和端口用于标识自己的身份信息。

（3）服务端作为接收的一方，需要将自己的地址和端口暴露出去，让自己进入监听状态，等待连接到来。

（4）客户端作为发送的一方，主动向服务端发起连接请求。

（5）服务端接收来自客户端的连接请求并放入连接队列中，每次从连接队列中取出第一个请求。

（6）完成三次握手后，双端开始数据的收发过程。

（7）数据收发完毕后，由客户端主动发起连接关闭请求，进入四次挥手阶段完成关闭。

7.1.2 TCP 状态变更

当服务端和客户端创建 socket 时，会初始化 socket 的状态为 CLOSED，如图 7.3 所示。

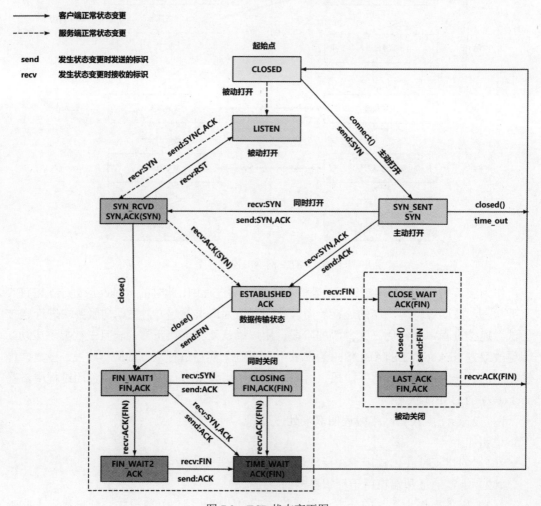

图 7.3 TCP 状态变更图

1. 服务端状态变更

基于服务端的角度，它是服务的提供者，需要持续对外提供服务，它不知道将要产生连接的客户端是谁，因此要监听连接的请求，将自身阻塞，等待连接进入，此时状态为 LISTEN。

一旦接收到来自外部客户端的连接请求，需要先经历三次握手的过程，确认连接正常后，才能继续收发数据。在三次握手时，先由客户端主动发出 SYN 同步号，当服务端接收到来自客户端的 SYN 后，需要返回 ACK 确认收到来自客户端的消息，并同样响应一个 SYN 同步号，状态变更为 SYN_RCVD。

确保连接正常的情况下，开始接收并响应客户端发送的数据，状态变更为 ESTABLISHED。

当客户端数据发送完毕后，会主动关闭连接，此时由客户端发送一个 FIN 结束号到服务端。服务端一旦接收到 FIN 就知道客户端已经进入关闭阶段，而自己的数据仍要发送完毕后才能进入关闭阶段，状态变更为 CLOSE_WAIT。

当服务端的数据发送完毕，就可以进入关闭阶段，状态变更为 LAST_ACK。

2. 客户端状态变更

基于客户端的角度，它是请求的发起者，需要主动向服务端发起请求来获取资源，因此在尝试连接的过程中，需要先向服务端发送一个 ACK 确认号，也就是三次握手中的第一次握手，此时状态为 SYN_SENT。

当三次握手完成后，表示连接正常，因此进入数据传输状态，状态变更为 ESTABLISHED。

客户端的数据发送完毕后，会主动关闭连接，此时进入四次挥手过程，它向服务端发送一个 FIN 结束号，表明自己进入关闭阶段，此时状态为 FIN_WAIT1。

客户端接收到来自服务端的 ACK 确认号后，状态变更为 FIN_WAIT2。

客户端接收到来自服务端的 FIN 结束号后，状态变更为 TIME_WAIT。

3. TCP 状态一览

TCP 状态及描述如表 7.1 所示。

表 7.1　TCP 状态一览

常 规 状 态	发 送 标 识	描　　　述
CLOSED		当创建 socket 时，初始化为关闭状态
LISTEN		监听连接请求（被动打开）
SYN_SENT	SYN	已经发送 SYN（主动打开）
SYN_RCVD	SYN，ACK	已经发送和收到 SYN，等待 ACK
ESTABLISHED	ACK	完成连接的建立，此时开始传输数据

常规状态	发送标识	描　　述
CLOSE_WAIT	ACK	收到 FIN，等待程序调用 close()
FIN_WAIT1	FIN	初始关闭状态，发送 FIN，等待 ACK
CLOSING	FIN，ACK	两端同时关闭，等待 ACK
LAST_ACK	FIN	发送 FIN，等待 ACK
FIN_WAIT2	ACK	等待关闭状态，等待 FIN
TIME_WAIT	ACK	主动关闭后进入 2MSL 的等待状态

在 2.6 版本的内核中，tcp.h 头文件展示了 11 种 TCP 状态的枚举值。

```
// 代码路径：linux-2.6.0\include\linux\tcp.h
enum {
  TCP_ESTABLISHED = 1,      // 连接建立
  TCP_SYN_SENT,        // 发送一个连接请求，等待 ACK
  TCP_SYN_RECV,        // 接收一个连接请求，返回 ACK，在三次握手过程中等待最终的 ACK
  TCP_FIN_WAIT1,       // 客户端主动关闭，等待完成剩余缓冲数据的传输
  TCP_FIN_WAIT2,       // 所有缓冲数据发送完毕，等待服务端关闭
  TCP_TIME_WAIT,       // 在进入 closed 之前捕获来自服务端重发的数据，该状态只能从
FIN_WAIT2 或 CLOSING 状态进入，此外，服务端可能没有接收到客户端最后的 ACK，导致它重传
的数据包被忽略
  TCP_CLOSE,        // socket 已经全部完成
  TCP_CLOSE_WAIT,      // 客户端已经关闭，服务端需要等待数据写入完成并关闭（服务端必须
调用 close()函数才能继续到 LAST_ACK 状态）
  TCP_LAST_ACK,        // 客户端关闭后，服务端也要关闭，此状态下的服务端可能仍有数据在
缓冲区中需要完成发送
  TCP_LISTEN,       // 服务端开始监听连接
  TCP_CLOSING,      // 双方同时关闭，但依旧还有数据要发送
};
```

4. TIME_WAIT 状态的作用

当客户端接收来自服务端的第三次挥手 FIN 结束号并返回 ACK 确认号时，理应结束了四次挥手的过程，也就是完成了关闭的全部流程，那么为什么还需要一个 TIME_WAIT 状态等待 2MSL 呢？

内核使用 MSL（maximum segment lifetime，最长分节生命期）来表示任何报文段被丢弃前，在网络中允许存在的最长时间，任何 TCP 的实现都必须为 MSL 设置一个定值，通常为 30 秒、60 秒或者 120 秒。

2MSL 表示在 Linux 系统中被设定为 60 秒，读者也可以在/proc/sys/net/ipv4 目录下的 tcp_fin_timeout 文件中修改 2MSL 的定值。

```
// 代码路径：linux-2.6.0\include\net\tcp.h
#define TCP_TIMEWAIT_LEN (60*HZ)// 等待销毁 TIME_WAIT 状态的时间值，这里为 60 秒
#define TCP_FIN_TIMEOUT TCP_TIMEWAIT_LEN    // 定义 TIME_WAIT 等待时间
```

5．确保 TCP 实现可靠的关闭

如果客户端在第四次挥手时发送的 ACK 在网络中丢失了，那么服务端总会重传 FIN，直至接收到来自客户端响应的 ACK。既然 MSL 是报文段在被丢弃前能在网络中存在的最长时间，那么 2MSL 就保证了客户端在第四次挥手时向服务端发送的 ACK 不会被丢弃。因此，2MSL 的存在就是为了在网络正常的情况下，尽最大可能让客户端发送 ACK 成功，而不是 ACK 受到协议的约束被丢弃。如果客户端的数据已经发送完毕，但由于最后 ACK 没有发送成功，此时的服务端只能认为产生了一个错误，将其上报给应用程序，这样就违背了 TCP 可靠传输协议的意愿了。

6．确保旧的报文段在网络中被丢弃

四元组用于标识通信的双端，如果相同的双端 IP 地址和端口号在关闭连接的不久后又一次产生了新的连接，通常来说，上一次连接发送的数据全部成功抵达服务端的情况下，是不会有问题的，但如果上一次连接发送的数据因某种原因被滞留在了网络，而此次连接的服务端又认为那些滞留的数据是新连接所带来的，它会把旧的数据和新的数据夹杂在一起提交给上层应用，这样就会产生问题。为了避免这种情况发生，2MSL 确保了报文段在网络中一定会被丢弃，因此后续发生新的连接时都会是最新的数据。

7.1.3　三次握手与四次挥手

在程序的初始阶段，不论是客户端还是服务端，都需要标识自己的身份，对于双端而言，身份即 IP 地址和端口号；对于内核而言，身份即 socket 描述符信息。此外，结构体的设置中还会有一些附加信息，如状态标识、确认号等。当双方设置好身份信息后，就可以开始准备进行连接了，由于是客户端向服务端发起资源请求，因此客户端作为主动发起方，服务端作为被动接收方。TCP 协议为了确保数据传输的可靠性，在连接过程中采用三次握手的方式来确定连接正常，如图 7.4 所示。

- ☑ 服务端准备接受外来连接，通过调用 socket()、bind() 和 listen() 函数进行身份设置并监听连接，而 accept() 函数阻塞接收连接请求。
- ☑ 客户端通过调用 socket()、bind() 函数进行身份设置，设置完成后，调用 connect() 函数向服务端主动发起连接请求，同时发送一个 SYN 同步号，SYN 同步号告诉服务端其产生连接时将要发送的数据的初始序列号，此阶段通常仅用于确认连接，

而不携带具体数据。此时服务端的 accept()函数接收到来自客户端发送的 SYN。

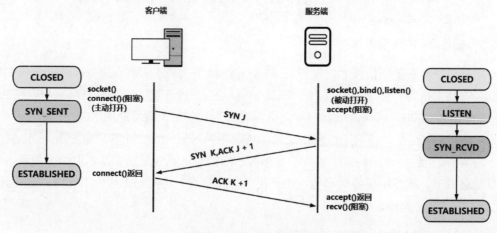

图 7.4　TCP 三次握手

☑　服务端接收到 SYN 后，需要向客户端返回一个 ACK 确认号，表示自己收到了来自客户端的连接请求，同时也需要向客户端返回 SYN 同步号，同样用来告诉客户端其产生连接时将要发送的数据的初始序列号。

☑　客户端和服务端用于标识其发送数据的 SYN 同步号都已建立完成后，此时客户端仅需确认接收到来自服务端的 SYN 号即可，因此向服务端返回 ACK 确认号。

当双方数据收发完成后，为了避免资源的占用和浪费，应用程序需要主动调用 close()函数将资源释放，即四次挥手，如图 7.5 所示。

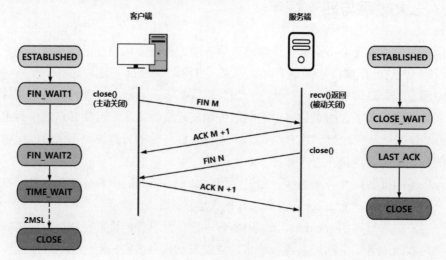

图 7.5　TCP 四次挥手

☑ 客户端调用 close()函数向服务端发送 FIN 结束号，表示数据已经全部发送完毕，此时由服务端的 recv()函数接收来自客户端的 FIN。客户端的状态由 ESTABLISHED 数据传输状态变更为 FIN_WAIT1 初始关闭状态，该状态下表示发送 FIN，等待 ACK。

☑ 服务端接收到来自客户端的 FIN 结束号后，需要返回客户端一个 ACK 确认号，表明已知晓客户端的数据发送完毕，此时的服务端状态由 ESTABLISHED 数据传输状态变更为 CLOSE_WAIT 关闭等待状态，该状态表示收到了来自客户端的 FIN，等待程序调用 close()函数。因此，当服务端程序调用 close()函数时，同样也会发送给客户端一个 FIN。然后服务端状态变更为 LAST_ACK 最后确认状态，等待来自客户端的 ACK 确认号。

☑ 接收到来自服务端的 ACK 的客户端将由 FIN_WAIT1 状态变更为 FIN_WAIT2 等待关闭状态，该状态下等待服务端调用 close()函数并接收由 close()函数产生的 FIN。客户端一旦接收到 FIN，需要向服务端回复 ACK 确认号，其状态变更为 TIME_WAIT 状态，等待 2MSL，关闭完成。至此，四次挥手完毕。

7.1.4　TCP/IP 四层模型

OSI 七层模型/四层模型对于读者来说并不陌生，由于七层模型仅仅是概念，作者不会占用篇幅介绍。但是 TCP/IP 四层模型指导了实际运用，后续源码中，我们可以看到四层模型的存在，如表 7.2 所示。需要注意的是，由于内核属于软件层面，而数据链路层处于软件与硬件的交界处，因此，这里我们所说的四层模型其实是基于软件的角度。实际上，数据包需要通过网线传输到网卡，再由网卡发送到网络设备驱动，此后，内核才能接管数据包进行后续的处理。虽然物理层对于我们并不可见，但是其重要性可见一斑。

表 7.2　TCP/IP 四层模型

OSI 七层网络模型	TCP/IP 四层概念模型	网　络　协　议
应用层	应用层	HTTP、SMTP、FTP、Telnet、DNS 等
表示层		
会话层		
传输层	传输层	TCP、UDP
网络层	网络层	IP、ICMP、ARP、RARP 等
数据链路层	数据链路层	Ethernet、Arpanet、PPP、SLIP 等
物理层		

1. 应用层协议

HTTP、FTP、Telnet 是应用层中最常见的 3 种协议，以 HTTP 为例，当用户请求某个服务器资源时，会由浏览器向服务器发送请求报文，请求报文由浏览器程序进行组装，其包含请求行（request line）、请求头（request headers）和请求体（request body），而服务器根据 HTTP 协议进行相应解析，将解析获得的数据再次组装返回给浏览器，返回的内容称为响应报文，由响应行（response line）、响应头（response headers）和响应体（response body）组成。

请求行由请求方式、HTTP 协议和版本组成，如 GET /HTTP/1.1。

请求头则添加了一些浏览器要使用到的附加信息，如图 7.6 所示，例如，Accept 表示请求报头域，其指定浏览器可接收哪些类型的信息；Accept-Encoding 指定了浏览器可接收的编码内容；Accept-Language 指定了浏览器可接收的语言类型；Connection 标识了连接状态，如果不设置的话，默认为 keep-alive（长连接）；Cookie 用于浏览器缓存用户信息，便于后台跨模块间传递用户数据。

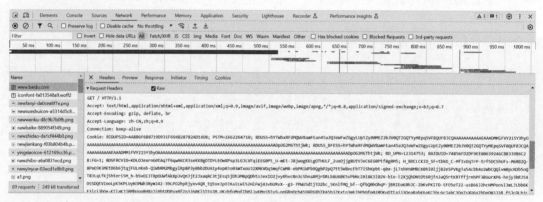

图 7.6　HTTP 请求头信息

请求体就是用户向服务器发送的具体数据内容。

当来自浏览器的请求发送成功后，服务器需要对请求的资源状态进行标识，告诉浏览器是否获取成功。响应行由 HTTP 协议、版本、状态码和状态描述组成。常见的状态码有200（请求成功）、307（重定向）、404（请求资源在服务器中不存在）、500（服务器内部源代码出现错误）等。

响应头则添加了一些服务器要使用到的附加信息，如图 7.7 所示，例如，Content-Encoding 表示服务器响应资源所使用的编码类型；Content-Language 表示服务器响应内容所使用的语言；Content-Length 表示服务器响应体的长度；Date 表示消息被发送时的日期和时间；Server 表示服务器的名称以及版本。

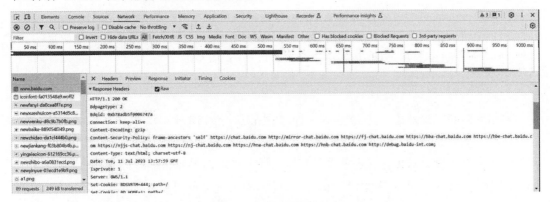

图 7.7　HTTP 响应头信息

响应体就是服务器向用户返回的具体数据内容。

前面我们所说的客户端是一种基于 C/S（client/server，客户端和服务端）的架构，其特征在于客户端需要下载到本地运行，比如 QQ Music、WeChat 或者一些大型游戏等应用程序，其运行速度取决于用户主机的配置（CPU、内存等），由于运行数据通常会被存储到本地，因此响应速度快、网络通信延迟低，可以处理大量数据，不依赖服务器的磁盘存储；缺点是占用用户磁盘空间，需要针对不同系统进行兼容，并且更新迭代相对慢一些。

而以 HTTP 为首的浏览器则是一种基于 B/S（browser/server，浏览器和服务器）的架构，其特征在于用户数据通常被存储在服务器，因此本地数据存储小、开发简单、维护方便、更新迭代快；缺点是数据安全性难以得到保障，对服务器性能要求高，并且数据传输速度慢、通信开销大。

本质上 B/S 架构与 C/S 架构在通信机制上并无太大区别，都是用户向服务器建立连接、发起请求、获取资源的过程，并且浏览器也需要下载到本地运行，且部分缓存数据还是会被存储在本地。因此，我们也可以理解 B/S 架构是基于 C/S 架构的轻量化实现，二者并没有好坏之分，只有在适合的场景下运用合理的架构体系。

2．传输层协议

在传输层中，最常见的两种协议就是 TCP 和 UDP。

TCP 协议（transmission control protocol，传输控制协议）是一种面向连接的、可靠的、基于字节流的传输层通信协议，其传输的单位是报文段，由于 TCP 为了使连接变得可靠，其关心确认、超时和重传之类的细节，绝大部分应用程序都会使用 TCP 协议进行数据传输，其可以使用 IPv4 协议，也可以使用 IPv6 协议。

UDP 协议（user datagram protocol，用户数据报协议）是一种无连接的传输层协议，提供面向事务的简单不可靠信息传送服务，其传输的单位是用户数据报，由于不需要确认、超时和重传这些细节，因此传输速度极快，但无法保证 UDP 数据报最终能否抵达目的地。与 TCP 一样，UDP 可以使用 IPv4 协议，也可以使用 IPv6 协议。

3．网络层协议

网络层中我们最熟悉就是 IP 协议，而 IP 协议又分为 IPv4 协议和 IPv6 协议。

IPv4 协议（internet protocol version 4，网际协议版本 4）是一种无连接的协议，此协议会尽最大努力交付数据包，也就表示它无法保证传输的数据包都能抵达目的地，因此传输层的 TCP 协议为了使传输变得可靠，才会有三次握手、超时重传等机制。自 20 世纪 80 年代初开始，IPv4 协议至今已使用 40 余年，其具有 32 位地址长度，可以表示 $2^{32} - 1$ 个地址，而到了 2019 年 11 月 16 日，全球所有的 43 亿个 IPv4 地址已经分配完毕，这也意味着没有更多的 IPv4 地址可以分配给 ISP 和其他大型网络基础设施的供应商。

IPv6 协议（internet protocol version 6，网际协议版本 6）是基于 IPv4 协议而扩展出的协议，由于 IPv4 协议网络地址资源的不足，严重制约了互联网的应用和发展，因此诞生了 IPv6 协议。IPv6 协议具有 128 位地址长度，可以表示 $2^{128} - 1$ 个地址，首先解决了网络地址资源不足的问题，此外，IPv6 协议相较 IPv4 协议还做了优化，如提高了安全性、增强了组播的支持以及对流的控制、加入了自动配置的支持、使用更小的路由表等。

除了 IP 协议，还需要了解的是 ARP 协议和 RARP 协议，其用于网络层到数据链路层的地址转换。

ARP 协议（address resolution protocol，地址解析协议）：根据 IP 地址将其解析成物理地址的一个协议。

RARP 协议（reverse address resolution protocol，反向地址解析协议）：根据物理地址将其解析成 IP 地址的一个协议。

4．数据链路层协议

数据链路层与物理层关系密切，该层涉及大量硬件相关知识，本书不作讲解，读者仅需对以太网协议了解即可。

Ethernet 以太网协议：用于实现链路层的数据传输和地址封装（MAC）。

7.1.5　socket 结构体

file 与 socket 的关联关系如图 7.8 所示。

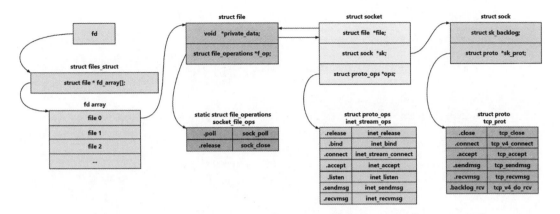

图 7.8　socket 与 file 关系

说明如下。

（1）创建 socket 结构并为 socket 分配一个未使用的 fd。

（2）通过 fd 查找 fd 数组，从中获取到一个 file 结构。

（3）file 结构中 private_data 指针指向 socket，socket 结构同样包含 file 指针指向 file，将 file 与 socket 相互关联；f_op 操作符通过函数指针指向 socket 文件的操作项地址，获取 socket 相关实现。

（4）socket 结构中包含了 ops 操作符，其作为函数指针的形式注册了 socket 的相关实现，用于在进入传输层之前执行校验处理，它也是传输层调用的入口处。

（5）socket 结构抽象出了关于套接字的公有属性，但具体执行由 sock 结构来完成。sock 结构中包含了一个套接字需要拥有的所有具体属性，其中包含 sk_port 操作符，其作为函数指针的形式注册了 sock 的相关实现，用于执行传输层的具体实现，对于本章而言，需要关注的是 TCP 下 IPv4 协议的函数实现。

socket 结构源码如下所示：

```
// 代码路径：linux-2.6.0\include\linux\net.h
struct socket {
    socket_state        state;              // socket 状态（如 SS_UNCONNECTED、
SS_CONNECTING 等状态）
    unsigned long       flags;              // 标志位（如 SOCK_ASYNC_NOSPACE、
SOCK_ASYNC_WAITDATA 等标志）
    struct proto_ops    *ops;               // socket 协议相关操作符
    struct fasync_struct    *fasync_list;   // socket 异步队列
    struct file     *file;                  // 指向与 socket 关联的文件
    struct sock     *sk;                    // 指向实际 socket 结构
    wait_queue_head_t   wait;               // socket 等待队列
    short           type;   // socket 的类型（如 SOCK_STREAM、SOCK_DGRAM 等类型）
```

```
    unsigned char          passcred;                    // 凭据（仅在 Unix Sockets 中使用）
};

// 代码路径：linux-2.6.0\include\net\sock.h
struct sock {
    struct sock_common  __sk_common;
#define sk_family         __sk_common.skc_family         // 地址
#define sk_state          __sk_common.skc_state          // 连接状态
#define sk_reuse          __sk_common.skc_reuse          // 复用地址
#define sk_bound_dev_if   __sk_common.skc_bound_dev_if   // 绑定设备
#define sk_node           __sk_common.skc_node           // hash 表节点
#define sk_bind_node      __sk_common.skc_bind_node      // 绑定 hash 表
#define sk_refcnt         __sk_common.skc_refcnt         // 引用计数器
    int          sk_rcvbuf;                              // 接收缓冲块
    wait_queue_head_t  *sk_sleep;                        // 进程等待队列
    atomic_t        sk_rmem_alloc;                       // 接收队列字节数
    struct sk_buff_head sk_receive_queue;                // 接收队列
    atomic_t        sk_wmem_alloc;                       // 发送队列字节数
    struct sk_buff_head sk_write_queue;                  // 发送队列
    int          sk_wmem_queued;                         // 发送数据占用内存大小
    int          sk_forward_alloc;                       // 剩余内存大小
    int          sk_sndbuf;                              // 发送缓冲块大小
    unsigned long       sk_flags;                        // 标志位
    unsigned char       sk_rcvtstamp;                    // 接收数据的时间戳
    unsigned long          sk_lingertime;                // 等待关闭的时间
    struct {
        struct sk_buff *head;
        struct sk_buff *tail;
    } sk_backlog;                                        // 连接队列链表结构
    struct proto        *sk_prot;                        // sock 操作符
    int          sk_err,                                 // 出错码
    unsigned short      sk_ack_backlog;                  // 当前连接数量
    unsigned short      sk_max_ack_backlog;              // 最大连接数量
    __u32          sk_priority;                          // 优先级
    unsigned char       sk_protocol;                     // 用户指定协议
    long          sk_rcvtimeo;                           // 接收数据的超时时间
    long          sk_sndtimeo;                           // 发送数据的超时时间
    struct timer_list   sk_timer;                        // 定时器
    struct timeval      sk_stamp;                        // 时间戳
    struct socket       *sk_socket;                      // 指向 socket 结构
};
```

图 7.9 展示了 socket 结构的重点内容。

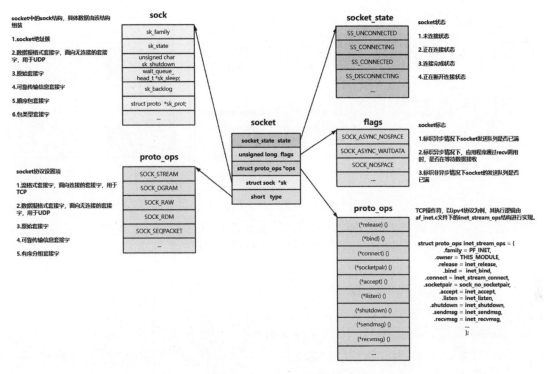

图 7.9　socket 结构示意图

7.2　socket 函数

在 Linux 中，一切皆文件，文件是数据的载体，为了执行网络 I/O，首先要做的就是通过指定协议簇、类型和协议来获取一个 socket 文件，socket 函数如图 7.10 所示。当应用程序调用 socket() 成功后，会返回一个 sockfd（socket descriptor，套接字描述符），有了 sockfd 后，就可以基于 socket 文件在网络中进行数据的发送与接收。

```
#include <sys/socket.h>
int socket( int family, int type, int protocol);
```

图 7.10　socket 函数

如图 7.11 所示，family 指定 socket 的所属协议簇，type 指定 socket 的套接字类型，protocol 指定 socket 的传输协议，三者在 Linux 中被定义为某个常数值，内核根据对三者组合的判定来决定数据的接收与发送方式。在 Linux 2.6 版本中，没有对 protocol 进行特殊的实现，通常指定为 0 即可。

family	描述
AF_INET	IPv4协议
AF_INET6	IPv6协议
AF_UNIX	Unix域套接字
AF_ROUTE	路由套接字
...	

type	描述
SOCK_STREAM	字节流套接字
SOCK_DGRAM	数据报套接字
SOCK_RAW	原始套接字
SOCK_RDM	可靠传输信息套接字
SOCK_SEQPACKET	有序分组套接字
...	...

protocol	描述
IPPROTO_TCP	TCP传输协议
IPPROTO_UDP	UDP传输协议
IPPROTO_SCTP	SCTP传输协议
...	

图 7.11　socket 参数

　　读者在后续小节的源码中会接触到 AF_xxx 和 PF_xxx 的相关协议簇，以_AF_为前缀的常量被定义为地址族（address family），用于套接字的地址结构；以_PF_为前缀的常量被定义为协议族（protocol family），用于创建套接字。

7.2.1　sys_socket 函数

　　该函数用于根据指定协议簇、类型和传输层协议创建套接字。

```
// 代码路径: linux-2.6.0\net\socket.c
asmlinkage long sys_socket(int family, int type, int protocol)
{
 int retval;
 struct socket *sock;

  // 创建 socket
 retval = sock_create(family, type, protocol, &sock);
 if (retval < 0)
  goto out;

// 将 socket 映射为 file, 同时返回 fd
 retval = sock_map_fd(sock);
 if (retval < 0)
  goto out_release;
out:
    return retval;
out_release:
    sock_release(sock);
    return retval;
 return retval;
}
```

7.2.2　sock_create 函数

该函数将会根据协议簇找到 net_proto_family，然后调用 net_proto_family 的 create 方法来完成 socket 的数据填充，同时在该方法中传入了 protocol 协议号，表示使用该协议簇中的 protocol 协议，对于本例而言，创建 SOCK_STREAM 协议。

```c
static struct net_proto_family *net_families[NPROTO];  // 协议簇数组
net_proto_family *net_families[NPROTO];                 // 协议簇数组

// 代码路径: linux-2.6.0\net\socket.c
int sock_create(int family, int type, int protocol, struct socket **res)

{
 int i;
 int err;
 struct socket *sock;

 ...
    // 超出协议数值范围，返回不支持的协议错误
    if (family < 0 || family >= NPROTO)
       return -EAFNOSUPPORT;
    // 超出 socket 类型范围，返回无效参数错误
    if (type < 0 || type >= SOCK_MAX)
       return -EINVAL;
    ...
    net_family_read_lock();
    // 检查指定协议是否存在
    if (net_families[family] == NULL) {
       i = -EAFNOSUPPORT;
       goto out;
    }
    // 通过 new_inode 函数创建并初始化 inode，然后将其转换为 socket
    if (!(sock = sock_alloc()))
    {
       printk(KERN_WARNING "socket: no more sockets\n");
       i = -ENFILE;
       goto out;
    }
 sock->type = type;

 ...
// 调用 inet_create 函数，根据协议簇填充 socket 属性
```

```
if ((i = net_families[family]->create(sock, protocol)) < 0)
 goto out_module_put;
 ...
}
```

7.2.3 sock_alloc 函数

该函数用于分配 socket 结构，可以看到这里通过 socketfs 的超级块来分配，同时分配的还有 inode 信息，由于这里只是 socket 挂入 VFS，不涉及实际 inode 文件操作，因此对于 socket 的 inode 而言，所有 inode 的操作均为空操作。

```
// 代码路径：linux-2.6.0\net\socket.c
struct socket *sock_alloc(void)
{
 struct inode * inode;
 struct socket * sock;

 // 创建 inode
 inode = new_inode(sock_mnt->mnt_sb);
 if (!inode)
 return NULL;
// 由于 inode 与 socket 内存连续，均在 struct socket_alloc 结构中，因此可以通过 inode
指针来获取 socket 指针
 sock = SOCKET_I(inode);

 // 初始化 inode 信息
 inode->i_mode = S_IFSOCK|S_IRWXUGO;
 inode->i_sock = 1;
 inode->i_uid = current->fsuid;
 inode->i_gid = current->fsgid;

 get_cpu_var(sockets_in_use)++;
 put_cpu_var(sockets_in_use);
 return sock;
}

// 代码路径：linux-2.6.0\fs\inode.c
struct inode *new_inode(struct super_block *sb)
{
 static unsigned long last_ino;
 struct inode * inode;
 spin_lock_prefetch(&inode_lock);
 inode = alloc_inode(sb);  // 根据超级块，创建 inode
```

```
...
}

// 该函数用于分配 inode
// 代码路径：linux-2.6.0\fs\inode.c
static struct inode *alloc_inode(struct super_block *sb)
{
 static struct address_space_operations empty_aops;
 static struct inode_operations empty_iops;
 static struct file_operations empty_fops;
 struct inode *inode;

 // 尝试调用超级块的 alloc_inode 方法创建，若该函数不存在，那么使用 slab 分配器分配
 if (sb->s_op->alloc_inode)
  inode = sb->s_op->alloc_inode(sb);
 else
  inode = (struct inode *) kmem_cache_alloc(inode_cachep, SLAB_KERNEL);

// 创建成功，那么初始化 inode 成员变量，可以看到操作函数均初始化为空操作
 if (inode) {
  struct address_space * const mapping = &inode->i_data;
  // 省略 inode 初始化属性过程
  ...
  inode->i_op = &empty_iops;
  inode->i_fop = &empty_fops;
  ...
  inode->i_mapping = mapping;
 }
 return inode;
}

// 上述 sb->s_op->alloc_inode(sb) 操作的回调函数实现
// 代码路径：linux-2.6.0\net\socket.c
static struct inode *sock_alloc_inode(struct super_block *sb)
{
 // 首先通过 slab 分配器分配一个 socket_alloc 结构
 struct socket_alloc *ei;
 ei=(struct socket_alloc *)kmem_cache_alloc(sock_inode_cachep,SLAB_KERNEL);
 if (!ei)
  return NULL;
  // 初始化结构中 socket 的等待链表
 init_waitqueue_head(&ei->socket.wait);
 // 初始化 socket_alloc 中 socket 的成员变量
 ei->socket.fasync_list = NULL;
```

```
// 新创建的 socket 的状态设置为 SS_UNCONNECTED
ei->socket.state = SS_UNCONNECTED;
ei->socket.flags = 0;
ei->socket.ops = NULL;
ei->socket.sk = NULL;
ei->socket.file = NULL;
ei->socket.passcred = 0;
return &ei->vfs_inode;
}
```

7.2.4　inet_create 函数

该函数用于在 sockfd 创建时，设置 socket 的状态为 SS_UNCONNECTED，然后遍历协议簇数组，获取用户指定 protocol 协议，初始化 socket 结构。

```
// 初始化 IPv4 相关协议操作符
struct net_proto_family inet_family_ops = {
    .family = PF_INET,
    // 创建 IPv4 协议的 socket
    .create = inet_create,
    .owner = THIS_MODULE,
};

// 代码路径：linux-2.6.0\net\ipv4\af_inet.c
static int inet_create(struct socket *sock, int protocol)
{
struct sock *sk;
struct list_head *p;
struct inet_protosw *answer;
struct inet_opt *inet;

int err = -ENOBUFS;
// 将 socket 的状态置为未连接状态
sock->state = SS_UNCONNECTED;
sk = sk_alloc(PF_INET, GFP_KERNEL, inet_sk_size(protocol),
// 分配 Linux 内核底层 sock 结构，上层的 socket 结构为满足 BSD socket 规范，实际操作
将由 sock 结构来完成
inet_sk_slab(protocol));
if (!sk)
 goto out;

...
// 遍历 TCP/IP 协议簇中的协议数组，找到传入 protocol 参数指定的协议
```

```
list_for_each_rcu(p, &inetsw[sock->type]) {
 answer = list_entry(p, struct inet_protosw, list);
 // 精确匹配
 if (protocol == answer->protocol) {
  if (protocol != IPPROTO_IP)
   break;
 // 默认情况下指定的 protocol 为 0，此时将使用 IPPROTO_IP(IPPROTO_IP = 0)对比，
所以此时将默认选取数组中的第一个协议
 } else {
  if (IPPROTO_IP == protocol) {
  protocol = answer->protocol;
   break;
  }

  if (IPPROTO_IP == answer->protocol)
   break;
 }
 answer = NULL;
}

...

// 将协议中指定的 ops 赋值到 sock 和 sk 结构中
sock->ops = answer->ops;
sk->sk_prot = answer->prot;
sk->sk_no_check = answer->no_check;
...
// 初始化 socket 和 sock 数据
sock_init_data(sock, sk);
...
}

// 默认接收缓存区和发送缓冲区内存大小
__u32 sysctl_wmem_default = SK_WMEM_MAX;
__u32 sysctl_rmem_default = SK_RMEM_MAX;
#define SK_WMEM_MAX 65535
#define SK_RMEM_MAX 65535
```

7.2.5　sock_init_data 函数

该函数用于初始化 sock 结构，当 sock 结构刚被创建时，设置其状态为 TCP_CLOSE（上一小节初始化 socket 结构为 SS_UNCONNECTED，二者不是同一结构体）。

```
void sock_init_data(struct socket *sock, struct sock *sk)
{
// 初始化 sk 队列
sKb_queue_head_init(&sk->sk_receive_queue);
sKb_queue_head_init(&sk->sk_write_queue);

sKb_queue_head_init(&sk->sk_error_queue);
// 初始化 sk 计时器
init_timer(&sk->sk_timer);

// 初始化接收、发送、状态等信息并双向绑定 sock 与 sk
sk->sk_allocation = GFP_KERNEL;
// 接收队列
sk->sk_rcvbuf  = sysctl_rmem_default;
// 发送队列
sk->sk_sndbuf  = sysctl_wmem_default;
// 注意，在创建 sockfd 时，初始化状态为 TCP_CLOSE（对应状态为 CLOSED）
sk->sk_state  = TCP_CLOSE;
sk->sk_zapped  = 1;
sk->sk_socket  = sock;

if(sock)
{
 sk->sk_type = sock->type;
 sk->sk_sleep = &sock->wait;
 sock->sk = sk;
} else
// 省略 sock 结构初始化属性过程
...
sk->sk_rcvtimeo  = MAX_SCHEDULE_TIMEOUT; // 接收超时时间
sk->sk_sndtimeo  = MAX_SCHEDULE_TIMEOUT; // 发送超时时间
sk->sk_owner  = NULL;
atomic_set(&sk->sk_refcnt, 1);
}
```

7.2.6 sock_map_fd 函数

该函数用于将 socket 映射到 file 结构，把 file 结构放入进程的 file 数组中，同时返回数组下标 fd。

```
// 代码路径: linux-2.6.0\net\socket.c
int sock_map_fd(struct socket *sock)
{
```

```
int fd;
struct qstr this; // 保存字符串信息，用于创建 dentry
char name[32];

// 找到一个未使用的 fd 下标，用于存放 file 结构指针
fd = get_unused_fd();

if (fd >= 0) {
 // 分配 file 结构
 struct file *file = get_empty_filp();
 if (!file) {
  put_unused_fd(fd);
  fd = -ENFILE;
  goto out;
 }

 sprintf(name, "[%lu]", SOCK_INODE(sock)->i_ino);
 this.name = name;
 this.len = strlen(name);
 this.hash = SOCK_INODE(sock)->i_ino;
 // 分配一个新的文件目录，并指定父目录为超级块的根目录
 file->f_dentry = d_alloc(sock_mnt->mnt_sb->s_root, &this);

 // 如果文件的目录项不存在，释放 file 文件和 fd 文件描述符
 if (!file->f_dentry) {
  put_filp(file);
  put_unused_fd(fd);
  fd = -ENOMEM;
  goto out;
 }

 // 初始化 file 结构属性，同时将 file 与 socket 绑定
 file->f_dentry->d_op = &sockfs_dentry_operations;
 d_add(file->f_dentry, SOCK_INODE(sock));
 file->f_vfsmnt = mntget(sock_mnt);
 sock->file = file;
 // 文件操作与 inode 操作初始化为 socket_file_ops
 file->f_op = SOCK_INODE(sock)->i_fop = &socket_file_ops;
 file->f_mode = 3;
 file->f_flags = O_RDWR;
 file->f_pos = 0;
 fd_install(fd, file); // 将 file 结构放入 fd 下标处
}
out:
```

```
 return fd;
}

// socket 文件操作函数指针结构, 注册 socket 文件操作符
// 代码路径: linux-2.6.0\net\socket.c
static struct file_operations socket_file_ops = {
 .owner = THIS_MODULE,
 .llseek = no_llseek,
 .aio_read = sock_aio_read,
 .aio_write = sock_aio_write,
 .poll = sock_poll,
 .ioctl = sock_ioctl,
 .mmap = sock_mmap,
 .open = sock_no_open,
 .release = sock_close,
 .fasync = sock_fasync,
 .readv = sock_readv,
 .writev = sock_writev,
 .sendpage = sock_sendpage
};

// 将当前 file 指针存入 fd 数组中
// 代码路径: linux-2.6.0\net\socket.c
void fd_install(unsigned int fd, struct file * file)
{
 struct files_struct *files = current->files;
 spin_lock(&files->file_lock);
 if (unlikely(files->fd[fd] != NULL))
  BUG();
 files->fd[fd] = file;
 spin_unlock(&files->file_lock);
}
```

7.3　bind 函数

创建完 sockfd 之后，需要对本地协议进行设置，在 sockaddr 结构中约定传输协议、本地 IP 和端口号，此外，还需指明 sockaddr 结构的大小。bind 函数用于构建服务端的通信地址，当服务端将自身 IP 地址和端口号暴露出去，客户端即可根据四元组（即源 IP 地址、源端口号、目标 IP 地址、目标端口号）进行双方连接。bind 函数如图 7.12 所示。

```
#include <sys/socket.h>
int bind(int sockfd, const struct sockaddr *addr,socklen_t addrlen);
```

图 7.12　bind 函数

7.3.1　sys_bind 函数

该函数根据指定的 sockfd 描述符，对其设置的协议簇、IP 地址和端口号进行绑定。

```
// 代码路径：linux-2.6.0\net\socket.c
asmlinkage long sys_bind(int fd,struct sockaddr __user *umyaddr,int addrlen)
{
    struct socket *sock;
    char address[MAX_SOCK_ADDR];    // 保存用户空间传递的绑定地址信息
    int err;

    // 根据 fd 描述符找到 socket
    if((sock = sockfd_lookup(fd,&err))!=NULL)
    {
        // 将用户层传递的 sockaddr 信息复制到内核空间中
        if((err=move_addr_to_kernel(umyaddr,addrlen,address))>=0) {
            ...
            // 调用 inet_bind 函数
            err = sock->ops->bind(sock, (struct sockaddr *)address, addrlen);
        }
        ...
    }
    return err;
}

// 根据 fd 描述符找到 socket
// 代码路径：linux-2.6.0\net\socket.c
struct socket *sockfd_lookup(int fd, int *err){
    struct file *file;
    struct inode *inode;
    struct socket *sock;
    // 获取 fd 下标处的 file 结构
    if (!(file = fget(fd)))
    {
        *err = -EBADF;
        return NULL;
    }
    // 从 file 结构中获取 inode 信息
    inode = file->f_dentry->d_inode;
```

```
    // 由于 socket 嵌入在 inode 中，因此只需要 inode 地址，就可以根据偏移量获取 socket
的地址
    if (!inode->i_sock || !(sock = SOCKET_I(inode)))
    {
        *err = -ENOTSOCK;
        fput(file);
        return NULL;
    }
    ...
    return sock;
}
```

7.3.2　inet_bind 函数

在创建 TCP 协议时，将会把该函数作为 bind 函数指针的实现，所以我们跟进该函数即可。可以看到，在该函数中将会通过 socket 获取到 sock 结构，然后将该结构强转为 inet_sock 结构，随后将用户态传递的绑定 IP 和端口信息保存在 inet_sock 的 inet_opt 信息中。

```
// 描述 IP socket 地址结构。注意：该结构为内核绑定时使用
#define __SOCK_SIZE__   16
struct sockaddr_in {
  sa_family_t       sin_family;          // 地址簇
  unsigned short int   sin_port;         // 端口号
  struct in_addr    sin_addr;            // IP 地址

  // 补齐 struct sockaddr 的长度
  unsigned char     __pad[__SOCK_SIZE__ - sizeof(short int) -
          sizeof(unsigned short int) - sizeof(struct in_addr)];
};

// 描述 inet sock 的信息（在 sock 结构基础上增加 inet_opt，用于表示 socket 套接字的
元数据）
struct inet_sock {
    struct sock   sk;                    // 实际执行操作的 socket 结构
    struct inet_opt   inet;              // inet 设置项
};

// 宏定义，用于从 sock 结构中获取到 inet_sock 结构指针
#define inet_sk(__sk) (&((struct inet_sock *)__sk)->inet)

// 代码路径：linux-2.6.0\net\ipv4\af_inet.c
int inet_bind(struct socket *sock, struct sockaddr *uaddr, int addr_len){
    struct sockaddr_in *addr = (struct sockaddr_in *)uaddr; // 指针强转，对
内存不同的解释
```

```
   struct sock *sk = sock->sk;              // 从 socket 中获取底层网络操作 sock
   struct inet_opt *inet = inet_sk(sk);// 从 socket 中获取 inet_opt socket
描述结构
   unsigned short snum;
   int chk_addr_ret;
   int err;

   // 这里针对 RAW 原生套接字进行绑定，如果有对应的实现，则执行
   if (sk->sk_prot->bind) {
       err = sk->sk_prot->bind(sk, uaddr, addr_len);
       goto out;
   }
   ...
   // 端口号设置为用户空间传递的 portNum
   snum = ntohs(addr->sin_port);

   // 调用 tcp_v4_get_port 函数执行通用绑定操作，若端口信息已经存在，那么绑定失败
   if (sk->sk_prot->get_port(sk, snum)) {
       inet->saddr = inet->rcv_saddr = 0;
       err = -EADDRINUSE;
       goto out_release_sock;
   }
   ...
    // 保存监听 IP 地址
   inet->rcv_saddr = inet->saddr = addr->sin_addr.s_addr;
   ...
    // 保存端口信息（source port 表示源端口，也即输入端口，这里为 server 的监听端口）
   inet->sport = htons(inet->num);
   // 服务端不需要连接，所以没有目的 IP 和目的端口，也即对端信息
   inet->daddr = 0;
   inet->dport = 0;
   ...
}

// htons()函数用于将当前字节序转换为 16 位的大端序，端口号正好是 16 位
#define htons(x) ___htons(x)
#define ___htons(x) __cpu_to_be16(x)
```

7.4　listen 函数

　　在 socket 套接字监听端口时，可以指定 backlog 参数为套接字分配一个队列大小（套接字排队的最大连接个数），当服务端无法及时处理请求时，将这些请求暂时保存在 backlog

队列中。如果该队列已经被客户端的 socket 占满了，但还有新的连接进入，那么 socket 就会拒绝新的连接。listen 函数如图 7.13 所示。

```
#include <sys/socket.h>
int listen(int sockfd, int backlog);
```

图 7.13　listen 函数

7.4.1　sys_listen 函数

在绑定操作将绑定数据保存到 inet_sock 中后，下一步就是开启服务端 socket 的监听机制，当该函数成功返回后，客户端便可以开启连接，TCP 三次握手后的连接将会放入 backlog 参数指定大小的连接队列中。

```
// 最大 backlog 队列大小
int sysctl_somaxconn = SOMAXCONN;
#define SOMAXCONN    128

asmlinkage long sys_listen(int fd, int backlog)
{
    struct socket *sock;
    int err;

    // 通过 fd 找到 file，再找到 inode，然后获取 socket_alloc 结构中的 socket
    if ((sock = sockfd_lookup(fd, &err)) != NULL) {
        // accept 队列最大为 128
        if ((unsigned) backlog > sysctl_somaxconn)
            backlog = sysctl_somaxconn;
        ...
        // 调用 inet_listen 函数
        err=sock->ops->listen(sock, backlog);
        sockfd_put(sock);
    }
    return err;
}
```

7.4.2　inet_listen 函数

由于是 TCP 连接，需要判断其类型为 SOCK_STREAM 流式套接字，并且要处于 SS_UNCONNECTED 未连接状态，对于 UDP 而言，不需要维持连接，因此不会调用 listen()

函数。因为获取到的 socket 仍为初始创建的 CLOSED 状态，所以需要变更其状态为 LISTEN 监听状态。

```
int inet_listen(struct socket *sock, int backlog)
{
    struct sock *sk = sock->sk;
    unsigned char old_state;
    int err;
    lock_sock(sk);
    err = -EINVAL;
    // 检测 socket 的状态和类型
    if (sock->state != SS_UNCONNECTED || sock->type != SOCK_STREAM)
        goto out;
    old_state = sk->sk_state;
    if (!((1 << old_state) & (TCPF_CLOSE | TCPF_LISTEN)))
        goto out;
     // 由于之前的 socket 状态为 TCP_CLOSE，还未到达 LISTEN 状态，那么调用 tcp_
listen_start 函数启动 TCP 的同时修改状态
    if (old_state != TCP_LISTEN) {
        err = tcp_listen_start(sk);
        if (err)
            goto out;
    }
    // 保存 backlog 大小
    sk->sk_max_ack_backlog = backlog;
    err = 0;
out:
    release_sock(sk);
    return err;
}
```

7.4.3　tcp_listen_start 函数

该函数用于将 TCP 状态修改为 TCP_LISTEN，前面我们看到 socket 结构将包含在 tcp_sock 结构中，其中的 inet_opt 结构在绑定端口时已经初始化，而 tcp_listen_start()函数将会初始化 tcp_opt 结构，同时将监听结构 struct tcp_listen_opt 地址保存在其中，最后再次检测端口是否被占用，若没有，那么直接返回，否则释放内存并返回错误码。此外，该函数中还申请并初始化了接收队列。

```
// 表示 TCP 协议的 sock 元信息
struct tcp_sock {
    struct sock   sk;                                       // sock 信息
```

```
    struct inet_opt    inet;                                    // IP 层信息
    struct tcp_opt     tcp;                                     // TCP 层信息
};

// 代码路径：linux-2.6.0\net\ipv4\tcp.c
int tcp_listen_start(struct sock *sk)
{
    struct inet_opt *inet = inet_sk(sk);
    struct tcp_opt *tp = tcp_sk(sk); // 根据 sk 的地址获取到 tcp_sock 中的 tcp_opt 地址
    struct tcp_listen_opt *lopt;
    // 初始化 socket 和 tcp_opt 成员变量
    sk->sk_max_ack_backlog = 0;
    sk->sk_ack_backlog = 0;
    tp->accept_queue = tp->accept_queue_tail = NULL;      // 接收队列
    tp->syn_wait_lock = RW_LOCK_UNLOCKED;
    // 将 tcp_opt 结构中的 ack 结构初始化为 0（通过 memset）
    tcp_delack_init(tp);
    // 创建 TCP 监听信息结构
    lopt = kmalloc(sizeof(struct tcp_listen_opt), GFP_KERNEL);
    if (!lopt)
        return -ENOMEM;
    // 内部内存初始化为 0
    memset(lopt, 0, sizeof(struct tcp_listen_opt));
    ...
    // 监听信息保存在 tcp_opt 结构中
    tp->listen_opt = lopt;
    ...
    // 将 TCP 状态变为监听状态
    sk->sk_state = TCP_LISTEN;
    // 再次检查当前绑定的端口是否已经被占用，如果端口没有被占用，那么直接返回
    if (!sk->sk_prot->get_port(sk, inet->num)) {
        inet->sport = htons(inet->num);
        sk_dst_reset(sk);
        sk->sk_prot->hash(sk);
        return 0;
    }
    // 否则还原 TCP 状态，同时释放锁，随后将分配的内存释放，并返回地址已被占用错误
    sk->sk_state = TCP_CLOSE;
    write_lock_bh(&tp->syn_wait_lock);
    tp->listen_opt = NULL;
    write_unlock_bh(&tp->syn_wait_lock);
    kfree(lopt);
    return -EADDRINUSE;
}
```

7.5 connect 函数

connect 函数通常作为客户端程序进行调用，connect 函数如图 7.14 所示。它可以建立一条与指定的外部地址的连接，如果客户端程序没有调用 bind()函数绑定地址，那么内核会隐式地绑定一个地址到 socket。

```
#include <sys/socket.h>
int connect(int sockfd, const struct sockaddr *addr,socklen_t addrlen);
```

图 7.14 connect 函数

7.5.1 sys_connect 函数

该函数尝试连接到具有服务器地址的 socket 中。由于 sockaddr 位于用户空间中，因此需要先验证它是否正确，再将其移至内核空间。

```
// 代码路径：linux-2.6.0\net\socket.c
asmlinkage long sys_connect(int fd, struct sockaddr __user *uservaddr, int
addrlen)
{
    struct socket *sock;
    char address[MAX_SOCK_ADDR];
    int err;

    // 通过 fd 获取 sock 结构
    sock = sockfd_lookup(fd, &err);
    if (!sock)
        goto out;
    // 将用户空间的 sockaddr 结构复制到内核空间
    err = move_addr_to_kernel(uservaddr, addrlen, address);
    if (err < 0)
        goto out_put;

    ...
     // 调用 inet_stream_connect 函数
    err = sock->ops->connect(sock, (struct sockaddr *) address, addrlen,
            sock->file->f_flags);
out_put:
    sockfd_put(sock);
```

```
out:
    return err;
}
```

7.5.2 inet_stream_connect 函数

此时进入建立连接的阶段，由于 connect()函数是由客户端程序调用的，这里会判断客户端 socket 的状态，对于 SS_CONNECTED 已完成连接状态、SS_CONNECTING 正在连接状态显然是产生了程序错误，对此需要返回错误码并退出。而 SS_UNCONNECTED 未连接状态则是在 socket 创建时调用 inet_create()函数设置的，在正常流程下，这里理应进入该分支并调用 tcp_v4_connect()函数。

```
// 代码路径: linux-2.6.0\net\ipv4\af_inet.c
int inet_stream_connect(struct socket *sock, struct sockaddr *uaddr,
         int addr_len, int flags)
{
    struct sock *sk = sock->sk;
    int err;
    long timeo;

    lock_sock(sk);

    // 依据 sock->state 判断当前连接状态，仅针对 SS_CONNECTING 正在连接状态的程序执
行后续逻辑
    switch (sock->state) {
    default:
       err = -EINVAL;
       goto out;
    case SS_CONNECTED:
       err = -EISCONN;
       goto out;
    case SS_CONNECTING:
       err = -EALREADY;
       break;
    // 新创建的 socket 状态被设置为 SS_UNCONNECTED 未连接状态，程序执行此处逻辑
    case SS_UNCONNECTED:
       err = -EISCONN;
       if (sk->sk_state != TCP_CLOSE)
          goto out;

       // 调用 tcp_v4_connect 函数
       err = sk->sk_prot->connect(sk, uaddr, addr_len);
```

```
            if (err < 0)
                goto out;

            // 此时才算进入 SS_CONNECTING 正在连接状态。跟之前 SS_CONNECTING 正在连接
        状态的区别就在于返回的错误码由 EALREADY 准备执行错误转变为了 EINPROGRESS 正在执行错误
            sock->state = SS_CONNECTING;
            err = -EINPROGRESS;
            break;
        }

        // 根据 O_NONBLOCK 标志位获取消息发送的等待时间(noblock ? 0 : sk->sk_rcvtimeo)
        timeo = sock_sndtimeo(sk, flags & O_NONBLOCK);

        // TCP 的状态为 TCPF_SYN_SENT (发送 SYN) 或者 TCPF_SYN_RECV (接收 SYN) 时，执
        行等待连接
        if ((1 << sk->sk_state) & (TCPF_SYN_SENT | TCPF_SYN_RECV)) {
            if (!timeo || !inet_wait_for_connect(sk, timeo))
                goto out;

            err = sock_intr_errno(timeo);
            if (signal_pending(current))
                goto out;
        }

        // 一旦 socket 连接超时或被其他程序关闭，返回错误
        if (sk->sk_state == TCP_CLOSE)
            goto sock_error;

        // 程序执行到这里，表示已经连接完成
        sock->state = SS_CONNECTED;
        err = 0;
out:
        release_sock(sk);
        return err;

// 如果 socket 连接时产生错误，需要先将其变更为未连接状态，再尝试断开连接。一旦执行断
连操作，设置 socket 状态为正在断开连接状态
sock_error:
        err = sock_error(sk) ? : -ECONNABORTED;
        sock->state = SS_UNCONNECTED;
        if (sk->sk_prot->disconnect(sk, flags))
            sock->state = SS_DISCONNECTING;
        goto out;
}
```

7.5.3　tcp_v4_connect 函数

在上一小节中，sk->sk_prot->connect()注册了函数指针，其实现由 tcp_v4_connect()来完成，内核里以 tcp 为开头的函数标志着传输层的 TCP 协议，而 v4 表示网络层的 IPv4 协议。

该函数设置客户端 socket 的状态为 TCP_SYN_SENT，准备向服务端发送第一次握手的 SYN 同步号。

```c
// 代码路径：linux-2.6.0\net\ipv4\tcp_ipv4.c
int tcp_v4_connect(struct sock *sk, struct sockaddr *uaddr, int addr_len)
{
    struct inet_opt *inet = inet_sk(sk);
    struct tcp_opt *tp = tcp_sk(sk);
    struct sockaddr_in *usin = (struct sockaddr_in *)uaddr;
    struct rtable *rt;
    u32 daddr, nexthop;
    int tmp;
    int err;

    ...

    inet->dport = usin->sin_port;
    inet->daddr = daddr;

    tp->ext_header_len = 0;
    // 设置 TCP 选项大小
    if (inet->opt)
        tp->ext_header_len = inet->opt->optlen;

    tp->mss_clamp = 536;

    // 设置 sk->sk_state 为 TCP_SYN_SENT SYN 发送状态
    tcp_set_state(sk, TCP_SYN_SENT);
    err = tcp_v4_hash_connect(sk);
    if (err)
        goto failure;

    ...
    // 基于 socket 发送第一次握手的 SYN
    err = tcp_connect(sk);
    rt = NULL;
    if (err)
        goto failure;
```

```
    return 0;

failure:
    // 如果发送 SYN 失败，设置 socket 的状态为 TCP_CLOSE
    tcp_set_state(sk, TCP_CLOSE);
    ip_rt_put(rt);
    sk->sk_route_caps = 0;
    inet->dport = 0;
    return err;
}
```

7.5.4　tcp_connect 函数

该函数设置 TCP 的选项，然后分配缓冲块，将 TCP 相关设置放入缓冲块的控制块中，以数据包的形式发送 SYN 同步号，启动重传定时器。

```
// 代码路径：linux-2.6.0\net\ipv4\tcp_output.c
int tcp_connect(struct sock *sk)
{
    struct tcp_opt *tp = tcp_sk(sk);
    struct sk_buff *buff;

    // 初始化 TCP 结构
    tcp_connect_init(sk);

    // 分配 sk_buff 结构
    buff = alloc_skb(MAX_TCP_HEADER + 15, sk->sk_allocation);
    if (unlikely(buff == NULL))
        return -ENOBUFS;

    // 在 buff 缓冲块中为 TCP 头部开辟空间
    skb_reserve(buff, MAX_TCP_HEADER);

    TCP_SKB_CB(buff)->flags = TCPCB_FLAG_SYN;      // 设置发送 SYN 标志
    TCP_ECN_send_syn(sk, tp, buff);                // 设置拥塞标志
    TCP_SKB_CB(buff)->sacked = 0;
    buff->csum = 0;
    TCP_SKB_CB(buff)->seq = tp->write_seq++;
    TCP_SKB_CB(buff)->end_seq = tp->write_seq;

    tp->snd_nxt = tp->write_seq;                   // 设置下一次发送序号
    tp->pushed_seq = tp->write_seq;                // 记录上一次 push 序号
```

```
    TCP_SKB_CB(buff)->when = tcp_time_stamp;            // 记录发送时间
    tp->retrans_stamp = TCP_SKB_CB(buff)->when;         // 设置重发时间
    __skb_queue_tail(&sk->sk_write_queue, buff);
    tcp_charge_skb(sk, buff);
    tp->packets_out++;
    tcp_transmit_skb(sk, skb_clone(buff, GFP_KERNEL));  // 发送数据包
    TCP_INC_STATS(TcpActiveOpens);

    // 设置重传定时器
    tcp_reset_xmit_timer(sk, TCP_TIME_RETRANS, tp->rto);
    return 0;
}
```

7.5.5　tcp_transmit_skb 函数

tcphdr 保存了 TCP 的头部信息，用于程序在获取数据时确认附加信息，如图 7.15 所示。其中 ACK 确认号确认了双方的连接是否正常，确保了 TCP 连接的可靠；th_seq 和 th_ack 标识了数据包的序号，实现了数据传输过程中的有序交付，而 th_sum 校验和校验了数据的一直性，确保了数据的可靠。

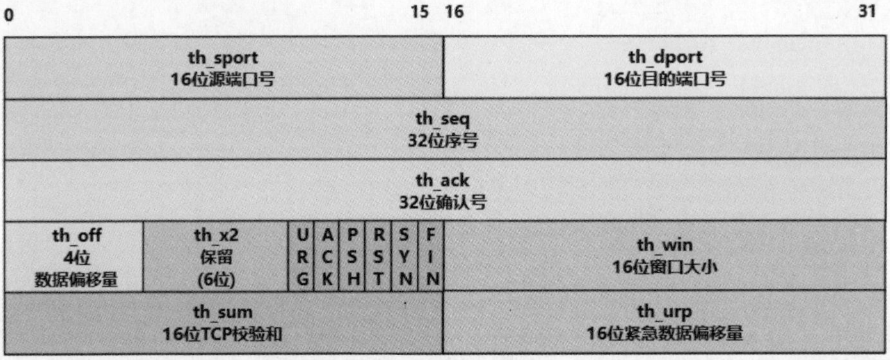

图 7.15　TCP 头部信息

其中各参数的说明如下。

☑　th_sport：标识发送方的端口号。

☑　th_dport：标识接收方的端口号。

☑　th_seq：发送报文段中第一个字节的序号。

☑　th_ack：期望收到报文段中第一个字节的序号。

☑　th_off：指向用户数据第一个字节的偏移量。

☑　th_x2：保留位。

☑　URG：th_urp 紧急数据偏移量是否有效。

☑　ACK：th_ack 确认号是否有效。

☑　PSH：接收方是否应该立即将数据提交给应用程序。

☑　RST：是否连接复位。

☑　SYN：SYN 同步号是否发送成功（是否建立连接）。

☑　FIN：发送方是否发送字节流结束。

☑　th_win：接收方期望接收的字节大小。

☑　th_sum：校验数据的一致性。

☑　th_urp：指向报文段中紧急数据的地址。

该函数在发送数据包前对 TCP 进行精度调整，判断 TCP 的附加设置项，设置 TCP 头部信息并对 TCP 头部进行动态扩容。

该函数出现了 3 个 TCP 的动态设置项。

☑　TCP 时间戳用于计算往返时间（round trip time，RTT），发送方在传输数据前的发送时间记录为 t1，发送方在接收到来自接收方数据的接收时间记录为 t2，t2 - t1 就可以获取到报文发送到接收的往返时间了，可以在一定程度上反映网络的拥堵情况。

☑　滑动窗口用于进行传输控制，通常接收方会告诉发送方在某一时刻还能接收多大的数据包（称之为窗口尺寸），通过调整滑动窗口达到动态传输数据的目的，以避免造成网络拥塞而无法接收数据。

☑　SACK（selective ACK，选择性重传）用于接收方告知发送方有哪些报文段丢失、哪些报文段重传、哪些报文段提前到达，根据 SACK 的信息，发送方可以选择性地重传报文段。

```
// 代码路径: linux-2.6.0\net\ipv4\tcp_output.c
int tcp_transmit_skb(struct sock *sk, struct sk_buff *skb)
{
    if(skb != NULL) {
        struct inet_opt *inet = inet_sk(sk);
        struct tcp_opt *tp = tcp_sk(sk);
        struct tcp_skb_cb *tcb = TCP_SKB_CB(skb);
        int tcp_header_size = tp->tcp_header_len;
        struct tcphdr *th;
        int sysctl_flags;
        int err;
```

```
        sysctl_flags = 0;
        if (tcb->flags & TCPCB_FLAG_SYN) {
            // 修改 TCP 头部长度
            tcp_header_size = sizeof(struct tcphdr) + TCPOLEN_MSS;
            // 如果设置了 TCP 时间戳，那么 TCP 头部还需要添加时间戳的长度，并设置时间戳
标志
            if(sysctl_tcp_timestamps) {
                tcp_header_size += TCPOLEN_TSTAMP_ALIGNED;
                sysctl_flags |= SYSCTL_FLAG_TSTAMPS;
            }
            // 如果设置了 TCP 滑动窗口比例，那么 TCP 头部还需要添加滑动窗口比例的长度，
并设置滑动窗口标志
            if(sysctl_tcp_window_scaling) {
                tcp_header_size += TCPOLEN_WSCALE_ALIGNED;
                sysctl_flags |= SYSCTL_FLAG_WSCALE;
            }
            // 如果设置了 TCP 的 SACK 标志，那么 TCP 头部还需要添加 SACK 的长度，并设置
SACK 标志
            if(sysctl_tcp_sack) {
                sysctl_flags |= SYSCTL_FLAG_SACK;
                if(!(sysctl_flags & SYSCTL_FLAG_TSTAMPS))
                    tcp_header_size += TCPOLEN_SACKPERM_ALIGNED;
            }
            // 如果存在有效的 SACK 标志，为 TCP 头部计算并添加 SACK 的总长度
        } else if (tp->eff_sacks) {
            tcp_header_size += (TCPOLEN_SACK_BASE_ALIGNED +
                      (tp->eff_sacks * TCPOLEN_SACK_PERBLOCK));
        }
        // 将数据填充到缓冲块中
        th = (struct tcphdr *) skb_push(skb, tcp_header_size);
        skb->h.th = th;
        skb_set_owner_w(skb, sk);

        // 构建 TCP 头部信息（源端口、目的端口、序号、确认序号）
        th->source      = inet->sport;
        th->dest        = inet->dport;
        th->seq         = htonl(tcb->seq);
        th->ack_seq     = htonl(tp->rcv_nxt);
        // 计算头部的长度和标志
        *(((__u16 *)th) + 6) = htons(((tcp_header_size >> 2) << 12) | tcb->flags);
        // 根据 SYN 标志设置 TCP 头部的窗口大小
        if (tcb->flags & TCPCB_FLAG_SYN) {
            th->window  = htons(tp->rcv_wnd);
        } else {
```

```
        th->window  = htons(tcp_select_window(sk));
    }

    th->check       = 0;      // 设置校验和
    th->urg_ptr     = 0;      // 设置紧急指针

    // 判断紧急模式和紧急指针是否在序号范围内
    if (tp->urg_mode &&
        between(tp->snd_up, tcb->seq+1, tcb->seq+0xFFFF)) {
        th->urg_ptr     = htons(tp->snd_up-tcb->seq);
        th->urg         = 1;
    }

    if (tcb->flags & TCPCB_FLAG_SYN) {
        // 为 SYN 或 SYN_ACK 包构造一个 TCP 设置项
        tcp_syn_build_options((__u32 *)(th + 1),
                    tcp_advertise_mss(sk),
                    (sysctl_flags & SYSCTL_FLAG_TSTAMPS),
                    (sysctl_flags & SYSCTL_FLAG_SACK),
                    (sysctl_flags & SYSCTL_FLAG_WSCALE),
                    tp->rcv_wscale,
                    tcb->when,
                        tp->ts_recent);
    } else {
        // 为 SYN 或 SYN_ACK 包构造并更新 TCP 设置项
        tcp_build_and_update_options((__u32 *)(th + 1),
                    tp, tcb->when);
        // 对于未重传的数据段，设置 ect 并注入 cwr，否则清除 ect 和 cwr
        TCP_ECN_send(sk, tp, skb, tcp_header_size);
    }
    // 计算 IPv4 TCP 的校验和
    tp->af_specific->send_check(sk, th, skb->len, skb);

    // 设置快速 ACK 的值
    if (tcb->flags & TCPCB_FLAG_ACK)
        tcp_event_ack_sent(sk);

    // 如果 sk_buff 的长度与 TCP 头部大小不相等，就需要重置拥塞窗口
    if (skb->len != tcp_header_size)
        tcp_event_data_sent(tp, skb, sk);

    TCP_INC_STATS(TcpOutSegs);

    // 进入网络层构建 IP 头部
```

```
    err = tp->af_specific->queue_xmit(skb, 0);
    if (err <= 0)
        return err;

    // 设置慢启动和拥塞窗口
    tcp_enter_cwr(tp);

    return err == NET_XMIT_CN ? 0 : err;
    }
return -ENOBUFS;
}
```

7.6 accept 函数

accept 函数由服务端进行调用, 如图 7.16 所示。该函数用于从 listen 函数的连接队列中获取第一个连接请求, 创建一个新的套接字并返回一个引用该套接字的新的 sockfd。

```
#include <sys/socket.h>
int accept(int sockfd, struct sockaddr *addr, socklen_t *addrlen);
```

图 7.16 accept 函数

7.6.1 sys_accept 函数

在使用服务端的 socket fd 时, 我们很容易看到服务端的 socket fd 会把存在于 backlog 队列中的客户端信息取出, 生成一个新的 socket 结构, 用于表示该连接信息, 这就表示 socket fd 本身就是一个生成者, 每调用一次 accept 函数, 便生成一个客户端 socket fd。

```
// 代码路径: linux-2.6.0\net\socket.c
asmlinkage long sys_accept(int fd, struct sockaddr __user *upeer_sockaddr,
int __user *upeer_addrlen)
{
    struct socket *sock, *newsock;
    int err, len;
    char address[MAX_SOCK_ADDR];
    // 通过 fd 获取到 socket 结构
    sock = sockfd_lookup(fd, &err);
    if (!sock)
        goto out;
    err = -EMFILE;
```

```
    // 分配一个新的 socket 结构，用于表示客户端信息
    if (!(newsock = sock_alloc()))
        goto out_put;
    // 客户端 socket 的类型和操作与服务端 socket 保持一致
    newsock->type = sock->type;
    newsock->ops = sock->ops;
    ...
    // 调用 inet_accept 函数，从 accept 队列中获取客户端连接，信息保存在 newsock 中
    err = sock->ops->accept(sock, newsock, sock->file->f_flags);
    if (err < 0)
        goto out_release;
    // 将客户端信息复制到用户空间的 upeer_sockaddr 结构中
    if (upeer_sockaddr) {
        if(newsock->ops->getname(newsock, (struct sockaddr *)address, &len,
2)<0) {
            err = -ECONNABORTED;
            goto out_release;
        }
        err = move_addr_to_user(address,len,upeer_sockaddr, upeer_addrlen);
        if (err < 0)
            goto out_release;
    }
    // 同样将客户端连接接入 VFS，此时需要将其映射为 file 和 fd
    if ((err = sock_map_fd(newsock)) < 0)
        goto out_release;
    ...
}
```

7.6.2　inet_accept 函数

当客户端与服务端产生连接时，listen()函数会将连接放入连接队列中，而 accept()函数则从连接队列中取出第一个请求并生成新的 socket，同时将新的 socket 设置为 SS_CONNECTED 完成连接状态。

```
// 代码路径：linux-2.6.0\net\ipv4\af_inet.c
int inet_accept(struct socket *sock, struct socket *newsock, int flags)
{
    struct sock *sk1 = sock->sk;
    int err = -EINVAL;
    // 调用 tcp_accept 函数，接收连接并生成客户端的新 sockfd
    struct sock *sk2 = sk1->sk_prot->accept(sk1, flags, &err);
    if (!sk2)
        goto do_err;
```

```
    lock_sock(sk2);
    BUG_TRAP((1 << sk2->sk_state) &
    // TCP 状态必须为这三种状态之一（表示曾经建立过连接）
        (TCPF_ESTABLISHED | TCPF_CLOSE_WAIT | TCPF_CLOSE));
    // socket 与 sock 互相关联
    sock_graft(sk2, newsock);
    // socket 状态修改为已完成连接状态
    newsock->state = SS_CONNECTED;
    err = 0;
    release_sock(sk2);
do_err:
    return err;
}
```

7.6.3 tcp_accept 函数

该函数需要在服务端程序中设置 listen()函数之后进行调用，而 tcp_listen_start()函数会设置 socket 为 LISTEN 监听状态，因此判断 sk->sk_state 必须为监听状态。在接收队列为空的情况下，通常会设置定时器等待客户端进行连接，一旦有客户端连接进入队列，该函数将会取出连接队列中的第一个请求进行处理。

```
// 代码路径: linux-2.6.0\net\ipv4\tcp.c
struct sock *tcp_accept(struct sock *sk, int flags, int *err)
{
    struct tcp_opt *tp = tcp_sk(sk); // 获取 TCP 信息结构
    struct open_request *req;
    struct sock *newsk;
    int error;
    lock_sock(sk);
    error = -EINVAL;
    // sk->sk_state 必须为监听状态
    if (sk->sk_state != TCP_LISTEN)
        goto out;
    // accept 队列为空，表示没有客户端连接
    if (!tp->accept_queue) {
        // 根据 O_NONBLOCK 标志位获取等待时间（noblock ? 0 : sk->sk_rcvtimeo）
        long timeo = sock_rcvtimeo(sk, flags & O_NONBLOCK);
        error = -EAGAIN;
        // 若指定非阻塞，那么直接返回
        if (!timeo)
            goto out;
        // 否则等待客户端连接，时间将由 timeo 指定
        error = wait_for_connect(sk, timeo);
```

```
    if (error)
        goto out;
}
// 存在客户端连接，获取第一个请求
req = tp->accept_queue;
// 队列中只有一个请求，那么将尾指针置空
if ((tp->accept_queue = req->dl_next) == NULL)
    tp->accept_queue_tail = NULL;
// 取出客户端 sk
newsk = req->sk;
// sk->sk_ack_backlog-- 减少队列大小
tcp_acceptq_removed(sk);
// 释放 req 内存，因为其中的 sk 已经取出
tcp_openreq_fastfree(req);
// sock 的状态不能为 SYN 状态，此状态表示接收到了客户端的连接请求，并且服务端发送
了 ACK，等待客户端确认后完成三次握手，也即此时处于两次握手截断
BUG_TRAP(newsk->sk_state != TCP_SYN_RECV);
release_sock(sk);
return newsk;
...
}
```

7.7 recv 函数

recv 函数用于接收来自网络套接字消息，它们可以在面向连接和无连接的套接字上接收数据，如图 7.17 所示。sockfd 用于指定 socket 文件，来自网络的数据由 buf 缓冲区进行接收，而 len 参数决定了接收数据的大小。flags 标志可以指示是否需要等待所有数据、是否需要绕过路由表查找、是否为非阻塞等，但此标志通常指定为 0，不进行特殊指定。

```
#include <sys/socket.h>
ssize_t recv(int sockfd, void *buf, size_t len, int flags);
```

图 7.17 recv 函数

7.7.1 sys_recv 函数

该函数用于接收来自 socket 的数据帧并初始化消息头部。

```
// 代码路径：linux-2.6.0\net\socket.c
asmlinkage long sys_recv(int fd,void __user * ubuf,size_t size,unsigned flags)
```

```
{
    return sys_recvfrom(fd, ubuf, size, flags, NULL, NULL);
}

// 代码路径：linux-2.6.0\net\socket.c
asmlinkage long sys_recvfrom(int fd, void __user * ubuf, size_t size,
    unsigned flags, struct sockaddr __user *addr, int __user *addr_len)
{
    struct socket *sock;
    struct iovec iov;
    struct msghdr msg;
    char address[MAX_SOCK_ADDR];
    int err,err2;

    sock = sockfd_lookup(fd, &err);
    if (!sock)
        goto out;

    msg.msg_control=NULL;               // 初始化消息附带信息
    msg.msg_controllen=0;               // 初始化消息附带信息长度
    msg.msg_iovlen=1;                   // 初始化消息占用数据块长度
    msg.msg_iov=&iov;                   // 初始化消息指向数据块的指针
    iov.iov_len=size;                   // 初始化接收数据缓冲块的大小
    iov.iov_base=ubuf;                  // 初始化接收数据的缓冲块
    msg.msg_name=address;               // 初始化 socket 地址
    msg.msg_namelen=MAX_SOCK_ADDR;      // 初始化 socket 地址长度
    // 在 socket 指定为非阻塞标志的情况下（针对 socket），将指定 flags 加入 MSG_
DONTWAIT 非阻塞标志（针对接收数据包）
    if (sock->file->f_flags & O_NONBLOCK)
        flags |= MSG_DONTWAIT;

    err=sock_recvmsg(sock, &msg, size, flags);

    if(err >= 0 && addr != NULL)
    {
        // 将数据包信息复制到用户空间
        err2=move_addr_to_user(address, msg.msg_namelen, addr, addr_len);
        if(err2<0)
            err=err2;
    }
    sockfd_put(sock);
out:
    return err;
}
```

7.7.2　inet_recvmsg 函数

该函数仅作为接口，继续向下层调用。

```
// 代码路径：linux-2.6.0\net\socket.c
int sock_recvmsg(struct socket *sock,struct msghdr *msg,int size, int flags)
{
    ...
    ret = __sock_recvmsg(&iocb, sock, msg, size, flags);
    ...
    return ret;
}

// 代码路径：linux-2.6.0\net\socket.c
static inline int __sock_recvmsg(struct kiocb *iocb, struct socket *sock,
        struct msghdr *msg, int size, int flags)
{
    ...
    // 调用 inet_recvmsg 函数
    return sock->ops->recvmsg(iocb, sock, msg, size, flags);
}

// 代码路径：linux-2.6.0\net\ipv4\af_inet.c
int inet_recvmsg(struct kiocb *iocb, struct socket *sock,struct msghdr *msg,
        int size, int flags)
{
    struct sock *sk = sock->sk;
    int addr_len = 0;
    int err;

    err = sk->sk_prot->recvmsg(iocb, sk, msg, size, flags & MSG_DONTWAIT,
                flags & ~MSG_DONTWAIT, &addr_len);
    if (err >= 0)
        msg->msg_namelen = addr_len;
    return err;
}
```

7.7.3　tcp_recvmsg 函数

该函数使用两层循环，外层循环用于控制复制数据的长度，而内层循环用于获取复制接收队列中的缓冲块，通过判断复制长度是否超出缓冲块的长度范围来决定是否为可复制的数据。整个复制过程与 I/O 原理一章的读/写过程非常相似，同样是计算缓冲块的长度、地址、偏移值、复制的长度、剩余复制长度等信息来进行数据的复制控制。

```
// 代码路径: linux-2.6.0\net\ipv4\tcp.c
int tcp_recvmsg(struct kiocb *iocb, struct sock *sk, struct msghdr *msg,
        int len, int nonblock, int flags, int *addr_len)
{
    struct tcp_opt *tp = tcp_sk(sk);
    int copied = 0;
    u32 peek_seq;
    u32 *seq;
    unsigned long used;
    int err;
    int target;
    long timeo;
    struct task_struct *user_recv = NULL;
    ...
    // 判断此时仍为 LISTEN 监听状态，退出
    if (sk->sk_state == TCP_LISTEN)
        goto out;

    // 设置接收数据的定时时间
    timeo = sock_rcvtimeo(sk, nonblock);

    // 获取接收数据的最后序号地址
    seq = &tp->copied_seq;
    ...


    do {
        struct sk_buff *skb;
        u32 offset;
        ...
        // 获取接收队列的第一个缓冲块
        skb = skb_peek(&sk->sk_receive_queue);
         // 循环处理 sk_buff 缓冲区的接收队列
        do {
            if (!skb)
                break;
            // 根据数据的最后序号地址 - 缓冲块的数据序号获取数据块的偏移值
            offset = *seq - TCP_SKB_CB(skb)->seq;
            // SYN 标志存在的情况下，将偏移值-1
            if (skb->h.th->syn)
                offset--;
```

```
        // 如果偏移值在缓冲块的长度范围内，复制接收队列中的缓冲块
        if (offset < skb->len)
            goto found_ok_skb;
        // 如果 FIN 标志存在，处理 FIN
        if (skb->h.th->fin)
            goto found_fin_ok;
        BUG_TRAP(flags & MSG_PEEK);
        // 获取下一个缓冲块
        skb = skb->next;
    } while (skb != (struct sk_buff *)&sk->sk_receive_queue);
    // 如果复制长度超出了定义的读取字节大小并且 backlog 接收队列没有缓冲块，退出外
层循环
    if (copied >= target && !sk->sk_backlog.tail)
        break;

    // 复制数据存在
    if (copied) {
        // 判断 socket 是否为 CLOSED 状态、是否关闭、是否超时、是否仅查看
        if (sk->sk_err ||
            sk->sk_state == TCP_CLOSE ||
            (sk->sk_shutdown & RCV_SHUTDOWN) ||
            !timeo ||
            (flags & MSG_PEEK))
            break;
    } else {
        // 如果接收到了 FIN 结束号，退出外层循环
        if (sock_flag(sk, SOCK_DONE))
            break;

        if (sk->sk_err) {
            copied = sock_error(sk);
            break;
        }

        if (sk->sk_shutdown & RCV_SHUTDOWN)
            break;

        // 如果 socket 已经为 CLOSED 状态，没有收到 FIN，退出外层循环
        if (sk->sk_state == TCP_CLOSE) {
            if (!sock_flag(sk, SOCK_DONE)) {

                copied = -ENOTCONN;
                break;
            }
```

```
            break;
        }
    }

    cleanup_rbuf(sk, copied);
    // 如果复制进程不为接收进程
    if (tp->ucopy.task == user_recv) {
        // 接收进程不存在且不是截断和查看操作
        if (!user_recv && !(flags & (MSG_TRUNC | MSG_PEEK))) {
            // 设置当前进程为接收进程
            user_recv = current;
            // 将复制进程设置为接收进程
            tp->ucopy.task = user_recv;
            // 设置复制的缓冲区
            tp->ucopy.iov = msg->msg_iov;
        }
        // 设置复制的缓冲区大小
        tp->ucopy.len = len;

        // 预处理队列存在的情况下，接收预处理队列中的缓冲块
        if (skb_queue_len(&tp->ucopy.prequeue))
            goto do_prequeue;
    }

    // 复制长度超出了定义的读取字节大小
    if (copied >= target) {
        // 唤醒睡在 sock 队列上的进程处理 backlog
        release_sock(sk);
        lock_sock(sk);
    } else {
        // 设置定时器等待数据
        timeo = tcp_data_wait(sk, timeo);
    }

    // 接收进程存在
    if (user_recv) {
        int chunk;
        // 检查复制区
        if ((chunk = len - tp->ucopy.len) != 0) {
            NET_ADD_STATS_USER(TCPDirectCopyFromBacklog, chunk);
            // 设置下一次接收长度
            len -= chunk;
            // 累计已复制长度
            copied += chunk;
```

```
        }

        // 检查复制序号和预处理队列
        if (tp->rcv_nxt == tp->copied_seq &&
            skb_queue_len(&tp->ucopy.prequeue)) {

// 预处理队列处理缓冲块
do_prequeue:
            tcp_prequeue_process(sk);

            if ((chunk = len - tp->ucopy.len) != 0) {
                NET_ADD_STATS_USER(TCPDirectCopyFromPrequeue, chunk);
                len -= chunk;
                copied += chunk;
            }
        }
    }

// 复制接收队列的缓冲块
    found_ok_skb:
        // 计算复制长度
        used = skb->len - offset;
        // 调整复制长度
        if (len < used)
            used = len;
        ...
         // 累计序号
        *seq += used;
        // 累计复制长度
        copied += used;
        // 计算剩余复制长度
        len -= used;

        ...
     // 处理 FIN 结束号
    found_fin_ok:
        // 序号递增
        ++*seq;
        ...

    if (user_recv) {
        if (skb_queue_len(&tp->ucopy.prequeue)) {
            int chunk;
            // 获取复制长度
```

```
            tp->ucopy.len = copied > 0 ? len : 0;
            // 预处理队列处理缓冲块
            tcp_prequeue_process(sk);
            // 检查已复制长度和未复制长度
            if (copied > 0 && (chunk = len - tp->ucopy.len) != 0) {
                NET_ADD_STATS_USER(TCPDirectCopyFromPrequeue, chunk);
                // 计算剩余复制长度
                len -= chunk;
                // 累计复制长度
                copied += chunk;
            }
        }
        // 将处理复制进程置空
        tp->ucopy.task = NULL;
        // 将处理复制长度置 0
        tp->ucopy.len = 0;
    }

    cleanup_rbuf(sk, copied);

    TCP_CHECK_TIMER(sk);
    release_sock(sk);
     // 返回已复制长度
    return copied;
...
}
```

7.8 send 函数

send 函数基于 socket 文件向网络中发送一段消息，其参数意义与 recv 函数没有差别。send 函数如图 7.18 所示。

```
#include <sys/socket.h>
ssize_t send(int sockfd, const void *buf, size_t len, int flags);
```

图 7.18 send 函数

7.8.1 sys_send 函数

该函数用于构造 msghdr，记录地址和地址长度。

```
// 代码路径：linux-2.6.0\net\socket.c
asmlinkage long sys_send(int fd,void __user * buff,size_t len,unsigned flags)
{
    return sys_sendto(fd, buff, len, flags, NULL, 0);
}

// 代码路径：linux-2.6.0\net\socket.c
asmlinkage long sys_sendto(int fd, void __user * buff, size_t len, unsigned
            flags, struct sockaddr __user *addr, int addr_len)
{
    struct socket *sock;
    char address[MAX_SOCK_ADDR];
    int err;
    struct msghdr msg;
    struct iovec iov;

    sock = sockfd_lookup(fd, &err);
    if (!sock)
        goto out;
    iov.iov_base=buff;           // 获取缓冲区
    iov.iov_len=len;             // 获取缓冲区长度
    msg.msg_name=NULL;           // socket 名称
    msg.msg_iov=&iov;            // 缓冲区队列
    msg.msg_iovlen=1;            // 缓冲区数量
    msg.msg_control=NULL;        // 附加消息
    msg.msg_controllen=0;        // 附加消息长度
    msg.msg_namelen=0;           // socket 名称长度
    if(addr)
    {
        err = move_addr_to_kernel(addr, addr_len, address);
        if (err < 0)
            goto out_put;
        msg.msg_name=address;
        msg.msg_namelen=addr_len;
    }
    // 如果 socket 的文件标志为非阻塞，在 msghdr 中记录非阻塞标志
    if (sock->file->f_flags & O_NONBLOCK)
        flags |= MSG_DONTWAIT;
    msg.msg_flags = flags;
    // 调用 inet_sendmsg()函数
    err = sock_sendmsg(sock, &msg, len);

out_put:
    sockfd_put(sock);
```

```
out:
    return err;
}
```

7.8.2 inet_sendmsg 函数

该函数仅作为接口，继续向下层调用。

```
int inet_sendmsg(struct kiocb *iocb, struct socket *sock,
    struct msghdr *msg, int size)
{
    struct sock *sk = sock->sk;

    if (!inet_sk(sk)->num && inet_autobind(sk))
        return -EAGAIN;
    // 调用 tcp_sendmsg() 函数
    return sk->sk_prot->sendmsg(iocb, sk, msg, size);
}
```

7.8.3 tcp_sendmsg 函数

当客户端与服务端处于 ESTABLISHED 数据传输状态时，自然可以进行数据的发送，处于 CLOSE_WAIT 状态的服务端也需要向客户端回复 ACK 和 FIN。此外的其他状态，要么 socket 还处于初始创建阶段，要么 socket 已经关闭，需要定时等待 socket 状态的变更。

当状态检查完毕后，需要创建并填充 sk_buff。在高速缓冲区一节中，我们介绍了 buffer_head 缓冲区，其本质是由多个缓冲块连接形成，那么 sk_buff 也是同理，每个 sk_buff 作为一个缓冲块存储独立数据，它通过链表的形式串在一起，形成一个缓冲区。

msg->msg_iov 中装载了用户的数据，该函数通过计算 MSS（maximum segment size，最大报文段大小）、缓冲块大小和报文段大小对 copy 复制区进行调整，在循环中依次将复制数据放入缓冲块，然后执行发送操作。

为了保证传输的可靠性，TCP 协议支持丢包重传，在收到对端返回的 ACK 确认号之前，缓冲块的数据还不会删除，因此采用复制的形式发送缓冲区中的数据，当对端接收到数据并返回 ACK 时，复制的内容才会被丢弃。

```
int tcp_sendmsg(struct kiocb *iocb, struct sock *sk, struct msghdr *msg,
    int size)
{
    struct iovec *iov;
    struct tcp_opt *tp = tcp_sk(sk);
```

```
struct sk_buff *skb;
int iovlen, flags;
int mss_now;
int err, copied;
long timeo;

lock_sock(sk);
TCP_CHECK_TIMER(sk);

flags = msg->msg_flags;
// 设置发送超时时间
timeo = sock_sndtimeo(sk, flags & MSG_DONTWAIT);

// 接收状态为 ESTABLISHED 或 CLOSE_WAIT 的 socket 连接，否则定时等待
if ((1 << sk->sk_state) & ~(TCPF_ESTABLISHED | TCPF_CLOSE_WAIT))
    if ((err = wait_for_tcp_connect(sk, flags, &timeo)) != 0)
        goto out_err;

clear_bit(SOCK_ASYNC_NOSPACE, &sk->sk_socket->flags);

// 计算当前设置的 MSS 值
// 在 TCP 协议传输过程中，MSS 用于告知对端最大报文段大小，避免 TCP 分片
mss_now = tcp_current_mss(sk, !(flags&MSG_OOB));

iovlen = msg->msg_iovlen;      // 获取缓冲区长度
iov = msg->msg_iov;            // 获取缓冲区地址
copied = 0;

err = -EPIPE;
if (sk->sk_err || (sk->sk_shutdown & SEND_SHUTDOWN))
    goto do_error;

// 循环发送缓冲区数据
while (--iovlen >= 0) {
    int seglen = iov->iov_len;
    unsigned char *from = iov->iov_base;

    iov++;
    // 如果数据段的长度大于 0，也就是有存在的报文需要发送
    while (seglen > 0) {
        int copy;
        // 获取发送队列的前一个数据块
        skb = sk->sk_write_queue.prev;
```

```
                    // 如果设置的 MSS 小于缓冲块，那么就需要新分配一个缓冲块
                    if (!tp->send_head ||
                        (copy = mss_now - skb->len) <= 0) {

new_segment:

                            // 重新分配缓冲块
                            skb = tcp_alloc_pskb(sk, select_size(sk, tp),
                                        0, sk->sk_allocation);
                            // 将缓冲块放入发送队列尾部
                            skb_entail(sk, tp, skb);
                            // 设置复制大小为 MSS 值
                            copy = mss_now;
                    }
                    // 复制大小不能超出报文段大小
                    if (copy > seglen)
                        copy = seglen;

                    // 检查缓冲块尾部是否还有剩余空间
                    if (skb_tailroom(skb) > 0) {
                        // 设置复制长度为缓冲块剩余长度
                        if (copy > skb_tailroom(skb))
                            copy = skb_tailroom(skb);
                        // 将应用程序的数据复制到缓冲块中
                        if ((err = skb_add_data(skb, from, copy)) != 0)
                            goto do_fault;
                    }
                    ...
                     // 将复制长度计入发送序号
                    tp->write_seq += copy;
                    // 将复制长度计入结束序号
                    TCP_SKB_CB(skb)->end_seq += copy;
                    // 计算下一次复制位置
                    from += copy;
                    // 计算复制总长度
                    copied += copy;
                ...

                    if (forced_push(tp)) {
                        tcp_mark_push(tp, skb);
                        // 发送数据包
                        __tcp_push_pending_frames(sk, tp, mss_now, TCP_NAGLE_PUSH);
                    } else if (skb == tp->send_head)
                        tcp_push_one(sk, mss_now);
```

```
        continue;
        ...
    }
  }
}
```

7.8.4　tcp_write_xmit 函数

该函数用于设置 nagle 算法标记，然后发送数据包，对于发送过程中丢失的包，该函数会重新设置定时器再次发送。

nagle 算法通过减少小包的发送来提高网络传输效率，它在未确认数据发送的时候让发送器把数据送到缓存里，任何后来的数据直到得到明显的数据确认或者直到攒到一定数量的数据后再发包。

```
// 代码路径: linux-2.6.0\include\net\tcp.h
static __inline__ void __tcp_push_pending_frames(struct sock *sk,
                struct tcp_opt *tp,
                unsigned cur_mss,
                int nonagle)
{
    struct sk_buff *skb = tp->send_head;

    if (skb) {
        // 检测发送的缓冲块，如果不是最后一个，则需要设置 nagle 算法标记
        if (!tcp_skb_is_last(sk, skb))
            nonagle = TCP_NAGLE_PUSH;
        // 发送数据包
        if (!tcp_snd_test(tp, skb, cur_mss, nonagle) ||
            tcp_write_xmit(sk, nonagle))
            // 如果发送过程没有完成，设置重发定时器
            tcp_check_probe_timer(sk, tp);
    }
    tcp_cwnd_validate(sk, tp);
}

// 代码路径: linux-2.6.0\net\ipv4\tcp_output.c
int tcp_write_xmit(struct sock *sk, int nonagle)
{
    struct tcp_opt *tp = tcp_sk(sk);
    unsigned int mss_now;

    // 检查 socket 不为关闭状态
```

```
   if (sk->sk_state != TCP_CLOSE) {
       struct sk_buff *skb;
       int sent_pkts = 0;
       ...
       TCP_SKB_CB(skb)->when = tcp_time_stamp;
       // 发送数据包
       if (tcp_transmit_skb(sk, skb_clone(skb, GFP_ATOMIC)))
           break;

           update_send_head(sk, tp, skb);
           tcp_minshall_update(tp, mss_now, skb);
           sent_pkts = 1;
       }
        // 数据包发送成功，检查拥塞窗口
       if (sent_pkts) {
           tcp_cwnd_validate(sk, tp);
           return 0;
       }

       return !tp->packets_out && tp->send_head;
   }
   return 0;
}
```

7.9 close 函数

close 函数用于关闭一个文件描述符，该描述符不再引用任何文件，并且可以被重用，如图 7.19 所示。在网络编程中，close 函数关闭一个 socket 套接字文件，该文件相关的描述符无法再被调用进程使用。

```
#include <unistd.h>
int close(int fd);
```

图 7.19 close 函数

7.9.1 sys_close 函数

该函数用于释放 sockfd，当客户端与服务端完成数据的收发后，由客户端主动发起 FIN 结束号，此时客户端即将进入关闭阶段，而服务端也在接收到 FIN 并处理完数据发送后进入关闭阶段。该函数的调用过程比较长，作者将调用路线展示在如下源码中。

```
// 代码路径: linux-2.6.0\fs\open.c
asmlinkage long sys_close(unsigned int fd)
{
    struct file * filp;
    struct files_struct *files = current->files;

    spin_lock(&files->file_lock);
    // 文件描述符超出最大范围
    if (fd >= files->max_fds)
        goto out_unlock;
    // 从 fd 数组中获取文件
    filp = files->fd[fd];
    // 检查文件是否存在
    if (!filp)
        goto out_unlock;
...
    return filp_close(filp, files);
...
}

// 代码路径: linux-2.6.0\fs\open.c
int filp_close(struct file *filp, fl_owner_t id)
{
...
    fput(filp);
    return retval;
}

// 代码路径: linux-2.6.0\fs\file_table.c
void fput(struct file *file)
{
    if (atomic_dec_and_test(&file->f_count))
        __fput(file);
}

// 代码路径: linux-2.6.0\fs\file_table.c
void __fput(struct file *file)
{
...
    if (file->f_op && file->f_op->release)
        file->f_op->release(inode, file);
...
}
```

```
// 代码路径：linux-2.6.0\net\socket.c
int sock_close(struct inode *inode, struct file *filp)
{
    ...
    sock_release(SOCKET_I(inode));
    return 0;
}

// 代码路径：linux-2.6.0\net\socket.c
void sock_release(struct socket *sock)
{
    if (sock->ops) {
        struct module *owner = sock->ops->owner;
        // 释放 socket 文件
        sock->ops->release(sock);
        // 将 socket 操作符置空
        sock->ops = NULL;
        module_put(owner);
    }
    ...
}
```

7.9.2   inet_release 函数

该函数仅作为接口，继续向下层调用。

```
int inet_release(struct socket *sock)
{
    struct sock *sk = sock->sk;

    if (sk) {
        long timeout;

        ip_mc_drop_socket(sk);

        timeout = 0;
        if (sock_flag(sk, SOCK_LINGER) &&
            !(current->flags & PF_EXITING))
            // 设置 sock 超时时间
            timeout = sk->sk_lingertime;
        // 将 socket 与 sock 结构解除关联
        sock->sk = NULL;
        // 调用 tcp_close 函数
```

```
        sk->sk_prot->close(sk, timeout);
    }
    return 0;
}
```

7.9.3　tcp_close 函数

当数据收发完毕时，客户端和服务端都会调用 close 函数关闭连接并释放 sockfd，主动发起关闭请求的客户端应处于 FIN_WAIT1 状态，而服务端还需要等待数据发送完毕，也就是在 CLOSE_WAIT 状态之后才会进入关闭阶段。

该函数用于处理服务端的关闭流程，客户端在关闭之前，仍会向服务端发送数据，此时服务端还需要根据客户端的报文对其产生响应，因此，服务端在关闭时还需要检查是否因为网络等原因未收到来自客户端的数据，如果有未读取到的数据，那么判定此次关闭为异常关闭，需要发送 RST 包告诉客户端。

在正常关闭的流程下，服务端应该在接收到客户端的 FIN 之后，回复 ACK，再返回 FIN 给客户端，然后进入等待状态。

接收到 ACK 的客户端将由 FIN_WAIT1 状态变更为 FIN_WAIT2 状态，只有接收到服务端的 FIN 之后，才会由 FIN_WAIT2 状态变更为 TIME_WAIT 状态。

因此，若该函数判断客户端还处于 FIN_WAIT2 状态，表明客户端还未收到来自服务端的 FIN，在等待一定时间仍无果的情况下，只能将自己置为 CLOSED 状态并发送 RST 给客户端。

如果客户端顺利进入 TIME_WAIT 状态，那么此时的服务端只需要在 2MSL 的时间里等待客户端回复 ACK 即可。

最后在双方都关闭的情况下再次判断 socket 为 CLOSED 状态并销毁 sock 结构，确保万无一失。至此，关闭结束。

```
void tcp_close(struct sock *sk, long timeout)
{
    struct sk_buff *skb;
    int data_was_unread = 0;

    lock_sock(sk);
    sk->sk_shutdown = SHUTDOWN_MASK;

    // 判断 socket 为 LISTEN 监听状态
    if (sk->sk_state == TCP_LISTEN) {
        // 将 socket 设置为 CLOSED 状态
```

```
        tcp_set_state(sk, TCP_CLOSE);
        // 停止连接请求
        tcp_listen_stop(sk);

        goto adjudge_to_death;
    }

    // 循坏处理 sk_buff 缓冲块的接收队列
    while ((skb = __skb_dequeue(&sk->sk_receive_queue)) != NULL) {
        // 计算缓冲块长度
        u32 len = TCP_SKB_CB(skb)->end_seq - TCP_SKB_CB(skb)->seq -
            skb->h.th->fin;
        // 累计未读取的数据大小
        data_was_unread += len;
        // 释放接收队列的缓冲块
        __kfree_skb(skb);
    }
    // 回收内存
    tcp_mem_reclaim(sk);

    // 如果还有未读取到的数据
    if (data_was_unread) {
        // 设置计数值+1
        NET_INC_STATS_USER(TCPAbortOnClose);
        // 设置 socket 状态为 CLOSED
        tcp_set_state(sk, TCP_CLOSE);
        // 发送 RST 包给客户端
        //RST 复位标志用于表示 TCP 的异常关闭连接，当产生一个 RST 时，客户端不必再回复
ACK，缓冲区的包也会被直接丢弃
        tcp_send_active_reset(sk, GFP_KERNEL);
        // 检查 socket 的 FIN 状态
    } else if (tcp_close_state(sk)) {
        // 发送 FIN 结束号给客户端
        tcp_send_fin(sk);
    }

// 超时时间存在
if (timeout) {
    struct task_struct *tsk = current;
    DEFINE_WAIT(wait);

    do {
        // 将进程放入 socket 等待队列中，并置为不可中断的等待状态
        prepare_to_wait(sk->sk_sleep, &wait,
```

```
                           TASK_INTERRUPTIBLE);
             if (!closing(sk))
                 break;
             release_sock(sk);
             // 进程睡眠，直到超时时间结束
             timeout = schedule_timeout(timeout);
             lock_sock(sk);
         } while (!signal_pending(tsk) && timeout);
         // 将当前进程从等待队列中移出并置为可运行的就绪态，解除等待
         finish_wait(sk->sk_sleep, &wait);
     }


adjudge_to_death:
     // 判断 socket 的状态为 TCP_FIN_WAIT2
     if (sk->sk_state == TCP_FIN_WAIT2) {
         struct tcp_opt *tp = tcp_sk(sk);
         // 超出了停留时间
         if (tp->linger2 < 0) {
             // 设置 socket 状态为 CLOSED
             tcp_set_state(sk, TCP_CLOSE);
             // 发送 RST 到客户端
             tcp_send_active_reset(sk, GFP_ATOMIC);
             NET_INC_STATS_BH(TCPAbortOnLinger);
         } else {
             // 获取等待客户端回复 FIN 的超时时间
             int tmo = tcp_fin_time(tp);
             // 如果超出了 TIME_WAIT 等待时间
             if (tmo > TCP_TIMEWAIT_LEN) {
                 // 重置定时器
                 tcp_reset_keepalive_timer(sk, tcp_fin_time(tp));
                 // 如果没有超时
             } else {
                 atomic_inc(&tcp_orphan_count);
                 // 定时等待客户端回复 ACK
                 tcp_time_wait(sk, TCP_FIN_WAIT2, tmo);
                 goto out;
             }
         }
     }
     // 如果此时 socket 还不是 CLOSED 状态
     if (sk->sk_state != TCP_CLOSE) {
         ...
             // 设置 socket 为 CLOSED 状态
             tcp_set_state(sk, TCP_CLOSE);
```

```
        // 发送 RST 到客户端
        tcp_send_active_reset(sk, GFP_ATOMIC);
        NET_INC_STATS_BH(TCPAbortOnMemory);
    }
}
atomic_inc(&tcp_orphan_count);

// 如果 socket 是 CLOSED 状态，销毁服务端 sock 结构
if (sk->sk_state == TCP_CLOSE)
    tcp_destroy_sock(sk);

...
}
```

7.10 小　　结

　　本章在概览中描述了基于 TCP 的网络编程流程，从宏观角度解释了服务端和客户端必要步骤的意义和目的，同时也展示了 TCP 在双端交涉的过程中发生的状态变更。

　　因为 TCP 要保证传输的可靠性，三次握手与四次挥手的过程保证了连接的可靠；协议字段中的序号（th_seq）、确认序号（th_ack）、校验和，以及超时重传机制保证了数据的可靠；而诸如滑动窗口、拥塞控制、TIME_WAIT 等机制，则是在原有的基础上更进一步地为 TCP 的传输过程提供了优化和保障。

　　此外，本章对 TCP 网络编程的重点函数做出了一定程度的源码解释，但也仅处于传输层和网络层的范畴，并没有下潜到数据链路层，因为数据链路层需要一定的硬件知识，包括邻居子系统、DMA 直接内存访问控制器、网卡及驱动、硬中断/软中断等相关内容，本书无法全面覆盖。如有想更进一步了解的读者，可以在本书前言查看作者专栏。

第 8 章
Redis 源码分析

经历了前七章的学习，相信读者已经对内核有了一定程度的理解，我们起于 Redis，最后也将止于 Redis。

本章作为此书的终章，将通过讲解 Redis 的一些重要函数来回顾所学内容。

由于第 1 章已经介绍过 Redis 的相关背景，这里不再重复介绍。

我们知道程序需要有一个主函数，而 Redis 的主函数在 redis.c 中，下面便从该函数分析 Redis 的启动流程。通过启动流程，我们可以掌握组件之间的组合：哪些组件完成什么样的功能，然后我们再将这些功能进行逐个分析，便可以将整个 Redis 全部掌握。Redis 2.6 的核心文件不超过 200 个，其主要由事件循环+数据结构构成，因此会着重讲解 Redis 的事件循环和多路复用。

8.1　Redis 主流程分析

8.1.1　main 函数

通过源码我们得知如下流程信息。

- ☑ Redis 在启动时将会初始化服务器响应的配置信息，这些配置信息我们在后面用到时再详细讲解。
- ☑ 解析参数并根据客户端参数加载并解析配置文件，然后进一步初始化 Redis Server 的变量信息。
- ☑ 检测内核的内存分配策略参数。
- ☑ 检测 TCP FD 与 Unix FD。
- ☑ 设置事件循环 eventloop 并启动主循环处理程序。
- ☑ 结束后删除事件循环结构。

```
// 代码路径: redis-2.6\src\redis.c
int main(int argc, char **argv) {
    struct timeval tv;
    zmalloc_enable_thread_safeness();                      // 设置变量: static int
zmalloc_thread_safe = 1
    zmalloc_set_oom_handler(redisOutOfMemoryHandler);  // 设置发生 OOM 时回
调的函数
    srand(time(NULL)^getpid());          // 使用当前进程的 ID (getpid()) 与当前时间
一起初始化随机数种子
    gettimeofday(&tv,NULL);              // 获取当前时间信息, 放入 timeval 结构体
    dictSetHashFunctionSeed(tv.tv_sec^tv.tv_usec^getpid()); // 使用当前时间
的秒信息 (tv_sec) 和毫秒信息 (tv_usec) 与进程 id 设置变量: static uint32_t
dict_hash_function_seed = 5381, 在 hash 函数中用来散列 key-value
    server.sentinel_mode = checkForSentinelMode(argc,argv); // 从参数中解析,
查看是否以哨兵模式启动, 这里我们忽略
    initServerConfig();                  // 初始化 Redis 服务器的相关配置信息

    if (server.sentinel_mode) {         // 初始化哨兵模式 (忽略)
        initSentinelConfig();
        initSentinel();
    }

    if (argc >= 2) {                     // 解析参数
        int j = 1;
        sds options = sdsempty();       // 分配一个 Redis 字符串来保存参数 (后面会详
细解释 sds, 现在只需要知道它是一个字符串即可)
        char *configfile = NULL;

        // 根据参数值完成相应处理
        if (strcmp(argv[1], "-v") == 0 ||
            strcmp(argv[1], "--version") == 0) version();
        if (strcmp(argv[1], "--help") == 0 ||
            strcmp(argv[1], "-h") == 0) usage();
        if (strcmp(argv[1], "--test-memory") == 0) {
            if (argc == 3) {
                memtest(atoi(argv[2]),50);
                exit(0);
            } else {
                fprintf(stderr,"Please specify the amount of memory to test
in megabytes.\n");
                fprintf(stderr,"Example: ./redis-server --test-memory
4096\n\n");
                exit(1);
            }
```

```
    }
    if (argv[j][0] != '-' || argv[j][1] != '-')
        configfile = argv[j++];
    while(j != argc) {
        if (argv[j][0] == '-' && argv[j][1] == '-') {
            // 解析参数名
            if (sdslen(options)) options = sdscat(options,"\n");
            options = sdscat(options,argv[j]+2);
            options = sdscat(options," ");
        } else {
            // 解析参数值
            options = sdscatrepr(options,argv[j],strlen(argv[j]));
            options = sdscat(options," ");
        }
        j++;
    }
    resetServerSaveParams(); // 重置服务器参数：server.saveparams = NULL
    loadServerConfig(configfile,options);    // 根据参数中指定的配置文件和
参数初始化服务器配置
    sdsfree(options); // 启动参数主要用于初始化服务器配置，使用完毕后释放其占用
的空间
} else {                    // 没有指定配置文件，那么打印警告日志
    redisLog(REDIS_WARNING, "Warning: no config file specified, using the
default config. In order to specify a config file use %s /path/to/%s.conf",
argv[0], server.sentinel_mode ? "sentinel" : "redis");
}
// 如果指定 Redis 作为后台进程运行，那么调用 daemonize 函数 fork 出另外的进程在后
台执行
if (server.daemonize) daemonize();
initServer();                   // 完成 Redis Server 的剩余变量初始化
if (server.daemonize) createPidFile(); // 若 Redis 在后台执行，那么创建 pid
文件，告知当前正在后台执行的 Redis pid 信息
redisAsciiArt();                // 打印 Redis ascii 编码的图形（忽略）

if (!server.sentinel_mode) { // 执行只有在不运行在哨兵模式时才需要的动作
    redisLog(REDIS_WARNING,"Server started, Redis version "
REDIS_VERSION);
```

// 如果在 Linux 平台下指定了 OvercommitMemory 为 0，那么打印警告日志（注：overcommit_memory=0 表示内核将检查是否有足够的可用内存供应用进程使用，如果有足够的可用内存，内存将申请允许，否则内存申请失败，并把错误返回给应用程序。overcommit_memory=1 表示内核允许分配所有的物理内存，而不管当前的内存状态如何。overcommit_memory=2 表示内核允许分配超过所有物理内存和 swap 空间总和的内存）

```
    #ifdef __linux__
    linuxOvercommitMemoryWarning();
```

```
    #endif
    loadDataFromDisk();        // 从磁盘中加载之前保存的 RDB 或者 AOF 文件
    if (server.ipfd > 0)       // 正确设置 TCP socket fd 文件描述符，表明当前
```
可以正确接收来自客户端的 TCP 连接
```
        redisLog(REDIS_NOTICE,"The server is now ready to accept
connections on port %d", server.port);
    if (server.sofd > 0)       // 正确设置 Unix socket fd 文件描述符，表明当前
```
可以正确接收来自本机进程的 UNIX 套接字连接（什么是 UNIX 套接字？一种本地进程通信的方式，不经过协议栈，但可以使用 socket 来完成通信）
```
        redisLog(REDIS_NOTICE,"The server is now ready to accept connections
at %s", server.unixsocket);
    }

    // 检查用户设置的内存是否足够，需要大于 1MB
    if (server.maxmemory > 0 && server.maxmemory < 1024*1024) {
        redisLog(REDIS_WARNING,"WARNING: You specified a maxmemory value
that is less than 1MB (current value is %llu bytes). Are you sure this is
what you really want?", server.maxmemory);
    }
    aeSetBeforeSleepProc(server.el,beforeSleep); // 设置执行睡眠前的回调函数：
eventLoop->beforesleep = beforesleep;
    aeMain(server.el);                    // 执行主事件循环，处理准备好的事件
    aeDeleteEventLoop(server.el);         // 退出循环，表明当前需要关闭 Redis，那么关
闭打开的事件循环
    return 0;
}
```

8.1.2 initServerConfig 函数

该函数用于初始化全局结构 redisServer 的变量，这里读者只需要观察初始化了哪些变量即可，不需要关注初始化的细节，因为这里面的值都是固定的默认值，对于可配置的变量，可以通过后面解析 config 文件的变量进行覆盖，当我们不需要使用这些变量时，不需要了解其意思，在后面函数中用到对应参数时再详细讲解。

```
// Redis 服务器全局结构，对于其中的变量，我们在用到时再分析，这里只需要了解拥有该结构即可
struct redisServer {
};
struct redisServer server;

// 代码路径：redis-2.6\src\redis.c
void initServerConfig() {
    ... // 初始化普通变量
    /* 初始化副本集配置 */
```

```
server.masterauth = NULL;
server.masterhost = NULL;
server.masterport = 6379;
server.master = NULL;
server.repl_state = REDIS_REPL_NONE;
server.repl_syncio_timeout = REDIS_REPL_SYNCIO_TIMEOUT;
server.repl_serve_stale_data = 1;
server.repl_slave_ro = 1;
server.repl_down_since = time(NULL);
server.slave_priority = REDIS_DEFAULT_SLAVE_PRIORITY;

/* 初始化客户端输出缓冲区限制值 */
server.client_obuf_limits[REDIS_CLIENT_LIMIT_CLASS_NORMAL].
hard_limit_bytes = 0;
server.client_obuf_limits[REDIS_CLIENT_LIMIT_CLASS_NORMAL].
soft_limit_bytes = 0;
server.client_obuf_limits[REDIS_CLIENT_LIMIT_CLASS_NORMAL].
soft_limit_seconds = 0;
server.client_obuf_limits[REDIS_CLIENT_LIMIT_CLASS_SLAVE].
hard_limit_bytes = 1024*1024*256;
server.client_obuf_limits[REDIS_CLIENT_LIMIT_CLASS_SLAVE].
soft_limit_bytes = 1024*1024*64;
server.client_obuf_limits[REDIS_CLIENT_LIMIT_CLASS_SLAVE].
soft_limit_seconds = 60;
server.client_obuf_limits[REDIS_CLIENT_LIMIT_CLASS_PUBSUB].
hard_limit_bytes = 1024*1024*32;
server.client_obuf_limits[REDIS_CLIENT_LIMIT_CLASS_PUBSUB].
soft_limit_bytes = 1024*1024*8;
server.client_obuf_limits[REDIS_CLIENT_LIMIT_CLASS_PUBSUB].
soft_limit_seconds = 60;

/* 初始化浮点值计算变量 */
R_Zero = 0.0;
R_PosInf = 1.0/R_Zero;
R_NegInf = -1.0/R_Zero;
R_Nan = R_Zero/R_Zero;

/* 初始化命令行参数表（采用 hash 表结构来存储） */
server.commands = dictCreate(&commandTableDictType,NULL);
populateCommandTable();
server.delCommand = lookupCommandByCString("del");
server.multiCommand = lookupCommandByCString("multi");
server.lpushCommand = lookupCommandByCString("lpush");
server.lpopCommand = lookupCommandByCString("lpop");
```

```
server.rpopCommand = lookupCommandByCString("rpop");

/* 初始化慢日志参数 */
server.slowlog_log_slower_than = REDIS_SLOWLOG_LOG_SLOWER_THAN;
server.slowlog_max_len = REDIS_SLOWLOG_MAX_LEN;

/* 初始化调试参数 */
server.assert_failed = "<no assertion failed>";
server.assert_file = "<no file>";
server.assert_line = 0;
server.bug_report_start = 0;
server.watchdog_period = 0;
}
```

8.1.3   initServer 函数

该函数用于初始化 redisServer 结构的剩余参数。该函数将会把 Redis 的动态信息进行初始化。

- ☑   信号处理相关。
- ☑   全局结构。
- ☑   接收连接的 TCP 端口和 Unix 端口。
- ☑   Redis 数据库。
- ☑   Lua 执行脚本。
- ☑   慢查询日志。
- ☑   后台执行线程。

```
// 代码路径: redis-2.6\src\redis.c
void initServer() {
    int j;
    signal(SIGHUP, SIG_IGN); // 屏蔽 SIGHUP 信号，SIG_IGN 表示 SIG_IGNORE 忽略
该信号
    signal(SIGPIPE, SIG_IGN);    // 屏蔽 SIGPIPE 信号（在写入 pipe 管道时，没有进
程读取数据时发出该信号。手册描述: Broken pipe: write to pipe with no readers）
    setupSignalHandlers();        // 设置其他信号的处理函数
    server.current_client = NULL;
    server.clients = listCreate();
    server.clients_to_close = listCreate();
    server.slaves = listCreate();
    server.monitors = listCreate();
    server.unblocked_clients = listCreate();
    server.ready_keys = listCreate();
```

```
    createSharedObjects(); // 创建 Redis 共享对象：struct sharedObjectsStruct{}，
节省每次在使用共享对象时都需要分配和释放内存导致的性能损耗，考虑常量池的设计
    adjustOpenFilesLimit();// 调整 Redis 打开文件描述符的限制
    server.el = aeCreateEventLoop(server.maxclients+1024); // 创建事件循环
线程
    server.db = zmalloc(sizeof(redisDb)*server.dbnum);        // 创建 Redis
数据库对象：typedef struct redisDb {} redisDb
    // 初始化 TCP 端口
    if (server.port != 0) {
        server.ipfd=anetTcpServer(server.neterr,server.port,server.bindaddr);
        if (server.ipfd == ANET_ERR) {
            redisLog(REDIS_WARNING, "Opening port %d: %s",
                    server.port, server.neterr);
            exit(1);
        }
    }
    // 初始化 Unix 端口
    if (server.unixsocket != NULL) {
        unlink(server.unixsocket); /* don't care if this fails */
        server.sofd = anetUnixServer(server.neterr,server.unixsocket,
server.unixsocketperm);
        if (server.sofd == ANET_ERR) {
            redisLog(REDIS_WARNING, "Opening socket: %s", server.neterr);
            exit(1);
        }
    }
    // 检测端口是否有效
    if (server.ipfd < 0 && server.sofd < 0) {
        redisLog(REDIS_WARNING, "Configured to not listen anywhere,
exiting.");
        exit(1);
    }
    // 创建 Redis 数据库
    for (j = 0; j < server.dbnum; j++) {
        server.db[j].dict = dictCreate(&dbDictType,NULL);
        server.db[j].expires = dictCreate(&keyptrDictType,NULL);
        server.db[j].blocking_keys = dictCreate(&keylistDictType,NULL);
        server.db[j].ready_keys = dictCreate(&setDictType,NULL);
        server.db[j].watched_keys = dictCreate(&keylistDictType,NULL);
        server.db[j].id = j;
    }
    // 初始化其他参数
    ...
    aeCreateTimeEvent(server.el, 1, serverCron, NULL, NULL); // 创建时间事
```

```
件函数 : serverCron
    if (server.ipfd > 0 && aeCreateFileEvent(server.el,server.ipfd,
        AE_READABLE, acceptTcpHandler,NULL) == AE_ERR) redisPanic
        ("Unrecoverable error creating server.ipfd file event.");
// 创建处理 TCP 客户端连接事件处理函数：acceptTcpHandler
    if (server.sofd > 0 && aeCreateFileEvent(server.el,server.sofd,
        AE_READABLE, acceptUnixHandler,NULL) == AE_ERR) redisPanic
        ("Unrecoverable error creating server.sofd file event.");
// 创建处理 Unix 客户端连接处理函数：acceptUnixHandler
    if (server.aof_state == REDIS_AOF_ON) { // 打开 AOF 持久化文件
        server.aof_fd = open(server.aof_filename,
                            O_WRONLY|O_APPEND|O_CREAT,0644);
        if (server.aof_fd == -1) {
            redisLog(REDIS_WARNING, "Can't open the append-only file: %s",
                strerror(errno));
            exit(1);
        }
    }
    scriptingInit();                        // 初始化 Lua 脚本执行环境
    slowlogInit();                          // 初始化慢查询日志模块
    bioInit();                              // 创建后台执行线程
}
```

8.1.4　setupSignalHandlers 函数

该函数主要用于设置进程信号处理函数，在进程管理分析一章中的信号原理一节已经分析过信号处理过程，读者对于以下信号处理应该不会感到陌生。

```
// 接收到终止信号时调用，打印日志
// 代码路径：redis-2.6\src\redis.c
static void sigtermHandler(int sig) {
    REDIS_NOTUSED(sig);
    redisLogFromHandler(REDIS_WARNING,"Received SIGTERM, scheduling
shutdown...");
    server.shutdown_asap = 1;
}

void setupSignalHandlers(void) {
    struct sigaction act;
    sigemptyset(&act.sa_mask);
    act.sa_flags = 0;
    act.sa_handler = sigtermHandler;
    // 设置 SIGTERM 信号处理函数（接收终止信号时发出该信号）
```

```
    sigaction(SIGTERM, &act, NULL);
    // 使用 backtrace 函数时设置处理函数：sigsegvHandler
    #ifdef HAVE_BACKTRACE
    sigemptyset(&act.sa_mask);
    act.sa_flags = SA_NODEFER | SA_RESETHAND | SA_SIGINFO;
    act.sa_sigaction = sigsegvHandler;
    sigaction(SIGSEGV, &act, NULL);
    sigaction(SIGbUS, &act, NULL);
    sigaction(SIGFPE, &act, NULL);
    sigaction(SIGILL, &act, NULL);
    #endif
    return;
}
```

8.1.5　createSharedObjects 函数

该函数用于创建共享对象，就是常量池的设计，将公用的、不变的数据初始化，后面用到时不需要分配和释放。这些公用的对象多为字符串对象，由于通篇都是初始化操作，因此作者此处仅是引入为后文铺垫，没有写注释。

```
// 代码路径：redis-2.6\src\redis.c
void createSharedObjects(void) {
    int j;
    shared.crlf = createObject(REDIS_STRING,sdsnew("\r\n"));
    shared.ok = createObject(REDIS_STRING,sdsnew("+OK\r\n"));
    shared.err = createObject(REDIS_STRING,sdsnew("-ERR\r\n"));
    shared.emptybulk = createObject(REDIS_STRING,sdsnew("$0\r\n\r\n"));
    shared.czero = createObject(REDIS_STRING,sdsnew(":0\r\n"));
    shared.cone = createObject(REDIS_STRING,sdsnew(":1\r\n"));
    shared.cnegone = createObject(REDIS_STRING,sdsnew(":-1\r\n"));
    shared.nullbulk = createObject(REDIS_STRING,sdsnew("$-1\r\n"));
    shared.nullmultibulk = createObject(REDIS_STRING,sdsnew("*-1\r\n"));
    shared.emptymultibulk = createObject(REDIS_STRING,sdsnew("*0\r\n"));
    shared.pong = createObject(REDIS_STRING,sdsnew("+PONG\r\n"));
    shared.queued = createObject(REDIS_STRING,sdsnew("+QUEUED\r\n"));
    shared.wrongtypeerr = createObject(REDIS_STRING,sdsnew(
        "-ERR Operation against a key holding the wrong kind of value\r\n"));
    shared.nokeyerr = createObject(REDIS_STRING,sdsnew(
        "-ERR no such key\r\n"));
    shared.syntaxerr = createObject(REDIS_STRING,sdsnew(
        "-ERR syntax error\r\n"));
    shared.sameobjecterr = createObject(REDIS_STRING,sdsnew(
        "-ERR source and destination objects are the same\r\n"));
```

```
    shared.outofrangeerr = createObject(REDIS_STRING,sdsnew(
        "-ERR index out of range\r\n"));
    shared.noscripterr = createObject(REDIS_STRING,sdsnew(
        "-NOSCRIPT No matching script. Please use EVAL.\r\n"));
    shared.loadingerr = createObject(REDIS_STRING,sdsnew(
        "-LOADING Redis is loading the dataset in memory\r\n"));
    shared.slowscripterr = createObject(REDIS_STRING,sdsnew(
        "-BUSY Redis is busy running a script. You can only call SCRIPT KILL
or SHUTDOWN NOSAVE.\r\n"));
    shared.masterdownerr = createObject(REDIS_STRING,sdsnew(
        "-MASTERDOWN Link with MASTER is down and slave-serve-stale-data is
set to 'no'.\r\n"));
    shared.bgsaveerr = createObject(REDIS_STRING,sdsnew(
        "-MISCONF Redis is configured to save RDB snapshots, but is currently
not able to persist on disk. Commands that may modify the data set are disabled.
Please check Redis logs for details about the error.\r\n"));
    shared.roslaveerr = createObject(REDIS_STRING,sdsnew(
        "-READONLY You can't write against a read only slave.\r\n"));
    shared.oomerr = createObject(REDIS_STRING,sdsnew(
        "-OOM command not allowed when used memory > 'maxmemory'.\r\n"));
    shared.space = createObject(REDIS_STRING,sdsnew(" "));
    shared.colon = createObject(REDIS_STRING,sdsnew(":"));
    shared.plus = createObject(REDIS_STRING,sdsnew("+"));

    for (j = 0; j < REDIS_SHARED_SELECT_CMDS; j++) {
        shared.select[j] = createObject(REDIS_STRING,
                            sdscatprintf(sdsempty(),"select %d\r\n", j));
    }
    shared.messagebulk = createStringObject("$7\r\nmessage\r\n",13);
    shared.pmessagebulk = createStringObject("$8\r\npmessage\r\n",14);
    shared.subscribebulk = createStringObject("$9\r\nsubscribe\r\n",15);
    shared.unsubscribebulk = createStringObject("$11\r\nunsubscribe\r\n",18);
    shared.psubscribebulk = createStringObject("$10\r\npsubscribe\r\n",17);
    shared.punsubscribebulk = createStringObject("$12\r\npunsubscribe\r\n",19);
    shared.del = createStringObject("DEL",3);
    shared.rpop = createStringObject("RPOP",4);
    shared.lpop = createStringObject("LPOP",4);
    shared.lpush = createStringObject("LPUSH",5);
    for (j = 0; j < REDIS_SHARED_INTEGERS; j++) {
        shared.integers[j] = createObject(REDIS_STRING,(void*)(long)j);
        shared.integers[j]->encoding = REDIS_ENCODING_INT;
    }
    for (j = 0; j < REDIS_SHARED_BULKHDR_LEN; j++) {
        shared.mbulkhdr[j] = createObject(REDIS_STRING,
```

```
                                   sdscatprintf(sdsempty(),"*%d\r\n",j));
        shared.bulkhdr[j] = createObject(REDIS_STRING,
                                   sdscatprintf(sdsempty(),"$%d\r\n",j));
    }
}
```

8.1.6　adjustOpenFilesLimit 函数

Linux 操作系统将会在 rlimit 中限制进程打开的文件数，该函数将尝试根据配置的最大客户端数来提高打开文件的最大数量。它还将包含 32 个额外的文件描述符，因为 Redis 还需要一些文件描述符用于持久性、监听套接字、日志文件等。 如果不能将限制相应地设置为配置的最大客户端数量，该函数将执行保留当前服务器的设置。

```
// 代码路径：redis-2.6\src\redis.c
void adjustOpenFilesLimit(void) {
    rlim_t maxfiles = server.maxclients+32;       // 增加描述符数量
    struct rlimit limit;
    if (getrlimit(RLIMIT_NOFILE,&limit) == -1) { // 获取当前系统的描述符信息
        redisLog(REDIS_WARNING,"Unable to obtain the current NOFILE limit
(%s), assuming 1024 and setting the max clients configuration accordingly.",
                strerror(errno));
        server.maxclients = 1024-32;
    } else {                                       // 尝试修改当前进程的 FD 配置
        rlim_t oldlimit = limit.rlim_cur;
        if (oldlimit < maxfiles) {
            rlim_t f;

            f = maxfiles;
            while(f > oldlimit) {
                limit.rlim_cur = f;
                limit.rlim_max = f;
                if (setrlimit(RLIMIT_NOFILE,&limit) != -1) break;
                f -= 128;
            }
            if (f < oldlimit) f = oldlimit;
            if (f != maxfiles) {
                server.maxclients = f-32;
                redisLog(REDIS_WARNING,"Unable to set the max number of files
limit to %d (%s), setting the max clients configuration to %d.",
                        (int) maxfiles, strerror(errno), (int) server.maxclients);
            } else {
                redisLog(REDIS_NOTICE,"Max number of open files set to %d",
                        (int) maxfiles);
```

```
        }
      }
    }
}
```

8.1.7　slowlogInit 函数

该函数用于初始化慢查询日志，可以看到这里将使用 list 列表来完成日志的存储。

```
// 代码路径：redis-2.6\src\redis.c
void slowlogInit(void) {
    server.slowlog = listCreate();
    server.slowlog_entry_id = 0;
    listSetFreeMethod(server.slowlog,slowlogFreeEntry);
}
```

8.1.8　bioInit 函数

该函数用于创建后台任务执行线程，可以看到所谓 Redis 是单线程，指的仅仅是响应客户端的线程为单线程，并不代表 Redis 进程本身只有一个线程。该方法将利用 pthread 线程库完成相应处理。

```
// 代码路径：redis-2.6\src\slowlog.c
void bioInit(void) {
    pthread_attr_t attr;
    pthread_t thread;
    size_t stacksize;
    int j;

    /* 初始化线程互斥锁和条件变量，也即控制线程互斥的结构 */
    for (j = 0; j < REDIS_BIO_NUM_OPS; j++) {
        pthread_mutex_init(&bio_mutex[j],NULL);
        pthread_cond_init(&bio_condvar[j],NULL);
        bio_jobs[j] = listCreate();              // 初始化每个线程的任务队列列表
        bio_pending[j] = 0;
    }

    /* 初始化线程栈大小 */
    pthread_attr_init(&attr);
    pthread_attr_getstacksize(&attr,&stacksize);
    if (!stacksize) stacksize = 1;
    while (stacksize < REDIS_THREAD_STACK_SIZE) stacksize *= 2;
```

```
    pthread_attr_setstacksize(&attr, stacksize);

    /* 创建线程，参数为当前线程的序号，执行函数为 bioProcessBackgroundJobs */
    for (j = 0; j < REDIS_BIO_NUM_OPS; j++) {
        void *arg = (void*)(unsigned long) j;
        if (pthread_create(&thread,&attr,bioProcessBackgroundJobs,arg)!=0){
            redisLog(REDIS_WARNING,"Fatal:Can't initialize Background Jobs.");
            exit(1);
        }
    }
}

// 每个线程执行的函数
void *bioProcessBackgroundJobs(void *arg) {
    struct bio_job *job;
    unsigned long type = (unsigned long) arg;   // 该值为线程序号，可用于获取
当前线程的互斥锁信息
    sigset_t sigset;
    pthread_detach(pthread_self());
    pthread_mutex_lock(&bio_mutex[type]);       // 获取当前线程的互斥锁
    // 设置线程处理信号
    sigemptyset(&sigset);
    sigaddset(&sigset, SIGALRM);
    if (pthread_sigmask(SIG_BLOCK, &sigset, NULL))
        redisLog(REDIS_WARNING,
            "Warning: can't mask SIGALRM in bio.c thread:%s", strerror (errno));
    // 循环处理任务列表中放入的任务
    while(1) {
        listNode *ln;
        if (listLength(bio_jobs[type]) == 0) {
            pthread_cond_wait(&bio_condvar[type],&bio_mutex[type]);
            continue;
        }
        ln = listFirst(bio_jobs[type]);
        job = ln->value;
        pthread_mutex_unlock(&bio_mutex[type]);
        if (type == REDIS_BIO_CLOSE_FILE){// 当前线程类型为执行 BIO 关闭文件操作
            close((long)job->arg1);
        } else if (type == REDIS_BIO_AOF_FSYNC) {// 当前线程类型为执行 AOF 操作
            aof_fsync((long)job->arg1);
        } else {
            redisPanic("Wrong job type in bioProcessBackgroundJobs().");
        }
        zfree(job);
```

```
        pthread_mutex_lock(&bio_mutex[type]);
        listDelNode(bio_jobs[type],ln);
        bio_pending[type]--;
    }
}
```

8.1.9 aeSetBeforeSleepProc 函数

该函数仅仅保留一个函数指针，在事件循环线程执行 sleep 操作之前回调。这里的回调实现较为简单，仅仅处理未处理的命令并写入 AOF 数据，因为每次执行后，如果配置了 AOF，那么需要持久化到磁盘。

```
void aeSetBeforeSleepProc(aeEventLoop *eventLoop, aeBeforeSleepProc
*beforesleep) {
    eventLoop->beforesleep = beforesleep;
}

// 回调函数实现
// 代码路径：redis-2.6\src\redis.c
void beforeSleep(struct aeEventLoop *eventLoop) {
    REDIS_NOTUSED(eventLoop);
    listNode *ln;
    redisClient *c;
    /* 尝试为刚刚解除阻塞的客户端处理未执行的命令 */
    while (listLength(server.unblocked_clients)) {
        ln = listFirst(server.unblocked_clients);
        redisAssert(ln != NULL);
        c = ln->value;
        listDelNode(server.unblocked_clients,ln);
        c->flags &= ~REDIS_UNBLOCKED;

        /* 处理客户端输入缓冲区中的剩余数据 */
        if (c->querybuf && sdslen(c->querybuf) > 0) {
            server.current_client = c;
            processInputBuffer(c);
            server.current_client = NULL;
        }
    }
    /* 将 AOF 缓冲区的数据写入磁盘 */
    flushAppendOnlyFile(0);
}
```

8.1.10　aeMain 函数

该函数将由主线程完成调用，接收事件循环的事件完成相应处理。我们看到 aeProcessEvents(eventLoop, AE_ALL_EVENTS)为主执行入口。

```
// 代码路径：redis-2.6\src\redis.c
void aeMain(aeEventLoop *eventLoop) {
    eventLoop->stop = 0;
    while (!eventLoop->stop) {// 当没有显示标志停止时不断循环处理事件循环中的线程
        if (eventLoop->beforesleep != NULL)             // 在执行处理事件时回调
beforesleep，因为操作底层 I/O 事件时可能导致线程阻塞
            eventLoop->beforesleep(eventLoop);
        aeProcessEvents(eventLoop, AE_ALL_EVENTS);  // 完成实际事件处理，可以
看到这里将处理所有类型的事件（AE_ALL_EVENTS (AE_FILE_EVENTS|AE_TIME_EVENTS)
#define AE_FILE_EVENTS 1 #define AE_TIME_EVENTS 2，事件类型分为文件 fd 的事件、
时间超时事件）
    }
}
```

8.1.11　aeDeleteEventLoop 函数

该函数将在主线程完成处理后退出，然后释放事件循环结构。

```
// 代码路径：redis-2.6\src\ae.c
void aeDeleteEventLoop(aeEventLoop *eventLoop) {
    aeApiFree(eventLoop);    // 处理实际事件循环 fd 的处理，比如关闭 epll 的 fd
    // 释放结构占用的空间
    zfree(eventLoop->events);
    zfree(eventLoop->fired);
    zfree(eventLoop);
}
```

8.2　Redis 事件循环

前面我们详细描述了 Redis 的功能：内存数据库，用于作为后端数据库的缓存，同时由于其需要放入各种形式的数据，为了保证灵活性，其内部也通过不同的数据结构来存储这些数据，开发人员可以根据需要来选择对应的数据结构完成其业务处理。我们也在启动流程中找到了执行入口代码，还有整体的数据结构初始化。接下来将详细介绍 Redis 的事

件驱动模型，也即单处理线程模型。

8.2.1 event 结构

Java 线程池由多个线程和一个任务队列组成，首先创建一个 Event 接口，根据事件类型的不同实现该接口，然后通过线程池的接口提交给线程池，线程池获取到事件对象后，根据事件类型完成操作即可。代码如下所示，我们让事件类实现 Runnable 接口完成自身的事件处理。当我们不断地放入不同事件，线程池将不断地执行这些事件，而这称之为事件循环，也即事件驱动模型——根据事件完成对应业务。

```
// 这里用伪代码表示
interface Event{
}
class EventA extends Event implements Runnable{}
class EventB extends Event implements Runnable{}

ThreadPoolObj.submit(new EventA());
ThreadPoolObj.submit(new EventB());
```

从上面例子中可以看到：当多个事件需要处理相同数据时，这时由于线程池中可能存在多个线程同时处理，为了保证数据一致性，我们需要建立互斥区来保证多线程安全，那么由于上锁和解锁的性能损耗，我们又想到：将不相关的事件并行处理，数据相关的事件串行处理。如何做呢？启动多个单线程池，提交任务时将数据相关事件放入同一个单线程池，将不相关的事件放入不同线程池即可。这就是事件循环的核心！很简单，但是有时我们会看到线程的业务与事件是耦合的，它可能长这样，但这并不影响事件循环的思想，怎么实现业务取决于你。

```
TaskQueue queue = new BlockingQueue(); // 因为队列涉及提交线程与执行线程，所以需要互斥
new Thread(()->{
    switch(queue.take()){
        case: task1
        case: task2
    }
}).start();
```

8.2.2 Redis 事件循环设计

Redis 的功能从宏观上看极其简单：从内核中获取三次握手成功的 socket fd，然后根

据 fd 中的数据调用命令完成操作。注意：这里的操作在内存中完成，然后将响应内容返回给客户端。众所周知，内存的访问速度大于网络的访问速度，这是由于木桶效应，Redis 的性能取决于网络 I/O 的速度。

那么，我们来进一步量化它们之间的速度差异，主存访问操作只需要 100ns，而对于 1GB 的网络来说，发送 2KB 却需要 20 000ns。假如 Redis 完成一次用户操作需要 500ns（包括内部操作与缓存行的延迟），那么一个线程一秒钟可以执行 1s/500ns = 2 000 000 个操作，这种单线程的执行效率已经足够优秀，如果 Redis 设计成多线程的模型，在考虑到上锁和解锁带来的性能损耗的情况下，相较而言，单线程是最优的选择。

于是，Redis 就使用单线程周而复始（事件循环的定义）地完成以下操作。

☑ 从内核中获取 fd。

☑ 解析 fd 中的数据。

☑ 根据数据识别命令完成操作。

☑ 将返回数据写回客户端。

我们知道事件循环对于应用层而言非常好实现，但对于涉及操作系统的网络 I/O 而言，要想实现一个单线程的事件循环不是那么简单：读、写事件如果阻塞，将会导致整个事件循环停止。这就需要操作系统提供非阻塞的支持，当然，我们也知道这些支持在各个操作系统中的实现不一样，而我们主要研究的操作系统是 Linux，所以我们就只讨论 select、poll、epoll 这 3 个操作系统提供的函数接口来完成事件循环设计。

8.2.3　aeEventLoop 结构体

aeEventLoop 结构体定义了多个指针用于抽象 3 个不同事件循环的共同特性。

```
// 定义执行事件循环选择函数前回调的函数指针原型
typedef void aeBeforeSleepProc(struct aeEventLoop *eventLoop);

// 代码路径：redis-2.6\src\ae.h
typedef struct aeEventLoop {
    int maxfd;    /* 当前注册到事件循环的最高文件描述符（在 Linux 中一切皆文件，而 fd
用于作为数组下标映射到 file 文件结构，这里把它当作最大数组下标即可） */
    int setsize; /* 注册到事件循环中的文件描述符的最大数目*/
    long long timeEventNextId;            // 用于支持时间事件获取 id 值
    time_t lastTime;      /* 用于检测系统时钟偏差 */
    aeFileEvent *events; /* 注册到事件循环组中事件 */
    aeFiredEvent *fired; /* 在事件循环组注册的 fd 中产生的事件，也即准备触发的事件，
为 events 的子集 */
    aeTimeEvent *timeEventHead;            // 指向时间事件的头部指针
```

```
    int stop;                                      // 标识事件循环已经停止运行
    void *apidata; /* 用于轮询特定于 API 中的数据 */
    aeBeforeSleepProc *beforesleep;        // 注册在执行事件循环选择函数前回调的
函数指针，因为执行 3 种系统调用，可能会导致线程在内核中阻塞
} aeEventLoop;
```

8.2.4　aeFiredEvent 结构体

该结构体用于保存一个由注册到事件循环中的 fd 产生的事件描述。

```
// 代码路径：redis-2.6\src\ae.h
typedef struct aeFiredEvent {
    int fd;                              // 所属 fd
    int mask;                            // 掩码，用于描述事件类型
} aeFiredEvent;
```

8.2.5　aeTimeEvent 结构体

该结构体用于描述一个时间事件。

```
// 回调时间事件的函数指针原型
typedef int aeTimeProc(struct aeEventLoop *eventLoop, long long id, void
*clientData);
// 删除时间事件时，回调清理的函数指针原型
typedef void aeEventFinalizerProc(struct aeEventLoop *eventLoop, void
*clientData);
// 代码路径：redis-2.6\src\ae.h
typedef struct aeTimeEvent {
    long long id;                        // 时间事件标识符
    long when_sec;                       // 触发时间，单位为秒
    long when_ms;                        // 触发时间，单位为毫秒
    aeTimeProc *timeProc;                // 当达到执行时间时，回调执行的函数指针
    aeEventFinalizerProc *finalizerProc; // 当删除时间事件时回调的清理操作函数
指针
    void *clientData;                    // 保存自定义的关联数据指针
    struct aeTimeEvent *next;            // 用于单链表指向下一个时间事件结构
} aeTimeEvent;
```

8.2.6　aeFileEvent 结构体

该结构体用于表示一个文件事件，也即 socket 事件，因为 Linux 中一切皆文件，所以
socket 也是文件，这里将其命名为 FileEvent。

```
// 读写位定义
#define AE_NONE 0
#define AE_READABLE 1
#define AE_WRITABLE 2
// 定义发生读写事件时回调的函数指针原型
typedef void aeFileProc(struct aeEventLoop *eventLoop, int fd, void
*clientData, int mask);
// 代码路径: redis-2.6\src\ae.h
typedef struct aeFileEvent {
    int mask;                   // 用于保存 AE_(READABLE|WRITABLE)
    aeFileProc *rfileProc;  // 当读事件发生时回调的读操作函数指针
    aeFileProc *wfileProc;  // 当写事件发生时回调的写操作函数指针
    void *clientData;           // 保存自定义的关联数据指针
} aeFileEvent;
```

8.2.7　事件循环操作函数原型

C 语言中使用函数指针来完成解耦合,这里由于并不知道具体操作的事件循环的类别,因此预定义操作事件循环的函数指针原型,不难看出,就是对不同事件类型和事件循环进行增删改查的操作。

```
aeEventLoop *aeCreateEventLoop(int setsize); // 定义创建事件循环的函数指针原型
void aeDeleteEventLoop(aeEventLoop *eventLoop);// 定义删除事件循环的函数指针
原型
void aeStop(aeEventLoop *eventLoop);         // 定义停止事件循环的函数指针原型
int aeCreateFileEvent(aeEventLoop *eventLoop, int fd, int mask,
        aeFileProc *proc, void *clientData);// 定义创建文件事件的函数指针原型
void aeDeleteFileEvent(aeEventLoop *eventLoop, int fd, int mask); // 定义
删除文件事件的函数指针原型
int aeGetFileEvents(aeEventLoop *eventLoop, int fd);// 定义获取文件事件的函
数指针原型
long long aeCreateTimeEvent(aeEventLoop *eventLoop, long long milliseconds,
        aeTimeProc *proc, void *clientData,
        aeEventFinalizerProc *finalizerProc); // 定义创建时间事件的函数指针原型
int aeDeleteTimeEvent(aeEventLoop *eventLoop, long long id); // 定义删除时
间事件的函数指针原型
int aeProcessEvents(aeEventLoop *eventLoop, int flags);      // 定义处理轮询
事件的函数指针原型
int aeWait(int fd, int mask, long long milliseconds);       // 定义等待事件
循环产生事件的函数指针原型
void aeMain(aeEventLoop *eventLoop);            // 定义执行事件循环的函数指针原型
char *aeGetApiName(void);          // 定义获取事件循环实际实现的种类名（select、
poll、epoll）的函数指针原型
```

```
void aeSetBeforeSleepProc(aeEventLoop *eventLoop, aeBeforeSleepProc
*beforesleep);                  // 定义设置事件循环阻塞前回调的函数指针原型
```

8.2.8　ae_select 实现

以下代码为 select 函数的具体调用实现。

```
typedef struct aeApiState {
    fd_set rfds, wfds;              // 读写 fd 集合
    fd_set _rfds, _wfds;            // fd 集合的副本，用于放入 select 函数中进行选择，
因为在 select() 之后重用 fd 集合是不安全的
} aeApiState;

// 创建 select 事件循环
// 代码路径：redis-2.6\src\ae_epoll.c
static int aeApiCreate(aeEventLoop *eventLoop) {
    aeApiState *state = zmalloc(sizeof(aeApiState));// 分配 aeApiState 内存
    if (!state) return -1;
    // 对 aeApiState 内存中读写 fd 集合清零
    FD_ZERO(&state->rfds);
    FD_ZERO(&state->wfds);
    eventLoop->apidata = state;// 将 aeApiState 指针保存在特定实现下的 apidata 中
    return 0;
}

// 释放事件循环内存
static void aeApiFree(aeEventLoop *eventLoop) {
    zfree(eventLoop->apidata);
}

// 向事件循环中添加 fd
static int aeApiAddEvent(aeEventLoop *eventLoop, int fd, int mask) {
    aeApiState *state = eventLoop->apidata;
    // 根据事件类型：读或者写，放入对应的集合
    if (mask & AE_READABLE) FD_SET(fd,&state->rfds);
    if (mask & AE_WRITABLE) FD_SET(fd,&state->wfds);
    return 0;
}

// 从事件循环中删除 fd
static void aeApiDelEvent(aeEventLoop *eventLoop, int fd, int mask) {
    aeApiState *state = eventLoop->apidata;
    // 根据事件类型：读或者写，从对应的集合中删除
    if (mask & AE_READABLE) FD_CLR(fd,&state->rfds);
```

```
    if (mask & AE_WRITABLE) FD_CLR(fd,&state->wfds);
}

// 获取已经产生事件的 fd，tvp 用于当没有事件时等待的事件描述
static int aeApiPoll(aeEventLoop *eventLoop, struct timeval *tvp) {
    aeApiState *state = eventLoop->apidata;
    int retval, j, numevents = 0;
    // 首先将 rfds 和 wfds 复制到 _rfds 和 _wfds，用于 select 函数使用
    memcpy(&state->_rfds,&state->rfds,sizeof(fd_set));
    memcpy(&state->_wfds,&state->wfds,sizeof(fd_set));
    // 将 _rfds 与 _wfds，也即读写事件放入 select 函数中，由内核对其中 fd 的读写事件进
行监测
    retval = select(eventLoop->maxfd+1,
                &state->_rfds,&state->_wfds,NULL,tvp);
    if (retval > 0) {                              // 有事件产生
        for (j = 0; j <= eventLoop->maxfd; j++) {  // 遍历 fd 找到发生事件的
fd 并将它们放入 eventLoop->fired 中
            int mask = 0;
            aeFileEvent *fe = &eventLoop->events[j];
            if (fe->mask == AE_NONE) continue;     // 当前 fd 没有事件发生
            // 根据发生事件的类型对 mask 对应位进行设置，并放入 eventLoop->fired 中，
由于 eventLoop->fired 是一个数组，因此直接使用 numevents 来表示数组下标即可
            if (fe->mask & AE_READABLE && FD_ISSET(j,&state->_rfds))
                mask |= AE_READABLE;
            if (fe->mask & AE_WRITABLE && FD_ISSET(j,&state->_wfds))
                mask |= AE_WRITABLE;
            eventLoop->fired[numevents].fd = j;
            eventLoop->fired[numevents].mask = mask;
            numevents++;
        }
    }
    return numevents;
}

// API 名字
static char *aeApiName(void) {
    return "select";
}
```

8.2.9　ae_epoll 实现

由于 poll 函数与 select 函数使用方法一样，只不过不像 select 那样存在 fd 的大小限制，因此 Redis 并没有实现 poll 函数的封装。

epoll 为 Linux 中多路复用的首选，也是性能最高的实现，它跟 select 不同之处在于，它会告诉你产生了多少事件，哪些 fd 产生了事件，而不需要你遍历所有 fd 找到发生事件的 fd，同时也不需要像 select 一样，每次选择都需要将所有 fd 放入内核，epoll 只需要注册到内核中即可，除非你显示删除它，否则将一直监听它的事件。

```c
typedef struct aeApiState {
    int epfd; // 一切皆文件，epoll 的打开等于打开了一个文件，所以这里保存 epoll fd
    struct epoll_event *events;                          // 保存事件数组指针
} aeApiState;

// 创建 epoll fd
// 代码路径：redis-2.6\src\ae_epoll.c
static int aeApiCreate(aeEventLoop *eventLoop) {
    aeApiState *state = zmalloc(sizeof(aeApiState));// 分配 aeApiState 内存
    if (!state) return -1;
    state->events = zmalloc(sizeof(struct epoll_event)*eventLoop->setsize);
// 分配用于保存事件的数组
    if (!state->events) {
        zfree(state);
        return -1;
    }
    state->epfd = epoll_create(1024); /* 创建 epoll fd，注意这里的 1024 仅仅给
内核一个提示，大概会有 1024 个，至于内核如何处理，取决于实现，甚至可以忽略它 */
    if (state->epfd == -1) {
        zfree(state->events);
        zfree(state);
        return -1;
    }
    eventLoop->apidata = state; // 将 aeApiState 指针放入 apidata 特定数据项
    return 0;
}

// 关闭 epoll，这里首先关闭内核打开的 epoll fd，然后释放内存
static void aeApiFree(aeEventLoop *eventLoop) {
    aeApiState *state = eventLoop->apidata;
    close(state->epfd);
    zfree(state->events);
    zfree(state);
}

// 向 epoll 中添加需要监听的 fd
static int aeApiAddEvent(aeEventLoop *eventLoop, int fd, int mask) {
    aeApiState *state = eventLoop->apidata;
```

```
    struct epoll_event ee;
    // 如果 fd 已经被监听，那么我们需要一个 MOD 修改操作，否则需要一个 ADD 添加操作
    int op = eventLoop->events[fd].mask == AE_NONE ?
        EPOLL_CTL_ADD : EPOLL_CTL_MOD;
    ee.events = 0;
    // 将之前的事件类型与新的事件类型混合。EPOLLIN 表示监听读事件，EPOLLOUT 表示监听
写事件
    mask |= eventLoop->events[fd].mask;
    if (mask & AE_READABLE) ee.events |= EPOLLIN;
    if (mask & AE_WRITABLE) ee.events |= EPOLLOUT;
    ee.data.u64 = 0;          // 避免 valgrind 警告
    ee.data.fd = fd;          // 保存 fd
    if (epoll_ctl(state->epfd,op,fd,&ee) == -1) return -1; // 调用系统调用
函数修改或者添加 fd
    return 0;
}


// 从 epoll 中删除 fd
static void aeApiDelEvent(aeEventLoop *eventLoop, int fd, int delmask) {
    aeApiState *state = eventLoop->apidata;
    struct epoll_event ee;
    // 如果只删除 fd 某个监听事件，那么直接取反即可
    int mask = eventLoop->events[fd].mask & (~delmask);
    ee.events = 0;
    if (mask & AE_READABLE) ee.events |= EPOLLIN;
    if (mask & AE_WRITABLE) ee.events |= EPOLLOUT;
    ee.data.u64 = 0;          // 避免 valgrind 警告
    ee.data.fd = fd;          // 保存 fd
    if (mask != AE_NONE) { // 如果仍然存在需要监听的事件类型，因为我们可能只移除某
个事件类型，比如读，可以保留写，此时需要 MOD 修改操作
        epoll_ctl(state->epfd,EPOLL_CTL_MOD,fd,&ee);
    } else {
        // 否则需要将 fd 直接从 epoll 中移除，那么调用 DEL 删除操作。注意，内核版本如果
小于 2.6.9，则需要一个非空的事件指针，即使是 DEL 删除操作，所以这里传入了&ee
        epoll_ctl(state->epfd,EPOLL_CTL_DEL,fd,&ee);
    }
}


// 获取已经产生事件的 fd，tvp 用于当没有事件时等待的事件描述
static int aeApiPoll(aeEventLoop *eventLoop, struct timeval *tvp) {
    aeApiState *state = eventLoop->apidata;
    int retval, numevents = 0;
    // 调用 epoll_wait 系统调用，获取已经产生事件的 fd，state->events 用于接收这些
fd，eventLoop->setsize 用于指示接收的大小，通常等于 state->events 的长度，tvp 用
```

于表示等待事件的事件,这里需要转换单位(因为 epoll_wait 需要的参数为毫秒):tv_sec*1000 (秒转换为毫秒) +tv_usec/1000(微秒转换为毫秒)

```
    retval = epoll_wait(state->epfd,state->events,eventLoop->setsize,
                        tvp ? (tvp->tv_sec*1000 + tvp->tv_usec/1000) : -1);
    if (retval > 0) {
        int j;
        numevents = retval;
        for (j = 0; j < numevents; j++) { // 遍历已经发生事件的 fd，根据类型设
置 AE_READABLE 与 AE_WRITABLE，这里需要注意：EPOLLOUT（写事件）、EPOLLERR（监听
的文件描述符上发生了错误事件）、EPOLLHUP（监听的文件描述符上发生了挂起事件） 均属于
AE_WRITABLE，此时就需要在使用这些 fd 时进行写入检测，这点我们后面会看到
            int mask = 0;
            struct epoll_event *e = state->events+j;
            if (e->events & EPOLLIN) mask |= AE_READABLE;
            if (e->events & EPOLLOUT) mask |= AE_WRITABLE;
            if (e->events & EPOLLERR) mask |= AE_WRITABLE;
            if (e->events & EPOLLHUP) mask |= AE_WRITABLE;
            eventLoop->fired[j].fd = e->data.fd;
            eventLoop->fired[j].mask = mask;
        }
    }
    return numevents;
}

static char *aeApiName(void) {
    return "epoll";
}
```

8.3　Redis 多路复用器

Redis 多路复用器则是 Redis 服务器中用于处理客户端连接的关键组件。它采用了基于事件驱动的模型，能够高效地处理大量并发连接。

8.3.1　如何根据环境选择多路复用器

前面我们详细分析了 Redis 通过 ae 模型实现了基于 Linux 中的两大多路选择器的事件驱动模型，但是我们仅仅看到了在 ae.h 中定义的结构体和函数指针，以及 ae_epoll.c、ae_select.c 对操作系统提供的函数库的调用。本节我们将详细介绍 Redis 中对于这些函数指针的实现，以及 Redis 如何根据所处 OS 的不同选择系统提供的多路选择器。

先复习下 C 语言的基础：条件宏定义、.h 和.c 文件的区别。我们先来看 redis.h 文件的引入实现。

```
#include "ae.h"        /* 事件驱动函数库 */
```

然后我们来看 redis.c 中对事件驱动函数库的调用，当汇编器生成 redis.o 和 ae.o 时，由于 redis.h 中引入了 ae.h，此时将会和 ae.o 进行静态链接，所以我们只需要关注 ae.c 即可。

```
// 代码路径：redis-2.6\src\redis.c
void initServer() {
    server.el = aeCreateEventLoop(server.maxclients+1024);
    ...
    aeCreateTimeEvent(server.el, 1, serverCron, NULL, NULL);
    if (server.ipfd > 0 && aeCreateFileEvent(server.el,server.ipfd,
        AE_READABLE, acceptTcpHandler,NULL) == AE_ERR) redisPanic
        ("Unrecoverable error creating server.ipfd file event.");
    if (server.sofd > 0 && aeCreateFileEvent(server.el,server.sofd,
        AE_READABLE, acceptUnixHandler,NULL) == AE_ERR) redisPanic
        ("Unrecoverable error creating server.sofd file event.");
}

int main(int argc, char **argv) {
    ...
    aeMain(server.el);
}
```

我们来看 ae.c 中的宏定义。Redis 将根据 OS 的不同自动通过条件宏选择合适的高性能多路复用器使用，而又由于在 ae.h 中定义了函数指针和公用结构体，每个实现都包含了相同的结构和函数实现，因此我们可以说 Redis 通过指针和结构体实现了面向对象语言中的接口和实现。

```
#ifdef HAVE_EVPORT            // Solaris 的多路复用器
#include "ae_evport.c"
#else
    #ifdef HAVE_EPOLL         // Linux 的多路复用器
    #include "ae_epoll.c"
    #else
        #ifdef HAVE_KQUEUE    // macOS 的多路复用器
        #include "ae_kqueue.c"
        #else
        #include "ae_select.c"   // 类 Unix 都实现的多路复用器性能较差
        #endif
    #endif
#endif
```

那么我们继续跟进：Redis 又是在哪里定义 HAVE_EVPORT、HAVE_EPOLL、HAVE_KQUEUE 这些宏的呢？很明显是在配置文件中定义的，接下来继续追踪 config.h 文件。那么，我们可以看到，将根据 OS 的类型来定义上述宏，于是在 ae.c 中将自动引入对应事件驱动的实现，然后与 ae.c 中的其他函数共同汇编成静态链接库：ae.o。

```
#ifdef __linux__
#define HAVE_EPOLL 1
#endif

#if (defined(__APPLE__) && defined(MAC_OS_X_VERSION_10_6)) ||
defined(__FreeBSD__) || defined(__OpenBSD__) || defined (__NetBSD__)
#define HAVE_KQUEUE 1
#endif

#ifdef __sun
#include <sys/feature_tests.h>
#ifdef _DTRACE_VERSION
#define HAVE_EVPORT 1
#endif
```

__linux__ 宏是怎么定义的呢？通常我们会在 MakeFile 文件中定义：CFLAGS += -D__linux__。

8.3.2　aeCreateEventLoop 函数

该函数用于根据设置的 setsize 创建事件循环。可以看到这里首先分配 aeEventLoop 结构的空间，然后设置属性，随后调用 aeApiCreate 函数，该函数随即完成与 OS 相关的多路复用函数，并对 aeEventLoop 进行初始化。

```
// 代码路径: redis-2.6\src\ae.c
aeEventLoop *aeCreateEventLoop(int setsize) {
    aeEventLoop *eventLoop;
    int i;
    if ((eventLoop = zmalloc(sizeof(*eventLoop))) == NULL) goto err;
    eventLoop->events = zmalloc(sizeof(aeFileEvent)*setsize);
    eventLoop->fired = zmalloc(sizeof(aeFiredEvent)*setsize);
    if (eventLoop->events == NULL || eventLoop->fired == NULL) goto err;
    eventLoop->setsize = setsize;
    eventLoop->lastTime = time(NULL);
    eventLoop->timeEventHead = NULL;
    eventLoop->timeEventNextId = 0;
    eventLoop->stop = 0;
```

```
    eventLoop->maxfd = -1;
    eventLoop->beforesleep = NULL;
    if (aeApiCreate(eventLoop) == -1) goto err;
    for (i = 0; i < setsize; i++) // 初始化所有事件结构的感兴趣事件为 AE_NONE
        eventLoop->events[i].mask = AE_NONE;
    return eventLoop;

    err:                              // 发生错误，释放分配内存
    if (eventLoop) {
        zfree(eventLoop->events);
        zfree(eventLoop->fired);
        zfree(eventLoop);
    }
    return NULL;
}
```

8.3.3　aeCreateFileEvent 函数

该函数用于向事件循环中添加 fd，而对于 Linux 而言，一切皆文件，所以这里 fd 指的是 socket fd，也即客户端连接。我们可以看到这里首先调用 aeApiAddEvent 操作实际的多路复用器，然后根据感兴趣事件：读或者写，设置 rfileProc 或者 wfileProc 函数指针，当监听的 fd 的对应事件发生时，将会回调该函数指针，随后将客户端与 fd 绑定的数据指针 clientData 保存在 aeFileEvent 的 clientData 成员中。

```
// 代码路径：redis-2.6\src\ae.c
int aeCreateFileEvent(aeEventLoop *eventLoop, int fd, int mask,aeFileProc
*proc, void *clientData){
    if (fd >= eventLoop->setsize) return AE_ERR;
    aeFileEvent *fe = &eventLoop->events[fd];

    if (aeApiAddEvent(eventLoop, fd, mask) == -1)
        return AE_ERR;
    fe->mask |= mask;
    if (mask & AE_READABLE) fe->rfileProc = proc;
    if (mask & AE_WRITABLE) fe->wfileProc = proc;
    fe->clientData = clientData;
    if (fd > eventLoop->maxfd)   // 保存最后的 fd，fd 为 file 打开文件的下标，所以
这里保存最大值即可
        eventLoop->maxfd = fd;
    return AE_OK;
}
```

8.3.4　aeDeleteFileEvent 函数

该函数将操作实际多路选择器删除监听的 fd。首先获取 fd 对应的 aeFileEvent 结构，然后取消该 fd 的感兴趣事件集合，由 mask 变量指定。如果当前 fd 为最大 fd 且感兴趣事件集为 AE_NONE，那么当调用 aeApiDelEvent 函数后，将会从多路复用器中解除监听，此时需要更新 maxfd；如果当前 fd 不是最大 fd，那么直接删除即可。

```
// 代码路径: redis-2.6\src\ae.c
void aeDeleteFileEvent(aeEventLoop *eventLoop, int fd, int mask)
{
    if (fd >= eventLoop->setsize) return;
    aeFileEvent *fe = &eventLoop->events[fd];

    if (fe->mask == AE_NONE) return;
    fe->mask = fe->mask & (~mask);
    if (fd == eventLoop->maxfd && fe->mask == AE_NONE) { // 更新 maxfd
        int j;
        for (j = eventLoop->maxfd-1; j >= 0; j--)          // 从后往前遍历，找到
最后一个感兴趣事件集合（监听事件集合）不为空的 fd
            if (eventLoop->events[j].mask != AE_NONE) break;
        eventLoop->maxfd = j;
    }
    aeApiDelEvent(eventLoop, fd, mask);
}
```

8.3.5　aeCreateTimeEvent 函数

该函数用于向事件循环添加时间事件，注意：操作系统提供的多路复用将不涉及时间事件的处理，所以对于该事件需要 Redis 自身完成处理。我们可以看到首先创建 aeTimeEvent 结构，随后调用 aeAddMillisecondsToNow 计算事件到期时间，然后采用头插法将 aeTimeEvent 结构放入 eventLoop->timeEventHead 中，其他 aeTimeEvent 将通过当前 aeTimeEvent 的 next 变量关联。

```
// 代码路径: redis-2.6\src\ae.c
long long aeCreateTimeEvent(aeEventLoop *eventLoop, long long milliseconds,
                      aeTimeProc *proc, void *clientData,
                      aeEventFinalizerProc *finalizerProc)
{
    long long id = eventLoop->timeEventNextId++;
```

```
aeTimeEvent *te;
te = zmalloc(sizeof(*te));
if (te == NULL) return AE_ERR;
te->id = id;
aeAddMillisecondsToNow(milliseconds,&te->when_sec,&te->when_ms);
te->timeProc = proc;
te->finalizerProc = finalizerProc;
te->clientData = clientData;
// 头插法
te->next = eventLoop->timeEventHead;
eventLoop->timeEventHead = te;
return id;
}
```

8.3.6　aeDeleteTimeEvent 函数

该方法用于从时间事件链表中删除指定 timeEventNextId 的事件，我们看到该方法将会遍历整个链表（通过头节点遍历），找到对应 id 的事件时，将其从链表中摘除，同时看看是否存在 finalizerProc，调用该函数完成清理。

```
// 代码路径: redis-2.6\src\ae.c
int aeDeleteTimeEvent(aeEventLoop *eventLoop, long long id)
{
    aeTimeEvent *te, *prev = NULL;

    te = eventLoop->timeEventHead;
    while(te) { // 遍历链表找到 timeEventNextId 为 id 的事件并删除
        if (te->id == id) {
            if (prev == NULL)
                eventLoop->timeEventHead = te->next;
            else
                prev->next = te->next;
            if (te->finalizerProc)
                te->finalizerProc(eventLoop, te->clientData);
            zfree(te);
            return AE_OK;
        }
        prev = te;
        te = te->next;
    }
    return AE_ERR; /* 未找到具体指定 id 的事件 */
}
```

8.3.7　aeMain 函数

该函数之前我们看到过，将会检测多路复用器完成事件的处理。

```
// 代码路径: redis-2.6\src\ae.c
void aeMain(aeEventLoop *eventLoop) {
    eventLoop->stop = 0;
    while (!eventLoop->stop) {
        if (eventLoop->beforesleep != NULL)
            eventLoop->beforesleep(eventLoop);
        aeProcessEvents(eventLoop, AE_ALL_EVENTS);
    }
}
```

8.3.8　aeProcessEvents 函数

该函数为事件处理的主要函数。

```
// 执行事件时的标识宏
#define AE_FILE_EVENTS 1
#define AE_TIME_EVENTS 2
#define AE_ALL_EVENTS (AE_FILE_EVENTS|AE_TIME_EVENTS)// 同时执行文件和时间事件
#define AE_DONT_WAIT 4

// 代码路径: redis-2.6\src\ae.c
int aeProcessEvents(aeEventLoop *eventLoop, int flags)
{
    int processed = 0, numevents;
    // 若不处理任何事件，那么直接返回
    if (!(flags & AE_TIME_EVENTS) && !(flags & AE_FILE_EVENTS)) return 0;
    if (eventLoop->maxfd != -1 ||                // 存在监听的 fd
        ((flags & AE_TIME_EVENTS) && !(flags & AE_DONT_WAIT))) {  // 执行时
间事件且可以执行等待
        int j;
        aeTimeEvent *shortest = NULL;
        struct timeval tv, *tvp;
        if (flags & AE_TIME_EVENTS && !(flags & AE_DONT_WAIT)) // 找到最近
需要执行的时间事件
            shortest = aeSearchNearestTimer(eventLoop);
        if (shortest) { // 存在最近需要执行的时间时间
            long now_sec, now_ms;
            aeGetTime(&now_sec, &now_ms);                 // 获取当前时间（通过
```

```
gettimeofday(&tv, NULL)函数 )
        tvp = &tv;
        // 计算需要执行的时间，保存在 tv_sec 与 tv_usec 变量中
        tvp->tv_sec = shortest->when_sec - now_sec;
        if (shortest->when_ms < now_ms) {
            tvp->tv_usec = ((shortest->when_ms+1000) - now_ms)*1000;
            tvp->tv_sec --;
        } else {
            tvp->tv_usec = (shortest->when_ms - now_ms)*1000;
        }
        // 当前时间便是 shortest 时间事件的触发时间
        if (tvp->tv_sec < 0) tvp->tv_sec = 0;
        if (tvp->tv_usec < 0) tvp->tv_usec = 0;
    } else {
        // 不存在需要执行的时间事件，且 AE_DONT_WAIT 表示不需要等待，那么设置
tv_sec 与 tv_usec 为 0，将不执行等待，否则设置 timeval tvp 为空，此时将无限期等待
        if (flags & AE_DONT_WAIT) {
            tv.tv_sec = tv.tv_usec = 0;
            tvp = &tv;
        } else {
            tvp = NULL;
        }
    }
    numevents = aeApiPoll(eventLoop, tvp); // 利用计算好的 tvp 调用多路复用
器的封装函数，注意：tvp 包含等待时间。如果最近的时间事件在 1s 后发生，那么我们应该让操
作系统在等待 1s 后还没有事件发生时返回，此时用 tvp 表示这个时间
    for (j = 0; j < numevents; j++) { // 若存在触发的事件，那么遍历这些事件，
根据事件类型调用 rfileProc 或者 wfileProc 函数完成处理
        aeFileEvent *fe = &eventLoop->events[eventLoop->fired[j].fd];
        int mask = eventLoop->fired[j].mask;
        int fd = eventLoop->fired[j].fd;
        int rfired = 0;
        if (fe->mask & mask & AE_READABLE) {
            rfired = 1;
            fe->rfileProc(eventLoop,fd,fe->clientData,mask);
        }
        if (fe->mask & mask & AE_WRITABLE) {
            if (!rfired || fe->wfileProc != fe->rfileProc)
                fe->wfileProc(eventLoop,fd,fe->clientData,mask);
        }
        processed++;
    }
}
// 检测时间事件，完成时间事件的处理
if (flags & AE_TIME_EVENTS)
```

```
            processed += processTimeEvents(eventLoop);
    return processed;
}
```

8.3.9　processTimeEvents 函数

该函数用于执行时间事件。

```
// 代码路径：redis-2.6\src\ae.c
static int processTimeEvents(aeEventLoop *eventLoop) {
    int processed = 0;
    aeTimeEvent *te;
    long long maxId;
    time_t now = time(NULL);              // 获取当前时间
    if (now < eventLoop->lastTime) {      // 发生时钟偏移，也即系统时间回退到之前
的时间，那么 Redis 的作者认为：提前执行所有时间事件，也远比时间事件滞后合理
        te = eventLoop->timeEventHead;
        while(te) {  // 遍历所有时间事件，将它们的触发时间设置为 0，表示立即触发
            te->when_sec = 0;
            te = te->next;
        }
    }
    eventLoop->lastTime = now;            // 记录当前执行时间
    te = eventLoop->timeEventHead;
    maxId = eventLoop->timeEventNextId-1;
    while(te) {  // 循环遍历时间事件，找到可以执行的时间事件回调 timeProc 函数
        long now_sec, now_ms;
        long long id;

        if (te->id > maxId) {
            te = te->next;
            continue;
        }
        aeGetTime(&now_sec, &now_ms);
        if (now_sec > te->when_sec ||
            (now_sec == te->when_sec && now_ms >= te->when_ms))
        {
            int retval;

            id = te->id;
            retval = te->timeProc(eventLoop, id, te->clientData);
            processed++;
            // 根据返回值决定是否继续执行
            if (retval != AE_NOMORE) {
```

```
            aeAddMillisecondsToNow(retval,&te->when_sec,&te->when_ms);
        } else {
            aeDeleteTimeEvent(eventLoop, id);
        }
        te = eventLoop->timeEventHead;
    } else {
        te = te->next;
    }
}
return processed;
}
```

8.3.10　aeWait 函数

该函数用于等待指定的 fd 发生事件：读、写、异常（通常用于哨兵模式，slave 等待master 时使用）。

```
// 代码路径：redis-2.6\src\ae.c
int aeWait(int fd, int mask, long long milliseconds) {
    struct pollfd pfd;
    int retmask = 0, retval;
    memset(&pfd, 0, sizeof(pfd));
    pfd.fd = fd;
    // 根据等待事件类型设置 POLLIN 或者 POLLOUT
    if (mask & AE_READABLE) pfd.events |= POLLIN;
    if (mask & AE_WRITABLE) pfd.events |= POLLOUT;
    // 调用 poll 函数完成等待
    if ((retval = poll(&pfd, 1, milliseconds))== 1) {
        if (pfd.revents & POLLIN) retmask |= AE_READABLE;
        if (pfd.revents & POLLOUT) retmask |= AE_WRITABLE;
        if (pfd.revents & POLLERR) retmask |= AE_WRITABLE;
        if (pfd.revents & POLLHUP) retmask |= AE_WRITABLE;
        return retmask;
    } else {
        return retval;
    }
}
```

8.4　Redis 请求与响应整体流程

前面我们详细介绍了 ae 事件驱动框架的原理：根据操作系统类型，选择合适的多路复用器框架。同时也详细介绍了事件循环执行的流程：aeProcessEvents()函数。本节我们来看看 Redis 基于 ae 事件循环下的请求响应整体流程的实现。

8.4.1 anetTcpServer 函数

该函数用于初始化服务端套接字，熟悉 C 语言网络编程的朋友应该熟悉该流程。

- ☑ 创建服务端套接字 socket。
- ☑ 绑定本地地址。
- ☑ 开始监听。

本函数亦是按照该流程创建，其中：anetCreateSocket 函数和 anetListen 函数为通用函数，根据传入参数调用函数库完成 socket 的创建和监听，可以复用 Unix 套接字与 socket 套接字。

```c
// 代码路径: redis-2.6\src\anet.c
int anetTcpServer(char *err, int port, char *bindaddr)
{
    int s;
    struct sockaddr_in sa;

    if ((s = anetCreateSocket(err,AF_INET)) == ANET_ERR) // 创建 AF_INET 协
议，为 TCP IP 协议
        return ANET_ERR;
    memset(&sa,0,sizeof(sa));
    sa.sin_family = AF_INET;
    sa.sin_port = htons(port);              // 设置端口。h 为 host，n 为 net，s
为 short，也即将本机字节序转换为网络字节序（注：网络字节序用大端序）
    sa.sin_addr.s_addr = htonl(INADDR_ANY); // 设置监听地址，INADDR_ANY 表示
监听所有网卡对应 port 端口的数据，也即 0.0.0.0
    if (bindaddr && inet_aton(bindaddr, &sa.sin_addr) == 0) { // 绑定地址
        anetSetError(err, "invalid bind address");
        close(s);
        return ANET_ERR;
    }
    if (anetListen(err,s,(struct sockaddr*)&sa,sizeof(sa)) == ANET_ERR)
// 开始监听来自客户端的连接，此时如果产生 TCP 连接，那么将会进行 TCP 三次握手，并将握手
成功的客户端放入 backlog 队列
        return ANET_ERR;
    return s;
}

// 根据 domain 指定的协议簇创建 socket fd
```

```
static int anetCreateSocket(char *err, int domain) {
    int s, on = 1;
    if ((s = socket(domain, SOCK_STREAM, 0)) == -1) { // 创建 domain 协议簇
中的流协议，也即 TCP 协议
        anetSetError(err, "creating socket: %s", strerror(errno));
        return ANET_ERR;
    }
    // 设置 socket 属性：SOL_SOCKET 表示在 socket 套接字上设置属性，SO_REUSEADDR 表
示允许 Redis 进程复用绑定地址。用于 Redis 基准测试使用
    if (setsockopt(s, SOL_SOCKET, SO_REUSEADDR, &on, sizeof(on)) == -1) {
        anetSetError(err, "setsockopt SO_REUSEADDR: %s", strerror(errno));
        return ANET_ERR;
    }
    return s;
}


// 设置接收队列 backlog 的队列大小，同时允许 socket 接收客户端连接
static int anetListen(char *err,int s,struct sockaddr *sa,socklen_t len) {
    if (bind(s,sa,len) == -1) {        // 首先绑定地址
        anetSetError(err, "bind: %s", strerror(errno));
        close(s);
        return ANET_ERR;
    }
    // 随后设置 backlog 队列大小（backlog 队列为 TCP 三次握手成功后放入的队列，用户态
可以使用 accept 系统调用从中获取客户端连接）
    if (listen(s, 511) == -1) {
        anetSetError(err, "listen: %s", strerror(errno));
        close(s);
        return ANET_ERR;
    }
    return ANET_OK;
}
```

8.4.2　anetUnixServer 函数

在 Linux 中存在 unix socket，称之为 Unix 套接字，利用该套接字我们可以观察 Linux 内核源码：将不会进入 TCP 协议栈来处理数据，它将根据 socket 的函数指针在内存中构建一个伪服务端和客户端，然后在其中实现 socket 的功能，由于不走协议栈，因此处理速度很快，所以我们说：unix socket 是利用 socket 来实现进程之间通信的一种手段。这里我们需要指定：协议簇为 AF_LOCAL。

```
// 代码路径：redis-2.6\src\anet.c
```

```
int anetUnixServer(char *err, char *path, mode_t perm)
{
    int s;
    struct sockaddr_un sa;
    if ((s = anetCreateSocket(err,AF_LOCAL)) == ANET_ERR)// 创建 server socket
        return ANET_ERR;
    memset(&sa,0,sizeof(sa));      // 初始化 sockaddr_un，第二个参数指明将其中的值
初始化为 0
    sa.sun_family = AF_LOCAL;
    strncpy(sa.sun_path,path,sizeof(sa.sun_path)-1);  // 将绑定路径设置为
sun_path(Unix 协议需要通过 path 来标记 server 路径，我们可以通过该路径来找到 server,
也即抽象了 IP 和端口设置)
    if (anetListen(err,s,(struct sockaddr*)&sa,sizeof(sa)) == ANET_ERR)
// 开始监听并设置接收队列大小
        return ANET_ERR;
    if (perm)                         // 如果设置权限，那么根据 perm 值设置 path 的权限
        chmod(sa.sun_path, perm);
    return s;
}
```

8.4.3 acceptTcpHandler 函数

该函数将在 server socket 接收到客户端连接时回调，其中首先通过 anetTcpAccept 函数接收来自客户端的连接，然后调用 acceptCommonHandler 函数完成客户端 socket 的处理。

```
// 前面描述的 initServer() 函数代码，将 acceptTcpHandler 函数注册到打开监听的
server socket fd 上，当多路复用器发现有客户端连接时，将会在 ae 处理函数中回调该函数
if (server.ipfd > 0 && aeCreateFileEvent(server.el,server.ipfd,AE_READABLE,
            acceptTcpHandler,NULL) == AE_ERR) redisPanic
            ("Unrecoverable error creating server.ipfd file event.");

// 代码路径: redis-2.6\src\anet.c
void acceptTcpHandler(aeEventLoop *el,int fd,void *privdata,int mask) {
    int cport, cfd;                   // 客户端端口和 socket fd
    char cip[128];                    // 客户端 IP
    // 为了避免编译器对无用参数发起警告，使用((void) V)对参数进行包装
    REDIS_NOTUSED(el);
    REDIS_NOTUSED(mask);
    REDIS_NOTUSED(privdata);
    cfd = anetTcpAccept(server.neterr, fd, cip, &cport); // 接收客户端连接
    if (cfd == AE_ERR) {
        redisLog(REDIS_WARNING,"Accepting client connection: %s",server.neterr);
        return;
    }
```

```
        redisLog(REDIS_VERBOSE,"Accepted %s:%d", cip, cport);
        acceptCommonHandler(cfd);        // 处理客户端连接
}

// 调用 anetGenericAccept 函数完成接收
int anetTcpAccept(char *err, int s, char *ip, int *port) {
    int fd;
    struct sockaddr_in sa;
    socklen_t salen = sizeof(sa);
    if ((fd = anetGenericAccept(err,s,(struct sockaddr*)&sa,&salen)) ==
ANET_ERR)
        return ANET_ERR;
    // 复制 ip 和 port（这里需要处理字节序）
    if (ip) strcpy(ip,inet_ntoa(sa.sin_addr));
    if (port) *port = ntohs(sa.sin_port);
    return fd;
}

// 循环调用系统调用 accept 接收客户端连接，这里唯一的继续条件是 EINTR（Interrupted
system call），表示系统调用被中断，此时可以继续重试以获取客户端连接
static int anetGenericAccept(char *err, int s, struct sockaddr *sa,
socklen_t *len) {
    int fd;
    while(1) {
        fd = accept(s,sa,len); // 成功读取后，由 Linux 内核完成 sockaddr *sa 设置
        if (fd == -1) {
            if (errno == EINTR)
                continue;
            else {
                anetSetError(err, "accept: %s", strerror(errno));
                return ANET_ERR;
            }
        }
        break;
    }
    return fd;
}
```

8.4.4　acceptUnixHandler 函数

该函数用于接收通过 unix socket 通信。

```
// 代码路径：redis-2.6\src\anet.c
void acceptUnixHandler(aeEventLoop *el,int fd,void *privdata,int mask) {
    int cfd;
```

```
    REDIS_NOTUSED(el);
    REDIS_NOTUSED(mask);
    REDIS_NOTUSED(privdata);
    cfd = anetUnixAccept(server.neterr, fd);
    if (cfd == AE_ERR) {
        redisLog(REDIS_WARNING,"Accepting client connection\: %s", server.
neterr);
        return;
    }
    redisLog(REDIS_VERBOSE,"Accepted connection to %s",server.unixsocket);
    acceptCommonHandler(cfd);
}

// 描述同 acceptTcpHandler 函数，除了不对 port 和 ip 处理，因为它没有
int anetUnixAccept(char *err, int s) {
    int fd;
    struct sockaddr_un sa;
    socklen_t salen = sizeof(sa);
    if ((fd = anetGenericAccept(err,s,(struct sockaddr*)&sa,&salen)) ==
ANET_ERR)
        return ANET_ERR;

    return fd;
}
```

8.4.5 acceptCommonHandler 函数

该函数用于根据接收到的客户端 socket 创建描述客户端的元数据结构：redisClient。

```
// 代码路径: redis-2.6\src\networking.c
static void acceptCommonHandler(int fd) {
    redisClient *c;
    // 创建描述客户端的 redis Client 结构
    if ((c = createClient(fd)) == NULL) {
        redisLog(REDIS_WARNING,"Error allocating resoures for the client");
        close(fd);
        return;
    }
    // 若当前 Redis 客户端连接达到最大，那么向客户端写入错误信息
    if (listLength(server.clients) > server.maxclients) {
        char *err = "-ERR max number of clients reached\r\n";
        if (write(c->fd,err,strlen(err)) == -1) { // 注意：这里客户端是非阻塞
调用，有可能由于客户端写缓冲区已经满了而写入失败，但是无所谓，这里只需要尽力发送即可
        }
```

```
        server.stat_rejected_conn++;        // 记录拒绝处理的客户端数量
        freeClient(c);                       // 释放客户端元数据结构
        return;
    }
    server.stat_numconnections++;            // 记录完成连接数
}
```

8.4.6　createClient 函数

该函数用于创建 Redis 的客户端。

```
// 代码路径: redis-2.6\src\networking.c
redisClient *createClient(int fd) {
    redisClient *c = zmalloc(sizeof(redisClient)); // 分配客户端结构内存
    // fd 为 -1 时，表示在其他上下文中执行，比如 Lua 脚本。fd 不为-1 时，表明为一个有
    效的远程客户端连接，那么需要将其设置为非阻塞模式，同时将其注册读事件，当 socket 的读缓
    冲区中存在数据时，将会在 ae 事件循环过程中回调 readQueryFromClient 函数完成业务处理
    if (fd != -1) {
        anetNonBlock(NULL,fd);
        anetTcpNoDelay(NULL,fd);
        if (aeCreateFileEvent(server.el,fd,AE_READABLE,
                readQueryFromClient,c) == AE_ERR)// 将其注册到多路复用器中
        {
            close(fd);
            zfree(c);
            return NULL;
        }
    }
    // 初始化 redis Client 结构的初始值、具体值，将会在 ae 检测到客户端发送的数据时回
    调 readQueryFromClient 函数完成设置
    selectDb(c,0);
    c->fd = fd;
    c->bufpos = 0;
    c->querybuf = sdsempty();
    c->querybuf_peak = 0;
    c->reqtype = 0;
    c->argc = 0;
    c->argv = NULL;
    c->cmd = c->lastcmd = NULL;
    c->multibulklen = 0;
    c->bulklen = -1;
    c->sentlen = 0;
    c->flags = 0;
    c->ctime = c->lastinteraction = server.unixtime;
```

```
    c->authenticated = 0;
    c->replstate = REDIS_REPL_NONE;
    c->slave_listening_port = 0;
    c->reply = listCreate();
    c->reply_bytes = 0;
    c->obuf_soft_limit_reached_time = 0;
    listSetFreeMethod(c->reply,decrRefCount);
    listSetDupMethod(c->reply,dupClientReplyValue);
    c->bpop.keys = NULL;
    c->bpop.count = 0;
    c->bpop.timeout = 0;
    c->bpop.target = NULL;
    c->io_keys = listCreate();
    c->watched_keys = listCreate();
    listSetFreeMethod(c->io_keys,decrRefCount);
    c->pubsub_channels = dictCreate(&setDictType,NULL);
    c->pubsub_patterns = listCreate();
    listSetFreeMethod(c->pubsub_patterns,decrRefCount);
    listSetMatchMethod(c->pubsub_patterns,listMatchObjects);
    if (fd != -1) listAddNodeTail(server.clients,c); // 将客户端添加到客户端
列表末尾
    initClientMultiState(c);
    return c;
}
```

8.4.7 readQueryFromClient 函数

该函数将在客户端发送数据到 socket 读缓冲区时，由多路复用器检测到，然后 ae 事件循环调用该函数完成具体业务处理。可以看到这里将会把客户端数据读入 querybuf，然后调用 processInputBuffer 函数完成命令的处理。

```
// 代码路径: redis-2.6\src\networking.c
void readQueryFromClient(aeEventLoop *el,int fd,void *privdata,int mask) {
    redisClient *c = (redisClient*) privdata;
    int nread, readlen;
    size_t qblen;
    REDIS_NOTUSED(el);
    REDIS_NOTUSED(mask);

    server.current_client = c;
    readlen = REDIS_IOBUF_LEN;
    if (c->reqtype==REDIS_REQ_MULTIBULK && c->multibulklen && c->bulklen !=-1
        && c->bulklen >= REDIS_MBULK_BIG_ARG)
```

```
{
    int remaining = (unsigned)(c->bulklen+2)-sdslen(c->querybuf);

    if (remaining < readlen) readlen = remaining;
}
qblen = sdslen(c->querybuf);
// 准备查询缓冲区，并读取客户端数据
if (c->querybuf_peak < qblen) c->querybuf_peak = qblen;
c->querybuf = sdsMakeRoomFor(c->querybuf, readlen);
nread = read(fd, c->querybuf+qblen, readlen);
if (nread == -1) {                   // 读取失败
    if (errno == EAGAIN) {
        nread = 0;
    } else {
        redisLog(REDIS_VERBOSE, "Reading from client: %s",strerror(errno));
        freeClient(c);
        return;
    }
} else if (nread == 0) {            // 客户端关闭了连接
    redisLog(REDIS_VERBOSE, "Client closed connection");
    freeClient(c);
    return;
}
if (nread) {                        // 读取到数据后，增加 SDS 的长度
    sdsIncrLen(c->querybuf,nread);
    c->lastinteraction = server.unixtime;
} else {
    server.current_client = NULL;
    return;
}
if (sdslen(c->querybuf) > server.client_max_querybuf_len) { // 查询缓
冲区超过设置的最大值，此时为非法状态，那么释放占用内存，并打印日志
    sds ci = getClientInfoString(c), bytes = sdsempty();

    bytes = sdscatrepr(bytes,c->querybuf,64);
    redisLog(REDIS_WARNING,"Closing client that reached max query buffer
length: %s (qbuf initial bytes: %s)", ci, bytes);
    sdsfree(ci);
    sdsfree(bytes);
    freeClient(c);
    return;
}
processInputBuffer(c);              // 处理客户端数据
server.current_client = NULL;
}
```

8.4.8　processInputBuffer 函数

该函数将会处理客户端传递过来的命令。

```c
// 代码路径：redis-2.6\src\networking.c
void processInputBuffer(redisClient *c) {
    while(sdslen(c->querybuf)) {
        if (c->flags & REDIS_BLOCKED) return; // 如果客户端正在处理其他事情，则
立即中止处理，表示处理阻塞
        if (c->flags & REDIS_CLOSE_AFTER_REPLY) return; // 表示在向客户端写入
响应信息后将立即关闭连接，设置了这个标志后不处理客户端的剩余命令
        if (!c->reqtype) { // 不确定的请求类型，那么根据第一个查询缓冲区是否为 * 设
置请求类型（REDIS_REQ_INLINE 表示单个请求，REDIS_REQ_MULTIBULK 表示多个请求）
            if (c->querybuf[0] == '*') {
                c->reqtype = REDIS_REQ_MULTIBULK;
            } else {
                c->reqtype = REDIS_REQ_INLINE;
            }
        }
        // 处理查询缓冲区数据（也即切割缓冲区中的数据，生成 argc 和 argv）
        if (c->reqtype == REDIS_REQ_INLINE) {
            if (processInlineBuffer(c) != REDIS_OK) break;
        } else if (c->reqtype == REDIS_REQ_MULTIBULK) {
            if (processMultibulKbuffer(c) != REDIS_OK) break;
        } else {
            redisPanic("Unknown request type");
        }
        if (c->argc == 0) { // 不存在参数，那么重置客户端（清理内存，并重新等待下
一次发送的命令）
            resetClient(c);
        } else {
            if (processCommand(c) == REDIS_OK) // 调用相应命令处理客户端请求
                resetClient(c);
        }
    }
}
```

8.4.9　resetClient 函数

该函数用于重置部分 redisClient 结构变量值，同时释放 argv 占用的内存，并等待下一次客户端发送命令并处理。

```
// 代码路径: redis-2.6\src\networking.c
void resetClient(redisClient *c) {
    freeClientArgv(c);
    c->reqtype = 0;
    c->multibulklen = 0;
    c->bulklen = -1;
    if (!(c->flags & REDIS_MULTI)) c->flags &= (~REDIS_ASKING);
}
```

8.4.10　processCommand 函数

该函数被调用时，Redis 已经读取客户端发送的整个命令，参数在客户端 argv 与 argc 变量中。该函数将执行客户端发送的命令。如果该函数返回 1，则客户端仍然保持连接并且有效，调用方可以执行其他操作；如果该函数返回 0，则客户端应该被销毁。

```
// 代码路径: redis-2.6\src\redis.c
int processCommand(redisClient *c) {
    if (!strcasecmp(c->argv[0]->ptr,"quit")) { // 退出连接命令
        addReply(c,shared.ok);
        c->flags |= REDIS_CLOSE_AFTER_REPLY;
        return REDIS_ERR;
    }
    // 查找客户端请求执行的命令, 若命令不存在, 那么将错误信息发送给客户端
    c->cmd = c->lastcmd = lookupCommand(c->argv[0]->ptr);
    if (!c->cmd) {
        addReplyErrorFormat(c,"unknown command '%s'",
                        (char*)c->argv[0]->ptr);
        return REDIS_OK;
    } else if ((c->cmd->arity > 0 && c->cmd->arity != c->argc) ||
            (c->argc < -c->cmd->arity)) { // 检测命令格式
        addReplyErrorFormat(c,"wrong number of arguments for '%s' command",
                        c->cmd->name);
        return REDIS_OK;
    }

    // 检测客户端权限
    if (server.requirepass && !c->authenticated && c->cmd->proc != authCommand)
    {
        addReplyError(c,"operation not permitted");
        return REDIS_OK;
    }

    // Redis 达到最大占用内存, 那么将 oom 信息发送给客户端
```

```
    if (server.maxmemory) {
        int retval = freeMemoryIfNeeded();
        if ((c->cmd->flags & REDIS_CMD_DENYOOM) && retval == REDIS_ERR) {
            addReply(c, shared.oomerr);
            return REDIS_OK;
        }
    }

    // 如果磁盘存在问题，不要接收任何写命令
    if (server.stop_writes_on_bgsave_err &&
        server.saveparamslen > 0
        && server.lastbgsave_status == REDIS_ERR &&
        c->cmd->flags & REDIS_CMD_WRITE)
    {
        addReply(c, shared.bgsaveerr);
        return REDIS_OK;
    }

    // 哨兵模式的读模式，也不接收任何写命令
    if (server.masterhost && server.repl_slave_ro &&
        !(c->flags & REDIS_MASTER) &&
        c->cmd->flags & REDIS_CMD_WRITE)
    {
        addReply(c, shared.roslaveerr);
        return REDIS_OK;
    }

    // 只允许在发布/订阅上下文中订阅和取消订阅
    if ((dictSize(c->pubsub_channels) > 0 || listLength(c->
pubsub_patterns) > 0)
        && // 命令执行函数必须是订阅相关命令
        c->cmd->proc != subscribeCommand &&
        c->cmd->proc != unsubscribeCommand &&
        c->cmd->proc != psubscribeCommand &&
        c->cmd->proc != punsubscribeCommand) {
        addReplyError(c,"only (P)SUBSCRIBE / (P)UNSUBSCRIBE / QUIT allowed
in this context");
        return REDIS_OK;
    }
    // 只有当 slave-server-stale-data 配置为 no 时，并且是一个与主库断开的 slave
时，才允许执行 INFO 和 SLAVEOF 命令
    if (server.masterhost && server.repl_state != REDIS_REPL_CONNECTED &&
        server.repl_serve_stale_data == 0 &&
        !(c->cmd->flags & REDIS_CMD_STALE))
```

```
{
    addReply(c, shared.masterdownerr);
    return REDIS_OK;
}

// 服务器正在加载数据，不接收客户端请求
if (server.loading && !(c->cmd->flags & REDIS_CMD_LOADING)) {
    addReply(c, shared.loadingerr);
    return REDIS_OK;
}

// Lua 脚本执行过慢，只允许执行带有 REDIS_CMD_STALE 标志的命令
if (server.lua_timedout &&
    c->cmd->proc != authCommand &&
    !(c->cmd->proc == shutdownCommand &&
      c->argc == 2 &&
      tolower(((char*)c->argv[1]->ptr)[0]) == 'n') &&
    !(c->cmd->proc == scriptCommand &&
      c->argc == 2 &&
      tolower(((char*)c->argv[1]->ptr)[0]) == 'k'))
{
    addReply(c, shared.slowscripterr);
    return REDIS_OK;
}

// 检测无误，那么执行命令
if (c->flags & REDIS_MULTI &&
    c->cmd->proc != execCommand && c->cmd->proc != discardCommand &&
    c->cmd->proc != multiCommand && c->cmd->proc != watchCommand)
{                     // 执行 MULTI 命令，也即多操作命令
    queueMultiCommand(c);
    addReply(c,shared.queued);
} else {              // 执行单命令
    call(c,REDIS_CALL_FULL);
    if (listLength(server.ready_keys))
        handleClientsBlockedOnLists();
}
return REDIS_OK;
}
```

8.4.11　lookupCommand 函数

该函数用于从 server.commands 中获取到 name 指定的函数指针，并将其命令返回，而

server.commands 在 server 初始化时由 redisCommandTable 数组定义。

```
// 填充命令列表放入 server.commands 中
struct redisCommand redisCommandTable[] = {...};
void populateCommandTable(void) {
    for (j = 0; j < numcommands; j++) {
        struct redisCommand *c = redisCommandTable+j;
        ...
        retval = dictAdd(server.commands, sdsnew(c->name), c);
    }
}


// 代码路径: redis-2.6\src\redis.c
struct redisCommand *lookupCommand(sds name) {
    return dictFetchValue(server.commands, name);
}


void *dictFetchValue(dict *d, const void *key) {
    dictEntry *he;

    he = dictFind(d,key);
    return he ? dictGetVal(he) : NULL;
}
```

8.4.12 queueMultiCommand 函数

该函数用于将 multi 命令添加到 multi 队列中。

```
// 代码路径: redis-2.6\src\redis.c
void queueMultiCommand(redisClient *c) {
    multiCmd *mc;
    int j;
     // 增加 commands 队列大小，并将 redisClient 数据放入新增的一项 multiCmd 中
    c->mstate.commands = zrealloc(c->mstate.commands,
                        sizeof(multiCmd)*(c->mstate.count+1));
    mc = c->mstate.commands+c->mstate.count;
    mc->cmd = c->cmd;
    mc->argc = c->argc;
    // 将 redisClient 的 argv 复制到 mc->argv 中，因为 multi 命令执行与客户端
redisClient 结构再无关系
    mc->argv = zmalloc(sizeof(robj*)*c->argc);
    memcpy(mc->argv,c->argv,sizeof(robj*)*c->argc);
    for (j = 0; j < c->argc; j++)
        incrRefCount(mc->argv[j]);
```

```
    c->mstate.count++;
}
```

8.4.13　call 函数

该函数将调用 c->cmd->proc(c)设置的函数完成客户端命令执行。

```
// 代码路径: redis-2.6\src\redis.c
void call(redisClient *c, int flags) {
    long long dirty, start = ustime(), duration;
    ...
    // 执行命令
    redisOpArrayInit(&server.also_propagate);
    dirty = server.dirty;          // 保存服务器为脏状态, 也即修改了内存数据
    c->cmd->proc(c);
    dirty = server.dirty-dirty;  // 查看执行完命令后是否修改了内存数据
    duration = ustime()-start;  // 记录命令执行时间

    // 当调用 EVAL 加载 AOF 时, 不希望从 Lua 调用的命令影响慢日志或填充统计信息
    if (server.loading && c->flags & REDIS_LUA_CLIENT)
        flags &= ~(REDIS_CALL_SLOWLOG | REDIS_CALL_STATS);

    // 记录慢操作日志
    if (flags & REDIS_CALL_SLOWLOG)
        slowlogPushEntryIfNeeded(c->argv,c->argc,duration);
    if (flags & REDIS_CALL_STATS) {
        c->cmd->microseconds += duration;
        c->cmd->calls++;
    }
    // 将命令复制到 aof 和 slave 复制队列
    if (flags & REDIS_CALL_PROPAGATE) {
        int flags = REDIS_PROPAGATE_NONE;
        if (c->cmd->flags & REDIS_CMD_FORCE_REPLICATION)
            flags |= REDIS_PROPAGATE_REPL;
        if (dirty)
            flags |= (REDIS_PROPAGATE_REPL | REDIS_PROPAGATE_AOF);
        if (flags != REDIS_PROPAGATE_NONE)
            propagate(c->cmd,c->db->id,c->argv,c->argc,flags);
    }
    // 诸如 LPUSH 或 BRPOPLPUSH 之类的命令可能传递额外的 push 命令
    if (server.also_propagate.numops) {
        int j;
        redisOp *rop;
        for (j = 0; j < server.also_propagate.numops; j++) {
```

```
        rop = &server.also_propagate.ops[j];
        propagate(rop->cmd, rop->dbid, rop->argv, rop->argc, rop->target);
      }
      redisOpArrayFree(&server.also_propagate);
    }
  server.stat_numcommands++;
}
```

8.4.14 addReply 函数

该函数用于将 robj *obj 的 Redis 对象写入客户端。这里我们先尝试写入缓冲区，失败后将 robj 放入 reply 列表，将会在 sendReplyToClient 函数中处理。

```
// 代码路径: redis-2.6\src\networking.c
void addReply(redisClient *c, robj *obj) {
  if (prepareClientToWrite(c) != REDIS_OK) return;
  if (obj->encoding == REDIS_ENCODING_RAW) { // RAW 原始编码，那么将数据写
入客户端的 Redis 层面的写缓冲区中（ char buf[REDIS_REPLY_CHUNK_BYTES]），若写入
失败，那么将其写入 list *reply 列表
      if (_addReplyToBuffer(c,obj->ptr,sdslen(obj->ptr)) != REDIS_OK)
      _addReplyObjectToList(c,obj);
  } else if (obj->encoding == REDIS_ENCODING_INT) { // INT 整型编码，那么
将其转换为字符串后写入缓冲区，同理，写入失败后，将其放入 list *reply 列表
      if (listLength(c->reply) == 0 && (sizeof(c->buf) - c->bufpos) >= 32)
  { // reply 列表为空，同时缓冲区中存在空间可以写入 32 个字符。这里 32 个字符为优化操作，
如果缓冲区中有 32 个字节的空间（超过 64 位的整数可以用作字符串的最大字符数），这就避免了
解码对象，读者可以自行查看 ll2string 的代码
          char buf[32];
          int len;
          len = ll2string(buf,sizeof(buf),(long)obj->ptr);
          if (_addReplyToBuffer(c,buf,len) == REDIS_OK) // 由于预判存在足够
大的缓冲区，因此直接写入即可
              return;
      }
      obj = getDecodedObject(obj);      // 否则解码对象，然后将其再次尝试添加到
缓冲区，失败后将其添加到 reply 列表
      if (_addReplyToBuffer(c,obj->ptr,sdslen(obj->ptr)) != REDIS_OK)
      _addReplyObjectToList(c,obj);
      decrRefCount(obj);                    // obj 写入成功，那么释放一个引用次数
  } else {
      redisPanic("Wrong obj->encoding in addReply()");
  }
}
```

```
// 检测客户端状态，并将客户端 socket fd 注册到多路复用器中，写函数为 sendReplyToClient，
当客户端 fd 的写缓冲区空闲时将会调用 sendReplyToClient 完成写入
int prepareClientToWrite(redisClient *c) {
    if (c->flags & REDIS_LUA_CLIENT) return REDIS_OK;
    if (c->fd <= 0) return REDIS_ERR; // 虚拟客户端，比如 Lua 脚本执行
    if (c->bufpos == 0 && listLength(c->reply) == 0 &&
        (c->replstate == REDIS_REPL_NONE ||
         c->replstate == REDIS_REPL_ONLINE) &&
        aeCreateFileEvent(server.el, c->fd, AE_WRITABLE,
                    sendReplyToClient, c) == AE_ERR) return REDIS_ERR;
    return REDIS_OK;
}
```

8.4.15　sendReplyToClient 函数

该函数在 ae 时间循环中调用，当 socket fd 写缓冲区空闲时调用，将 Redis 的写缓冲区的数据和 reply 链表的数据写出（注意：这里需要写入的数据为 Redis 写缓冲区和 reply 链表，而又由于 fd 的内核写缓冲区有限，因此有可能一次写入不成功，那么可以在下一次 ae 发现写缓冲区不为满状态时，再次由 ae 事件循环完成写出）。

```
// 代码路径：redis-2.6\src\networking.c
void sendReplyToClient(aeEventLoop *el, int fd, void *privdata, int mask)
{
    redisClient *c = privdata;
    int nwritten = 0, totwritten = 0, objlen;
    size_t objmem;
    robj *o;
    REDIS_NOTUSED(el);
    REDIS_NOTUSED(mask);
    // 存在数据需要写出
    while(c->bufpos > 0 || listLength(c->reply)) {
        if (c->bufpos > 0) {
            if (c->flags & REDIS_MASTER) { // 若客户端是主库，那么不能写出，主库
必须回应
                nwritten = c->bufpos - c->sentlen;
            } else {  // 开始写出客户端
                nwritten = write(fd,c->buf+c->sentlen,c->bufpos-c->sentlen);
                if (nwritten <= 0) break;   // fd 写缓冲区为满状态，那么结束写入
            }
            c->sentlen += nwritten;
            totwritten += nwritten;
            if (c->sentlen == c->bufpos) { // 客户端 Redis 写缓冲区中的数据已经
```

完全写出

```
            c->bufpos = 0;
            c->sentlen = 0;
        }
    } else {                       // 处理 reply 中的数据，将其尝试写出
        o = listNodeValue(listFirst(c->reply));
        objlen = sdslen(o->ptr);
        objmem = zmalloc_size_sds(o->ptr);
        if (objlen == 0) {    // 当前 robj 不存在数据，尝试链表中下一个
            listDelNode(c->reply,listFirst(c->reply));
            continue;
        }
        if (c->flags & REDIS_MASTER) {

            nwritten = objlen - c->sentlen;
        } else {                   // 开始写出
            nwritten = write(fd, ((char*)o->ptr)+c->sentlen,objlen-c->sentlen);
            if (nwritten <= 0) break;
        }
        c->sentlen += nwritten;
        totwritten += nwritten;
        // 完全写出第一个 robj，那么继续写出下一个
        if (c->sentlen == objlen) {
            listDelNode(c->reply,listFirst(c->reply));
            c->sentlen = 0;
            c->reply_bytes -= objmem;
        }
    }
    // 避免一次写入过多数据
    if (totwritten > REDIS_MAX_WRITE_PER_EVENT &&
        (server.maxmemory == 0 ||
         zmalloc_used_memory() < server.maxmemory)) break;
}
if (nwritten == -1) {          // 写入失败，那么打印日志
    if (errno == EAGAIN) {    // EAGAIN 表示重试，那么不需要报警，下一次 fd 写
缓冲区可用时再次写入即可
        nwritten = 0;
    } else {
        redisLog(REDIS_VERBOSE,
                "Error writing to client: %s", strerror(errno));
        freeClient(c);
        return;
    }
}
```

```
    }
    // 成功写出数据，那么记录最后一次写出数据时间
    if (totwritten > 0) c->lastinteraction = server.unixtime;
    if (c->bufpos == 0 && listLength(c->reply) == 0) { // 全部数据写出完成（写
缓冲区和 reply 链表），那么将从多路复用器中解除写事件注册，因为不需要再写入其他事件
        c->sentlen = 0;
        aeDeleteFileEvent(server.el,c->fd,AE_WRITABLE);
        if (c->flags & REDIS_CLOSE_AFTER_REPLY) freeClient(c);
    }
}
```

8.5　小　　结

　　本章基于 Redis 的 main 函数分析了 Redis 的主要执行流程，其中包括了网络的服务配置初始化、信号处理初始化、共享对象初始化、相关日志处理初始化。如果对比 Linux 的 main 函数就会发现，其实在主函数中做的最重要的事情就是启动、加载和初始化，如果读者后续能继续探索其他开源项目，这其中的过程也是必不可少的。

　　待程序初始化完毕，一切就绪后，Redis 将进入事件循环处理，aeMain 函数作为事件处理的主函数调用 aeProcessEvents 函数，进而执行事件处理的具体实现，我们在 aeProcessEvents 函数中也看到了相应的文件事件和时间事件。

　　多路复用的核心思想在于如何用尽可能少的线程去处理更多的连接，对于传统的网络编程而言，每产生一次连接就需要一个线程进行阻塞等待处理，随着请求数量增多，资源开销也逐步变大。为了避免开销过大，因此考虑复用线程。

　　最后，以 TCP 协议的网络编程和 Unix 的网络编程向读者展示了 Redis 的请求与响应过程，其中包含了 socket 的创建过程、socket 的处理过程和数据的处理过程。